Frank Schmiedchen
Prof. Dr. Klaus Peter Kratzer
Dr. Jasmin S. A. Link
Prof. Dr. Heinz Stapf-Finé
(Hrsg.)

Wie wir leben wollen

Kompendium zu Technikfolgen von Digitalisierung, Vernetzung und Künstlicher Intelligenz

Bibliografische Information der Deutschen Nationalbibliothek
Die Deutsche Nationalbibliothek verzeichnet diese Publikation in der Deutschen Nationalbibliografie; detaillierte bibliografische Daten sind im Internet über http://dnb.d-nb.de abrufbar.

Herausgeber: Frank Schmiedchen, Prof. Dr. Klaus Peter Kratzer, Dr. Jasmin S. A. Link, Prof. Dr. Heinz Stapf-Finé für die Vereinigung Deutscher Wissenschaftler (VDW e.V.), in Zusammenarbeit mit der Hochschule für Technik und Wirtschaft Berlin

Wissenschaftliche Leitung: Frank Schmiedchen

Das vorliegende Kompendium ist eine Gemeinschaftsarbeit der VDW Studiengruppe Technikfolgenabschätzung der Digitalisierung in Zusammenarbeit mit anderen VDW Studiengruppen.

Kontakt:

Vereinigung Deutscher Wissenschaftler e.V. (VDW)
Marienstraße 19/20
10117 Berlin

www.vdw-ev.de
digitalisierung@vdw-ev.de
vdw-digital@web.de

Dieses Werk ist lizenziert unter der Creative Commons Attribution 4.0 Lizenz CC BY-NC-ND (https://creativecommons.org/licenses/by-nc-nd/4.0/). Die Bedingungen der Creative-Commons-Lizenz gelten nur für Originalmaterial. Die Wiederverwendung von Material aus anderen Quellen (gekennzeichnet mit Quellenangabe) wie z. B. Schaubilder, Abbildungen, Fotos und Textauszüge erfordert ggf. weitere Nutzungsgenehmigungen durch den jeweiligen Rechteinhaber.

Satz: Florian Hawemann (satz+layout, Berlin)

ISBN 978-3-8325-5363-0

Logos Verlag Berlin GmbH
Georg-Knorr-Str. 4, Geb. 10
D-12681 Berlin
Tel.: +49 (0)30 42 85 10 90
Fax: +49 (0)30 42 85 10 92
INTERNET: http://www.logos-verlag.de

Vorwort

Die Naturwissenschaftler, die in der ersten Hälfte des 20. Jahrhunderts die Halbleiter in Laboruntersuchungen entdeckten, aus denen in der zweiten Hälfte des 20. Jahrhunderts die Mikroelektronik entstand, konnten sich wohl kaum vorstellen, dass sie durch den Einsatz der Halbleiter in Rechnern, eine weltweite Technikrevolution, heute Digitalisierung genannt, anstoßen würden. Jetzt etwa 80 Jahre nach der Entdeckung von Halbleitern, am Ende einer Pandemie, in der in fast allen Ländern der Staat persönliche Freiheiten einschränken musste, um das Gesundheitssystem vor dem Zusammenbruch zu bewahren, hat die Nutzung der Digitalisierung nicht nur einen beschleunigenden Schub erfahren, sondern auch zum Teil geholfen die wirtschaftlichen Nachteile der Einschränkungen zu begrenzen. Das vorliegende Buch »Kompendium zu Technikfolgen von Digitalisierung, Vernetzung und Künstlicher Intelligenz« geht zum Teil auf eine Jahrestagung der Vereinigung Deutscher Wissenschaftler im Oktober 2019 zurück. Es ist mit seinen 16 Kapiteln so umfassend, dass im Titel statt Technikfolgen eigentlich Folgen (für die Weltgesellschaft) stehen sollte. So wird der Bogen gespannt vom ersten Teil zu »Mensch und digitale Technik« über den zweiten Teil zur »Notwendigkeit rechtlicher Gestaltung« (mit einem Teilkapitel zu autonomen Waffen), bis hin zum dritten Teil mit der »Politischen Gestaltung der Digitalisierung«. Alle Teilkapitel sind von Wissenschaftlern mit hoher Erfahrung geschrieben und die interne Diskussion hat auch zu ersten Empfehlungen im vierten und letzten Teil zur »Verantwortung der Wissenschaft« geführt. Ein Teilaspekt hätte mehr Aufmerksamkeit verdient: Die auch durch die Digitalisierung immer schneller voranschreitende technische Innovation vergrößert die Kluft zwischen der unbeschränkten, oft für mindestens Teile der Gesellschaft abträglichen Nutzung und der Begrenzung des Missbrauchs durch Normen sowie Gesetze. Die gesellschaftliche Debatte und damit die Gesetzgebung hinken dem technischen Fortschritt zunehmend hinterher. Wie kann man die Kluft verringern? Ein weiteres, zentrales Problem ist die mit der Digitalisierung noch weiterwachsende globale Ungleichheit, denn zum Fortschritt bei der Digitalisierung und der sogenannten künstlichen Intelligenz tragen immer weniger Länder bei. Manche Industrieländer, aber vor allem die Schwellenländer und generell die Entwicklungsländer sind abgehängt. Das genannte Problem wird im Buch zwar angesprochen, aber entsprechend seiner Bedeutung noch nicht detailliert genug. Meine Empfehlung: Bitte lesen und dadurch angeregt die Debatte mit den wissenschaftlichen Kollegen, den interessierten Bürgern und den Entscheidern zu allen Teilthemen intensivieren!

Prof. Dr. Dr. h. c. mult. Hartmut Graßl,
Vorsitzender der Vereinigung Deutscher Wissenschaftler e. V.

Menschen zählen? Menschen zählen!

Ein Geleitwort von Carsten Busch

Was ist eigentlich das Gegenteil von Digitalisierung? > Analogisierung? Das Gegenteil von Vernetzung? > Vereinzelung? Das Gegenteil von Künstlicher Intelligenz? > Menschliche Dummheit?

Zumindest über letztere haben wir die Evidenz gestützte Aussage eines anerkannten Wissenschaftlers namens Albert Einstein: »Zwei Dinge sind unendlich, das Universum und die menschliche Dummheit, aber bei dem Universum bin ich mir noch nicht ganz sicher.«[1]

Aber ist menschliche Dummheit wirklich das Gegenteil von Künstlicher Intelligenz? Und wenn ja, müsste dann die Künstliche Intelligenz unendlich klein sein, um als Gegenteil der unendlich großen menschlichen Dummheit durchzugehen? Sind Vernetzung und Vereinzelung Gegensätze? Oder führt nicht die Vernetzung mittels moderner Kommunikationstechnologien fast automatisch zu Vereinzelung – oder haben etwa umgekehrt einige sich vereinzelt fühlende Tekkis Vernetzungstechnologien erfunden, um nicht mehr so allein zu sein? Und gibt es wirklich einen harten Unterschied zwischen digital und analog? Oder sind sie nur zwei Enden eines Kontinuums?

Ich persönlich bin mir bei den Antworten nicht so sicher. Aber in der Wissenschaft bringen uns ja oft genug die Fragen auf den richtigen Weg, selbst wenn es bis zu den für eine bestimmte Zeit oder Kultur als gültig angesehenen Antworten noch einige harte Arbeit erfordern sollte. Insofern freue ich mich sehr, dass mit dem hier vorgelegten Band »Wie wir leben wollen – Kompendium zu Technikfolgen von Digitalisierung, Vernetzung und Künstlicher Intelligenz« viele Fragen aufgeworfen werden und sich die Autorinnen und Autoren auch nicht vor der einen oder anderen Antwort drücken! Schon die Jahrestagung der Vereinigung Deutscher Wissenschaftler, die im Oktober 2019 an der Hochschule für Technik und Wirtschaft in Berlin stattfand, hat den Bedarf an diesen Themen und die Diskussionswürdigkeit vieler Fragen mehr als deutlich gemacht. So deutlich, dass nun fast zwei Jahre später – und trotz der Einschränkungen durch die Covid-19-Pandemie – ein beeindruckendes Kompendium entstanden ist. Ich möchte allen daran Beteiligten herzlich danken und wünsche den Artikeln dieses Buchs eine b(e)reite, aufmerksame Leserschaft!

Die Digitalisierung in ihren modernen Ausprägungen ist nicht erst durch die Corona-Pandemie zu einem der prägenden Themen unserer Zeit und von weltweiter Bedeutung geworden. Sie durchläuft nur diverse Aufmerksamkeitszyklen – analog zu den meisten weiteren unserer »Menschheitsthemen«, wie die Begrenztheit natürlicher Res-

1 Nicht ganz sicher ist übrigens auch die Autorenschaft dieses Zitats: Es wird zwar meist Albert Einstein zugeschrieben, ist aber nicht wirklich verbürgt...

sourcen, der menschengemachte Klimawandel, die Globalisierung, die Gesundheitsvor- und -fürsorge oder auch die globale Mobilität von Menschen, Dingen und Ideen.

Tatsächlich ist die Digitalisierung um Jahrhunderte älter, als das außerordentlich dumme Diktum einer Bundeskanzlerin vom angeblichen »Neuland des Internets« aus dem Jahr 2013 und auch der berechtigte Spott darüber erahnen lassen. Und selbst, wenn es uns manchmal so vorkommen mag, als würde die Digitalisierung mit all ihren Techniken, Geräten, weltweiten Netzwerken etc. wie ein gewaltiger Tsunami unbekannter Herkunft über uns hinwegrollen, ist die geschichtliche Wahrheit eine ganz andere:

Alle Elemente der Digitalisierung inklusive der Vernetzung und der Künstlichen Intelligenz sind von Menschen erfunden, werden von ihnen vorangetrieben – oder auch einmal gebremst. Und ihre Anfänge reichen bis in die Anfänge der Menschwerdung zurück.

Einen ersten Hinweis gibt schon der Begriff selbst: »Digitus« ist lateinisch und war im alten Rom der Finger. Weil viele Menschen über die Jahrhunderte hinweg mit den Fingern zählen und rechnen, liefert das Englisch-Wörterbuch inzwischen für »digit« die Übersetzungen: Ziffer, Zahl, Finger, Stelle und Zeh.

Ähnlich alt ist das zentrale Grundprinzip der Digitalisierung, die Abstraktion und Beschreibung von physikalischen Erscheinungen mit Hilfe von Zeichen. Waren die ersten Zeichen und Schriften noch davon geprägt, die beschriebenen Objekte auch bildlich abzubilden – wie etwa bei den ägyptischen Hieroglyphen oder der chinesischen Zeichenschrift noch heute erkennbar – erfand die Menschheit irgendwann Schriftsysteme, die auf einem verhältnismäßig kleinen Zeichensatz beruhen. Unser aktuelles Alphabet ist ein Bespiel dafür. Mit nur 26 Buchstaben und diversen Sonderzeichen wie Punkt, Komma etc. können wir unendlich viele Begriffe, Sätze und Beschreibungen von allem Möglichen bilden und sogar nicht-physikalische Phänomene wie Liebe, Gedanken oder Antimaterie in Worte fassen. Der Kern dieser vielleicht wichtigsten menschlichen Erfindung ist: Den Dingen einen Namen geben.

Hierdurch wird es möglich, über Dinge und Phänomene zu sprechen oder zu schreiben, ohne dass sie selbst anwesend sein müssen. Welche Leistung darin liegt, leuchtet unmittelbar ein, wenn man sich vorstellt, wie gut es zum Beispiel war, Kinder oder Stammesmitglieder vor Säbelzahntigern zu warnen, ohne dass die da schon vor ihnen standen und die Zähne fletschten. Aber auch Handwerk und Technik profitieren seit Jahrtausenden von dieser Möglichkeit, die letztlich den Kern jeder Medientechnik bildet, von der Höhlenmalerei über Bücher und Fernsehen bis hin zu Augmented und Virtual Reality-Anwendungen. Konzeptionell ist die Loslösung von der physikalischen Anwesenheit von Gegenständen in Verbindung mit ihrer medialen »Verdopplung« der Kern jeder »Tele-Technik« und der modernen Vernetzungstechnologien.

Deutlich ökonomischer wurden Zeichen- und Schriftsysteme, als man begann, die Namen und Beschreibungen von Dingen mit abstrahierten Zeichen auszudrücken, die völlig losgelöst sind vom Erscheinungsbild der Dinge. Hierdurch kommt man mit wesentlich weniger Zeichen aus, z. B. in unserem aktuellen Schriftsystem mit unter hundert Zeichen.

So gesehen ist Digitalisierung ein altehrwürdiges Phänomen – entstanden vor Zehntausenden von Jahren, als die Menschen zählen und buchstabieren lernten. Dass wir zählen, rechnen, lesen und schreiben könnten, ließe sich neben dem Humor durchaus zu den Eigenheiten der Menschen stellen, die uns von anderen Lebewesen unterscheiden.

Das Besondere an abstrahierten Zeichensystemen wie unserem Alphabet ist, dass die Zahl der Zeichen endlich ist (am besten sogar ziemlich klein), dass die Zeichen klar unterscheidbar sind, nicht gleichzeitig auftreten und sich nicht widersprechen dürfen. Alle Zeichensysteme, die diese Bedingungen erfüllen, sind gleichmächtig und können mit Hilfe einfacher Regeln quasi automatisiert ineinander übersetzt werden. Unser alltäglich genutztes 100-Zeichen-System ist also gleichmächtig zum Beispiel zu einem System aus zwei Zeichen, wie etwa 0 und 1. Deshalb war es möglich, dass wir seit den 1940ger Jahren Maschinen entwickeln können, die gezielt dafür gebaut werden, uns beim Zählen und Rechnen zu unterstützen. Die meisten dieser so genannten Computer (= lat. und engl.: »Zusammenzähler«) können inzwischen besser zählen und rechnen als die meisten Menschen und mit ihrer Hilfe können wir Schrift erheblich besser erfassen, bearbeiten, speichern oder verbreiten als mit allen früheren Techniken. Seit den 1990ger Jahren kommt mit dem WorldWideWeb eine stetig wachsende internationale Infrastruktur hinzu, die es erlaubt, Zahlen, Berechnungen und alle Arten von Inhalten in Sekundenbruchteilen rund um den Globus zu verschicken und auszutauschen.

Die Ursprünge dieser medialen Konzepte und Techniken sind also fast so alt wie die Menschheit und sind vielleicht sogar ein wesentliches Merkmal unserer Menschwerdung. Auf jeden Fall sind sie mit der Geschichte der Menschheit aufs Engste verbunden.

Das wiederum heißt, dass wir auch seit Jahrtausenden mit praktisch allen Herausforderungen der Digitalisierung und Mediennutzung vertraut sind: Die Gefahr von Missverständnissen, wenn Autor/inn/en und Empfänger/inn/en von Informationen voneinander entfernt sind; die Möglichkeiten der Täuschung; der Missbrauch für die Diffamierung anderer Menschen oder Gesellschaften; die Nutzung für Machtinteressen und Gewalt; Verbreitung von Pornografie, Voyarismus und sexuellen Übergriffen; Gefahren der Sucht nach den Inhalten oder auch einigen Formen von Medientechnik; Ausnutzung für die ökonomische Bereicherung auf Kosten anderer; usw.

Der gute Teil der Nachricht: Ungeachtet unzähliger Exzesse ist es den meisten Gesellschaften und der Menschheit als Ganzes über die Jahrtausende der Verwendung digitaler Konzepte und Techniken immer wieder gelungen, die Gefahren einzudämmen und die Vorteile breit nutzbar zu machen.

Deshalb übrigens ist es einerseits unerlässlich, sich immer wieder aktuell den jeweiligen Herausforderungen und möglichen negativen Folgen von Medien- und Digitalisierungstechniken zu stellen – wie es die Artikel in diesem Band tun – und zugleich regelmäßig zu schauen, welche Lösungen frühere Gesellschaften oder auch Individuen dazu bereits entwickelt haben.

Mir persönlich hilft neben dem Blick in die Geschichte oft auch der Ausflug ins Fiktionale. Daher erlaube ich mir hier zum Abschluss dieses kleinen Geleitworts den Hinweis auf zwei Autoren, zu denen ich als Diplom-Informatiker aus dem letzten Jahrhundert immer wieder gern zurückkehre: Isaac Asimov und Stanislav Lem. Beide haben auf ganz eigene Weise, zum Glück oft mit einigem Humor und durchaus manchmal mit mehr Tiefe als viele aktuelle Beiträge, Fragen der Digitalisierung (die damals noch nicht so hieß), der Künstlichen Intelligenz und der Vernetzung bearbeitet.

Expemplarisch möchte ich bei Asimov den Roboter-Zyklus hervorheben, dessen einzelne Geschichten zum Teil als Criminal-Science-Fiktion daherkommen, aber sich im Kern fast immer um die Frage drehen, wie die Menschen als Erfindende zu den Robotern als den Erfundenen stehen. Dies eingegossen und scheinbar gelöst in drei sogenannte »Robotergesetze«, die oberflächlich betrachtet das Primat der Menschen festschreiben, aber in ihrer Auslegung und Abgrenzung sehr viele Fragen beispielsweise zum Autonomen Fahren oder den Grenzen der Künstlichen Intelligenz vorwegnehmen.

Wer keine Lust zum Nachlesen so alter Geschichten hat, kann eine überraschend intelligente Zusammenfassung in Hollywoods »I Robot« aus dem Jahr 2004 mit Bridget Moynahan und Will Smith sehen. Kernfrage: Wenn ein Roboter / eine Künstliche Intelligenz zu dem Schluss kommt, dass die Menschen dazu neigen, sich selbst zu schaden, wäre es dann nicht legitim – und mit den Robotergesetzen verträglich, die Menschen zu kasernieren, um sich vor sich selbst zu schützen?

Von Lem möchte ich »Die Waschmaschinentragödie« hervorheben, eine Groteske über Waschmaschinen, die irgendwann neben ihren Waschtätigkeiten auch zu vielen anderen Tätigkeiten in der Lage sind, aussehen können wie Menschen und schließlich so intelligent und emotional »hochgezüchtet« werden, dass sie vor dem obersten Gericht auf ihre »Bürger«-Rechte klagen. Auch hier im Kern die Frage nach dem Verhältnis von Menschen und ihren intelligenten Maschinen, gewürzt mit den wirtschaftlichen Interessen zweier Großkonzerne, und zugespitzt, bis an die Grenze des »Soll ich darüber lachen oder weinen? Oder doch lieber nachdenken?«

Letztlich ist die Digitalisierung von Menschen gemacht und die Gefahren oder Missbräuche resultieren sehr wohl aus der Technik, aber noch mehr aus menschlichen Bedürfnissen. Und mit denen kennen wir uns aus!

Um den Bogen zum Beginn zurück zu schlagen: Ein Teil der Botschaft des alten Wortsinns von digitus an die moderne »Digitalisierung« könnte sein, die Dinge nicht so weit zu abstrahieren, dass sie unverständlich werden, oder umgekehrt: Je mehr wir digitalisieren, umso mehr müssen wir darauf achten, dass die Dinge handhabbar und menschlich beherrschbar bleiben.

Denn Digitalisierung funktioniert nur, wenn die Menschen zählen. In mehrfacher Hinsicht.

Oder um den Titel dieses Bandes aufzugreifen: Wenn wir uns nicht darum kümmern »Wie wir leben wollen«, tun es andere – womöglich Maschinen…

Prof. Dr. Carsten Busch, Präsident der Hochschule für Technik und Wirtschaft, Berlin

Inhaltsverzeichnis

Wer handeln will, muss Grundlagen und Zusammenhänge verstehen – Eine Einleitung

Frank Schmiedchen

Ein fundiertes Verständnis über den heutigen Stand und die nächsten Entwicklungsschritte von Digitalisierung, Vernetzung und maschinellem Lernen (Künstlicher Intelligenz; KI) ist von grundlegender Bedeutung für eigene, informierte Entscheidungen. Für den Einzelnen ist dabei vor allem wichtig: Wie wirken neue und zukünftige digitale Techniken auf und in unterschiedlichen Anwendungsfeldern und welche Konsequenzen hat das für mich und für die Gesellschaft, in der ich lebe?

Digitale Vernetzung und Künstliche Intelligenz sind epochale Basisinnovationen, die schubartig alle Bereiche der Gesellschaft durchdringen und Motor eines umfassenden, disruptiv verlaufenden Strukturwandels sind. Sie repräsentieren teilweise völlig neue technische Ansätze und Lösungen und sind ihrerseits die technologische Basis für unabsehbar viele Nachfolgeinnovationen, die bereits begonnen haben, unser Leben tiefgreifend und in hoher Geschwindigkeit zu verändern.

Trotz zahlreicher Veröffentlichungen werden die tiefgehenden und vielseitigen Wirkungen fortgeschrittener digitaler Entwicklung zumeist nur ausschnittsweise, also für spezifische, sozio-ökonomische, sozio-kulturelle oder sozio-technische Bereiche betrachtet. Fischer und Puschmann stellen hierzu in einer Langzeitstudie zum Mediendiskurs in Deutschland fest, dass es dabei eine einseitige Fokussierung auf wirtschaftliche und technik-euphorische Aspekte digitaler Entwicklungen gibt. Demgegenüber würden aber andere wichtige Fragen noch zu selten, wenn auch »erstaunlich lösungsorientiert« diskutiert (vgl. Puschmann/Fischer, 2020; S. 29ff). Nach wie vor fehle es im Hinblick auf vertretene Perspektiven und Akteure an Vielfalt (ebenda). Der Diskurs wird somit beherrscht von der Unterstellung einer allgemeingültigen und breit akzeptierten Zustimmung zu technikoptimistischen Zukunftskonzepten, die meist unbestimmt bleiben und nicht kritisch hinterfragt werden. Dies kann dann im politischen Alltag zu absurden Glaubenssätzen führen wie »Digitalisierung first – Bedenken second« (FDP-Bundestagswahl Slogan 2017).

Die fehlende wissenschaftliche (z. B. neurologische, [sozial-] psychologische, juristische oder volkswirtschaftliche) Analyse bewirkt angesichts der exponentiellen Wissensvermehrung, dass immer weniger Menschen oder Institutionen diese Entwicklungen halbwegs verstehen; diese Wenigen aber in Folge dessen die weiteren Entwicklungen zunehmend unkontrolliert bestimmen können (auch hier gilt: »The winner takes it all«).

Die weitaus größere Herausforderung besteht allerdings darin, dass der Großteil bisheriger Veröffentlichungen ausdrücklich oder implizit suggeriert, dass die weitere Verfolgung des eingeschlagenen Technologiepfades ein unabwendbares Schicksal der

Menschheit sei. Das gipfelt in der Behauptung, dass sie ihre evolutive Zukunft bestimme, wir uns also bereits heute in einem sogenannten Lock-in befinden.

Aus der fortgeschrittenen digitalen Entwicklung wachsen neben großen Chancen auch gesellschaftliche Herausforderungen und existenzielle Gefahren für eine menschengerechte Zukunft. Es sind nicht viele, die wie der US-amerikanische Dokumentarfilmer und Autor James Barrat mögliche weitere Entwicklungen logisch zu Ende denken. Er mahnte an, dass eine breite, gesellschaftliche Diskussion über die grundlegenden Zusammenhänge und Gefahren der weiteren digitalen Entwicklung, vor allem der Künstlichen Intelligenz, für die Menschheit überlebenswichtig sei. Barrat fordert daher umfassende Technikfolgenabschätzungen, deren Notwendigkeit er dramatisch beschreibt als »nor does this alter the fact that we will have just one chance to establish a positive coexistence with beings whose intelligence is greater than our own« (Barrat, 2013, S. 267). Barrat wird hier zitiert, weil er mit seinen bereits 2013 geschriebenen Sätzen einen ungewöhnlichen Einfluss hatte und einer der Auslöser dafür war, dass Elon Musk sich zur Gründung seines Unternehmens Neuralink entschloss und dies 2016 umsetzte. Neuralink soll noch 2021 Mensch-Maschine-Schnittstellen produzieren, nach dem das Unternehmen dies bereits erfolgreich bei einem Makake-Affen einsetzte (Musk, 2021; Kelly, 2021). Neuralink wurde laut Musk vor allem gegründet, um die Menschheit fähig zur Symbiose mit der KI zu machen und sie so für künftige Auseinandersetzungen mit feindseligen, starken KIs aufzurüsten. (Hamilton, 2019). Spätestens hier wird Science Fiction plötzlich Alltagspolitik.

Auch weit unterhalb dieser, hinsichtlich des Zeitpunkts ihres Eintritts, umstrittenen Innovationsschwelle der technischen Singularität (von »in wenigen Jahren« bis »niemals«), gibt es schon heute zahlreiche Herausforderungen, die die fortgeschrittenen digitalen Entwicklungen für unser alltägliches (Zusammen-)Leben bedeuten.

Insbesondere einschlägige Diskussionen seit Ausbruch der Covid-19-Pandemie suggerieren Alternativlosigkeit: So wächst beispielsweise unter dem Stichwort »the gerat reset« die Gefahr einer »Singapurisierung« westlicher, offener Gesellschaften, mit dem behaupteten Ziel der Erreichung der Sustainable Development Goals der UNO oder des Klimaschutzes (SDG 2030, Schwab/Mallert, 2020). Die behaupteten Zielsetzungen, suggerieren gute Absichten (z. B. Diversität), muten in ihrer operativen Konsequenz (z. B. Paternalismus, *nudging, politial correctness, cancel culture*) dagegen alptraumhaft wie ein »Smoothie« aus »1984« und »Schöne neue Welt« an. Mittlerweise werden diese Versuche urbaner, westlicher Eliten einer sozialökologisch verbrämten, identitätspolitisch flankierten Fortsetzung neoliberaler Umverteilungspolitik zugunsten der Reichen offen diskutiert (vgl. Fourest, 2020, Kastner/Susemichel, 2020, Wagenknecht, 2021).

Ähnlich offen wie 1997 das reaktionäre »Project for The New American Century« seine Vorstellungen einer neuen, unilateralen Weltordnung unter Führung des von Gott auserwählten US-amerikanischen Volkes ins Netz stellte, machen dies heute sprachprogressive, (il-)liberale Gruppen und Institutionen, um, unter dem Deckmantel einer zweifellos notwendigen, sozialökologischen Transformation, bestehende Macht- und Produktionsverhältnisse zu sichern (vgl. Schwab/Mallert, 2020; WEF, 2020, Wagenknecht, 2021). Dabei entsteht der Eindruck, dass auch in demokratischen, offenen Gesellschaften eine digitale Überwachung des »richtigen Handelns« und dessen vielfältige Sanktionierung (z. B. bei Mobilität, Ernährung, Gesundheitsvorsorge, Arbeitsmoral) politisch durchgesetzt werden sollen. Ein solches System bedeutet aber, dass gläserne Menschen im digitalen Pan-opticum ständig potentiell überwacht werden, ob sie sich richtig und angemessen verhalten. Tun sie das nicht, drohen negative Konsequenzen (z. B. höhere Krankenversicherungsbeiträge für Menschen ohne smarte Fitness-Armbänder) (vgl 1. Kapitel).

Andererseits sind digitale Technologien für die meisten Menschen weltweit nicht mehr wegzudenkende Werkzeuge des Alltags und in vielerlei Hinsicht außerordentlich nützlich: Sie vereinfachen und beschleunigen viele Aufgaben, verbinden Menschen, reduzieren Gefahren, erzeugen Bequemlichkeit, machen Spaß und retten Leben. Damit sind sie eine Bereicherung des menschlichen Lebens, insbesondere wenn sie gemeinwohlorientiert genutzt werden.

Da stören natürlich Mahnende, deren Position zusätzlich geschwächt wird, durch solche Nörgler, die wenig fundiert, weitergehende Digitalisierungsschritte grundsätzlich als Teufelswerk charakterisieren. Eine solche Fundamentalkritik ist aber kontraproduktiv, angesichts der weltweit breiten Begeisterung der meisten Menschen, ob ihrer digitalen Zugangsmöglichkeiten. Unüberhörbar sind auch die vehementen Forderungen derjenigen, die diesen Zugang nicht (ausreichend) haben, das *digital gap* zu überwinden.

Es sind eben wir Menschen selbst, die als Bürger*innen, Arbeitende, Lernende, Konsumierende oder Patienten, einen immer leistungsfähigeren, barrierearmen Zugang zu immer mehr digitalen Werkzeugen fordern und die die zur Verfügung stehenden digitalen Medien sehr umfangreich nutzen. Zumindest in den drei technologisch führenden Weltregionen Nordamerika, Ostasien und Europa sind heute immer mehr Menschen davon überzeugt und begrüßen es auch, dass die menschliche Zukunft eine digitale sein wird, was immer das auch heißen mag. Die Covid19-Pandemie hat diese Entwicklung noch einmal dramatisch deutlich beschleunigt. Oliver Ponsold knüpft genau hier an und fragt nach dem persönlichen Umgang mit digitalen Medien:

Der persönliche Umgang mit dem Digitalen

Oliver Ponsold

Im persönlichen Umgang mit dem Digitalen hat sich seit Jahren eine neue Lebenswirklichkeit geformt: Durch Konvergenz von fortgeschrittener technischer Leistungsfähigkeit und verfügbaren Energiespeichern im Taschenformat entsteht dort, wo performante Konnektivität zuverlässig gegeben ist, ein digitales persönliches Umfeld, welches uns dauerhaft in den Wahrnehmungen und Bewertungen der Umwelt unterstützt und beeinflusst und darauf aufbauend kurzfristige Entschlüsse und Umsetzungen ermöglicht, bzw. kanalisiert.

Als Beispiel bieten Dienstleistungsunternehmen, die Essen von Drittanbietern an die Kunden vermitteln und liefern, eine Brücke zum eigentlichen Leistungserbringer. Eine dauerhafte Nutzung führt dazu, dass Leistungserbringer sich stärker am Kunden orientieren und von ihm lernen, insbesondere wenn auch andere Daten des digitalen Kunden-Ichs einbezogen werden. Dadurch sinkt ihr unternehmerisches Risiko und es entsteht tendenziell eine höhere Kundenzufriedenheit und damit -bindung. Ein eigenes, modernes digitalisiertes Fertigungs- und Vertriebsumfeld unterstützt in der Leistungserbringung Schnelligkeit und Berücksichtigung kundenspezifischer Sonderwünsche sowie iterative Kaufmodelle und langfristige Kundenbindung. Serviceanbieter verdienen ausgesprochen gut an den für den Kunden vordergründig kostenfreien Plattformen durch enorme Skalierungseffekte und intelligente Auswertung gesammelter Nutzungsdaten, dem eigentlichen Zahlungsmittel des Internets.

Die natürliche Person schließlich konvergiert bei dauerhafter, intensiver Nutzung mit den eigenen virtuellen Abbildern im Internet und den mitgeführten digitalen Assistenten. Die hinterlassenen digitalen Fußabdrücke werden von KI-Algorithmen maschinell ausgewertet und interagieren in Form gezielter Auswahlpräferenzen und (Produkt-) Empfehlungen, sodass ein wiederum verstärktes positives, bindendes Nutzungserlebnis ermöglicht wird. Dies schließt z. B. in der Kombination von E-Commerce-Plattformen mit sozialen Netzwerken den Freundes- und Bekanntenkreis mit ein. Damit entstehende psychologische und praktische Pfadabhängigkeiten und Lock-In-Mechanismen werden im Kapitel 3 dieses Buches ausführlich dargestellt und diskutiert.

Vier Frageblöcke können dies ganz persönlich erhellen:

1. Ist der Blick auf das Smartphone ständiges Ritual? Wie oft und zu welchen Anlässen nutze ich es? Nutze ich verschiedene Medien oft gleichzeitig und sind diese smart miteinander vernetzt?
2. Aus welcher Quelle bzw. welchem Medium beziehe ich Informationen und überprüfe ich diese? Welche Antwortzeit erwarte ich auf Fragen? Welches persönliche Abdruck-Profil hinterlasse ich bei meinen Recherchen?
3. Wie oft teile ich welche Art von Lebensmomenten über soziale Medien und welchen und wie vielen Menschen folge ich in sozialen Netzwerken, in Blogs oder Podcasts?
4. Was wären die Folgen, wenn mein virtuelles ICH mit Zugängen zu E-Mail und allen sozialen Netzwerken gestohlen und für kriminelle Zwecke genutzt werden würde?

Im Fazit lässt sich festhalten, dass Mensch und digitale Technik bereits eng miteinander verwoben sind. Digitale Technik ermöglicht uns in Echtzeit, Zugriff auf nachgefragte Information, die wir durch persönliche Nutzung im Spiegel unseres Wissens und unserer Präferenzen validieren und bewerten.

Die Vereinigung Deutscher Wissenschaftler (VDW) beschäftigt sich seit 2016 eingehend mit Technikfolgen der Digitalisierung und hat hierzu eine Studiengruppe eingesetzt, die 2018 eine Stellungnahme zu den Asilomar-Prinzipien zu ethischen Fragen der künstlichen Intelligenz veröffentlichte und 2019 gemeinsam mit zwei anderen Studiengruppen der VDW, verschiedenen deutschen Hochschulen, dem Deutschen Gewerkschaftsbund (DGB) und Brot für die Welt eine nationale Konferenz zu den Ambivalenzen des Digitalen mit und an der Hochschule für Technik und Wirtschaft Berlin durchgeführt hat.

Das vorliegende Kompendium knüpft an dieser Kooperation mit der Hochschule für Technik und Wirtschaft an. Das Buch stellt einen wichtigen Meilenstein der Arbeit der VDW zu Digitalisierungsthemen dar und ist auch Grundlage für weiterführende Arbeiten.

Angesichts der geradezu religiös anmutenden Euphorie in Bezug auf die fortschreitende Nutzung von Digitalisierung, Vernetzung und KI in praktisch allen Lebensbereichen ist es eine notwendige und natürliche Aufgabe der VDW, auf unterschätzte oder ignorierte existentielle, wissenschaftlich und gesellschaftlich relevante Probleme dieser Entwicklung hinzuweisen, Ansätze für Technikfolgenabschätzungen zu liefern und fundierte Vorschläge zu einem ethisch vertretbaren Umgang zu unterbreiten. Deshalb stellen wir Fragen:

- Wer bestimmt was »gut« ist, wenn Technik zunehmend allumfassend wird und alle Menschen, direkt oder zumindest indirekt betrifft, und nicht nur diejenigen, die sich bewusst für ihre Nutzung entschieden haben?
- Haben wir beispielsweise in der EU einen Konsens darüber, welche Risiken wir bereit sind zu akzeptieren, um unser Leben immer bequemer zu gestalten?
- Wie ist ein solcher Konsens auf globaler Ebene herstellbar?

Wir sehen das enorme Befreiungspotential, das die Digitalisierung bereits heute für den Einzelnen und für Gesellschaften bedeutet, wenn diese Möglichkeiten individueller Freiheit und sozialer sowie ökologischer Entwicklung genutzt werden.

Wir sehen die Gefahren von Digitalisierung, Vernetzung und KI, die darin liegen, dass sie neuartige, langfristige, tiefgreifende und in ihren Auswirkungen unvorhersehbare Abhängigkeiten für Einzelpersonen, Institutionen und Staaten schaffen, denen sich nur wenige entziehen können.

Dabei unterscheiden wir zwischen Chancen und Gefahren, die aus unterschiedlichen gesellschaftlichen Einbettungen der Techniknutzung entstehen und technikinhärenten Risiken, die unabhängig von dieser Einbettung grundsätzlich aus der Technikentwicklung und -nutzung immer entstehen, und ebenfalls umfassend adressiert werden müssen.

Zu letzterem zählen z. B. Folgen der Nutzungsquantität für die menschliche Gesundheit, für soziale Beziehungen und Bildung, oder Fragen der inneren und äußeren Sicherheit. Zu den systemabhängigen Risiken zählen z. B. versteckte Manipulationen durch die Verarbeitung und Verwertung unüberschaubar großer Datenmengen (Big Data), die von Unternehmen zur Konsumsteuerung, von politischen Gruppen zur Desinformation und von autoritären Staaten, aber auch (il-)liberalen Strömungen in Demokratien zur Unterdrückung und/oder sozialen Lenkung genutzt werden.

Die weitere Digitalisierung führt nur dann zu menschengerechten und gesellschaftlich wünschenswerten Ergebnissen, wenn zukünftige Entscheidungen in einem höheren Maße als in der Vergangenheit dem Gemeinwohl dienen.

Bereits diese Einleitung zeigt, dass es unbedingt eines wissenschaftlich fundierten Werterahmens bedarf, um miteinander sinnvoll diskutieren zu können, wie potentielle Einflüsse der Digitalisierung auf den Einzelnen, die Gesellschaft und die Umwelt sichtbar und bewertbar gemacht werden können, und zuvorderst, welche Maßstäbe wir hierfür festlegen. »Messen und Bewerten« ist dabei nicht rein quantitativ zu verstehen, sondern meint vor allem eine qualitativ zutreffende Annäherung zur Bestimmung des Objekts. Messen und bewerten beinhalten aber auch genau das: Die exakte Bestimmung, welche Parameter das Ergebnis digitaler Rechenprozesse bestimmen und welche unterschiedlichen »echtweltlichen« Auswirkungen die Einfütterung bestimmter Parameter hat (vgl. Becker, 2015, S. 91–97).

Das vorliegende Kompendium zu Technikfolgen von Digitalisierung, Vernetzung und Künstlicher Intelligenz liefert grundlegendes Wissen zum tatsächlichen Stand der Technik und ihrer bereits sichtbaren, wahrscheinlichen und möglichen Wirkungen und Konsequenzen in ausgewählten Bereichen. Es dient der Aufklärung und soll zu vernünftigen Diskursen beitragen. Das Buch ist in vier Teile unterteilt:

Teil I: Mensch und digitale Technik
Teil II: Rechtliche Gestaltung und Standards der Digitalisierung
Teil III: Politische Gestaltung der Digitalisierung
Teil IV: Verantwortung der Wissenschaft

Die ersten drei Teile liefern jeweils unterschiedliche Perspektiven auf den jeweiligen Themenschwerpunkt:

- Im Teil I »Mensch und Technik« wird Grundlagenwissen vermittelt und es werden philosophische Fragen zum Verhältnis des Menschen zur Technik gestellt. Der Kern dieser Fragen ist, ob digitale Technik noch den Charakter eines menschgemachten Werkzeuges hat oder ob den Maschinen und Algorithmen zunehmend ein Eigenwert zugebilligt wird und Menschen der Technik eine faktische Herrschaft über ihren Alltag und wesentliche gesellschaftliche Bereiche einräumen. Wir werfen einen Blick auf die Natur und die Wahrnehmung von Daten sowie den aktuellen informationstechnischen, mathematisch-physikalischen Stand der Entwicklungen (Kapitel 1 und 2). Darauf aufbauend diskutieren wir in einer mathematisch- soziologischen Analyse Pfadabhängigkeiten (Kapitel 3) und setzen uns mit technikphilosophischen Fragen, dem zu Grunde liegenden Menschenbild und transhumanistischen Träumen auseinander (Kapitel 4 und 5).
- Teil II des Buches betrachtet die Notwendigkeit und Möglichkeiten zur rechtlichen Regulierung der Digitalisierung, sei diese »hard law« (z. B. Gesetze und

sanktionsbewährte internationale Abkommen) oder »soft law« (z. B. Normen und Standards, Selbstverpflichtungen). Dies gescheht mit Blick auf Forderungen nach Maschinenrechten (Kapitel 6); haftungsrechtliche Fragen (Kapitel 7); der Notwendigkeit technischer Normierungen und Standardisierungen (Kapitel 8) und der zentralen Frage geistiger Eigentumsrechte (Kapitel 9). Von besonderer Bedeutung sind Fragen der internationalen Regulierung von tödlichen autonomen Waffensystemen, als einem Beispiel zukünftiger digitaler Kriegsführung (Kapitel 10).

- Teil III begründet in sechs zentralen gesellschaftlichen Bereiche, warum die weitere Digitalisierung, Vernetzung und vor allem die KI-Entwicklung umfassender Technikfolgenabschätzungen unterworfen werden müssen. Der Teil beleuchtet sozioökonomische, kulturelle und politische Fragen der Anwendung und ist fokussiert auf die uns besonders wichtig erscheinden Anwendungsbereiche Bildung (Kapitel 11), Gesundheit (Kapitel 12), Nachhaltigkeit (Kapitel 13), Wirtschaft (Kapitel 14), Arbeit (Kapitel 15) und Soziales (Kapitel 16).

Über die 16 Kapitel der ersten drei Teile hinweg entsteht so eine Argumentationskette, die wir im **Teil IV**: »Verantwortung der Wissenschaft« mit unserer Forderung nach umfangreichen Technikfolgenabschätzungen von Digitalisierung, Vernetzung und Künstlicher Intelligenz verdichten und abschließen.

Zum Schluss der Einleitung und zu Beginn der hoffentlich spannenden Lektüre möchten wir alle Menschen dazu einladen, miteinander und mit uns, der Vereinigung Deutscher Wissenschaftler, über den besten Weg in die Zukunft nachzudenken!

Teil I

Mensch und digitale Technik

Einführung

Klaus Peter Kratzer

»We can only see a short distance ahead, but we can see plenty there that needs to be done.« (Turing 1950) – mit diesem letzten Satz aus Alan Turings grundlegender Veröffentlichung zu der Frage, ob Maschinen denken können, sind wir in diesen Zeiten wiederum konfrontiert. Der Unterschied zu Turings Situation vor mehr als 70 Jahren ist allerdings, dass wir nicht nur Visionen pflegen, sondern uns mitten in einer Umgestaltung unserer Lebenswelt befinden, in der zunehmend Maschinen in jedweder Form Einfluss auf uns uns nehmen – wir kommunizieren mit Maschinen, verwenden Maschinen als (auch inhaltliche) Vermittler unserer Kommunikation zu Mitmenschen und erlauben, dass uns Maschinen klassifizieren, bewerten und beurteilen. Dass Letzteres meist außerhalb unserer Wahrnehmung und oft ohne unser unmittelbares Wissen geschieht, ist dabei unerheblich – häufig sehen wir uns in der Gewalt einer Zwangsläufigkeit, die unsere Wahlmöglichkeit einschränkt, und, getragen von einem Wunsch nach Konformität, eine rationale Erkenntnis der Lage beeinträchtigt.

Gefordert ist von uns ein verzweifeltes, blindes Vertrauen in den Fortschritt, denn nur die wenigsten Betroffenen können den Stand der Technik und die Verlässlichkeit dieser Technik abschätzen und noch weniger den in die Zukunft projizierten Zustand unserer Gesellschaft erfassen und bewerten. Hinzu kommt natürlich auch die Frage, wer in eine derartige Technikanwendung investiert: Welches Geschäftsmodell welcher Organisation, welches Unternehmens, welcher Behörde wird hierdurch getragen, und in welcher Rolle findet sich jede und jeder Einzelne dabei wieder? Ist es selbstverständlich, dass der Hersteller des Kraftfahrzeugs, das ich erworben habe, meine Bewegungsmuster aufzeichnet und analysiert? Muss ich es hinnehmen, bei einer Beschwerde durch einen »Chatbot« der betroffenen Institution schematisch abgefertigt zu werden? Ist es zulässig, dass mein Arbeitgeber über ein (natürlich von der Firma gestelltes) Fitness-Armband auf meine Körperfunktionsdaten sekundengenau zugreift? ... wobei ich mich im Vorhinein schon bereit erklärt hatte, selbstverständlich in freiem Willen und in freier Entscheidung, dieses Armband auf dem Firmengelände zu tragen.

Die Kapitel des ersten Teils dieses Buchs stellen uns alle dem Stand der Technik, mit der wir konfrontiert sind, gegenüber und tragen dazu bei, der zumeist noch vor uns liegenden Reflexion und Debatte Substanz zu verleihen. Im Zuge der tieferen Einsicht werden ganz naturgemäß mehr Fragen aufgeworfen als beantwortet werden, da es leider für komplexe Probleme eben keine einfachen Lösungen gibt. Dennoch werden wir alle zeitnah zu diesen Fragen Stellung beziehen müssen, damit noch möglichst viele Optionen für die Welt, in der wir leben wollen, wählbar bleiben.

Das erste Kapitel *Datafizierung, Disziplinierung, Demystifizierung* von Stefan Ullrich entwickelt eine Darstellung der jahrhundertelangen Tradition der Erfassung, Kodierung und Strukturierung von Daten – anhand der technischen Entwicklung, aber auch, und insbesondere, anhand der komplexen Beziehung von Daten, Fakten und der realen Welt.

Folgend führen Alexander von Gernler und Klaus Peter Kratzer im Kapitel *Technische Grundlagen und mathematisch-physikalische Grenzen* in die der Vernetzung, Digitalisierung und Künstlichen Intelligenz zugrundeliegende Technik ein. Sie zeigen auf, wo die Möglichkeiten und Grenzen dieser Technik heute liegen – und, in der Folge, welche Entwicklung der Gesellschaft insgesamt, aber auch der Lebensverhältnisse der Einzelperson bereits erkannt werden kann und absehbar erwartet werden muss.

Jasmin S.A. Link zeigt in ihrem Beitrag zu *Pfadabhängigkeit und Lock-in,* wie die sozio-ökonomische Abhängigkeit von Digitalisierung und Vernetzung, die bereits weithin beobachtbar ist, durch exponentielle Verstärkungseffekte zu vollständiger Abhängigkeit und Verlust der Handlungs- und Entscheidungsfreiheit innerhalb der Systemlogik führen kann, die dann nur durch einen aufwendigen Systembruch überwunden werden kann. Ihre Argumentation mündet in eine Forderung nach situativem Aufzeigen und Bereitstellen von Alternativen und dem Erhalt von Vielfalt als Gegenpol zur algorithmengetriebenen Homogenisierung.

Das Verhältnis zwischen Technik und Mensch betrachtet Stefan Bauberger in seinem Beitrag *Technikphilosophische Fragen* und stellt dabei fest, dass der Mensch in Gefahr ist, zu einem informationsverarbeitenden System degradiert, ja geradezu entwürdigt zu werden. Technik darf kein Selbstzweck sein: Eine differenzierte, wertbezogene Betrachtung von Technik muss erreicht werden; das technisch Mögliche ist dabei nicht automatisch das Erlaubte oder Gebotene.

Daran anknüpfend wirft Frank Schmiedchen in seinem Kapitel zu *Digitalen Erweiterungen des Menschen, Transhumanismus und technologischem Posthumanismus* einen Blick auf Schnittstellen zwischen Mensch und Maschine und utopisch/dystopische Visionen der Zukunft des Anthropozäns. Ist die evolutionäre Weiterentwicklung oder Ablösung des Homo Sapiens durch Algorithmen ein quasi-religiöser (Alp-)Traum in (scheinbar?) weiter Ferne, so sind digitale »Aufwertungen« per Kleidung, Schmuck und Einpflanzungen bereits gang und gäbe – das heute schon erkennbare, symbiotische Verhältnis vieler zu ihrem Mobiltelefon unterstützt diese Vision eindrucksvoll.

Für die Selbstbetrachtung, aber auch den Diskurs, zu dem Thema »Wie wir leben wollen ...« werden diese Beiträge wertvolle Denkanstöße bieten, natürlich auch Reibungsflächen. Doch wenn dieser Diskurs entsteht und die Reibungswärme spürbar wird, ist ein wichtiges Ziel dieses Abschnitts, ja des gesamten Buchs, bereits erreicht.

1. Kapitel
Datafizierung, Disziplinierung, Demystifizierung
Stefan Ullrich

Daten, die gegebenen – wenn es nach Francis Bacon geht (Klein und Giglioni, 2020). Daten, die zu regulierenden – wenn es nach der Europäischen Kommission geht (EUCOM, 2020a). Dazwischen liegen 400 Jahre, in denen Daten gesammelt, gespeichert, verarbeitet und verbreitet wurden. Während für Bacon selbstverständlich war, dass Daten primär der Wissenschaft dienen, sprechen wir heute von Daten wie von einer Handelsware (engl. commodity), die alleine in Europa über 325 Milliarden Euro wert sein soll (EUCOM, 2020b, S. 31). Etymologisch nähern sich also das lateinische *datum* und die *commoditas*, das Gegebene hier und das Nützliche, Passende, Vorteilhafte dort. Den wissenschaftlichen Geist sollte das aufhorchen lassen, denn wo etwas zu passend für die eigene Theorie ist, gilt es, genauer hinzusehen. Daten sollen unbequem sein, die eigene Theorie in Frage stellen können (und, wenn wir wie Mendel bei der Erbsenzucht vielleicht ein ganz klein wenig schummeln, auch manchmal Theorien bestätigen).

In diesem Jahr feiern wir den 75. Geburtstag des Electronic Numerical Integrator and Computer, kurz ENIAC, des ersten frei programmierbaren, elektronischen Universalcomputers. Sicher, in Deutschland könnten wir auch den 80. Geburtstag von Konrad Zuses Z3 feiern und in Großbritannien den 85. Geburtstag der Turing-Maschine – wir leben also seit mehreren Generationen in einem Zeitalter der Berechnung mit Hilfe von Universalcomputern. Daten werden seit Jahrzehnten als maschinenlesbare und vor allem berechenbare Informationen betrachtet. Das Wort der Information, des In-Form-Gebrachten, verrät die Transformation der reinen Notation von Zahlenwerten anhand von Beobachtung oder Überlegung in strukturierte Formate. Daten sind mehr als Zahlen bzw. Symbole, sie besitzen ein Schema, wurden modelliert und maschinenlesbar aufbereitet.

Ein sehr einfaches – und dennoch geniales – Schema ist die Tabelle. In der ersten Zeile befinden sich Bezeichnungen, wie Messgrößen und Einheiten, in den weiteren Zeilen Symbole, notiert in Bild, Schrift und Zahl. Welche Macht bereits die Tabelle besitzt, beschrieb Leibniz seinem Landesfürsten in blumigen Worten. Der beschäftigte Geist der herrschenden Person könne unmöglich wissen, wieviel wüllenes Tuch in welchen Fabriken fabriziert und in welcher Menge von wem in der Bevölkerung verlangt wird. Da das Wissen über diese »connexion der Dinge« für eine gute Regierung jedoch unerlässlich seien, schlug Leibniz so genannte Staatstafeln vor, die auf einen Blick komplexe Sachverhalte erfassbar und somit regierbar, steuerbar machen (Leibniz, 1685).

Daten dienen der Kontrolle des Menschen. Zunächst ist dies nur als genetivus subjectivus zu verstehen, der Mensch nutzt die Daten zur Kontrolle über seine Umwelt. In jüngster Zeit jedoch wird auch die Bedeutung im genetivus objectivus debattiert: Daten dienen der Kontrolle über die Menschen. In diesem Beitrag beginnen wir bei den Bausteinen der Daten, wie wir sie im modernen Kontext verstehen, wir beginnen also bei den Daten verarbeitenden Maschinen. Danach betrachten wir die beiden Dimensionen der Daten für die Kontrolle des Menschen.

1.1 Baustein: Digital-Zahl

Für das moderne Verständnis von Daten ist die Zahl der wohl wichtigste Baustein. Die Informatik in direkter Nachfolge der pythagoreischen Denkschule vertritt mit ihrem Mantra »Alles ist Digitalzahl« die Auffassung, dass jede Geste, jede Rede, jedes Bild, jede Schrift, kurz alle kodifizierten Handlungen des Menschen mit Hilfe einer Zahl aufgeschrieben werden können (vgl. Ullrich 2019). Dies stimmt natürlich nicht, die wichtigsten Dinge können ja gerade nicht erfasst werden, etwa, was einen Gute-Nacht-Kuss im Wesen ausmacht. Die Dichtkunst kommt dem noch am nächsten, aber auch sie scheitert auf hohem Niveau daran, das Innerste des Menschen zu erfassen. Doch wovon die Informatik nicht sprechen kann, darüber schweigt sie nicht etwa, sondern erfasst Daten. Die Anzahl der Gute-Nacht-Küsse korreliert mit der Größe der Familie oder Wohngemeinschaft, ein wichtiges Datum für die Rechteinhaber von Software, die Nutzungslizenzen verkaufen wollen.

Die Zahl, genauer, die diskrete Zahl zerlegt das unfassbare Kontinuum der uns umgebenden Umwelt in messbare und zählbare Objekte – die Messungen und Zahlen geben uns ein Gefühl der Kontrolle. Es muss für die ersten Gemeinschaften äußerst beruhigend gewesen sein, das Geheimnis der Jahreszeiten zu entschlüsseln: Dass der Winter eben nicht ewig dauert, sondern vom Frühling abgelöst wird! Acht Stunden Tag bei der Wintersonnenwende, gute sechs Mondphasen später sind es schon sechzehn Stunden – mit Hilfe des Kalenders und dem Blick auf das Datum besitzt der dem Wetter ausgelieferte Mensch ein wenig Kontrolle. Selbst heutzutage im Zeitalter des menschengemachten Klimawandels sind es Daten, die unsere Klima-Modelle stützen und uns über unsere Zukunft aufklären.

Die diskrete Zahl diente vor allem den empirischen Wissenschaften, produziert mit Hilfe der Beobachtung oder mit Hilfe von Instrumenten und Werkzeugen. Im mechanischen Zeitalter lieferten Werkzeuge wie das Teleskop analoge Signale, die erst schematisiert oder gleich diskretisiert werden müssen – Galileo zeichnete den Mond mit seiner wenig perfekten Oberfläche schematisch und bis heute halten Pilzsammlerinnen und Medizinerinnen die schematische Darstellung von Fruchtkörpern oder Nervenzellen für didaktisch wertvoller als die hoch aufgelöste Photographie.

Um ein analoges Signal in ein diskretes umzuwandeln, wird ein Analog-Digital-Wandler benötigt. Das kontinuierliche Signal, etwa eine Schallwelle, wird 44.100-mal pro Sekunde gemessen, im Fachjargon »abgetastet«. Die Funktionsweise kann man sich am besten mit Hilfe eines Rasters vorstellen. Stellen Sie sich vor, sie zeichnen eine Welle auf ein Karo-Papier. Dann nehmen Sie einen Stift in einer anderen Farbe, rot etwa, und

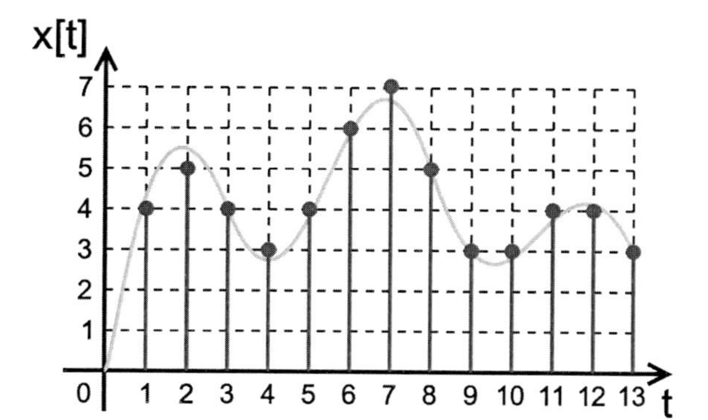

Abb. 1.1: Digitalsignal (rote Punkte) nach Abtastung und Quantisierung eines analogen Signals (grau). Gemeinfreie Abbildung via Wikimedia Commons, dem freien Wissensarchiv.

markieren die Schnittpunkte der Karos, die der Welle am nächsten sind. Diese roten Punkte markieren dann die diskreten Werte des analogen Signals (Abbildung 1.1). Das resultierende diskrete, digitale Signal ist natürlich nur eine Näherung des analogen Signals, die umso kongruenter ist, je höher die Abtastfrequenz und je feiner die Quantifizierung sind. Der Vorteil ist, dass wir nun ein maschinell verarbeitbares Datum haben, ein digitales Datum, das wir speichern oder kommunizieren können.

Die ersten Analog-Digital-Wandler wurden von Konrad Zuse zwischen 1943 und 1944 entwickelt, um das Ablesen der analogen Messuhren der Henschel-Gleitbombe Hs 293 mechanisieren zu können. Nach Abwurf der Bombe konnte sie dank Quer- und Höhenruder per Funk gesteuert werden, um ihre 300 Kilogramm Sprengstoff sicher ans Ziel zu bringen. Sie war der weltweit erfolgreichste Seezielflugkörper, wobei »erfolgreich« übersetzt heißt, für den größten Menschenverlust der US-Amerikaner im Zweiten Weltkrieg verantwortlich zu sein.

Mit diesem drastischen, aber durchaus typischen Beispiel soll die Rolle der Daten verdeutlicht werden. Daten sind ein Dämon, der ebenso dienstbar wie verschlingend sein kann, wie dieses Buch umfassend zeigt. In der wirklichen Welt gibt es keine harmlosen Daten. Daten haben die unschuldige Sphäre der Mathematik verlassen und bestimmen spätestens seit Erfindung der Lochkarte über Wohl und Wehe der Person.

In der Lochkarte sind Daten mit Hilfe von Löchern kodiert, und man benötigt nicht einmal eine Maschine, um sie auszulesen. Die ersten Programmiererinnen hätten sich angesichts der enormen Investitionskosten den Luxus, nur für das Auslesen wertvolle Maschinenzeit zu verbrauchen, auch gar nicht erlauben können. Selbst die Ausführung von einfachen Filter-Algorithmen benötigt bei geeigneter Gestaltung der Löcher keine Maschine. Nehmen wir einmal eine Randlochkarte, die im Gegensatz zu anderen Lochkarten auch für die manuelle Verarbeitung geeignet ist. Eine Randlochkarte besitzt im uncodierten Zustand ringsum Löcher am Rand. Nun wird ein Schlüssel, eine Codierung entworfen, und die Karten werden eingekerbt, so dass an bestimmten Stellen ein Schlitz entsteht. In Abbildung 1.2 sehen wir sowohl Löcher (wie mit einem Locher erstellt) und Schlitzungen (Kerben). Alle Randlochkarten werden nun auf einen Stapel gelegt und aufgestellt, so dass die Löcher übereinanderliegen. Wenn man nun eine

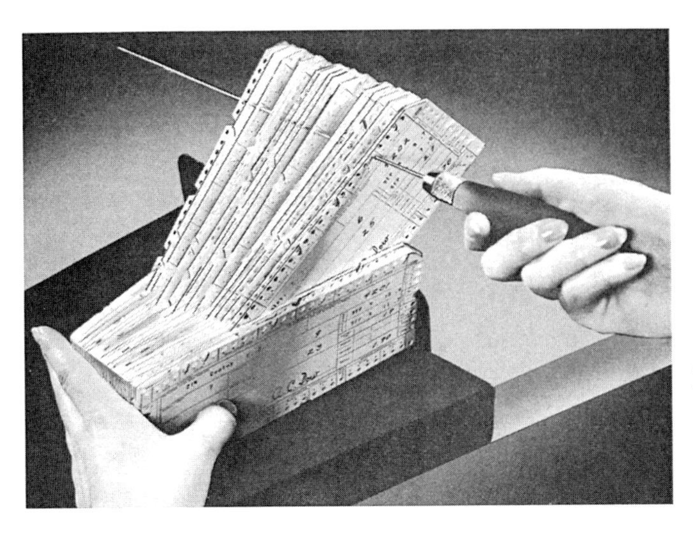

Abb. 1.2: Manuelle Auswahl von Randlochkarten. Abbildung aus: Bourne, Charles: Methods of Information Handling, John Wiley & Sons, New York, 1963, S. 81.

Stricknadel hineinschiebt und den Kartenstapel anhebt, fallen diejenigen Karten herunter, die an der Stelle der Nadel einen Schlitz aufweisen. Die Zeitersparnis bei der Suche im Gegensatz zu normalen Karteikarten ist enorm: Die Auswahlgeschwindigkeit beträgt zwischen 30.000 und 40.000 Karten pro Stunde.

Nicht allein die Datenauswertung, sondern schon die Erfassung und Kategorisierung der Daten fördern sowohl ihren Gebrauch als auch potentiell einen *Miss*brauch. Mit Hilfe eines Randlochkartensystems hätten Leibniz' Staatstafeln einen Versionssprung gemacht, und wer weiß, vielleicht hätten sie dafür gesorgt, dass der Landesfürst sich nicht nur über die Anzahl der wüllenen Tücher informiert hätte, sondern über politische Widersacher, deren persönlichen Daten, Gewohnheiten und Treffpunkte.

1.2 Daten für die Kontrolle des Menschen

Was dem Landesfürsten Leibniz' Staatstafeln, sind dem gesundheitsbewussten Menschen die smarten Fitnessarmbänder und die noch smarteren Universalcomputer in der Hosentasche, die wir aus historischen Gründen nach wie vor »Telefon« nennen. Wir zählen Schritte, Kalorien oder CO_2-Emmissionen, um uns selbst besser zu disziplinieren.

Wir wollen uns selbst oder unsere Umwelt mit Hilfe von erfassten Daten kontrollieren – doch was heißt das eigentlich? Die *contre-rôle* ist das Gegenregister zur Bestätigung einer mit Hilfe von Daten belegten Behauptung. Vertrauen ist gut, Kontrolle ist teuer: Wir müssen erneut Daten erfassen, diesmal unabhängig von den Daten, die in die zu belegende Behauptung geflossen sind (besonders, wenn die Daten von anderen stammen), und wir brauchen diese Daten am besten in Echtzeit. Denn das ist der Schwachpunkt bei Leibniz' Staatstafeln: Die Aussagekraft der Daten nimmt mit der Zeit natürlich ab. Sicher, zur Kontrolle der eigenen Handlungen, also beispielsweise für das Testen der Wirksamkeit politischer Entscheidungen, sind jährlich erhobene Daten ausreichend, oder wie Leibniz schrieb: zur Selbstregierung geeignet. Wenn wir allerdings über jemanden regieren wollen, benötigen wir neben den Daten auch die Überwachung. Wir können nicht sinnvoll über gegenwärtige datenbasierten Geschäftsmodelle sprechen oder Datenmärkte behandeln, ohne die Überwachung explizit zu erwähnen, die ein Instrument der Kontrolle des Menschen ist.

Die Ikone der Überwachung ist selbstverständlich das bereits in der Einleitung des Buches kurz erwähnte Panoptikum von Jeremy Bentham, sein Entwurf eines »Kontrollhauses« von 1791. Bentham (2013) plante dies für eine Vielzahl von Einrichtungen, von Schulen bis Krankenhäuser, aber das erste und bekannteste Beispiel ist das Gefängnis. Im Zentrum der Einrichtung steht ein Turm, der die strahlenförmig abgehenden Zellen einsehen kann, jedoch die Beobachterin im Turm vor dem Einblick schützt. Somit weiß die Insassin einer solchen Zelle nicht, ob und wann sie beobachtet wird, sie weiß jedoch, dass sie jederzeit beobachtet werden kann. Diese Möglichkeit der Überwachung führt zur Verhaltensänderung, die Insassin verhält sich permanent so, als würde sie tatsächlich jederzeit überwacht. Sie hat die Überwachung verinnerlicht, das ist es, was als »panoptisches Prinzip« bekannt wurde.[2]

Das Pan-optische, also das All-sehende, wird durch Überwachungstechnologien zum All-sehenden-für-immer-gespeicherten. So wie das moderne Konzept der Privatheit (»the right to be let alone«, Warren/Brandeis, 1890) erst mit dem Aufkommen des Photoapparats ex negativo entstand, so wurde das Grundrecht auf informationelle Selbstbestimmung erst mit dem Aufkommen großer Datenverabeitungsanlagen begründet (BVerfG, 1983). Der Datenschutz, eigentlich ein sehr ungeeigneter Begriff, greift die Informationsflussrichtung des panoptischen Prinzips auf. Die informationell mächtigere Person wacht im Turm über die informationell unterlegene Insassin. Der Datenschutz, genauer: das Datenschutzrecht soll nun dafür sorgen, dass diese Macht nicht missbraucht wird.

Doch wer überwacht die Überwachenden? Natürlich die Öffentlichkeit, die »Gesamtheit der Schaulustigen, diesem großen offenen Gremium des Gerichtshofs der Welt«, und zwar mit Hilfe von öffentlich zugänglichen Daten (Bentham, 2013, S. 36). Private Daten schützen, öffentliche Daten nutzen, wie in der Hacker-Ethik des Chaos Computer Clubs zu lesen ist, meint die Eigenheit der Daten zu erkennen und zum Wohle der Gesellschaft zu nutzen (CCC, 1998). Daten dienen eben auch der Kontrolle des Menschen, mal verstanden als Genitivus Objektivus im Falle des Panoptikums, mal verstanden als Genitivus Subjektivus im Falle des Gerichtshofs der Welt.

In biometrischen Erkennungssystemen kommen all die oben genannten Ausführungen in einem komplexen sozio-technischen System zusammen, so dass sich eine exemplarische Aufarbeitung dieser Technik an dieser Stelle anbietet. Die Biometrie, also die Vermessung des Lebens, ist ein Instrument der Statistik. Mortalitätstabellen, Altersstruktur der Bevölkerung und durchschnittliche Lebenserwartung sind für Staatenlenkerinnen interessant, wenn es um Steuern, Teilhabe und Verteilungsgerechtigkeit

2 Bentham sah das Panoptikum als Projekt der Aufklärung an, an anderer Stelle (Ullrich, 2019b, S. 26–28) habe ich versucht, den dunklen Schatten von Foucault (1975) abzuschütteln.

geht. In einem der ersten wissenschaftlichen Werke zur Biometrie beschreibt der Schweizer Naturforscher C. Bernoulli dann auch zunächst, wie eine Tafel der Lebenserwartung aufgebaut sein sollte, welche Vorteile durch diese übersichtliche *connexion* der Dinge entstehen, bevor in einem Einschub etwas versteckt darauf hingewiesen wird, dass es Lebensversicherungsanstalten waren, die die Erhebung dieser Daten »zum Bedürfniß« machten (Bernoulli, 1841, S. 398–399). Wenn die transdisziplinäre Kulturtechnikforscherin diese technikhistorische Spur aufgenommen hat, entdeckt sie überall die wahren Beweggründe hinter biometrischen Systemen. Die Daktyloskopie diente seit Francis Galton nicht nur der Strafverfolgung, sondern liefert wie alle anderen biometrischen Vermessungssysteme bis zum heutigen Tage auch, freiwillig oder unfreiwillig, rassistischen Denkweisen und Praktiken Vorschub.

Ohne diesen Gedanken zu Ende zu führen, soll an dieser Stelle die »Black Box« ein wenig geöffnet werden. Dazu betrachten wir den typischen Aufbau eines Systems zur automatisierten Erkennung von Fingerabdrücken (nach Knaut, 2017, S. 44):

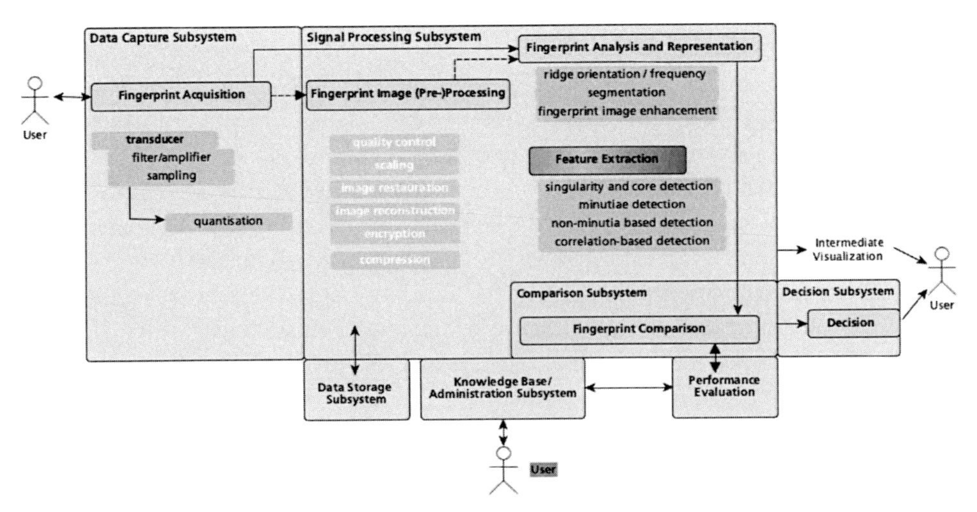

Abb. 1.3: Aufbau eines Systems zur automatisierten Erkennung von Fingerabdrücken (nach Knaut, 2017, S. 44)

Dieses Diagramm ist schon eine erhebliche Vereinfachung der tatsächlichen Architektur eines typischen Systems, was wir allein an der Komponente »Fingerprint Acquisition« sehen können. Vor der Entwicklung entsprechender Sensoren wurde der Fingerabdruck analog erfasst, wie es ja auch der Name verrät. Der Abdruck, typischerweise nach Auflegen des Fingers zunächst auf ein Stempelkissen und anschließend auf ein Stück Karton, hinterlässt nur dort Farbpigmente, wo sich die Papillarleiste des Fingers befindet, eben diese typischen Linien, die wir auch mit bloßem Auge sehen.

Biometrische Erkennungssysteme dienen der Verifikation und der Identifikation und werden in der Regel als Zugangssysteme (Verifikation) oder generell als behördliche

Sicherheitstechnologie (Identifikation) vermarktet. Auch die Einführung biometrischer Pässe und Personalausweise in Deutschland wurden unter diesem Gesichtspunkt präsentiert. In Hintergrundgesprächen und auf direkte Nachfrage ist aber allen Beteiligten klar, dass es um eine Wirtschaftsförderung geht, da die entsprechenden Lesegeräte lizensiert werden müssen. Die datenbasierten Geschäftsmodelle biometrischer Erkennungssysteme haben jedoch einen Haken: Sie fallen technisch unter die Datenschutzgrundverordnung (Artikel 9 Abs. 1 DSGVO), was die Verwertung so herausfordernd macht. Biometrische Daten sind zugleich die intimsten und sichtbarsten Daten: Wenn nicht gerade eine Pandemie herrscht, zeigen wir ständig unser Gesicht. Und selbst in Corona-Zeiten kann unser Gang in einer Menge von Menschen recht eindeutig sein. Schließlich sind da noch unsere Fingerabdrücke, die sinnbildlich für Identität stehen, obwohl Technikerinnen und Wissenschaftlerinnen schon seit Jahrzehnten darauf hinweisen, dass es um Identitätskonstruktionen und Zuschreibungen geht. Daten können jedoch auch verwendet werden, um diese Zuschreibungen in Frage zu stellen, darum geht es im letzten Abschnitt.

1.3 Daten für die Entzauberung

Daten sind der Schlüssel zum Wissen, sie sind die Grundlage der empirischen Wissenschaften und bieten nicht nur den quantitativ, sondern auch den qualitativ Forschenden eine Sichtweise auf die Welt. Daten sind keine Fakten, das war Francis Bacon wichtig, und das sollten wir uns immer wieder vor Augen führen. Daten können Fakten im wissenschaftlich arbeitenden Geist erzeugen, bestätigen oder in Frage stellen. Daten können auch Sachverhalte verschleiern. Die Datenkunde mausert sich langsam zur grundlegenden Kulturtechnik des mündigen Mitglieds der vernetzten Gesellschaft. Der Datenwissenschaftler Hans Rosling demonstrierte einem großen Publikum (und dank audiovisuellen Daten auch auf Youtube, vimeo und co), wie Daten dazu genutzt werden können, kulturelle Differenzen zu überbrücken, Vorurteile abzubauen und für ein gemeinsames Verständnis zu sorgen. Auf eine sehr humorvolle und entlarvende Art hält uns Rosling den Spiegel vor, dass wir uns auf Daten, Zahlen und Fakten verlassen, die wir in der Schule gelernt haben und die nun auf allen Medienkanälen reproduziert werden. Unsere Vorstellung von Ländern des globalen Südens beispielsweise sind dem Mythos näher als der Gegenwart (Rosling, 2006). Die Demystifizierung falscher, vielleicht sogar schädlicher Annahmen mit Hilfe von Daten war der Hauptantrieb des Humanisten Rosling.

Doch dazu müssen diese Daten auch vorhanden sein. Es gibt eine prinzipielle Verzerrung, wenn es um Daten geht: Wir können nur messen, was messbar ist. Das ist also einerseits von Instrumenten und Werkzeugen abhängig, andererseits aber auch von Kultur und Sitten. Es liegt nicht an fehlenden Werkzeugen, dass Caroline Criado Perez (2019) einen Gender Data Gap beobachten konnte, sondern auch an der gelebten Datenkultur der Gesellschaft. Daten werden zu einem bestimmten Zweck erhoben, und je mehr Aufwand in die Datenerhebung gesteckt wird, desto eher erwartet man eine Dividende: Daten werden so zu einem Zahlungsmittel.

Daten sind das zentrale Element der Digitalisierung, weil sie sowohl der alten Welt der automatisierten Datenverarbeitung entstammen, als auch der neuen Welt der heuristischen Datentechniken wie Machine Learning, Big Data und Artificial Intelligence angehören. Es ist daher nicht verwunderlich, dass immer wieder auf die Herausbildung einer Datenkompetenz (data literacy) gepocht wird, ohne freilich zu sagen, wie diese genau aussehen soll. Zur Demystifzierung gehört auch der ernüchternde Blick auf die gegenwärtigen Praktiken der Datenverarbeitung. Der Großteil der Menschen entscheidet sich meistens dafür, sich nicht ausgiebig mit Daten zu beschäftigen, auch nicht mit den von ihnen selbst generierten, die durch Zustimmung zu nicht gelesenenen Nutzungserklärungen von »irgendwem« zu welchen Zwecken auch immer nutzbar werden. In einer freiheitlichen und arbeitsteiligen Gesellschaft sollten wir das auch akzeptieren, doch dann müssen datenbasierte Geschäftsmodelle stärker in die Pflicht genommen werden, beispielsweise durch die Forderung, datenbasierte Geschäftsmodelle keiner Geheimhaltungspflicht zu unterwerfen oder die genaue Kennzeichnung der datenverarbeitenden Systeme zu verlangen.

Ein weiterer Schritt zur Demystifizierung könnten didaktische Systeme wie MENACE sein (vgl. Ullrich 2019c). MENACE war der Name einer didaktischen Maschine zur Vermittlung von Machine-Learning-Prinzipien, das von Donald Michie in den 1960er Jahren erdacht und beschrieben wurde. Seine Maschine konnte Noughts and Crosses (auch bekannt als Tic-Tac-Toe, Three in a Line oder Tatetí) gegen einen menschlichen Spieler spielen (vgl. Michie 1961). Die Machine Educable Noughts And Crosses Engine war ein maschinelles Lernsystem, aber mit einer Besonderheit: Die Maschine bestand nicht etwa aus Computerbauteilen, sondern aus Streichholzschachteln, die mit bunten Perlen gefüllt waren. Jede Farbe steht dabei für eine der neun möglichen Positionen, die ein X oder ein O auf dem Spielfeld einnehmen kann. Der Aufbau war einfach und beeindruckend zugleich, nicht weniger als 304 Schachteln wurden dafür benötigt, eine Schachtel für jede mögliche Konfiguration im Spiel. Der Operator zieht nun zufällig eine farbige Perle aus der jeweiligen Schachtel mit der entsprechenden Konfiguration. Im Laufe der ersten Spiele wird die Streichholzschachtel-Maschine wahrscheinlich verlieren, da es keinerlei Strategie gibt, da die Perlen zufällig gezogen werden. Doch dann setzt das maschinelle Lernen ein: Wenn MENACE verliert, werden alle gezogenen Perlen, die zur Niederlage führten, entfernt. Wenn MENACE gewinnt, werden drei Perlen in der jeweiligen Farbe zu den verwendeten Schachteln hinzugefügt. Das bedeutet, dass die Chance zu verlieren verringert wird, während auf der anderen Seite gute Züge erheblich belohnt werden. Wenn MENACE lange genug trainiert wird, »lernt« es eine Gewinnstrategie (indem es die Chancen für gute Züge verbessert) und »spielt« daher ziemlich gut.

Das Interessante daran ist, dass kein Mensch einem Kistenstapel irgendeine Absicht zuschreiben würde, im Gegensatz zu maschinellen Lernsystemen, die mit Software auf einer Computerhardware implementiert sind. Gerade beim maschinellen Lernen oder der Künstlichen Intelligenz kann man sich als kritischer Beobachter der Informationsgesellschaft immer noch darüber wundern, »welch enorm übertriebenen Eigenschaften selbst ein gebildetes Publikum einer Technologie zuschreiben kann oder sogar will, von der es nichts versteht.« (Weizenbaum 1978, S. 20)

Mit dem Verstehen-Wollen fängt alles an, um die Macht der Daten entsprechend zum Wohle der Allgemeinheit nutzen zu können. Die Vereinigung Deutscher Wissenschaftler ist sich dieser besonderen Verantwortung bewusst, die der Einfluss des technologisch-wissenschaftlichen Fortschritts auf die Geisteshaltung des Menschen mit sich bringt und daher setzen wir uns dafür ein, dass wir als vernetzte Gesellschaft insgesamt die informationelle Hoheit wieder zurückerlangen.

2. Kapitel

Technische Grundlagen und mathematisch-physikalische Grenzen

Alexander von Gernler und Klaus Peter Kratzer

Um die in diesem Buch verwendeten Grundlagen zu diskutieren, wählen wir eine leicht andere Reihenfolge als im Titel des Buches. Auf diese Weise bauen die drei besprochenen Begriffe Vernetzung, Digitalisierung, Künstliche Intelligenz aufeinander auf und können inhaltlich gut eingeführt werden.

2.1 Vernetzung

Vernetzung bildet die Grundlage von allen in diesem Kapitel diskutierten Themen. Sie bezeichnet die Verschaltung von rechnenden oder speichernden Einheiten sowie von Sensoren oder Aktoren mittels beliebiger Übertragungsmedien zum Zwecke der Informationsübertragung. Überbrückte Distanzen können hierbei so klein wie nur wenige cm (Near Field Communication, NFC) oder auch so groß wie mehrere tausend km (Transatlantik-Internetkabel) sein.

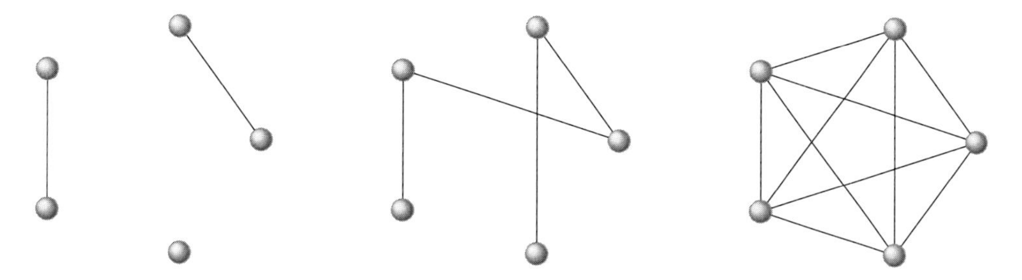

Abb. 2.1: Beispiele von Vernetzungen anhand allgemeiner Graphen: Ein schwach vernetzter und nicht zusammenhängender Graph, ein zusammenhängender Graph, ein vollvernetzter Graph. (Quelle: Die Autoren)

Der Grad der Vernetzung kann anhand von Abbildung 2.1 gut erklärt werden: Je mehr Kanten es zwischen den Knoten in einem Vernetzungsszenario gibt, desto mehr mögliche Pfade können zwischen zwei bestimmten Knoten genommen werden. Entsprechend steigt auch die Verfügbarkeit der einzelnen Knoten: Eine bessere Vernetzung macht robust gegen Ausfälle.

2.1.1 Technische Aspekte

2.1.1.1 Historie

Beginnend mit der legendären und weltweit ersten Vernetzung der ersten vier Rechner über Weitverkehrsstrecken im so genannten ARPANET 1969 (Abbildung 2.2 zeigt einen weiter enwickelten Stand aus dem Jahre 1973) in den USA schreitet die Entwicklung immer schnellerer und robusterer Übertragungstechniken für Informationsübertragung ungebrochen voran. Wichtige Kenngrößen zur Charakterisierung einer Vernetzungstechnik sind Bandbreite[3], Latenz, Trägermedium und Reichweite.

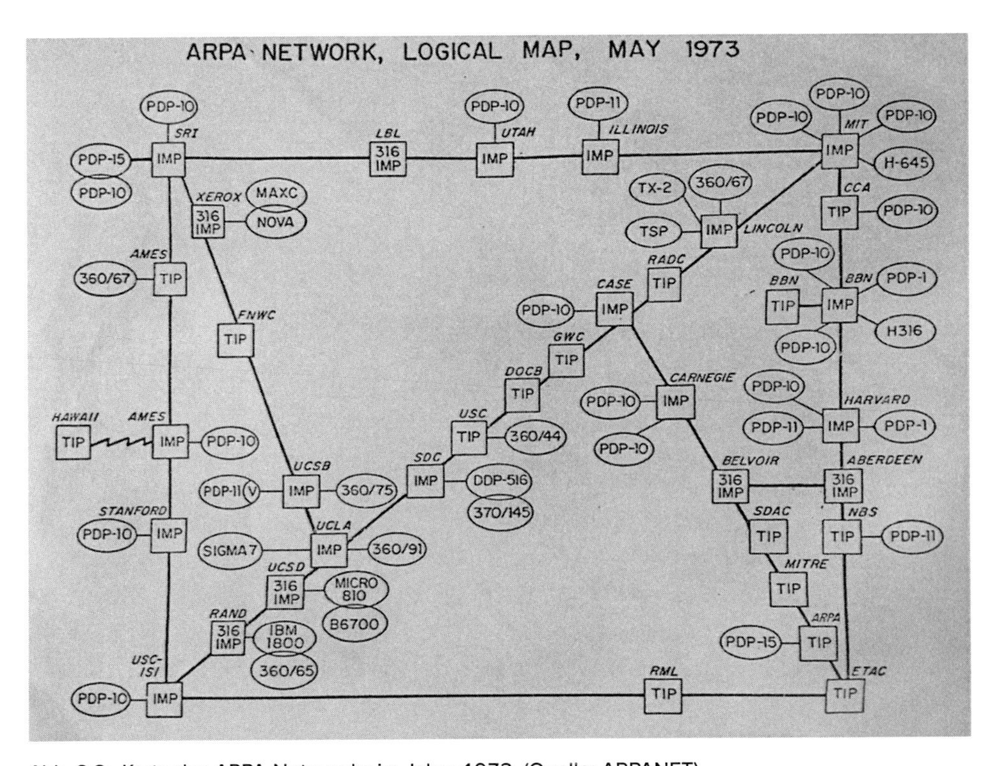

Abb. 2.2: Karte des ARPA-Netzwerks im Jahre 1973. (Quelle: ARPANET)

Verwendete Übertragungsmedien sind sowohl geschichtlich als auch heutzutage praktisch nahezu ausschließlich Kupferleitungen, elektromagnetische Wellen (Funktechnik) oder Glasfasermedien[4].

3 Oft umgangssprachlich als *Geschwindigkeit* einer Verbindung bezeichnet

4 In Ausnahmefällen, etwa bei bestimmten Hacker- oder Spionageanwendungen, wird auch auf andere Medientypen wie etwa Schallwellen in der Raumluft oder deutliche Unterschiede in der Leistungsaufnahme von Geräten zur unbemerkten Aufmodulierung und damit Informationsübertragung zwischen

2.1.1.2 *Modellierung*

Zur Aufbringung von Informationen auf ein ansonsten rohes Übertragungsmedium werden sowohl in der Telekommunikations- als auch in der Informationstechnik so genannte Modelle logischer Schichten verwendet. Durch die Modellierung in verschiedenen Schichten können unter anderem unterschiedliche technische Anforderungen wie etwa a) die Absicherung gegen Datenverlust auf der Übertragungsstrecke, b) Sicherheitseigenschaften wie die Verschlüsselung der Kommunikation, c) Kundenbedürfnisse wie das Darstellen mehrerer virtueller Kanäle auf einer einzigen physikalischen Leitung, oder d) Leistungseigenschaften wie die Garantie einer bestimmten Bandbreite oder Latenz realisiert werden.

Ein in der Informatik wesentliches Modell zur Diskussion verschiedener Belange im Kontext einer Vernetzung ist das *ISO/OSI-Schichtmodell* (Tanenbaum (2012), Abbildung 2.3). Es erlaubt Fachleuten, verschiedene Aspekte von Datenübertragungen auf einer jeweils zugeordneten Sinnebene zu diskutieren. Die Darstellung des Schichtenmodells in diesem Text ist lediglich als Ausblick auf die in der Informatik verwendete Terminologie gedacht. Eine tiefere Diskussion des Modells wäre im Kontext dieses Buches nicht zielführend.

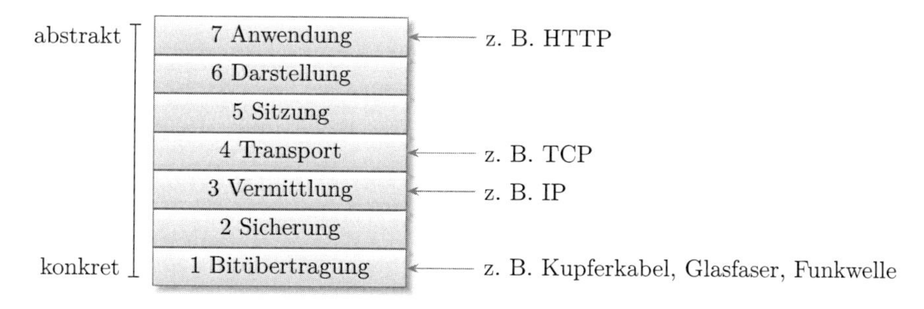

Abb. 2.3: Das in der Informatik verwendete ISO/OSI-Schichtenmodell mit ein paar Beispielen für ausgewählte Abstraktionsschichten. Mittels solcher Modelle können komplexe Kommunikations-Sachverhalte getrennt nach Belangen diskutiert werden. (Quelle: Die Autoren)

2.1.1.3 *Maßeinheit der Information: Bit*

Der Informationsgehalt einer Nachricht wird in *Bit* gemessen[5]. Ein Bit kann nur den Wert (negativ, false) oder (positiv, true) annehmen. Die eindeutige Antwort auf eine Ja/Nein-Frage kann etwa mittels eines einzelnen Bits codiert werden. Ein Bit stellt damit die überhaupt kleinstmögliche Einheit von Information dar.

---

ansonsten augenscheinlich unvernetzten Rechnern zurückgegriffen. In diesem Kontext werden sie auch als *side channels* bezeichnet. Sie haben jedoch in der praktischen Verwendung keine Bedeutung.

5 Diese Definition geht zurück auf Claude Shannon und seine für die Informatik fundamentale Informationstheorie (Shannon 1948).

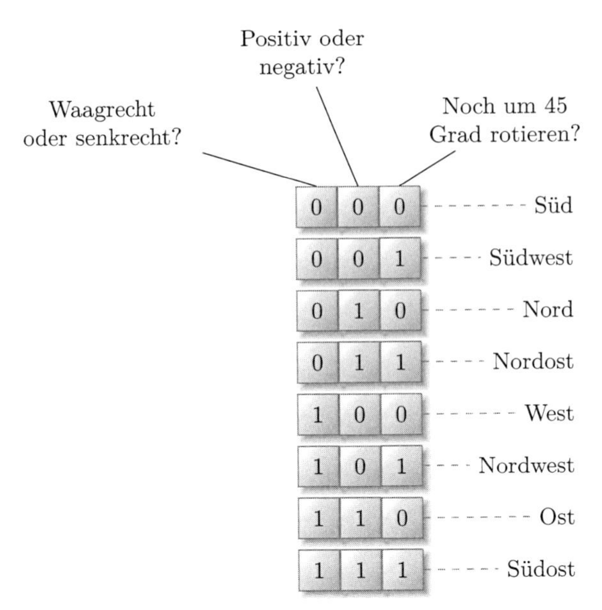

Abb. 2.4: Tabelle der acht Himmelsrichtungen mit einer von vielen möglichen Codierungen als Folge von 3 Bit (Quelle: Die Autoren)

Zur eindeutigen Codierung der vier Himmelsrichtungen *Nord*, *Süd*, *Ost* und *West* sind dagegen schon zwei Bit nötig: Das eine Bit kann beispielsweise für die Aussage verwendet werden, ob die Himmelsrichtung auf der Nord-Süd- oder auf der Ost-West-Achse liegt, das andere für die Aussage, ob von der ausgewählten Achse dann die eine oder andere Richtung gemeint ist. Möchte man übrigens nun noch die Darstellung erweitern auf *Nordost*, *Nordwest*, *Südost* und *Südwest*, so ist ein drittes Bit nötig (Abbildung 2.4).

Anhand dieser Beispiele ist auch eine Systematik erkennbar: Mit einer gegebenen Anzahl von Bits ist eine bestimmte Menge N von verschiedenen Möglichkeiten codierbar. Der Zusammenhang ist hierbei $N = 2^n$. Die Anzahl von Möglichkeiten steigt damit exponenziell mit der Zahl der Bits an Information, sie explodiert also geradezu. Bereits 256 Bit erlauben eine so enorme Anzahl an Möglichkeiten, dass die resultierende Mächtigkeit von 2^{256} die von der Wissenschaft vermutete Anzahl der Atome der Erde von etwa 10^{50} um eine Vielzahl an Größenordnungen übersteigt[6].

2.1.1.4 Entropie und Komprimierung

Doch nicht jeder Datenstrom gleicher Länge trägt auch das gleiche Maß an Information. Information ist auch gleichzusetzen mit dem Grad an Überraschung, dem Betrachtende beim Eintreffen der nächsten Informationsfragmente ausgesetzt sind (Abbildung 2.5).

6 Wir erinnern hier an die Geschichte mit den Reiskörnern auf dem Schachbrett: Auf das erste Feld wird ein Korn gelegt, auf das nächste zwei, dann vier, dann acht, und so weiter. Die Zahl der Reiskörner auf der Erde wird nicht ausreichen, um das Schachbrett bis zum letzten Feld zu befüllen.

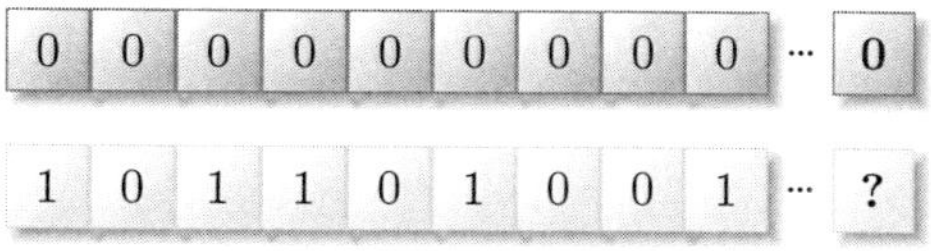

0 0 0 0 0 0 0 0 0 ··· 0

1 0 1 1 0 1 0 0 1 ··· ?

Abb. 2.5: Beispiel-Bitketten mit minimaler bzw. hoher Entropie, sowie erwartete Fortsetzungen durch Betrachtende (Quelle: Die Autoren)

Abbildungen 2.6, 2.7. und 2.8: Beispielbilder mit minimaler (links), niedriger (Mitte) und hoher Entropie (rechts); (Quelle: Die Autoren)

Eine niedrige Entropie ruft bei Betrachtenden kaum Überraschungen hervor. Die niedrigstmögliche Entropie besitzt somit eine Kette an Bits (ein so genannter *Bitstring*), deren Bits alle den gleichen Wert besitzen. Ein Bitstring mit sehr hoher Entropie ist vom so genannten *weißen Rauschen*, also dem totalen Zufall, kaum unterscheidbar: Jedes weitere Bit besitzt mit Wahrscheinlichkeit $p = 0{,}5$ entweder den Wert 0 oder 1.

Datenpakete mit niedriger Entropie, etwa Textdateien, können unter Verwendung von Komprimierungsalgorithmen zu kleineren Paketen mit hoher Entropie verdichtet werden. Unter den Abbildungen 2.6, 2.7 sowie 2.8 wird das Bild mit minimaler Entropie die Betrachtenden kaum überraschen: Es ist komplett in einer Farbe gefüllt und kann so mit wenigen Worten exakt beschrieben werden. Bereits das mittlere Bild ist aus menschlicher Sicht so irregulär, dass es durch natürliche Sprache nur noch umschrieben, nicht aber exakt bezeichnet werden kann. Und das dritte Bild zeigt das so genannte *weiße Rauschen*, also die Anwesenheit höchster Entropie: Im Gegensatz zum mittleren Bild ist jeder Bildpunkt völlig zufällig gewählt.

Der Grad der Komprimierung hängt vom verwendeten Algorithmus ab und korrespondiert hierbei mit der erzielten Annäherung der Entropie des Endprodukts an das weiße Rauschen. Hierbei existiert eine optimale Komprimierung, die durch die Verwendung eines *idealen Kompressionsalgorithmus* wie der Huffman-Codierung erreicht werden kann (Huffman 1952). In diesem Fall werden die Daten bestmöglich auf die Größe ihres tatsächlichen Informationsgehaltes reduziert. Komprimierung wird häufig bei großen Mengen von Daten niedriger Entropie angewendet, um die benötigte Übertragungszeit innerhalb eines Kommunikationsnetzes zu senken. Beispiele sind etwa Bild- und Videosignale (für die sogar weiter spezialisierte Algorithmen existieren), aber auch Software-Updates.

2.1.1.5 Entwicklung der Vernetzung

- Bandbreite

Die Entwicklung der Übertragungsbandbreite unterliegt seit den 1970er Jahren einem rasanten Wachstum (Abbildung 2.9), das in wenigen Jahrzehnten mehrere Größenordnungen überbrückte: Galt es anfangs als großer Erfolg, zuverlässige Übertragungen von wenigen Kilobit pro Sekunde (KBit/s) darstellen zu können, stiegen die Bandbreiten bald in den Bereich von Megabit (MBit/s), Gigabit (GBit/s), oder im Backbone-Bereich bereits Terabit (TBit/s).

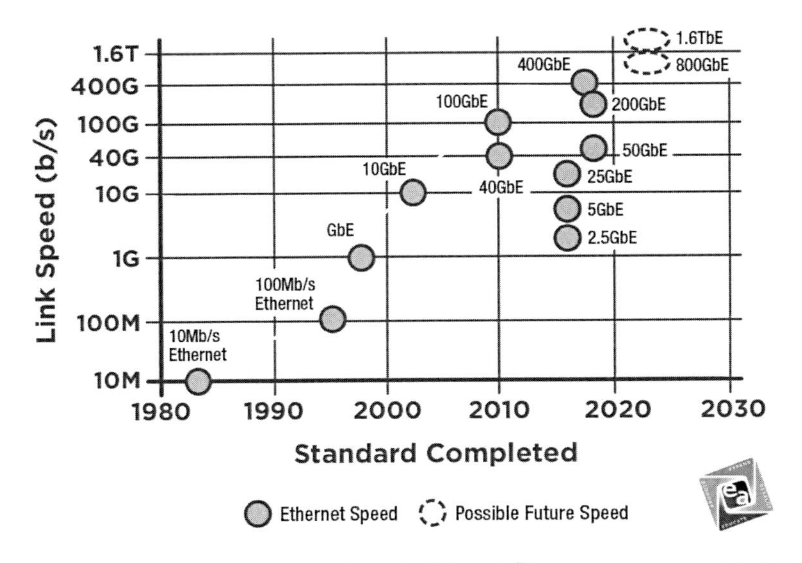

Abbildung 2.9: Schaubild mit der Entwicklung der Ethernet-Übertragungsgeschwindigkeiten. Während die Zeit in x-Richtung linear voran schreitet, ist für die gleichzeitige Darstellung der Geschwindigkeiten aller Technologien seit 1980 eine logarithmische Skala in y-Richtung nötig. (Quelle: Ethernet Alliance, Ethernet Roadmap 2020)

Zum Zeitpunkt der Drucklegung dieses Buches sind bis zu 100 GBit/s eine zwar noch sehr teure, aber realistisch darstellbare Art der Vernetzung im professionellen Umfeld, etwa zur Anbindung von Gebäudeteilen auf einem Firmen- oder Universitätscampus. Deutlich verbreiteter sind jedoch auch dort Vernetzungen mit 1 GBit/s, etwa für Büronetze aber auch private Anwendungen innerhalb des eigenen Haushalts.

Weitverkehrsnetz-Anbindungen wie etwa der heimische Internet-Anschluss für Privatanwender rangieren derzeit üblicherweise noch zwischen 20 und 100 MBit/s, mit Ausnahmen nach unten und oben. Sie stellen damit einen Flaschenhals beim Zugang der Bevölkerung zum Internet dar. Wegen der gesellschaftlichen Bedeutung des Internet-Zugangs (Teilhabe am gesellschaftlichen Leben) wächst die Sichtweise, dass die Versorgung der Bevölkerung mit schnellen Anbindungen ein vom Staat flächendeckend zur Verfügung zu stellendes öffentliches Gut sei. Ein Stichwort ist hier die *Breitband-Initiative* des Bundes.

- **Latenz**

Doch reine Bandbreite ist nicht alles: Wenn die Übertragung von Datenpaketen zwischen zwei Rechnern mehrere Sekunden benötigt, ist die betroffene Leitung beispielsweise zum Internet-Surfen komplett unbrauchbar. Auch eine so genannte *Echtzeitfähigkeit* von Sensoren und Aktoren setzt voraus, dass diese über eine Verbindung von niedriger Latenz angebunden sind. Üblicherweise akzeptable Latenzen zu den Servern heutiger Internetdienste oder Nachrichtenseiten liegen im Bereich von 20 bis 100 Millisekunden (ms), also $20 \cdot 10^{-3}$s.

Die Latenz der Übertragung ist seit den 1980ern tendenziell immer weiter abgesunken. Diese Größe ist inzwischen allerdings weitgehend ausoptimiert, da die Geschwindigkeit von Information praktisch immer[7] nach oben durch die maximale Ausbreitungsgeschwindigkeit von Wellen im jeweiligen Trägermedium beschränkt ist – diese wiederum durch die Lichtgeschwindigkeit im Medium, und letztlich durch die Lichtgeschwindigkeit c im Vakuum.

- **Energieeffizienz**

Mit jedem Entwicklungsschritt zu mehr Bandbreite ist auch die Effizienz der Energieübertragung gestiegen: Die aufzuwendende Energie für die Übertragung von einem Bit Information auf der identischen Wegstrecke wurde kontinuierlich geringer. Auch hier gibt es aber eine absolute Untergrenze, die im Planck'schen Wirkungsquantum begründet ist: Informationsverarbeitung und -übertragung ist nicht kostenlos zu haben, sondern geht immer einher mit einem Wechsel von Energieniveaus in den beteiligten Medien oder Überträgern. Und diese Energien sind gequantelt, folgen also diskreten, unteilbaren Schritten. Deshalb kann bei der Übertragung eines Bits an Information ein bestimmtes Mindestquantum an aufgewendeter Energie theoretisch nicht unterschritten werden. Praktisch gesehen ist die Menschheit von dieser Untergrenze aber noch sehr weit entfernt, weil etwa zur zuverlässigen Übertragung jeweils eine Vielzahl von Elektronen oder Photonen verwendet werden, und nicht etwa ein einzelnes.

Doch auch für diese Vielzahl gilt das Wirkungsquantum weiterhin. Dies ist einer der Gründe, weshalb IT zwar vordergründig energieeinsparend und nachhaltig wirken kann (papierloses Büro, Vermeidung von Reisen), auf der anderen Seite durch die Bereitstellung von IT ein Sockel an Grundenergieverbrauch aufgebaut wird, der alleine

[7] Durch die Ausnutzung physikalischer Effekte (mittels quantenmechanisch verschränkter Teilchen) ist zwar eine Informationsübermittlung theoretisch in *Nullzeit* möglich. Dies wurde auch in praktischen Experimenten nachgewiesen. Diese Übertragung in Nullzeit war jedoch nur unter Laborbedingungen und mit hohem Aufwand möglich und spielt daher in der Praxis von Kommunikationsnetzen heute sowie auf absehbare Zeit keine Rolle.

von der Bereitstellung schneller Übertragungswege herrührt. Die im Corona-Zeitalter so beliebt gewordenen Videokonferenzen, aber auch das Streaming von Filmen haben einen starken negativen Klimaeffekt, der zudem noch vom Übertragungsmedium abhängt (BMU, 2020).

- **Überbrückte Distanz**

Je nach Art der Vernetzung spricht die Fachliteratur von bestimmten Klassen von Kommunikationsnetzen. Zu ihrer jeweiligen Realisierung werden deshalb auch unterschiedliche Technologien verwende (Tabelle 2.1).

Tab. 2.1: Übertragungsdistanzen verschiedener Medien

Medium	typische Distanz
Near Field Communication (NFC)	10 cm
Bluetooth	10 m
Wireless LAN	38 m
Ethernet (Kupfer)	100 m
Glasfaser	bis zu 100 km, mit Repeatern auch tausende km

2.1.2 Gesellschaftliche Aspekte

2.1.2.1 Weitung des Fokus

Durch Vernetzung finden Menschen mit gleichen Interessen zusammen, die dies ohne digitale Vernetzung nicht gekonnt hätten, etwa weil sie auf unterschiedlichen Kontinenten leben oder sich ihre Interessen nur schlecht kommunizieren ließen. Für viele ausgefallene Beschäftigungen, Hobbies, Interessen und Denkweisen bilden sich nun Communities, die nicht mehr an Orte gebunden sein müssen, wie dies noch im Vereinswesen for mehreren Jahrzehnten der Fall gewesen ist.

Die Kehrseite der Medaille ist, dass die in der *alten Welt* installierten und als sinnvoll angesehenen Filterstufen wie beispielsweise Redaktionen, Lektorate und Verlage (es gab und gibt viele weitere solche Instanzen in unserer Gesellschaft) nun teilweise bis ganz an Bedeutung verlieren oder schon verloren haben. Das hat nicht nur den Vormarsch so genannter Transparenz und Unmittelbarkeit zur Folge, oder gar den Wegfall einer als solcher empfundenen Zensur, sondern sorgt auch dafür, dass potenziell alle Nachrichten und Botschaften ungefiltert zu allen Empfängern kommen können. Die Filterung der Nachrichten wurde aber nicht etwa abgeschafft, sondern dadurch nur zum Empfänger hin verschoben. Auf Empfängerseite gibt es nun aber mehrere Möglichkeiten: Die Filterung a) kann im Idealfall zwar vollwertig geleistet werden, kostet dort aber zusätzliche, ungeplante Zeit, b) sie kann wegen Inkompetenz nicht geleistet werden, c) sie fällt aus Gründen der Überforderung weg.

2.1.2.2 Schaffung von Parallelwelten

Die einschlägigen Social-Media-Plattformen mit ihren auf Aufmerksamkeitsmaximierung basierenden Geschäftsmodellen haben diesen Trend noch einmal verstärkt und in einer neuen Qualität hervorgebracht. Die im vorigen Abschnitt angesprochene Filterung, die vorher noch in Richtung des Benutzers verschoben wurde, findet nun wieder statt. Diesmal wird die Filterung aber nicht im Interesse des Benutzers, sondern entlang der Geschäftsinteressen der Plattform durchgeführt. Weiterverbreitet werden vornehmlich Nachrichten, die Aufmerksamkeit generieren, unabhängig von ihrem tatsächlichen Wahrheitsgehalt (Fake News) oder ihrer gesellschaftlichen Angemessenheit (Volksverhetzung, Verleumdung, Hate Speech). Es wird auch die Bildung so genannter *Internet Memes* beobachtet, also kleiner Versatzstücke wie Slogans, Bilder oder Kurzvideos, die sich jeweils rasant verbreiten. In politischer Hinsicht haben diese Plattformen auch einen Beitrag zum Erstarken populistischer Bewegungen in vielen Staaten der Erde geliefert.

2.1.2.3 Gesellschaftliche Vereinzelung

Das Geschäftsmodell der Plattformen beruht auch auf dem Man-in-the-Middle-Prinzip: Die Plattformen können nur erfolgreich sein, wenn sie die Informationsflüsse zwischen den Beteiligten kontrollieren, auswerten und beeinflussen. Daraus folgt, dass die Plattformbetreiber ein inhärentes Interesse an der Vereinzelung der Beteiligten untereinander besitzen: Jegliche Kommunikation – auch zwischen lokal eigentlich vernetzten Bekannten – soll möglichst über die Plattform stattfinden. Diese Vereinzelung wird den *Benutzten* der Plattform durch psychologische Stimuli (etwa *instant gratification* oder *fear of missing out*) als attraktiv dargestellt.

Jaron Lanier (Lanier 2018) beschreibt in seinem Buch »Ten Arguments for Deleting Your Social Media Accounts Right Now« die gesellschaftlichen Folgen dieser Vereinzelungsabsichten. Kernbotschaft ist hier verkürzt gesagt: *hate sells*, d. h. aufsehenerregende Nachrichten (Hass und Katastrophen, ggf. übertriebene oder unwahre Meldungen) verbreiten sich viel besser als »langweilige« (aber dafür wahre oder gute) Nachrichten (Dizikes, 2018). Die oben erwähnten Geschäftsmodelle der Plattformen haben es zum Ziel, die Aufmerksamkeit der Besuchenden auf ihrer eigenen Seite zu maximieren. Dies kann etwa dadurch erreicht werden, dass bestimmte Nachrichten gezeigt werden, die beim Publikum eine hohe Resonanz erzeugen – übrigens ungeachtet des Inhalts.

2.1.2.4 Verschiebung bisher sicher geglaubter Metriken

Die Vernetzung rüttelt auch an bisher nahezu als sicher geglaubten Gewissheiten. Solche Verschiebungen sind nicht neu und passieren im Zuge jeder Innovation. So bat etwa die Oma in den 1980er Jahren die Enkel am Telefon darum, das Gespräch kurz zu halten – weil Ferngespräche doch so teuer seien.

Mit der digitalen Vernetzung werden allerdings in noch viel schnellerer Folge als bisher Gewissheiten über den Haufen geworfen. Ein solcher Glaubenssatz war bisher etwa immer, dass *lokal* gleichbedeutend mit *schnell* oder *preisgünstig* sei. Seit der Existenz von Breitbandanschlüssen gilt dies nicht mehr uneingeschränkt: So würden etwa inzwischen die meisten Leute auf ihrer Couch eher einen Suchbegriff in ihr Tablet eingeben als in einem Buch ihres Bücherregals nach der Antwort zu suchen, auch wenn die örtliche Nähe des Buches nur zwei Meter gegenüber mehreren hundert Kilometern beträgt. Diese Verschiebung der Metriken macht neue Geschäftsmodelle attraktiv, die vorher nicht realistisch waren: Die Cloud in ihrer Gesamtheit, aber auch das selbstverständliche Streaming von Musik und Video gehören dazu.

2.2 Digitalisierung

2.2.1 Definition

Digitalisierung ist die fortschreitende Ausbreitung verschiedener Arten digitaler Technik sowie deren zunehmende Durchdringung aller Aspekte gesellschaftlichen, wirtschaftlichen und politischen Lebens, verbunden mit einer zunehmenden digitalen Repräsentation von analogen Vorgängen in der realen Welt sowie der Auswertung und Verwendung der dadurch anfallenden Daten.

2.2.2 Motivation

Dieser Aufwand wird nicht als Selbstzweck getrieben. Vor allem in der freien Wirtschaft ist Digitalisierung die Folge permanenter Optimierungsbestrebungen: Je transparenter einer Organisation ihre Prozesse, Lagerbestände, Aufträge, Kundenbeziehungen und viele weitere derartige Kenngrößen sind, desto effizientere Abläufe kann sie einplanen, und desto informiertere strategische Entscheidungen kann sie folglich treffen. Auch neue Geschäftsmodelle werden durch die Digitalisierung überhaupt erst ermöglicht.

Hierbei steht die digitalisierende Organisation selbstverständlich im Wettbewerb mit anderen Organisationen, die ihrerseits diese Vorteile ebenfalls zu heben versuchen.

2.2.3 Interaktion von digitaler und realer Welt

Als Teilaspekt der Digitalisierung in der Industrie hat die nationale Akademie der Technikwissenschaften *acatech* den Begriff der *cyberphysikalischen Systeme* (Geisberger und Broy 2012) ins Spiel gebracht. Er greift von der Bedeutung her auf Norbert Wieners *Kybernetik* zurück und bezeichnet einen wichtigen Punkt in der Digitalisierung: Rechnende Systeme operieren nicht länger nur mehr auf Informationen in Datenspeichern, sondern sie tauschen mittels Sensoren und Aktoren Daten messend und manipulierend mit der realen Welt aus.

Die Science-Fiction-Literatur hatte schon spätestens in den 1980er Jahren, also ohne das heutige Internet gekannt zu haben, für den weltumspannenden digitalen Raum das Wort *Cyberspace* erfunden (Gibson 1984). Der Begriff wird heute auch hin und wieder verwendet, gerade im populären Kontext, meistens synonym aber effektheischend für das Wort *Internet*.

2.2.4 Durchdringung

Die digitale Welt dringt also immer stärker in das Analoge hinein. Lag der Fokus in der Anfangszeit der Informationstechnik auf wohlstrukturierten Anwendungsfeldern mit klar definierten Datenerhebungen und Verarbeitungsregeln (z. B. Lohnbuchhaltung, Warenwirtschaftssysteme), so dringt die Digitalisierung nun in Anwendungsszenarien mit unscharfen und multidimensionalen Beurteilungen und Prognosen sowie komplexen Aktionsräumen mit einer hohen Zahl an Freiheitsgraden ein. Für letztere ein kurzes Beispiel: Während die Führung einer Untergrundbahn mit deren stringenter Schienenführung und relativ einfacher Betriebsorganisation algorithmisch durchaus beherrschbar ist und deshalb schon vielerorts führerlose Züge unterwegs sind, ist die fahrerlose, autonome Führung eines Kraftfahrzeugs im offenen Straßenverkehr immer noch technisch äußerst schwierig und gefährlich fehleranfällig. Dies liegt an der um ein Vielfaches höheren und mit momentaner Technik nicht sicher beherrschbaren Zahl an Freiheitsgraden bei der Führung eines Kraftfahrzeugs im Straßenverkehr. Dennoch fahren Fahrzeuge eines Herstellers mit einer Beta-Version eines Programms für autonomes Fahren der Stufe 5 in den USA unreguliert. Die hier sichtbare mangelnde Demut im Angesicht der Komplexität von Wirklichkeit im Verein mit naiver Technikgläubigkeit ist hinreichend fragwürdig, um umfassend untersucht und diskutiert zu werden.

Damit wird aus einer vormals stark strukturierten eine zunehmend unstrukturierte Anwendungsumgebung mit vielen Parametern. Neue Umgebungen, in die die Digitalisierung eindringt, sind zunehmend komplexer. Rechner bekommen mehr »Verantwortung«, können aber die Wirkung ihres Handelns, vor allem die ethische Dimension, als Maschine logischerweise nicht ermessen.

Weil aber nun durch das Eindringen der digitalen Technik in bisher unberührte Bereiche hinein immer mehr Messdaten vorliegen, so können auch immer mehr alltägliche und bisher eigentlich belanglose Handlungen und Tatsachen in neuen Kontexten verknüpft und analysiert werden. So ist es heute möglich, mittels der Bewegungssensoren in Smartwatches oder Smartphones die Schritte der Benutzenden zu zählen, oder über andere Sensoren sogar an Vitaldaten heran zu kommen. Einer Korrelation der so erlangten Daten mit Daten aus völlig anderen Lebensbereichen (etwa Kontoständen, Einkaufsverhalten, GPS-Bewegungsmuster, Anrufverhalten) steht aus technischer Sicht nichts mehr im Wege. Sehr einfach verfügbare und augenscheinlich irrelevante Merkmale wie etwa Vornamen, Adresse und Einkaufsgewohnheuten können herangezogen werden, um etwa eine Beurteilung der Bonität der jeweils Betroffenen zu erzielen (Leeb and Steinlechner 2014).

Ein anderes Beispiel: Es ist inzwischen die Rede von Apps, die eine Parkinson-Erkrankung durch Datensammlung auf dem Smartphone feststellen können (EU KOM 2020).

2.2.5 Kausalität und Korrelation

Weil aber nicht jede zufällig entdeckte Korrelation von Datenpunkten auch wirklich auf eine echte Kausalität hinweisen muss, stehen die so observierten Benutzerinnen und Benutzer jederzeit in der Gefahr, dass ihnen durch die datensammelnden Parteien ohne ihr Wissen ein bestimmtes Verhalten oder eine bestimmte Kausalität unterstellt wird.[8]

Dies schließt auch die Gefahr mit ein, bei den nächsten Interaktionen mit digitalen Systemen auch entsprechend der vorgenommenen Kategorisierung (z. B. *nicht kreditwürdig, Alkoholiker, unsteter Lebenswandel*) behandelt zu werden. Im Gegensatz zum rechtsstaatlichen Prinzip, das den Beschuldigten nicht nur den gegen sie erhobenen Vorwurf kenntlich machen und sie zu der vorgelegten Sache anhören würde, findet hier im Normalfall keine Information der Betroffenen zur im Hintergrund erfolgten Modellbildung, also dem Treffen von Annahmen der anderen Seite, statt. Und damit entfällt natürlich auch automatisch die Chance der Betroffenen zum Einspruch oder zur Gegendarstellung. Bei allen Vorteilen ermöglicht die Digitalisierung also auch eine Aufladung bisher belangloser oder bedeutungsloser Tatsachen und Handlungen mit (teils lediglich scheinbarer) Bedeutung – allein, weil sie nun messbar sind.

2.2.6 Digitale Persona

Die Repräsentation des Individuums durch Gesamtheit seiner Daten wird oft auch als Datenspur oder *Digitale Persona* (im Englischen *digital footprint*) bezeichnet. Die bereits oben dargestellte Gefahr, dass Individuen eher nach ihrem digitalen Abbild beurteilt werden als nach ihrer realen Person oder ihren realen Handlungen hat eine gesellschaftliche Auswirkung, die sich gut in den technikoptimistisch-utilitaristischen Zeitgeist einfügt: Die Selbstoptimierung der Einzelnen. Ebenso wie die Stigmatisierung von Menschen durch Algorithmen durch die *Digitale Persona* möglich ist, ist auch eine Bevorzugung durch das Darstellen eines bestmöglichen, nach Kriterien der sozialen Erwünschtheit optimierten digitalen Profils möglich.

2.2.7 Soziale Konsequenzen

Dieser Einfluss der digitalen Welt auf die Entscheidungen von Individuen zeitigt auch sozialen Handlungsdruck: So gingen etwa in der auf die Anschläge vom 11. September 2001 folgenden Terrorhysterie die Seitenaufrufe »verdächtiger« Artikel mit Schlagwörtern wie etwa *Bombe* auf Wikipedia deutlich und überproportional zurück. Die Wissenschaft erklärt diese so genannten *chilling effects* mit dem Gefühl der Individuen, beobachtet zu werden. Dieses Gefühl fördert das Zeigen von sozial erwünschtem Verhalten – oder dem Verhalten, das die Betroffenen als sozial erwünscht einschätzen (Assion 2014).

Eng verwandt mit den Chilling Effects ist auch der von Jeremy Bentham ins Spiel gebrachte Begriff des *Panopticon* (Bentham 1995). Ursprünglich als Innovation für den

8 Eine hübsche Veranschaulichung dieses Prinzip bietet die Webseite *Spurious Correlations* (Vigen, n. d.).

Strafvollzug in Großbritannien ersonnen, wird *Panopticon* inzwischen auch synonym für die jederzeit gegebene Möglichkeit gebraucht, beobachtet zu werden.

Weiterführend kann das Wissen um diese Allgegenwärtigkeit elegant mit Hilfe eines so genannten *Social-Scoring-Systems* (etwas euphemistischer auch: *Social-Credit-Systems*) ausgenutzt werden (Everling 2020). Derartige Systeme werden weitverbreitet im privatwirtschaftlichen Bereich gegenüber Geschäftspartnern und Mitarbeitern eingesetzt und versuchen, durch eine Verknüpfung einer Vielzahl von Parametern ein Maß für die Integration und den Konformitätswillen der Betroffenen zu ermitteln und entsprechenden Druck zu erzeugen. Weil aber solche Systeme meist intransparent arbeiten, spornen sie die Benutzer gemäß dem Prinzip der *intermittierenden Belohnung* sogar zu noch höheren Leistungen an. Beispiele für die Anwendung im privatwirtschaftlichen Bereich sind etwa Frequent-Flyer-Programme, Lieferantenbeziehungen in der Automobilwirtschaft, die variable Preisgestaltung in Online-Shops oder Kundenbindungssysteme wie Payback oder DeutschlandCard. Besonders bedenklich und würdeverletzend ist das *Social Scoring*, wenn es seitens des Staates als hoheitliches Instrument eingesetzt wird und durch Anreize bzw. Sanktionen auf diese Weise angstgetriebenes Wohlverhalten bei Bürgerinnen und Bürgern herbeiführen soll.

2.2.8 Internet der Dinge

2.2.8.1 Sicherheitsimplikationen

Dass mehr und mehr »Dinge« nun plötzlich ans Internet angeschlossen und auslesbar oder sogar steuerbar sind, rückt auch bisher unbeachtete Produkte und Hersteller in den digitalen Fokus: Jede Menge Hersteller sind plötzlich IT-Firmen, ohne es zu merken. Deren Expertise war vielleicht bisher im Maschinenbau, in der Automobilproduktion, in der Steuerung von Produktionsabläufen oder anderem. Diese Unternehmen haben keinerlei Erfahrung mit Software-Entwicklung, und auch keine Historie darin. Sie haben meist kein fachlich qualifiziertes Personal im IT-Bereich, und werden es angesichts des Fachkräftemangels gerade in diesem Bereich nur mit hohen Kosten bekommen – auch wegen einer fehlenden entsprechenden Software-kompatiblen Firmenkultur. Durch die Vernetzung und Digitalisierung haben diese Unternehmen zusätzlich einen Status als Softwarehersteller bekommen – ohne jedoch auf diese Aufgabe vorbereitet worden zu sein, und auch ohne im Konkurrenzkampf in ihren jeweiligen Sektoren kurzfristig und nennenswert explizite zusätzliche Ressourcen zur Bewältigung dieser neuen Herausforderungen schaffen zu können. Resultat ist meistens, dass solche neuen Produkte aus dem *Internet der Dinge* eine erbärmliche Sicherheitsbilanz haben – bis hoch zu renommierten Konzernen wie BMW, die bereits mehrere Hacks ihrer Automodelle hinnehmen mussten (BBC, n. d.).

2.2.8.2 Datenschutzimplikationen

Neben äußerst schwerwiegenden Sicherheitsfragen bedroht der Anschluss von bisher offline gehaltenen Geräten an das Internet auch die Privatsphäre der Nutzer. Prinzipiell können alle Nutzungsverläufe (so genannte *usage patterns*) nun das Gerät verlassen und ins Netz hochgeladen werden, um dort in vielfältiger Weise weiter verarbeitet zu werden. Je nach Rechtsraum und Beachtung der geltenden Datenschutzregeln durch die Hersteller kann eine Verknüpfung solcher Daten mit Daten aus anderen Lebensbereichen der Benutzenden den auswertenden Institutionen (Unternehmen, staatliche Stellen) einigen Aufschluss über Lebensweise, politische Haltung, persönliche oder finanzielle Verhältnisse, Kreditwürdigkeit und vieles mehr geben. Und trifft die vom Hersteller herbei geführte Verknüpfung in der realen Welt nicht ins Schwarze, so müssen die Benutzenden dennoch unter dem Vorurteil der Maschine leben, also mit einer *Digitalen Persona*, die die schlussgefolgerten Eigenschaften im Gegensatz zur realen Person zeigt.

Interessante Beispiele von *usage patterns* sind etwa:

- Benutzungsmuster privater Kaffeemaschinen: Ist die Benutzerin potenziell koffeinsüchtig? Wie lange arbeitet sie werktags und am Wochenende? Häuft sich der Kaffeegenuss zu bestimmten Uhrzeiten? Ist die Benutzerin gerade verreist? Hat die Benutzerin gerade Besuch?
- Daten von eBook-Readern: Welche Lesegeschwindigkeit hat der Leser? Welche Rückschlüsse auf den IQ des Benutzers lassen sich anhand der gelesenen Titel sowie der Lesegeschwindigkeit ziehen? Liest der Benutzer gerade die Sex-Szene des Buches schon zum dritten Mal?
- Ladestandsverlauf des Smartphones: Hält die Benutzerin den Ladestand praktisch immer oberhalb von 70 %, oder fährt sie den Akku regelmäßig leer? Welche Rückschlüsse auf die Kreditwürdigkeit der Benutzerin lassen sich dadurch treffen (King and Hope 2016)?

Wie bereits früher im Text angesprochen, findet auch hier ein Ausschluss des Rechtsweges, also der Anwendung rechtsstaatlicher Prinzipien, statt.

2.2.9 Umgestaltung der Berufswelt

Nicht nur, dass als Folge der Digitalisierung ein enormer Bedarf an IT-Kräften entstanden ist – die Digitalisierung beginnt auch damit, bestimmte Berufe zu transformieren oder aber komplett überflüssig zu machen. Nicht immer fallen hier nur vermeintlich monotone oder einfache Tätigkeiten der Automatisierung zum Opfer, sondern auch spezialisierte Tätigkeiten, die durch Systeme mit KI-Komponenten entweder deutlich rationalisiert oder aber auch gleich abgeschafft werden können. (Vgl. 14. und 15. Kapitel).

2.2.10 Lemon Market IT-Sicherheit

Bei all der Durchdringung der realen Welt durch digitale Mechanismen darf nicht vergessen werden, dass nicht nur reine Funktionalität ersetzt wird, sondern auch das Vertrauen der Benutzenden in die korrekte Funktion der von ihnen verwendeten Waren oder Dienstleistungen. Gerade beim Produktaspekt der IT-Sicherheit bringt die Digitalisierung in der ersten Welle zunächst sehr viele Probleme mit sich. Es sollte eingängig sein, dass Kunden von der Digitalisierung ihrer Geschäftsprozesse erwarten, dass sich ihr Sicherheitsniveau zumindest durch diese Umstellung nicht absenkt. Wie oben dargestellt, sind viele Unternehmen jedoch keine originären Softwarehersteller und haben daher auch das Handwerk der sicheren Softwaretechnik nicht elementar gelernt und verstanden.

Sicherheit ist aus Kundensicht ein schwer nachvollziehbares, weil nicht-funktionales Merkmal. Es wird von Kundenseite nicht explizit verlangt, sondern eher unwissend übergangen oder stillschweigend vorausgesetzt. In jedem Fall kann es von dieser Zielgruppe praktisch nicht beurteilt werden, weil dazu einerseits erheblicher informatischer Sachverstand, andererseits Einblicke in Interna der konkreten Produkte nötig wären. Beim Markt der IT-Sicherheit kann also von einem so genannten *Lemon Market* gesprochen werden, also einem Markt, auf dem die Kunden die Primärmerkmale der feilgebotenen Produkte nicht beurteilen können und deshalb auf Anhaltspunkte durch Sekundärmerkmale angewiesen sind – oder im schlimmsten Fall auf Marketingaussagen oder Beliebtheitsscores (oder vermeintliche Kundenbewertungen) der Herstellerfirmen. Selbst IT-Experten scheitern meistens an der Beurteilung, da die Interna von Produkten mit Verweis auf geistiges Eigentum (*Intellectual Property*) und Firmengeheimnisse vom Hersteller so gut wie nie freiwillig herausgegeben werden. Weil Kunden aber wegen des Lemon Markets die Sicherheit eines Produkts ohnehin nicht beurteilen können, wird Sicherheit oft gerne auch vernachlässigt oder weggelassen, um Kosten zu sparen oder gar Leistung zu gewinnen. Gleichzeitig nährt eine solche Intransparenz auch die Kategorie der so genannten *Schlangenöl-Produkte*, also von Produkten, die schon bei Erstellung absichtlich keinen Nutzen mit sich tragen, sondern ausschließlich durch blumige Werbeaussagen einem uninformierten Kundenkreis das Geld aus der Tasche ziehen sollen.

2.2.11 Energieverbrauch digitaler Produkte am Beispiel von Blockchain

Durch die fortschreitende Digitalisierung steigt auch der Energieverbrauch digitaler Produkte und Infrastruktur trotz ebenfalls wachsender Energieeffizienz stetig an – sowohl absolut als auch relativ. Ein informationstechnisches Verfahren, dem in jüngerer Vergangenheit großes Potenzial zugesprochen wird, ist die so genannte *Blockchain*-Technik. Auch sie ist durch die fortschreitende Digitalisierung überhaupt erst breit umsetzbar geworden. Ziel ist die Vermeidung einer zentralen, zuverlässigen und vertrauenswürdigen Server-Instanz, die bestimmte Fakten abspeichert und selektiv zum Zugriff anbietet – Beispiel hierfür wäre jede Art von Kontenführung. Bei der *Blockchain* fehlt diese zentrale Instanz, weswegen für das grundlegende Anwendungsmodell auch der Begriff *distributed ledger* (also *verteilte Buchhaltung*) geprägt wurde. Dabei ist die gesamte Information signiert und verkettet in vielfacher Kopie bei den Systemteilnehmern niedergelegt, so dass Fälschungen praktisch unmöglich werden: Abweichende Information kann durch die anderen Systemteilnehmenden problemlos erkannt werden. Durch die Identifikation der Teilnehmenden nur anhand von Kryptoschlüsseln bleibt die Pseudonymität der Transaktionspartner gewährleistet. Wichtig dabei ist, dass an die

Blockchain lediglich neue Einträge angehängt werden, die bestehenden Einträge aber niemals wieder geändert werden können.

Die Größe der Blockchain der auf diesem Prinzip basierenden Kryptowährung *Bitcoin* lag Mitte 2020 bei etwa 15 Gigabyte (drei Spielfilme in HD-Auflösung). Ihre Größe wuchs damals pro Stunde um etwa 1 Megabyte. Nun ist Bitcoin in Bezug auf ihr Transaktionsvolumen eine Randerscheinung; würde man das Visa-Kreditkartensystem auf Blockchain-Technik umstellen, wäre das Wachstum der Blockchain mit 1 Gigabyte pro Sekunde anzunehmen und würde so innerhalb eines Tages die Dimensionen der heutigen IT-Technik sprengen. Es wurde zwar versucht, dieses Wachstum durch marginale Einbußen bei der Sicherheit zu reduzieren, doch konnte man die grundlegende Charakteristik der Komplexität ebenfalls nur marginal beeinflussen.

Außerdem ist die Energiebilanz der Blockchain verheerend: Während 2020 für eine Bitcoin-Transaktion eine Energiemenge von 741 kWh nötig war, wird eine solche Energiemenge im Vergleich nicht einmal dann benötigt, wenn man im VISA-Netzwerk Kreditkartentransaktionen durchgeführt hätte – diese würden lediglich 149 kWh Energieverbrauch verursachen (Statista 2020).

2.3 Künstliche Intelligenz

Der Begriff Künstliche Intelligenz umfasst in seiner ursprünglichen Bedeutung eine Vielzahl verschiedener Techniken und ist daher relativ unspezifisch. Die folgenden Abschnitte entwickeln den Begriff und verengen ihn in der Folge hin zu Maschinellem Lernen und weiter zu Neuronalen Netzen (siehe auch Abbildung 2.10) – und damit zu dem, was die aktuelle Diskussion unter Künstlicher Intelligenz versteht.

2.3.1 Allgemeiner Begriff: Künstliche Intelligenz (KI)

Der Begriff *Künstliche Intelligenz* ist eines der typischen, phraseologisch entrückten Schlagworte des digitalen Zeitalters, das sich vom eigentlichen Wortsinn abgesetzt hat. Er wird getrieben von einem intuitiven Verständnis von *Intelligenz*, das darunter

- getreu der etymologischen Wurzel intellegere (lateinisch, u. a. »Einsicht zeigen«), die mehrstufige, nichttriviale Einsicht,
- die nichttriviale, vielstufige Schlussfolgerung unter Einbezug unscheinbarer Kriterien und unter Einsatz formal-logischer, aber auch heuristischer Methoden,
- den überraschenden, zunächst mysteriösen Planungsschritt (analog zum Damenopfer im Schachspiel)

subsummiert. Letzteres wurde etwa großen Entdeckern oder Generälen wie Roald Amundsen oder Napoléon Bonaparte zugeschrieben.

Der Übergang zur *Künstlichen Intelligenz* (*KI*, engl. *Artificial Intelligence, AI*) ist bereits mit der Frühzeit der elektronischen Datenverarbeitung, also dem »Röhrenzeitalter« verbunden, als im Rausch der prospektiven Möglichkeiten extrapolativ die Ent-

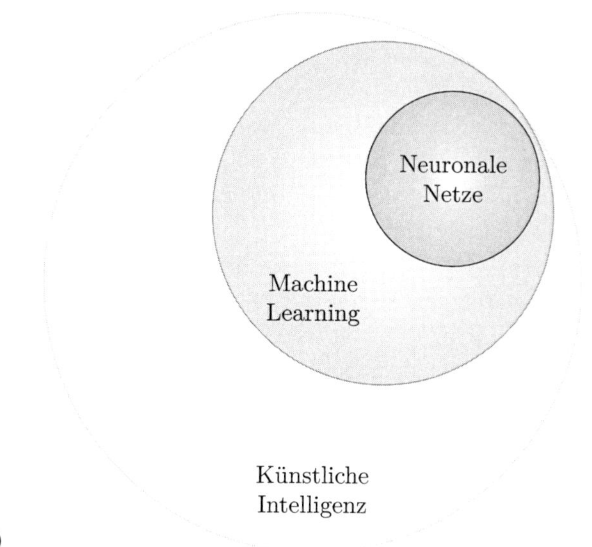

Abb. 2.10: Verhältnis der Begriffe Künstliche Intelligenz (KI), Machine Learning (ML) und Neuronale Netze (NN) zueinander: NN ist eine echte Teilmenge von ML, und ML eine echte Teilmenge von KI. (Quelle: Die Autoren)

stehung eines elektronisch bewehrten Überwesens, des allwissenden, allüberlegenen »Elektronengehirns« gefeiert wurde. In dieser Begeisterung entstand auch aus der Feder eines der Gründerväter der Informatik, Alan Turing, der sogenannte *Turing-Test* zur Feststellung der Intelligenz einer Maschine (Turing 1950). Dabei soll maschinelle Intelligenz dadurch festgestellt werden können, dass ein menschlicher Gesprächsteilnehmer, der mit menschlichen und elektronischen Gesprächspartnern ausschließlich schreibend interagiert, nach angemessener Zeit nicht mit Gewissheit sagen kann, welcher Gesprächspartner eine Maschine und welcher ein Mensch ist. Damals waren solche »chatbots« noch Science Fiction, heutzutage sind sie bereits Realität, wenn auch mit ihren Fähigkeiten nicht auf höchstem intellektuellen Niveau.

Joseph Weizenbaum hatte mit seinem eigentlich ironisch gemeinten ELIZA-Dialogsystem sogar bereits 1966 ein Programm demonstriert, das bei höchst oberflächlicher Betrachtung den Turing-Test bestehen könnte (Weizenbaum 1966).

In der Zeitspanne der Verwendung des Begriffs *Künstliche Intelligenz* hat sich das, was darunter verstanden wird, mehrfach grundlegend gewandelt. Es ist klar, dass Intelligenz im menschlichen, neurophysiologisch oder kognitionswissenschaftlich begründeten Sinn nicht zu erwarten ist, so dass folgende Zitate, wenn auch mit leicht zynischer Anmutung, zur Prägung des Begriffs beitragen:

- »AI is whatever hasn't been done yet.« (Larry Tesler laut Hofstadter (1999))
- »Artificial Intelligence has the same relation to intelligence as artificial flowers have to flowers. From the distance they may appear much alike but when closely examined they are quite different. I don't think we can learn much about one by studying the other. AI offers no magic technology to solve our problem. Heuristic techniques do not yield systems that one can trust.« (Parnas 1985)

So war *Künstliche Intelligenz* in ihrer Begriffsunschärfe auch immer ein Sammelbecken für die zum jeweiligen Zeitpunkt noch unerforschten Grenzen der Informatik: Viele Methoden, die vor 30 Jahren noch geheimnisvoll unter *KI* subsummiert wurden, sind mittlerweile in den Kanon von Informatik oder Mathematik übergegangen – so zum Beispiel *Objekte* (ursprünglich *Frames* (Minsky 1974)), genetische Algorithmen, lineare und nicht-lineare Optimierung, oder auch statistische Methoden wie etwa die Clusteranalyse.

Bei KI wird Intelligenz simuliert – die zu Grunde liegenden Methoden können dabei völlig divergent sein und haben mit *Intelligenz* auf menschlicher Ebene nichts zu tun. In der Geschichte der Informatik ist die Künstliche Intelligenz immer wieder und in verschiedenen Wellen der Bedeutung aufgetaucht. Zwischen den Hypes lagen die so genannten *KI-Winter*, also Phasen, in denen die KI nahezu komplett an Sichtbarkeit verloren hatte. Bei jedem Auftauchen jedoch stimulierte die KI stets in der populären Rezeption Phantasien von Über-Intelligenz und menschlicher Endzeit.

Im Hype der 1980er Jahre war die so genannte logikbasierte »Wissensrepräsentation« vorherrschend: So genannte *Regelbasierte Systeme* basierten auf dem *modus ponens* als Schlussmethode: Ich weiß, dass der Hahn kräht (B), wenn die Sonne aufgeht (A). Sehe ich also die Sonne aufgehen, dann kann ich vorhersagen, dass der Hahn gleich kräht (A→B).

Als »Ausführungsmodell« beherrschten die regelbasierten Systeme den Markt in Form von Programmiersprachen, so etwa *Prolog* mit »ausführbarer« Logik als Programmierungsparadigma, oder als sogenannte »Shells« mit einem Sammelsurium an logikbasierten Methoden. Als Endprodukte wurden »Expertensysteme« angeboten, die in einem eng begrenzten Anwendungssektor vergleichbare Leistungen wie menschliche Experten erbringen sollten und auch in der Lage waren, ihre Beurteilungen und Entscheidungen peinlich genau zu begründen – dies ist aus heutiger Sicht sehr bemerkenswert, da diese Begründungsfähigkeit in den aktuell vorherrschenden KI-Systemen, wenn überhaupt, nur rudimentär vorliegt (siehe Abschnitt 2.3.3).

2.3.2 Maschinelles Lernen (ML)

Die KI-Blase der achtziger Jahre platzte, da sich sehr schnell zeigte, dass Wissen in faktischer oder auch prozeduraler Form ständiger Veränderung im Zeitverlauf unterliegt und Widerspruchsfreiheit des neuen mit vorhandenem Wissen nicht garantiert werden kann. Die Pflege, also die regelmäßige Anpassung eines Expertensystems an neue Verhältnisse und Anforderungen, wurde sehr schnell als aufwändig erkannt. Zu einer Simulation eines menschlichen Experten gehört auch eine Simulation der Erfahrung und der Weiterbildung, also des Lernens im Sinn einer Adaption an sich ändernde Gegebenheiten des Umfelds, die mit der KI der 1980er Jahre nicht geleistet werden können.

An und für sich wäre maschinelles Lernen der Ausweg zur Behebung dieses Mangels, aber selbstverständlich handelt es sich auch dabei nur um simuliertes Lernen. Die Modalität dieses Lernens stellt in ihren Details eine Art der indirekten Programmierung dar:

- Supervised learning: Einem System werden Beispielfälle und Musterlösungen präsentiert; die Menschen behalten die Kontrolle über das, was ein derartiges System lernt – das System wird auch mit Vorurteilen und Tendenzen des Kontrollierenden konfrontiert, wobei zunächst unbekannt ist, was es daraus macht.
- Unsupervised learning: Einem System werden Beispielfälle unterbreitet; die Maschine entwickelt ein eigenes Begriffssystem, und inwieweit dies brauchbar ist, entscheiden dann die Personen, die das System betreiben. Sie verwerfen im Zweifelsfall (und in vielen Fällen) unbrauchbare Systeme (trial-and-error).

Auf Basis von Symbolen und Logik haben sich induktive Verfahren herausgebildet, die allerdings oft zu exponentiellem Anwachsen einer Regelbasis führen, da hier ständig versucht wird, die Widerspruchsfreiheit der Regelbasis zu bewahren. Gleichzeitig bleibt die Generalisierungsfähigkeit eines derartigen Systems auf der Strecke. Mathematisch-statistische Methoden versuchen, Gesetzmäßigkeiten aus Massendaten duch Regression oder Clusterbildung zu ermitteln und sind somit bei der Ausführung auf unterschiedlichen oder fortgeschriebenen Datenbeständen zu einer Simulation des Lernens in der Lage.

Die Metapher des *Elektronengehirns*, wie es bereits in den 50er Jahren des letzten Jahrhunderts entstand und ständig unterschwellig präsent war, wenn auch oft nur im Hintergrund, führte zum Übergang aus der Welt der Symbole hin zur sogenannten »sub-symbolischen« Informationsverarbeitung.

2.3.3 Neuronale Netze

Die dem Begriff *neuronales Netz* zugrundeliegende Metapher bezieht sich auf die neurophysiologischen Strukturelemente und Strukturen der Gehirnrinde und die Hoffnung, dass nicht wenige leistungsfähige Prozessoren der herkömmlichen Informationstechnik, sondern vielmehr eine viel höhere Zahl primitiver und doch relativ langsamer Informationsverarbeitungseinheiten durch konsequente Vernetzung eine grobschlächtige Simulation höherwertiger kognitiver Prozesse darstellen könnten. Diese Komplexe von primitiv simulierten »Gehirnzellen« beeinflussen sich gegenseitig durch gewichtete Übertragung ihres inneren Zustands (siehe Abbildung 2.11 (Kratzer 1994)).

In bestimmte Bereiche eines derart strukturierten Netzes werden Außeneindrücke eingebracht (»kodiert«) und von anderen Bereichen die Reaktionen des Netzes abgegriffen (»dekodiert«). Hierbei hat die Art und Weise der Kodierung/Dekodierung auf die Qualität der Leistung einen hohen Einfluss. Das »Lernen« ist letztendlich eine Anpassung der Gewichte, basierend auf diesen Außeneindrücken, wobei dabei Methoden der numerischen Mathematik Anwendung finden – fachlich gesprochen also eine Extremwertsuche in hochdimensionalen, nichtlinearen Gleichungssystemen.

So entsteht durch dieses Verfahren ein so genannter Gewichtstensor – also eine hochkomplexe Konstellation von Gewichten, die, im Verein mit den Kodierungs- und Dekodierungsverfahren, das »Wissen« enthalten. Dieses Wissen liegt allerdings in einer für Menschen uninterpretierbarer Form vor. Der Gewichtstensor entsteht nicht durch umittelbares Programmieren, sondern eher durch das »Trainieren« der Struktur mit

Beispielen und Musterlösungen (»überwachtes Lernen«) oder bloßes Beobachten der Umgebung (»unüberwachtes Lernen«). Dabei sollte immer im Auge behalten werden, dass die Verwendung des Begriffs »Lernen« in diesem Kontext eigentlich höchst unseriös ist, und dass es sich dabei um nicht mehr als die numerische Extremwertsuche in komplexen, nichtlinearen Gleichungssystemen handelt.

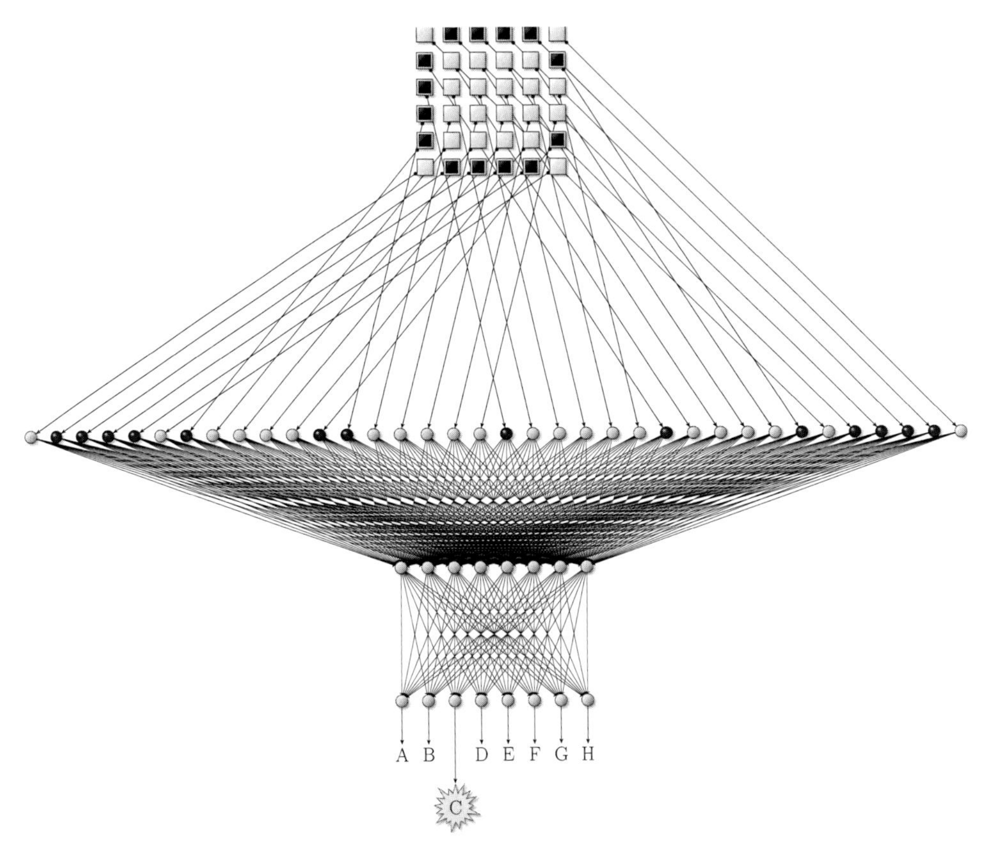

Abb. 2.11: Beispielhaftes einfaches neuronales Netz zur Erkennung von Buchstaben anhand gesetzter oder nicht gesetzter Bildpunkte in einem Bild. (Quelle: Die Autoren)

So könnte die in Abbildung 2.11 gezeigte (zugestandenermaßen einfache) Konfiguration zur Klassifikation von Buchstaben in einem 6×6-Schwarzweiß-Raster dienen: Für jede der Verbindungen wird ein Gewicht als Maß für die Beeinflussung einer Zelle auf die andere gespeichert. Das Schwarzweiß-Raster wird auf eine so genannte Eingabeschicht mit 36 Zellen abgebildet. Diese beeinflusst ihrerseits die acht Zellen in der Zwischenschicht, und diese wiederum die acht Zellen an der Stelle, an der die Ergebnisse der Klassifikation anliegen sollen. Das in einem neuronalen Netz gespeicherte »Wissen« ist abhängig von

- der Topologie des Netzes (Anzahl und Verbindung der Verarbeitungseinheiten): Wie viele Ein-/Ausgabe-Schichten und wie viele Zwischenschichten gibt es? Mit wie vielen Neuronen sind sie jeweils ausgestattet?
- der Initialisierung der Struktur: Mit welchen anfänglichen Werten für die gewichteten Verbindungen wird das Netz in das Training geschickt?
- der Anzahl, Reihenfolge und Qualität von Trainingsbeispielen,
- der Parametrisierung, beispielsweise: Wie stark beeinflusst fehlerhaftes Verhalten im Einzelfall die Gewichte an den Verbindungen zwischen Neuronen? Denn bei zu starkem Einfluss kann es zu nicht mehr kontrollierbarem Oszillieren des Netzverhaltens kommen.
- der Art und Weise der Ansteuerung (Kodierung/Dekodierung).

In der Außensicht ist ein neuronales Netz eine *black box*, die im Zuge einer exemplarischen Validierung entweder Befriedigendes oder Untaugliches leistet; eine vollumfängliche Validierung ist für die meisten typischen Anwendungsfälle auf Grund ihrer Problemkomplexität nicht möglich. Wie viele der durch Training erstellten Netze wegen Untauglichkeit wieder verworfen werden, wird von uneingeschränkten Befürwortern dieses Ansatzes leider weniger deutlich herausgestellt – es wird häufig eine Zwangsläufigkeit der Lösungsfindung suggeriert, die im praktischen Einsatz jedoch nicht gegeben ist. Da in Folge der hohen Dimensionalität des Gewichtstensors ein Test nur punktuell möglich ist, bleiben weite Teile des Verhaltens eines trainierten Netzes im Dunkeln. Damit sind der Verlässlichkeit eines derartigen Netzes im praktischen Einsatz enge Grenzen gesetzt, da immer wieder mit frappanten und auch unerklärlichen Abweichungen vom beabsichtigten Verhalten gerechnet werden muss.

Im Zuge von Entwurf und Training eines neuronalen Netzes tauchen üblicherweise zwei Dualismen auf; für sie ist zumeist experimentell ein tragbarer Kompromiss zu finden:

- Reproduktion vs. Generalisierung: Möchte ich haben, dass meine Trainingsbespiele sauber reproduziert werden, mit eventuellen Einschränkungen bei der interpolativen Leistung, wenn es sich um neu auftretende Außeneinflüsse handelt? Oder steht die interpolative Leistung im Mittelpunkt, mit einer eventuell nicht hundertprozentigen Wiedergabe der Trainingsmuster und damit gravierender Einschränkung bei der Verlässlichkeit? Diese widersprüchlichen Anforderungen schlagen sich in unterschiedlicher Netztopologie, unterschiedlicher Parametrisierung (je nach Netzmodell) sowie unterschiedlicher Trainingsstrategie nieder – die Brisanz zeigt skizzenhaft folgendes Beispiel. Nehmen wir an, die folgenden Kennnummern seien einer bestimmten Kategorie zugeordnet:

  462 294 **193** 306 986
  348 202 206 776 872

  Ein reproduzierendes Netz würde auf genau diese Kennungen reagieren und eventuelle immanente Gesetzmäßigkeiten ignorieren, ein generalisierendes Netz würde erkennen, dass diese Kennungen gemeinhin geradzahlig sind und dabei allerdings den Ausnahmefall 193 als »Rauschen« ignorieren. Dass dies eine bedeutsame Ausnahme sein kann, würde keine Berücksichtigung finden. Aus der Sicht der Anwendung sind reproduzierende Netze uninteressant, denn es gäbe billigere Arten der Reproduktion – wird allerdings Wert auf die Generalisierung gelegt (letztendlich eine Art Interpolation), besteht die Gefahr, dass Kritisches »weggebügelt« wird; letztendlich führt dies zu der Abstufung und auch Risikobewertung, wie viele falsch-positive bzw. falsch-negative Klassifikationen man gewillt ist, in Kauf zu nehmen.

- Stabilität vs. Plastizität: In welchem Maße folgt das Netz neuen, ggf. den bisherig trainierten Mustern widersprechenden Außeneinflüssen, mit der Gefahr eines »Oszillierens« des Netzverhaltens, bzw. wie stabil verhält es sich im Angesicht derartiger widersprüchlicher Vorlagen – dies ist namentlich bei neuronalen Systemen bedeutsam, die sich ohne menschlichen Eingriff und unter Einwirkung von ggf. widersprüchlichen Umfeldeinflüssen fortlaufend adaptieren.

Egal, welche Entscheidungen beim Erstellen eines neuronalen Systems zu diesen Themen getroffen werden, so ist die eigentliche Leistung auf das reine Eingabe/Ausgabeverhalten reduziert — das Lernen, besser: die Adaptionsfähigkeit, beruht auf dem sub-symbolischen Ansatz, der dann dazu führt, dass die neuronale Struktur intern gleichsam eine eigene Terminologie entwickelt, die sich einem menschlichen Beobachter nicht erschließt. Damit besteht keine für uns verständliche Möglichkeit einer nachvollziehbaren Erklärung oder Begründung von einzelnen Bewertungen bzw. Entscheidungen. Neuronale Systeme fordern blindes Vertrauen. Je nach Einsatzszenario kann dies potenziell bedeutsame, wenn nicht sogar verheerende Folgen für die Betroffenen und Opfer nach sich ziehen.

2.3.3.1 Deep Learning

Deep Learning (Bengio, LeCun, and Hinton 2015) klingt als Begriff zunächst geheimnisvoll, bringt aber technisch nicht viel Neues. Im Prinzip handelt es sich dabei zunächst um neuronale Netze, bei denen die Anzahl der Verarbeitungsstufen, die vom Eingang zu einer Ausgabe zu durchlaufen sind, massiv erhöht wird. Dieses Vorgehen ist im Kern kein konzeptioneller Fortschritt, aber es ist dadurch möglich, bestimmte Teile des Netzes vorweg zu konditionieren – nicht zufällig sind die unstreitig großen Erfolge derartiger Netze im Bereich der Bildverarbeitung zu suchen, in der so genannte *features* (Merkmale), also erkannte charakteristische Teilbereiche, zu einer Klassifikation eines Gesamtbildes führen: *»Auf dem Bild ist ein Kätzchen zu sehen«*. Der Umstand, dass neuronale Netze und »deep learning« derzeit als probates Mittel für Künstliche Intelligenz propagiert werden, ist nicht einem eigentlichen Paradigmenwechsel zuzuschreiben, sondern nur der heute verfügbaren, im Vergleich zu den 1980er Jahren immens gesteigerten Rechnerleistung, der wesentlich weiterreichenden Verfügbarkeit von Daten, auch aus den intimsten Lebensbereichen, sowie der willigen Bereitschaft breiter Bevölkerungsgruppen zu teilen, zu beurteilen und auf digitale Stimuli zu reagieren.

2.3.4 Big Data

Der Begriff *Big Data* vereint eine Fülle verschiedener Methoden der Informatik, aber auch der angewandten Statistik, mit dem Ziel

- sehr große Datenmengen aus unterschiedlichen Quellen zu analysieren und auf bisher unbekannte Regelmäßigkeiten zu untersuchen und diese offenzulegen,
- aus diesen Regelmäßigkeiten Prognosen zum zukünftigen Verhalten der Gesamtheit oder auch einzelner Individuen abzuleiten, aber auch
- Individuen und auftretende Phänomene zu klassifizieren.

Visionen hierzu wurden schon sehr früh entwickelt – man denke nur an Isaac Asimovs Vision einer fiktiven Wissenschaft, die er als *Psychohistory* bezeichnete, und die geeignet sein sollte, mit Daten aus der Vergangenheit gesellschaftliche, wirtschaftliche, auch militärische Verläufe zu prognostizieren (Asimov 1991). Wir sind nun, etwa 60 Jahre nach dem Aufkommen der Massendatenverarbeitung, erstmals in der Lage, derartige Analysen in fast allen Lebensbereichen durchzuführen, wobei die Zahl der einbezogenen Kriterien und die Verarbeitungsgeschwindigkeit wesentlich höher sind, als dies mit menschlicher analytischer Arbeit möglich gewesen wäre. Dies beinhaltet nicht nur eine quantitative, sondern auch eine qualitative Dimension. Digitale Maschinen korrelieren Daten manchmal in einer Weise, auf die zumindest bis zu diesem Zeitpunkt, kein Mensch gekommen ist, und die augenscheinlich die Realität besser abbilden. Natürlich wird in jüngerer Zeit verstärkt hierfür auch das Maschinelle Lernen herangezogen, speziell neuronale Informationsverarbeitung – mit allen Fallstricken und insbesondere der fehlenden Begründung von Entscheidungen. Konkrete Anwendungen sind etwa die aus dem Internethandel oder den Streamingdiensten bekannten »Vorschlagslisten«, aber auch Beurteilungen der Kreditwürdigkeit und Klassifikation von Bewerbungen bei Einstellungsverfahren – bis hin zu hoheitlichen Entscheidungen (z. B. Einreise in den Schengen-Raum für Personen ohne EU-Staatsangehörigkeit (Gallagher and Jona 2019)).

Dabei gilt es zu beachten, dass Information aus vielen Datenquellen, also auch Kontakt- und Bewegungungsdaten, medizinische Daten aus Fitness-Armbändern, und – bei zusätzlichem direktem Kontakt mit den Betroffenen – Kriterien wie Augenbewegungen, Muskelflattern in der Mimik oder auch der Ladezustand des Mobiltelefons eine Rolle spielen können.

2.3.5 KI und wir

Die Anwendung von KI auf den persönlichen Lebensbereich birgt eine immer noch drastisch unterschätzte Gefahr für unsere Freiheit und unsere Interessen, seien diese z. B. gesundheitlicher oder auch finanzieller Art. Die Gefahr ist, dass wir uns halb- oder unbewusst zu Objekten eines interessengeleitet verdunkelten Kriterienkatalogs reduzieren, dem wir uns freiwillig oder gezwungenermaßen unterwerfen. Dies gilt im Besonderen bei neuronalen Systemen, da hier die Erklärbarkeit der Entscheidung am schwierigsten ist. Natürlich sollte es nur dann freien Menschen verboten werden, sich aus freien Stücken einem derartigen Regime unterzuordnen, wenn dies zu seinem gerichtlich überprüfbaren Schutz, oder zum Schutz von Staat und Rechtsordnung geboten ist. Dennoch gibt es auch in Deutschland Bereiche, in denen die Betroffenen keine echte Wahl haben – beispielsweise bei der Prüfung der Kreditwürdigkeit. Bei solchen Verfahren muss den Betroffenen prinzipiell immer der ordentliche Rechtsweg offenstehen. Dies wurde auch von Datenschützern und in den Innenministerien der Länder erkannt: Hier ist die erste Forderung meist die Offenlegung des Verfahrens. Es stellt sich jedoch die Frage, was dabei offengelegt werden soll. Das Verfahren selbst, also der Algorithmus, ist meistens aus der wissenschaftlichen Literatur bekannt und liegt somit offen vor – zumindest in den groben, wesentlichen Zügen. Als nächster Schritt kann nun auch noch die zu Grunde liegende Netzstruktur und die Art der Ansteuerung offenbart werden. Dies hat allerdings wenig Wert, wenn nicht auch die Daten, die zum »Training« des Netzes benutzt wurden, gleichzeitig offengelegt werden. Bei den Trainingsdaten beginnen aber dann entweder die wettbewerblich entscheidenden Firmengeheimnisse, oder aber die Persönlichkeitsrechte betroffener Individuen. Mit Verweis auf mindestens einen dieser Gründe sind Trainingsdaten daher von den Firmen meist nicht zu erhalten. Daraufhin festzustellen, inwieweit ein solches System brisant ist, ist selbst für Fachleute nur sehr schwer zu bewältigen – wenn überhaupt.

Ein weiterer Ansatz zur unbedingt erforderlichen Einhegung dieser neuen Technik wäre die Forderung nach einer Begründungspflicht für alle Entscheidungen. Dies würde den Einsatz neuronaler Technik jedoch praktisch ausschließen, da eine Begründung aus dem sub-symbolischen Bereich wertlos und, im Widerspruchsfall, keinesfalls gerichtsfähig wäre.

Ein immer wieder angeführter Vorteil derartiger Systeme ist ihre angebliche Neutralität und Objektivität. Die hängt aber von den für das Training verfügbaren Daten ab – und es ist durchaus möglich zu diskriminieren, ohne dass Kriterien wie Geschlecht, Alter oder Hautfarbe explizit berücksichtigt werden müssen.

Aus der Textanalyse ist beispielsweise statistisch bekannt, dass

- Frauen das Wort Ich häufiger verwenden,
- Männer hingegen bestimmte Artikel,
- jüngere Menschen häufiger Hilfsverben und
- ältere Menschen öfter Präpositionen,

was einer mittelbaren Diskriminierung, rein auf Basis eines anonym verfassten Textes, Tür und Tor öffnen würde (Newman et al. 2008).

Es sind neuronale Systeme bekannt, die sich durch ungefilterte Beobachtung gesellschaftlichen Verhaltens zu Sexisten oder Rassisten entwickelt haben. Die Künstliche Intelligenz ist also nicht in der Lage, in der Gesellschaft verwurzelte Vorurteile zu neutralisieren und universellen Werten zu folgen, sondern sie stellt jederzeit einen Spiegel der aufgenommenen Eingabedaten dar (UN News2020). Es gibt aber auch bewusste Manipulationen solcher Systeme: Ein bekannter Fall war der Chatbot *Tay* von Microsoft (Hunt 2016), der von böswilligen Benutzern absichtlich zum Rassisten »umerzogen« wurde.

In welchem Verhältnis stehen derart intelligente Systeme zu ihrem Betreiber? Oft wird mantrahaft betont, diese Systeme seien »nur unterstützend« und »der Mensch behalte die letzte Entscheidung«. Dieser gute Wille a priori darf getrost auch dem Großteil der an KI arbeitenden Ingenieure unterstellt werden. Ein ganzheitlicherer Blick auf das Problem offenbart aber auch schnell, wo diese geistige Hintertür zu kurz greift: Bereits aus der Frühzeit entscheidungsunterstützender Systeme ist bekannt, dass aus dieser »Unterstützung« schnell und zielsicher ein Rechtfertigungsdruck erwachsen kann, warum einer Beurteilung und Empfehlung nicht gefolgt worden sei, wodurch de facto aus dem Vorschlag einer Beurteilung und Empfehlung ein Diktat würde (Langer, König, und Busch 2020; vgl. auch das folgende dritte Kapitel).

Es ist wichtig, sich immer vor Augen zu halten, dass jegliche Parallelen zwischen menschlicher Intelligenz und neuronaler Künstlicher Intelligenz rein metaphorisch zu sehen sind. Das Bestimmende bei menschlichem Handeln ist neben der nüchternen *ratio* auch die Emotion, es sind natürlich gegebene oder vereinbarte Werte, oftmals individuelle oder gesellschaftlich geprägte Moralvorstellungen und auch die Bewahrung der eigenen Existenz oder der der Gruppe bzw. Art. Ein neuronales Netz hingegen ist eine Maschine und setzt als soche einen hochkomplexen Interpolationsalgorithmus um – die vorher angesprochenen universellen oder persönlichen Werte mögen sich in den Trainingsbeispielen widerspiegeln oder auch nicht; was dann allerdings in nicht trainierten Situationen geschieht, bleibt offen. Künstliche Intelligenz ist ein Werkzeug ohne Leben, Selbstreflexion, Körpererfahrung, empfundene Endlichkeit der Lebenszeit und damit auch ohne Sorge um die eigene Existenz.

Kommerzielle Systeme der Künstlichen Intelligenz behandeln überwiegend Anwendungsfelder, deren Komplexität von konventionell programmierten Systemen mit vertretbarem Aufwand nicht erfasst werden kann. Sie können deshalb auch nicht nach den Regeln der konventionellen Softwareerstellung getestet und validiert werden; bei Fehlleistungen wird von den Herstellern meist eine verbesserte Leistung in unbestimmter Zukunft versprochen. Dies ist nicht von Bedeutung, so lange das Anwendungsfeld harmlos ist und keine oder nur geringfügige Schäden entstehen können (etwa bei Spielen oder für harmlose Formen des Marketings, etwa Vorschlagslisten). In kritischen Anwendungsfeldern wie beim autonomen Fahren, juristischen Verfahren oder komplexen Operationen sollten aber günstigerweise die bereits vorhandenen und erprobten Zulassungsverfahren mit den gewohnten Dokumentations- und Validierungsregeln in wirksam weiterentwickelter Form Anwendung finden. Es muss allerdings klar sein, dass der Einsatz maschinellen Lernens damit erheblich erschwert wird.

Abschließend soll noch erwähnt werden, dass es in diesem Zusammenhang bereits umfassende Bestrebungen auf fachlicher Ebene gibt – sowohl national als auch international. Diese versuchen, die unregulierte Flut von Klassifizierungen und Analysen mit negativen Rechtsfolgen für die Betroffenen und die gerade in der Arbeitswelt erkennbare Marginalisierung des Menschen einzudämmen und zu begrenzen. Als Beispiele sind zu nennen:

- die »Ethik-Leitlinien für eine vertrauenswürdige KI« der Europäischen Union
- die Veröffentlichungen der Datenethikkommission der Bundesregierung
- die Ethischen Leitlinien der Gesellschaft für Informatik e. V. (GI)

In allen sind das Verantwortungsbewusstsein und der gute Wille zur Regulierung zum Wohle aller Beteiligten klar erkennbar – inwieweit die jeweils formulierten Grundsätze die Konfrontation mit wirtschaftlichen Interessen überstehen, bleibt abzuwarten.

2.4 Zusammenfassung und Ausblick

Im Gegensatz zu den gängigen, technokratisch geprägten Utopien oder auch Dystopien einer digitalisierten Wirtschafts- und Gesellschaftsstruktur ist die fundierte Erörterung der zugrundeliegenden Technik doch eher beruhigend. Entsprechend ist die teilweise naive oder technikoptimistische Überantwortung von Prozessen in Wirtschaft, Gesellschaft, Politik und Privatsphäre an positive Annahmen gekoppelt, die bei näherer Betrachtung unhaltbar sind. Insgesamt sind folgende Punkte hervorzuheben:

- Die Kapazität der zugrundeliegenden Rechentechnik ist limitiert – die Kapazitätsgrenzen werden zwar konstant ausgeweitet, doch diese Ausweitung hält nur mühsam Schritt mit den Anforderungen der zunehmend komplexeren Aufgabenstellungen.
- Dennoch ist es möglich, in immer weiter fortschreitendem Maß Einzelinformation zu verarbeiten, zu verdichten und so immer weitergehend menschliche Prozessbeteiligte zu charakterisieren, zu beraten, letztendlich auch zu überwachen.
- Die Digitalisierung dringt – ähnlich wie seit den 1980er Jahren die Ökonomisierung – zunehmend in schwach-strukturierte Bereiche von Wirtschaft, Gesellschaft, Politik und Privatsphäre vor, in denen die präzise Abwicklung eng definierter Prozesse in Entscheidungsräume mit einer Vielzahl von Freiheitsgraden mündet, ohne dass die zugrundeliegende Technik die Vielschichtigkeit menschlicher Entscheidungsfindung abbilden kann, diese aber im schlimmsten Fall domestizieren soll.
- Die so genannte Künstliche Intelligenz ist im Moment in erster Linie von gesteigerter Rechnerleistung getrieben, und nur in geringem Maß von konzeptionellem Fortschritt. Von einer Superintelligenz im Sinne des im fünften Kapitel dargestellten Trans-/Posthumanismus sind wir vermutlich noch weit entfernt.
- Der Einsatz der Digitalisierung ist möglich, ungeachtet der Strukturierung des Einsatzgebietes — allerdings ist bei großen Ermessensspielräumen ein zunehmend erratisches Verhalten zu erwarten, welches bei Prozessen mit hoher Relevanz für die Betroffenen Überraschung oder Befremden auslösen und gravierende Schäden verursachen kann.
- Der Zusammenhalt unserer Gesellschaft ist vom Diskurs geprägt: Ein derartiger Diskurs auf angemessenem Niveau ist wohl mit den Entwicklern eines Anwen-

dungssystems möglich, nicht aber mit »intelligenten« Anwendungssystemen selbst.

Das umfassende Eindringen der Digitalisierung in einen Großteil unseres beruflichen und privaten Bereichs ist bereits vollzogen – ein »Rollback« in die analoge Welt scheint nur literarisch interessant, kann aber nur unter äußerster Gewaltanwendung als realistische Alternative betrachtet werden. Was demgegenüber in einer offenen Demokratie eingefordert werden muss, ist eine Wertediskussion, die sowohl Freiheit als auch Würde jedes Menschen in den Mittelpunkt der Betrachtung stellt und die in ihrer Umsetzung entsprechende Infrastrukturmaßnahmen sowie umfassende Regulierungen auf allen Ebenen einleitet. Genau deshalb haben wir dieses Buch geschrieben!

3. Kapitel
Pfadabhängigkeit und Lock-in

Jasmin S. A. Link

Vielfach wird geschrieben, wir befänden uns mitten in der vierten industriellen Revolution. Ein wesentlicher Bestandteil dieser Revolution sei die Digitalisierung. Die umfangreiche Digitalisierung Europas sei alternativlos, um international bestehen zu können. Die Industrie sei schon weitestgehend digitalisiert. Der Politik und dem Bildungsbereich wird ein Nachholbedarf nachgesagt. Und es gibt Forderungen, die bewilligten Digitalpakte für die schnellere Digitalisierung im Bildungsbereich auch ohne pädagogische Konzepte abrufen zu können. Doch warum? Und wo führt das hin?

Eine sehr gute, analytische Basis für das Verständnis der Schnelligkeit in der Entwicklung und der gefühlten Alternativlosigkeit in den Entscheidungen ist die Pfadabhängigkeitstheorie. Pfadabhängige Prozesse sind geprägt von exponentiellen Dynamiken, historischen Verfestigungen und kognitiven und ökonomischen Abhängigkeiten. Einige Marketingabteilungen versuchen zum Beispiel, durch sich gegenseitig bedingende Produktpakete bewusst Pfadabhängigkeiten für eine beständige Kundenbindung zu schaffen. Andere versuchen zu suggerieren, man sei schon in einer Lock-in-Situation und hätte de facto ohnehin nur die Möglichkeit, sich dafür zu entscheiden (nicht dagegen). Doch auch in anderen Kontexten schaffen pfadabhängige Prozesse an sich Abhängigkeiten und induzieren soziale Dynamiken. Die Analyse von pfadabhängigen Prozessen kann helfen, zukünftige Entwicklungstendenzen zuverlässig aufzuzeigen. Wenn direkte oder indirekte Auswirkungen von Pfadabhängigkeit unerwünscht sind, sollte bewusst und möglichst frühzeitig gegengesteuert werden.

Es gibt verschiedene Definitionen von Pfadabhängigkeit, die auch mit Blick auf die Digitalisierung, Vernetzung und künstliche Intelligenz eine Rolle spielen können. Abhängig vom betrachteten Objekt, das analysiert oder diskutiert wird, je nach Fachrichtung des Wissenschaftlers und möglicherweise auch in Bezug auf die zu analysierende Dynamik oder Betrachtungsebene können die Begrifflichkeiten variieren.

Bei der Analyse von Pfadabhängigkeit im Kontext der Digitalisierung, der Vernetzung und der künstlichen Intelligenz kommen verschiedene Perspektiven zum Zug:

Die Digitalisierung wird von Routinen geprägt und von Institutionalisierungen und Standards mitgetragen. Gewisse Verfahren ändern sich zwar, jedoch in einer einheitlichen Weise hinsichtlich einer gesteigerten elektronischen Erfassung und Verarbeitung. Reaktive Sequenzen historischer Ereignisse können dabei eine zentrale Rolle spielen. Gleiches gilt für die Auswirkungen organisationaler Felder, die Empfehlungen individueller Experten[9] oder persönliche Einflüsse durch soziale Netzwerke. Lerneffekte zahlen sich aus und die Verfahren werden inkrementell weiter optimiert.

Die Vernetzung spielt dabei eine große Rolle. Sind Abläufe miteinander gekoppelt, so zieht die Digitalisierung eines Prozesses die Digitalisierung eines weiteren Prozesses nach sich. Dabei setzt die Vernetzung einen gewissen Standard in der Grundausstattung voraus. Hardware und Software müssen angepasst werden. Die Vernetzung begünstigt dann den Datenaustausch, die Datenverarbeitung und die Datennutzung in einem neuartigen Umfang, der vollständig analog nicht mehr möglich ist.

Sogenannte künstliche Intelligenz hat in der Datenaufbereitung und der Datenanalyse ihre Anwendungsgebiete. Mit zunehmender Digitalisierung und zunehmender Vernetzung steigt die Verfügbarkeit von Daten in zunehmend vernetzter Form, so dass informationstechnische Analysemethoden zur Nutzbarmachung dieser Big Data erforderlich sind. Um die vorhandenen Daten in großem Umfang als Entscheidungsgrundlage nutzen zu können, werden sie visuell aufbereitet, nach vorgegebenen Kriterien voranalysiert und mögliche Datenlücken festgestellt oder vermeintlich fehlerhafte Daten aussortiert. Je nach Fragestellung, die durch die Datenanalyse beantwortet werden soll, können unterschiedliche Methoden zur Anwendung kommen. Dabei kann ein Mensch nicht mehr »mal eben die Rechnung überprüfen«, die z. B. ein neuronales Netz aus den umfangreichen Daten iterativ errechnet hat. Mit zunehmender Verfügbarkeit elektronischer Daten, zunehmender Vernetzung und zunehmender Digitalisierung werden in zunehmenden Maße menschliche Entscheidungsprozesse von den Ergebnissen einer künstlichen Intelligenz (KI) abhängig.

3.1 Definitionen von Pfadabhängigkeit und Lock-in

Das Verständnis des Begriffs »Pfad« stimmt nicht immer mit den Definitionen von Pfadabhängigkeit überein und nicht jede Definition von Pfadabhängigkeit beinhaltet einen Begriff des Lock-ins. Nach der Erklärung verschiedener Perspektiven zur Pfadabhängigkeit und möglicher Definitionen von einem Pfad wird im Rest dieses Kapitels eine prozessorientierte Definition verwendet: Ein pfadabhängiger Prozess ist ein sich selbst verstärkender Prozess mit der Tendenz zum Lock-in. Dabei ist ein Prozess dann im Lock-in, also quasi »eingerastet«, wenn Veränderungen gar nicht mehr oder nur noch inkrementell stattfinden.

3.1.1 Exkurs in die Mathematik

Viele wissenschaftliche Disziplinen greifen in der Definition ihrer Begriffe auf die Mathematik zurück. Verschiedene Begriffe der Pfadabhängigkeit lassen sich über ihre Her-

9 Persönliche oder individuelle Experten, bedeutet hierbei, dass diese Experten nicht unbedingt objektiv Experten sein müssen, sondern auch lediglich für den einzelnen Entscheider eine Expertenfunktion einnehmen können, wie z. B. die beste Freundin, die immer einen Tipp hat, oder der Mentor, selbst wenn die anstehende Frage nicht in sein Spezialgebiet fällt.

kunft aus einem Teilgebiet der Mathematik erklären. Daher hier ein kleiner Exkurs in die Mathematik in diesem ansonsten soziologischen Kapitel.

Wird zum Beispiel in der Mathematik im Rahmen der Graphentheorie ein Netzwerk analysiert (siehe Abbildung 2.1 in Kapitel 2), so ist ein Pfad eine Kette aus mehreren Kanten in diesem Netzwerk: Ein Pfad ist ein Kantenzug, der Knoten verbindet, die möglicherweise nicht direkt miteinander durch eine Kante verbunden sind. Die Anzahl der Kanten in diesem Kantenzug ist dabei die Länge des Pfades[10]. Mit Hilfe von Netzwerken können viele Strukturen und Engpässe analysiert werden wie z. B. ein Stromnetz, ein Logistiknetzwerk für Industrieprodukte oder auch ein Konsumentennetzwerk bestehend aus verschiedenen Haushalten. Auch soziale Netzwerke können z. B. für die Analyse von Kontakten in einer Epidemie oder für die Analyse der Verbreitung von Informationen herangezogen werden. Die Anwendungsgebiete sind vielfältig. Da dieser Pfadbegriff so jedoch keine Dynamik aufweist, gibt es auch keinen dazugehörenden Begriff des Lock-ins.

In einem anderen Themengebiet der Mathematik, der Stochastik, wird ein Pfad auch als Kantenzug in einem Netzwerk verstanden, bei dem die Knoten Ereignisse sind, die mit einer bestimmten Wahrscheinlichkeit eintreten. Die Struktur dieses Netzwerkes ist eine Baumstruktur, das heißt, ausgehend von einem ersten Ereignis zweigen so viele Kanten ab, wie es alternative Folgeereignisse geben kann, von denen wiederum weitere Kanten zu nachfolgenden Folgeereignissen abzweigen. Ein Pfad in diesem Baum von Ereignissen zeichnet eine mögliche Ereignisfolge nach. Die Wahrscheinlichkeiten jedes einzelnen Ereignisses zu kennen, ermöglicht den Erwartungswert des Endereignisses des Pfades zu berechnen. Gibt es mehrere Pfade zum gleichen Endereignis, so könnte der Erwartungswert für das Endereignis abhängig vom Pfad anders ausfallen. Der Gesamterwartungswert eines möglichen Endereignisses in Abhängigkeit von einem Startpunkt ist dann die Summe aller Erwartungswerte für das Endereignis in Abhängigkeit von den Pfaden zu diesem Endereignis. Solche Erwartungswerte werden zum Beispiel auch in der Entscheidungstheorie in der Betriebswirtschaftslehre verwendet. Diese Begrifflichkeit der Pfadabhängigkeit weist jedoch ebenfalls keine Dynamik auf, so dass auch hier kein Verständnis einer Verfestigung, eben eines Lock-ins, vorgegeben ist.

Betrachtet man jedoch ein dynamisches System, so gibt es unter Umständen nicht mehr eine abzählbare Menge an alternativen Wegen. Abhängig vom Startwert lassen sich möglicherweise verschiedene Dynamiken beschreiben. Dabei haben einige Dynamiken einen Attraktor, auf den sie sich zubewegen und von dem sich ein dynamischer Prozess nicht mehr wegbewegt, wenn er einmal dort angekommen ist. Der Graph der Dynamik kann dabei als Pfad zu dem Attraktor, dem Lock-in, betrachtet werden. Hat der Prozess die Eigenschaft, nah an dem Attraktor an Geschwindigkeit zuzunehmen oder sich zunehmend räumlich eingrenzbar auf den Attraktor zuzubewegen, so ist es möglicherweise ein sich selbst verstärkender Prozess mit der Tendenz zum Lock-in. Veranschaulichen

[10] So hat zum Beispiel der längste Pfad im zusammenhängenden Graphen, dem mittleren Graphen in Abbildung 2.1, die Länge vier und verbindet zwei Knoten miteinander, die nicht direkt durch eine Kante verbunden sind.

lässt es sich zum Beispiel physikalisch über die Betrachtung eines Pendels, das um einen Magneten schwingt, von dem es immer mehr angezogen wird, je näher es ihm kommt.

In der Soziologie lassen sich die eben geschilderten Perspektiven miteinander verbinden. Die zugrundeliegende Definition von Pfadabhängigkeit ist dabei die prozessorientierte Sichtweise eines sich selbst verstärkenden Prozesses mit der Tendenz zum Lock-in. Dies sind also praktisch sich selbst verstärkende dynamische Prozesse auf einem gewichteten gerichteten Graphen, die sich einem Attraktor annähern.

In der soziologischen Begrifflichkeit entspricht das dann sich selbst verstärkenden Prozessen mit der Tendenz zum Lock-in, deren Auswirkungen in sozialen Netzwerken betrachtet werden, oder auch auf gewichteten sozialen Netzwerken, bei denen das Gewicht mit einer Wahrscheinlichkeit für eine Handlungsentscheidung korreliert.

3.1.2 Pfadabhängigkeit am Beispiel der QWERTY-Tastatur erklärt

Wie in der Mathematik gibt es auch in der Soziologie unterschiedliche Bezeichnungen von »Pfaden« entsprechend verschiedener Teildisziplinen bzw. der Perspektiven, die über die angrenzenden Disziplinen eingenommen werden können. Dabei werden Beispiele oft aus mehreren Perspektiven analysiert und diskutiert. Zwei Klassiker in der Pfadabhängigkeitsdebatte sind dabei die Analyse der Entstehung der QWERTY-Tastatur (David, 1985) und die Anwendbarkeit eines Urnenmodells mit Zurücklegen (Arthur, 1994).

Der Historiker Paul A. David hat die Entstehung der QWERTY-Tastatur historisch herausgearbeitet (David, 1985, 1997, 2001, 2007). Dabei hat er festgestellt, dass auf frühen Schreibmaschinen die Tasten in der gleichen Weise angeordnet waren wie auf Tastaturen späterer Computer. Doch warum?

David hat herausgefunden, dass in der Schreibmaschinenentwicklung die Schreibmaschinen hinsichtlich der Schreibprozesse, insbesondere der möglichen Schreibgeschwindigkeit optimiert wurden. Es wurde festgestellt, dass, wenn zwei Hebel direkt nacheinander getippt wurden, sie eine höhere Wahrscheinlichkeit zu verkanten hatten, falls es benachbarte Hebel waren – im Gegensatz zu weiter auseinander stehenden Hebeln. Verkantete Hebel bremsten jedoch immer den Schreibfluss, da das Schreiben unterbrochen werden musste, um die Hebel voneinander zu lösen, bevor man weiterschreiben konnte. Daher war es für die Optimierung der möglichen Schreibgeschwindigkeit der Schreibmaschinen wichtig, ein Verkanten der Hebel zu minimieren. Entsprechend wurde die englische Sprache analysiert, hinsichtlich der Häufigkeit verschiedener Worte und des Auftretens von Buchstabenkombinationen in einzelnen Worten. Die Buchstabenhebel sollten so angeordnet werden, dass Buchstaben, die beim Schreiben von Worten häufig direkt nacheinander vorkommen, möglichst nicht auf benachbarten Hebeln platziert sind. Außerdem kann man feststellen, dass alle Buchstaben des Wortes »TYPEWRITER« auf der englischen Tastatur in der obersten Zeile zu finden sind. Das ist, Überlieferungen zufolge, darauf zurückzuführen, dass frühere Handelsvertreter zu Verkaufszwecken die Buchstaben ihres

Produktnamens schnell finden können sollten, auch wenn sie selbst noch keine geübten Schreiber waren.

Doch warum ist die Tastenanordnung auf den späteren elektronischen Schreibmaschinen, den Computertastaturen oder sogar heutigen Tablets oder Smartphones immer noch die gleiche? Es gibt keine Hebel mehr, die sich noch verkanten könnten, und auch keinen Produktnamen TYPEWRITER. Auf Tablets oder Smartphones gibt es nicht einmal mehr Tasten und möglicherweise auch nicht mehr eine beidhändige Verwendung, vielmehr werden zumeist eine Hand oder einzelne Finger oder Daumen zum Tippen benutzt. Vermutlich hat sich selbst die moderne Verwendung englischer Sprache so verändert, dass sogar die Häufigkeit des Auftretens benachbarter Buchstabenkombinationen eine andere ist als noch vor 100 Jahren.

Dieses Phänomen wird Pfadabhängigkeit genannt. »History matters« beschreibt den prägenden Einfluss früherer Entscheidungen oder Ereignisse auf spätere Entwicklungen in einer nicht umkehrbaren zeitlichen Chronologie. Und David (1985) hat festgestellt, dass viel später involvierte Akteure noch immer stark unter dem Einfluss früherer Ereignisse zu stehen scheinen, auch wenn sie sich eigentlich komplett frei entscheiden könnten[11].

Hat eine Person auf einer QWERTY-Tastatur einmal zu tippen gelernt, so fällt es ihr vermutlich leichter, sich bei einer entsprechenden Tastenanordnung zurechtzufinden im Vergleich zu einer alternativen Buchstabenanordnung[12]. Geht man also davon aus, dass frühere Büroarbeitskräfte gelernt haben, auf den neuen Schreibmaschinen zu tippen, so würde eine Umschulung Geld kosten, das man sich als Unternehmer sparen kann, wenn man ihnen eine Schreibmaschine mit QWERTY-Tastatur als Arbeitsgerät zur Verfügung stellt. Andersherum wird man als Nachfolger für eine ausgestiegene Büroarbeitskraft auch wieder jemanden einstellen, der die Fähigkeit hat, auf der vorhandenen Schreibmaschine zu schreiben. Die im Laufe der Zeit gesteigerte Nachfrage nach Büroarbeitskräften mit Schreibmaschinenfähigkeiten hat irgendwann dazu geführt, dass ein Training im Tippen auf einer Schreibmaschine in die Ausbildung für dieses Berufsfeld mit eingebaut wurde. Dies resultierte darin, dass noch mehr Unternehmer für die Grundausstattung ihres Büros eine Schreibmaschine kaufen mussten.

11 Einige Wirtschaftswissenschafter verneinen die bloße Existenz von Pfadabhängigkeit, da eine Ineffizienz in ihren Theorien nicht vorgesehen ist (vgl. Liebowitz & Margolis, 2014). Andere Wirtschaftswissenschaftler beschreiben Argumente, wie Entscheidungen im historischen Ablauf der Tastaturentwicklung dennoch als lokal effizient begründet werden können. Es gibt Lerneffekte, Arbeitsmarkteffekte, Marketingeffekte, Skaleneffekte, die Theorie versunkener Kosten oder eine übergeordnete Markteffizienz.

12 Als besonders ergonomische Tastenbelegung wurde auch die sogenannte »DVORAK«-Tastatur entwickelt. Jedoch konnte sie sich aufgrund der pfadabhängigen Prozesse auf dem Markt nicht gegen die bereits etablierte QWERTY-Tastatur durchsetzen und bleibt bis heute eine Nischenvariante, die vergleichsweise wenig genutzt wird. Und auf mobilen Endgeräten gibt es auch teilweise die Möglichkeit einer eher alphabetischen Buchstabenanordnung. Hat man jedoch auf der QWERTY-Tastatur gelernt, schnell zu schreiben, so finden quasi die Finger die Tasten wie von selbst. Da wäre eine alphabetische Buchstabenanordnung, bei der der Kopf zwischendurch mitdenken müsste, fast noch hinderlich.

Gleichzeitig stieg natürlich auch die Bekanntheit der Schreibmaschine an sich, und irgendwann war sie aus den Büros nicht mehr wegzudenken. Eine einmal angeschaffte Schreibmaschine durch ein anderes Modell zu ersetzen, weil sie eine andere Tastatur hätte, würde bedeuten, dass die vorigen Investitionen für die Anschaffung des früheren Produktes und für die Ausbildung der Schreibkraft als Kosten zu verbuchen wären.

Auch in der Produktion der Schreibmaschinen hat es sich vermutlich gelohnt, die Buchstabenhebelanordnung unverändert zu lassen, da so mehrere Hebel in gleichartiger Weise und größerer Zahl hergestellt werden konnten und positive Skaleneffekte den Stückpreis senkten. Ähnliche Argumente, insbesondere Lern- und Arbeitsmarkteffekte, kann man auch für spätere Wechsel von der mechanischen Schreibmaschine zur elektrischen Schreibmaschine finden, sowie zu den späteren Weiterentwicklungen, von denen das bloße »Schreiben« als Funktion immer mehr an Stellenwert verloren hat und heutzutage eher nur als Randfunktion angeboten wird. Das Produkt in einer funktionserweiternden, aber dennoch teilweise vertrauten Art und Weise zu präsentieren, half möglicherweise in der Akzeptanz und Vermarktung (Beyer, 2005).

Weitere Perspektiven zum Entdecken und Analysieren von Pfadabhängigkeit sind beispielsweise folgende: Historische Soziologen beschreiben reaktive Sequenzen, das sind Ketten von Ereignissen, bei denen frühere Ereignisse nachfolgende anstoßen und in ihren Auswirkungen verstärken (Mahoney, 2000). Und Institutionalisten haben festgestellt, dass sich einmal installierte Institutionen auch nur noch inkrementell weiterentwickeln (North, 1990), was als Perfektionierung der Institution an sich betrachtet werden kann oder als Eigenschaft eines Lock-ins. Politologen wenden das Konzept der Pfadabhängigkeit auf die Erklärung politischer Dynamiken an (Pierson, 2000) und betonen die Unvorhersehbarkeit der Entwicklung eines zukünftigen Pfades zu Beginn (Collier & Collier, 1991). Innovations-, Management- und Organisationsforscher überlegen andersherum, wie es für involvierte Akteure möglich werden kann, Pfade zu kreieren, d.h., anzustoßen und zu gestalten (Garud & Karnøe, 2001). Sydow, Schreyögg und Koch (2005, 2009) haben ein Drei-Phasen-Modell als Abbildungsschema (Abb. 3.1) entwickelt, das sowohl die Kontingenz zu Beginn eines Pfades als auch das Herauskristallisieren einer sich verfestigenden Pfadstruktur in der zweiten Phase bis hin zum Lock-in in der dritten Phase beinhaltet, in der dann nur noch inkrementelle Änderungen stattfinden. Aus der beratungstechnischen Perspektive ist jedoch die Feststellung eines Lock-ins unbefriedigend, da die Pfadabhängigkeitstheorie in der dritten Phase des Drei-Phasen-Modells keinen Anhaltspunkt für Veränderungen vorsieht.

Organisationssoziologen kombinieren verschiedene Perspektiven, indem sie Pfadabhängigkeit anhand eines Prozesses beschreiben, der durch begleitende Mechanismen sich selbst verstärkt und verfestigt bis hin zum Lock-in. Dabei können gleichermaßen, je nach Perspektive eines jeden Mechanismus, zusammen mit der Logik der Kontinuitätssicherung auch Destabilisierungsoptionen mit durchdacht werden (Beyer, 2005: S. 18, Tabelle 1; siehe auch Tabelle 3.1).

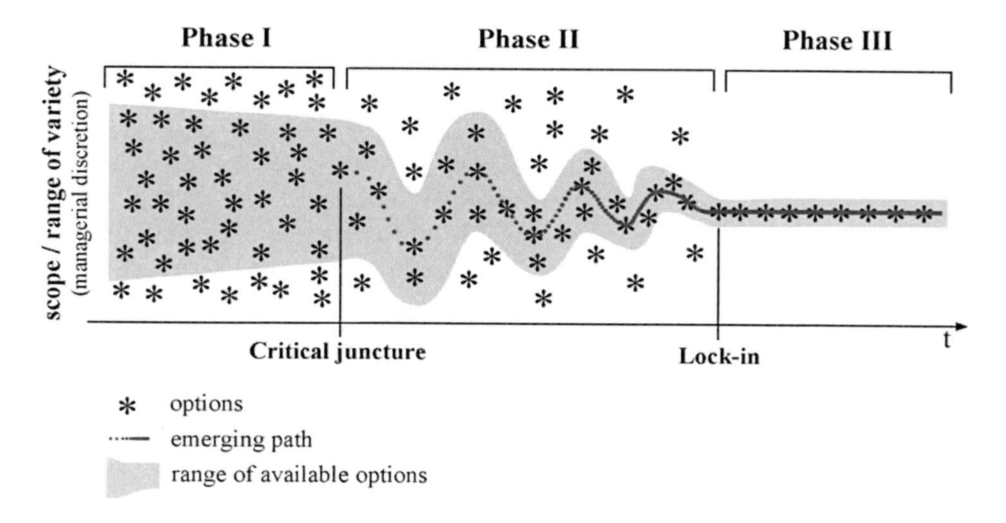

Abb. 3.1: Drei-Phasen-Modell für die Entwicklung eines organisatorischen Pfads (Sydow et al., 2009).

3.1.3 Increasing Returns – Wachstumsdynamiken, die zum Lock-in führen können

Ungefähr zeitgleich mit Paul A. David entwickelte W. Brian Arthur (1989, 1994) seine Theorie positiver Rückkopplungseffekte (increasing returns). Seine fundamentale Frage war dabei: Wie kann man prognostizieren, welche Technologie am Markt gewinnt?

Allein für diese Frage wird er von Ökonomen schon kritisiert, denn nach Adam Smith selektiert die unsichtbare Hand als Marktmechanismus die beste Technologie. Gibt es also klare Vergleichskriterien bei vollkommener Information und universeller Effizienz, so würde sich auf diesem vollkommenen Markt die beste Technologie durchsetzen. Bei Arthurs Frage schwingt mit, dass es Märkte geben kann, bei denen sich möglicherweise eine suboptimale Technologie durchsetzen könnte. Er unterstellt also eine möglicherweise nicht universell anwendbare ökonomische Theorie, wofür er kritisiert wird (Arthur, 2013).

Arthur hat positive Feedbackprozesse beobachtet, d.h., Wachstumstendenzen werden verstärkt. So können z.B. Stückkosten – und damit auch Stückpreise – über positive Skaleneffekte in der Produktion gesenkt werden, was weitere Umsatzzuwächse nach sich ziehen kann. Er gelangt zu der Hypothese, dass auch eine nicht nach objektiven Kriterien beste Technologie auf einem Markt gewinnen kann, wenn positive Feedbackprozesse (increasing returns) vorhanden sind (Arthur, 1994).

Zur Beschreibung und Veranschaulichung der positiven Rückkopplungsprozesse verwendet Arthur ein Urnenmodell mit Zurücklegen, wie es in der Wahrscheinlichkeitsrechnung bekannt ist (Arthur, 1994):

Urnenmodell: Hat man in einer Urne als Ausgangsposition zwei Kugeln, eine blau und eine rot, so nimmt man Schritt für Schritt eine Kugel aus der Urne. In jedem Schritt legt man für die gezogene Kugel eine weitere Kugel der gleichen Farbe zusammen mit der gezogenen Kugel zurück in die Urne. So verändert sich mit jedem Schritt die Wahrscheinlichkeit dafür, im nächsten Schritt eine Kugel einer bestimmten Farbe zu ziehen. Waren im ersten Schritt die Kugelverhältnisse noch 1:1, so sind sie im nächsten Schritt 1:2. Dann möglicherweise 2:2, aber wahrscheinlicher wäre 1:3. Dabei wächst die Wahrscheinlichkeit immer mehr, dass bestehende Ungleichgewichte sich weiter verstärken. Jedoch haben zu Anfang gezogene Kugeln einen größeren Effekt darauf, zu Gunsten welcher Farbe sich das Ungleichgewicht auswirkt. Wenn schon viele Kugeln in der Urne sind, hat die einzelne Kugel, die noch hinzukommt, nur noch einen kleinen Effekt. Auf einem bestimmten Level stabilisiert sich das Farbverhältnis in der Urne. Jedoch kann dieses Endverhältnis der Farben zu Beginn des Experiments noch nicht vorhergesagt werden.

3.1.4 Definition von Pfadabhängigkeit und Lock-in für dieses Kapitel

Die Definition, die hier verwendet wird ist: Ein pfadabhängiger Prozess ist ein sich selbst verstärkender Prozess mit der Tendenz zum Lock-in (Link, 2018: S. 3).

Diese Definition ist als Basis für die Betrachtung von Pfadabhängigkeit aus verschiedenen Perspektiven nutzbar. Ein Prozess, der sich selbst verstärkt, hat den Effekt, dass frühere Ereignisse eine richtungsweisendere Rolle spielen können als spätere Ereignisse (history matters). Die Manifestierung der QWERTY-Tastatur (David, 2001) lässt sich über diese Definition im historischen Rückblick als sehr schnell beim Lock-in einordnen und es können verfestigende Mechanismen gefunden werden, die das Lock-in stabilisieren. Die »increasing returns« (Arthur, 1994), die positiven Rückkoppelungseffekte, lassen sich als Mechanismen wiederfinden, die die sich selbst verstärkende Dynamik im pfadabhängigen Prozess beschreiben. Zudem können diese positiven Rückkoppelungseffekte zu einer Verfestigung des Prozesses hin zum Lock-in führen (siehe Urnenmodell, Arthur, 1994). Reaktive Sequenzen können in Ereignisketten die sich-selbst verstärkende Dynamik beschreiben und gleichzeitig die historische Unumkehrbarkeit darstellen, die sich in der Tendenz zum Lock-in wiederfindet.

Außerdem macht die Definition keine Aussage zu dem Beginn des Prozesses. Über die Festlegung der sich selbst verstärkenden Dynamik des pfadabhängigen Prozesses können jedoch schon leicht unterschiedliche Anfangsbedingungen große Auswirkungen auf das Endergebnis des Prozesses im Lock-in haben (Arthur, 1994; Collier & Collier, 1991; Vergne & Durand, 2010).

Im Folgenden wird daher diese Definition verwendet, um sie mit einer Akteursperspektive und einer Netzwerkperspektive zu kombinieren und so auf die Digitalisierung, Vernetzung und KI anzuwenden.

3.1.5 Pfadabhängigkeit als Folgeverhalten – pfadabhängige Netzwerke

In diesem Abschnitt wird nun die Mikro-Ebene eines pfadabhängigen Prozesses betrachtet und gefragt, was eigentlich mit Akteuren passiert, die in einen pfadabhängigen Prozess involviert sind. Anschließend können diese Erkenntnisse der Mikro-Ebene wieder zu einer Meso-Ebene aggregiert werden und so eine Netzwerkperspektive aus der Pfadabhängigkeitsdefinition abgeleitet werden.

Schon Paul A. David (1985) hat bei der historischen Analyse der Entwicklung der Schreibmaschine und der Verfestigung der Verwendung der QWERTY-Tastatur festgestellt: Selbst wenn die Akteure eigentlich vollkommen frei in ihren Entscheidungen sind, sind ihre Entscheidungen dennoch stark von früheren Ereignissen geprägt. Dabei können selbst frühere Ereignisse eine Rolle spielen, an die sich kein Akteur mehr direkt erinnern kann. Wie kann das sein? Es ist ja nicht so, dass diese früheren Ereignisse alle in gesetzesähnlichen Texten verfasst oder auf Postern an die Wand gehängt werden mit dem Hinweis, unter keinen Umständen von ihnen abzuweichen. Vielmehr führt die Pfadabhängigkeit dazu, dass die involvierten Akteure möglicherweise gar nicht auf die Idee kommen, sich anders zu entscheiden, oder aber sich selbst nicht in der Lage dazu oder nicht die Notwendigkeit sehen, von dem pfadabhängigen Prozess abzuweichen.

Wie in den vorigen Abschnitten ausführlicher beschrieben, gibt es verschiedene Mechanismen, die zu einer sich selbst verstärkenden Dynamik im pfadabhängigen Prozess führen. Doch wie wirkt ein pfadabhängiger Prozess auf die einzelnen und zukünftigen Akteursentscheidungen? Dies lässt sich wie folgt analysieren (Kominek, 2012; Link, 2018: S. 32 ff.):

Betrachtet man den Entscheidungsprozess eines Akteurs genauer, so hat ein Akteur verschiedene Möglichkeiten, seinen Entscheidungsprozess für eine Handlungsentscheidung zu gestalten: z.B. spontan aus dem Bauch, wertrational, zweckrational oder präferenzoptimierend entsprechend einer individuellen Nutzenfunktion. Wenn dieser Akteur mit seiner Entscheidung jedoch einem pfadabhängigen Prozess zugeordnet werden kann, so wird er im Laufe dieses Prozesses wiederholt ähnlich geartete Entscheidungen zu treffen haben. Natürlich könnte der Akteur, erneut den gleichen Entscheidungsprozess wie zuvor anwenden. Doch wenn sich die Entscheidungssituationen ähneln, kann es auch sein, dass die vorherige Handlungsentscheidung wie in der vorherigen Entscheidung wieder passt. Und schneller, als einen umfangreichen Entscheidungsprozess zu durchlaufen, ist es, die vorherige Handlung noch einmal auszuführen.

In der Sozialpsychologie gibt es ein »least-effort-principle«, das besagt, dass das Gehirn, wenn es mehrere Möglichkeiten hat, zu einem Ziel zu gelangen, den einfachsten nimmt. Wendet man dieses Prinzip auf die Entscheidungssituation des betrachteten Akteurs an, so bedeutet dies, dass dieser Akteur bei gleichartigen Entscheidungen zunehmend die Handlungen, die sich aus der entsprechenden früheren Entscheidung ergaben, einfach noch einmal anwendet. Der Akteur entwickelt eine Routine. Entsprechend verändert sich auch die Herangehensweise an eine Entscheidung: Statt wie zuvor wertrational, zweckrational oder präferenzoptimierend entsprechend einer individuellen Nutzenfunktion zu handeln, wird der Entscheidungsprozess darauf verkürzt, eine Routine anzuwenden.

Was passiert aber nun, wenn dieser durch Routinen geprägte Akteur in einer neuartigen Situation ist? Zunächst wird er versuchen, die alte Routine erneut anzuwenden. Entweder die alte Routine funktioniert weiterhin, oder aber er merkt, dass die alte Routine nicht mehr anwendbar ist. Im letzteren Fall braucht er eine andere Routine, und zwar eine, die funktioniert. Jedoch braucht es Zeit, eine andere Routine zu entwickeln. Schneller als selbst eine neue Routine zu entwickeln, ist es, eine Handlungsvorlage für die neuartige Situation aus einer externen Quelle zu übernehmen (z. B. von einem anderen Akteur, einer Institution oder der Masse). Wendet man das least-effort-principle also erneut an, so wird der betrachtete Akteur eine für seine Situation verfügbare Handlungsvorlage für seine Handlung übernehmen. Das heißt, statt selber wie zu Beginn dieser Analyse möglicherweise seine individuelle Nutzenfunktion zu optimieren, wird ein durch Pfadabhängigkeit geprägter Akteur zunehmend lediglich für ihn verfügbare Handlungsvorlagen ausführen. Dadurch ergibt sich ein Folgeverhalten: Der durch Pfadabhängigkeit geprägte Akteur hat die Tendenz, mit seinen Handlungen anderen Akteuren oder der Masse zu folgen (Link, 2018: S. 33).

Dass ein Akteur, der durch einen pfadabhängigen Prozess beeinflusst ist, die Tendenz hat, einem anderen Akteur oder der Masse zu folgen, kann sich wiederum zu einer Routine für sein Handlungsentscheidungsverhalten entwickeln. Das bedeutet, dass der Akteur auch bei Handlungsentscheidungen, die eigentlich gar nichts direkt mit dem pfadabhängigen Prozess zu tun haben, ein solches Folgeverhalten verwenden kann (Kominek, 2012; Link, 2018, Kapitel 4). Ein Folgeverhalten zu verwenden, kann ebenso wieder zur Routine werden, so dass andere Möglichkeiten der Entscheidungsfindung immer seltener zur Anwendung kommen.

Betrachtet man einen Akteur, der ein Folgeverhalten praktiziert, so lässt sich für diesen Akteur ein Netzwerk derer erstellen, denen er folgt, wie z. B. anderer Akteure oder Indikatoren für das Verhalten der Masse. Dieses Pfadabhängigkeitsnetzwerk (PDSN: path-dependent social network) (Kominek & Scheffran, 2012) kann man sich wie ein egozentrisches soziales Netzwerk vorstellen, bei dem der Akteur z. B. eine Computerberatung von seinem Computerexperten erfragt, Kaufentscheidungen von den Produktratings auf Amazon abhängig macht und als Rechtschreibhilfe den Score auf Google nutzt. Genauso kann es sein, dass der Akteur A am Flughafen zufällig mitbekommt, dass ein anderer Reisender B den gleichen Flug nehmen will, und diesem nun folgt, um zum richtigen Schalter und später zum richtigen Abflugterminal zu gelangen. Dabei muss es nicht einmal so sein, dass der Reisende B, dem gefolgt wird, dies wahrnimmt. Gleichzeitig kann es aber auch sein, dass der Reisende B, dem gefolgt wird, wiederum einem anderen Akteur C folgt. Dann könnte man entsprechend für den zweiten Akteur in der Kette, den Reisenden B, auch ein Netzwerk erstellen, das sein Folgeverhalten abbildet (PDSN), in dem dann der Akteur C vorkommt. Und möglicherweise folgt Akteur A dann indirekt Akteur C, ohne es zu wissen und ohne ihn zu kennen.

Das hat vielfältige Konsequenzen, so zum Beispiel:

- Über Kaskadeneffekte in solchen miteinander gekoppelten Folgenetzwerken (PDSN) lässt sich zum Beispiel die Auswirkung des Erdbebens vor der japanischen Küste nahe Fukushima auf den deutschen Atomausstieg erklären (Kominek & Scheffran, 2012).
- Sind solche Folgenetzwerke bekannt und kennt man die Wahrscheinlichkeit, mit der der netzwerkzentrale Akteur ein Folgeverhalten und entsprechend dieses Netzwerk verwendet, so kann seine Entscheidung näherungsweise zeitlich lokal approximiert werden (Link, 2018: S. 143ff., Kapitel 6).

3.2 Pfadabhängigkeit in der Digitalisierung

Legt man wiederum die Definition von Pfadabhängigkeit als pfadabhängigen Prozess zu Grunde, so stehen für die Anwendung auf die Digitalisierung eine Makro-Perspektive dynamischer Prozesse zur Verfügung, eine Mikro-Perspektive einzelner Akteure, die Handlungsentscheidungen treffen und eine Meso-Perspektive gekoppelter Pfadabhängigkeitsnetzwerke von Akteuren, in denen im Wesentlichen ein Folgeverhalten abgebildet wird.

Betrachtet man die Digitalisierung als einen Prozess, der ein Umdenken und die Einführung von Hardware und Software mit einbezieht, so lassen sich viele Mechanismen erkennen, die den Pfad verfestigen und dazu führen, dass der Prozess sich selbst verstärkt. Ein Beispiel sind Lerneffekte, wenn viele Arbeitskräfte die Fähigkeit haben, mit digitalen Methoden und digitalen Daten und Dokumenten umzugehen. Dann lassen sich immer mehr digitale Prozesse in die Arbeitsabläufe einbauen. Gleichzeitig werden in Arbeitsprozessen mit digitalen Abläufen, wie z. B. digitaler Dokumentation, auch wieder Stellen mit Arbeitskräften mit entsprechenden Fähigkeiten nachbesetzt, falls erforderlich. Eine Schulung neu eingestiegener Mitarbeiter ist ebenso möglich, bringt aber natürlich Kosten mit sich. Wo die Digitalisierung zu besser informierten Entscheidungen führt oder Arbeitsabläufe beschleunigt, können positive Feedbackeffekte sichtbar werden: Je mehr Entscheidungen aufgrund von Analysen digitaler Daten getroffen werden und je mehr Arbeitsabläufe digitalisiert werden, umso qualifizierter und schneller sind die Arbeitsprozesse.

Dabei spielen bereits getroffene Schritte in Richtung Digitalisierung die Rolle versunkener Kosten (sunk costs): Selbst, wenn vielleicht ein Wechsel zurück in analoge Arbeitsabläufe möglich wäre und vielleicht sogar Erkenntnisse aus den digitalen Abläufen helfen könnten, auch analoge Entscheidungsprozesse zu optimieren und analoge Arbeitsabläufe effizienter zu gestalten, würden sämtliche Investitionen, die zuvor für die Digitalisierung getätigt wurden, quasi als Wechselkosten anfallen. Dies führt zu einer Verfestigung der Digitalisierung. Gleichzeitig wird das organisationale Umfeld ebenso über Schnittstellen an die digitalen Prozesse angebunden, was – falls noch nicht geschehen – zu einer Digitalisierung der Arbeitsabläufe an den Schnittstellen und damit auch zu einem Aufbau einer erforderlichen Infrastruktur in den anderen Organisationen führt.

Betrachtet man den einzelnen Akteur, so bedeutet eine zunehmende Digitalisierung, dass immer mehr Akteure mit dem Prozess der Digitalisierung zu tun haben, die Digitalisierung mit voranbringen, gleichartige Entscheidungen treffen und mit der Digitalisierung verbundene Routinen entwickeln. Wendet man die Erkenntnisse der Pfadabhängigkeitstheorie an, so bewirkt die Pfadabhängigkeit des Digitalisierungsprozesses, dass Akteure im thematischen Zusammenhang zunehmend die Tendenz haben, ein Folgeverhalten zu praktizieren und die wahrgenommenen Handlungsalternativen zunehmend reduziert werden. Die Digitalisierung mit zu vollführen, wirkt für involvierte Akteure zunehmend alternativlos. Je mehr die Digitalisierung in immer mehr Lebensbereiche getragen wird, umso mehr wird für die involvierten Akteure auch die Tendenz, Handlungsentscheidungen im Folgeverhalten zu treffen, in die entsprechenden Lebensbereiche getragen. Je mehr Lebensbereiche vom Folgeverhalten betroffen sind, umso mehr manifestiert sich die Routine, Handlungsentscheidungen als Folgeverhalten zu praktizieren und umso wahrscheinlicher ist es, dass der Akteur das Folgeverhalten auch in anderen Lebensbereichen anwendet, die möglicherweise noch nicht direkt von der Digitalisierung betroffen sind.

Die Digitalisierung unterstützt dabei die Möglichkeiten, Handlungsentscheidungen als Folgeverhalten zu treffen, da zu vielen Themen aggregierte Massendaten in Form von Ratings, Quoten, Likes oder Clicks zur Verfügung stehen. Gleichzeitig werden Informationen bereits über soziale Onlinenetzwerke kanalisiert konsumiert, was es nicht erforderlich macht, Informationen separat wahrzunehmen und selbst in das individuelle Pfadabhängigkeitsnetzwerk einzuordnen. Beispielsweise kann es sein, dass Informationen bezüglich einer Software bereits direkt vom eigenen Computerexperten weitergeleitet oder in Online-Medien positiv bewertet werden, so dass man nicht erst selbst die Frage entwickeln und dann den eigenen Computerexperten dazu kontaktieren muss. Newsletter können eine ähnliche Funktion einnehmen. Jedoch können Informationen, die über die sozialen Netzwerke weitergeleitet werden, als individualisierter wahrgenommen werden, da der Akteur, der einem anderen Akteur folgen möchte, sich für dessen Informationen und Einschätzungen interessiert.

Je mehr ein in der Digitalisierung involvierter Akteur in sozialen Netzwerken online aktiv ist, umso mehr bilden seine Benutzerprofile sein Pfadabhängigkeitsnetzwerk ab. Denn für den Akteur, der ein Folgeverhalten praktiziert, ist es praktisch, die für eine Handlungsentscheidung erforderlichen Informationen – wenn nötig – schnell zur Verfügung haben zu können. Entsprechend ist es für den Akteur ebenso hilfreich, einen mobilen Zugang zu diesen Kontaktquellen mit sich zu führen, um sie für erforderliche Handlungsentscheidungen nutzen zu können. So kann ein Akteur, der zum Beispiel mit dem Auto unterwegs ist, sich über ein Navigationssystem den Weg anzeigen lassen oder, falls das Navigationssystem nicht dabei sein sollte, über das Telefon einen Bekannten anrufen, der sich in der Gegend auskennt, oder jemanden, der gerade Zugang zu einem Navigationssystem hat. So kann zum Beispiel auch über einen Messenger-Dienst nach einem Experten oder dem Weg gefragt werden. Andere Möglichkeiten, wie zum Beispiel in einer solchen Situation einen Straßenatlas oder einen Stadtplan zu verwenden, diese falls nicht vorhanden bei einer Tankstelle zu kaufen oder sich auf dem Umgebungsplan einer nahegelegenen Bushaltestelle in der Region zu orientieren, treten dann in den Hintergrund. Wer sich jedoch überwiegend digital informiert, wird aufgrund der eigenen Routine tendenziell eher eine digital visuelle oder digital auditive Variante bevorzugen.

3.3 Pfadabhängigkeit, Digitalisierung und Vernetzung

Vernetzung kann verschiedene Bedeutungen haben: vernetzte Computer (Netzwerk), vernetzte soziale Akteure, vernetzt erhobene Daten, Analyse von vernetzten Daten, vernetzte Analyse von vernetzten Daten usw. Auch die Bedeutung der Vernetzung in Zusammenhang mit Pfadabhängigkeit und Digitalisierung kann man in die Makro-, Mikro- und Meso-Perspektiven einordnen.

Im pfadabhängigen Prozess der Digitalisierung werden zunehmend Computer oder entsprechende Endgeräte, an denen Akteure arbeiten, miteinander vernetzt, um elektronische Daten auszutauschen oder gemeinsam an Projekten oder einzelnen Dateien arbeiten zu können. Mit zunehmender Digitalisierung können auch Messstationen (Sensoren) bereits miteinander vernetzt werden, so dass z. B. zeitgleich synchron an mehreren Standorten Daten vernetzt erhoben werden können. Datenpakete können dann dem gleichen Zeitpunkt zugeordnet werden und müssen nicht zunächst als Zeitreihe für jeden Standort separat erstellt werden. Diese vernetzte Erhebung von Daten ermöglicht eine zeitnahe vergleichende Analyse, bei der abweichende Messungen auf besondere Ereignisse oder Messfehler hindeuten können, die dann zeitnah analysiert und weiterbearbeitet werden können. Alternativ könnte die Messstation kontrolliert und korrigiert, d. h. repariert oder nachjustiert werden. Sind die vernetzten Daten sehr umfangreich, so bietet sich möglicherweise eine vernetzte Analyse an, bei der ein Team auch von verschiedenen Standorten gemeinsam am gleichen Datensatz arbeiten kann. Dadurch können besondere Standortvorteile von Großrechnern, persönliche Expertise oder Erfahrungswerte unterschiedlicher Branchen zeitgleich für die gleiche Datenanalyse genutzt werden. Die Vernetzung erhöht dabei die Geschwindigkeit: Je besser die Vernetzung ist, umso schneller können Informationen oder Daten ausgetauscht werden.

Für den einzelnen Akteur, der in den pfadabhängigen Prozess der Digitalisierung involviert ist, bedeutet die elektronische Vernetzung eine schnelle zeitnahe oder auch zeitlich unabhängige Möglichkeit, Informationen abzurufen oder auch Daten auszutauschen. Entsprechend hat ein Akteur, der die Tendenz hat, ein Folgeverhalten zu praktizieren, potentiell vielfältige Möglichkeiten, Handlungsvorlagen für seine Handlungsentscheidungen zu finden. Gleichzeitig führt die Pfadabhängigkeit jedoch dazu, dass die Quellen für Handlungsvorlagen, die sich als praktikabel erwiesen haben (schnell verfügbar und nicht unpassend), bevorzugt wiederverwendet werden in einem sich selbst verstärkenden Prozess mit der Tendenz zum Lock-in. So führt die Pfadabhängigkeit dazu, dass sich die Zahl der genutzten Quellen manifestiert oder tendenziell reduziert (Kominek, 2012; Link, 2018: S. 38ff., S. 122ff.). In diesem Sinne werden die Quellen für Handlungsvorlagen höchstens indirekt über bestehende Quellen erweitert oder über Empfehlungen bestehender Quellen aktiv zum Portfolio des einzelnen Akteurs hinzugefügt. In einem sozialen Netzwerk bedeutet ein Hinzufügen einer Empfehlung einer Quelle zum Portfolio eines anderen Akteurs im Wesentlichen ein Schließen von sogenannten »structural holes«, d.h. netzwerktechnisch betrachtet keine Erweiterung hinsichtlich neuer Kanäle, sondern lediglich eine Verdichtung von vernetzten Strukturen.

Betrachtet man die gekoppelten Pfadabhängigkeitsnetzwerke von in die Digitalisierung involvierten Akteuren, so bewirkt die Vernetzung in der Digitalisierung einen schnelleren Informations- und Datenfluss, und entsprechend schnellere Reaktionsfrequenzen für Handlungen. Damit ermöglicht und beschleunigt die Vernetzung Kaskaden von Informations- oder Handlungsdynamiken durch diese gekoppelten Pfadabhängigkeitsnetzwerke. So kann zum Beispiel erklärt werden, dass die Erdbeben in den japanischen Gewässern nahe Fukushima eine Beschleunigung des zeitnahen Abschaltens der Kernkraftwerke in Deutschland[13], sowie einen politischen Effekt hinsichtlich eines Atomausstiegs und zeitlich naher regionaler Wahlen hatte (Kominek & Scheffran, 2012; Link, 2018, Kapitel 5). Informationen realer Ereignisse können durch diese gekoppelten Pfadabhängigkeitsnetzwerke diffundieren und andere reale Ereignisse in anderen Regionen mit anderen Akteuren auslösen, die möglicherweise involvierte Akteure des ersten Ereignisses gar nicht kennen. Entsprechend muss nicht jeder, der in der Landtagswahl in Baden-Württemberg im Jahre 2011 die Grünen gewählt oder für den Atomausstieg demonstriert hat, einen Japaner persönlich gekannt haben, der durch das Erdbeben, die Abschaltung des Kernkraftwerkes in Fukushima oder die Verstrahlung durch die geschädigten Kernreaktoren betroffen war (Wikipedia, 2020). Durch die Möglichkeit der Vernetzung, Daten und Informationen regional unabhängig zu empfangen und zu verarbeiten, können kanalisiert durch Pfadabhängigkeitsnetzwerke Informationen von Ereignissen reale soziale Dynamiken auslösen.

3.4 Pfadabhängigkeit, Digitalisierung, Vernetzung und KI-Tools

Je stärker die Vernetzung, je umfangreicher die Analyse von vernetzten Daten und je zeitnäher Daten relativ zu ihrer Erhebung analysiert werden sollen, umso umfangreicher wird Rechenarbeitszeit statt Menschenarbeitszeit verwendet. Dafür werden vorprogrammierte Bausteine entwickelt (neuronale Netzwerke), die ein schnelles Programmieren umfangreicher Rechenleistungen ermöglichen. Für immer mehr Datenbereiche oder Datentypen werden Rechenprogramme (Maschinelles Lernen) bereits vortrainiert, so dass das trainierte Programm zeitnah nach einer Datenerhebung eine schnelle

13 Dabei verstärkt die Pfadabhängigkeit die vorhandenen Strukturen, so war zum Beispiel in Frankreich die Reaktion, noch mehr in die Nutzung und Erforschung von Atomkraft zu investieren, um die Handhabung von Atomkraft noch sicherer machen zu können.

Analyse der neuerhobenen Daten vornehmen kann (z. B. in der Medizin für die Analyse eines Röntgenbildes oder CTs oder in der Linguistik ein Übersetzungsprogramm). Andere Programme sind darauf spezialisiert, sich zwar etwas Zeit zu nehmen, aber dafür besonders große Datenmengen analysieren zu können (z. B. Klimamodelle). Dabei gibt es auch quasi »selbst-lernende« Programme, die verfügbare neue Daten automatisch zur Optimierung des bereitstehenden Programmes nutzen (z. B. Verbesserungen in der Bilderkennung als »Lernprozess«, Deep Learning).

Der sich selbst verstärkende Prozess der Digitalisierung macht entsprechend immer mehr eine Verwendung sogenannter KI-Tools notwendig, um die umfangreich digital vorhandenen Daten auch zeitnah oder mit einem gewissen Vollständigkeitsanspruch analysieren zu können. Gleichzeitig kann die potentielle Verfügbarkeit von Analysetools und die potentielle Erweiterung der Anwendungsfelder dieser Tools auch den Umfang der digitalen Erhebung vorantreiben und damit wiederum die Digitalisierung verstärken. Die Tendenz zum Lock-in im Digitalisierungsprozess markiert entsprechend auch die Tendenz zum Lock-in in der Verwendung der KI-Tools zur Analyse, da sonst die so umfangreich digital vorhandenen Daten für eine Analyse praktisch unbrauchbar wären. Vernetzte digital vorhandene Daten zu analysieren ist ebenso mit KI-Tools schneller zu erreichen als mit menschlicher Rechenleistung. Gleichzeitig werden KI-Tools dazu eingesetzt, Koppelungen in Datensätzen zu erkennen, und somit die Vernetzung von Daten zu erhöhen. Die Verwendung von KI-Tools ist entsprechend ein sich selbst verstärkender Prozess mit der Tendenz zum Lock-in, also pfadabhängig. Gleichzeitig ist der pfadabhängige Prozess der Verwendung der KI-Tools eng gekoppelt an den pfadabhängigen Prozess der Digitalisierung, da diese sich gegenseitig begünstigen und verstärken.

Der durch die Digitalisierung geprägte Akteur verwendet auch Ergebnisse der KI-Tools, wenn sie durch eine seiner Quellen für eine Handlungsvorlage weitergereicht werden. Gleichzeitig kann für den Akteur ein Datensatz kreiert werden, der seine digitalen Aktivitäten und Kontakte sowie seine realen Aktivitäten und Kontakte, die digital dokumentiert werden, enthält. Es gibt schon KI-Tools, die dem Akteur weitere digitale Kontakte oder Aktivitäten und Textbausteine z. B. für Emails vorschlagen. Dabei hat ein Akteur die Möglichkeit, mit weiteren digitalen Aktivitäten oder zum Teil auch in direkten Reaktionen die KI-Tools zu trainieren und zu verbessern (z. B. durch Anklicken eines Werbelinks oder Schreiben einer weiteren Textnachricht). Die weiterführenden Aktivitäten sind dabei nicht so ausgewählt wie weitere zu lesende Literatur über die Quellen der Texte, die zitiert werden. Vielmehr werden die dem KI-Tool vorliegenden im Laufe der Zeit gespeicherten Daten wie Profilinteressen und Suchhistorien, Produktkäufe, absolvierte Reiserouten oder mit Freunden im sozialen Netzwerk geteilte Vorlieben mitanalysiert und fließen in die Auswahl und Anordnung der Schlagzeilen, Anzeigen und Videos ein, die dem Akteur präsentiert werden, damit er diese anklickt und weiterhin online bleibt. Akteure, die es gewohnt sind, ein Folgeverhalten zu praktizieren, haben entsprechend auch die Tendenz, den Ergebnissen eines KI-Tools zu folgen. Dabei kann es sogar passieren, dass das KI-Tool den Akteuren Handlungsvorlagen anbietet für Handlungsentscheidungen, die für den Akteur zuvor noch gar nicht anstanden: Zum

Beispiel noch weitere Videos zum Anschauen, obwohl der Akteur ursprünglich nur ein einziges ganz bestimmtes Video schauen wollte.

Die Pfadabhängigkeitsnetzwerke, sofern sie als digitale Daten vorliegen, bieten den KI-Tools dabei eine Möglichkeit, die Profildaten und die daraus analysierten Interessen, Ängste, Vorlieben, Themen, Wünsche eines Akteurs mit denen seiner Quellen für Handlungsvorlagen zu verknüpfen und vernetzt zu analysieren. Dadurch können Veränderungen und Veränderungsdynamiken in den jeweiligen Themengebieten und -schwerpunkten analysiert werden, unter Umständen sogar, welche Quelle in dem egozentrischen Netzwerk des Akteurs möglicherweise den Anstoß dafür gegeben hat. Über Schlagworte, Likes oder Clicks kann themenbezogen beobachtet werden, wie Berichte von Ereignissen durch die verknüpften Pfadabhängigkeitsnetzwerke diffundieren. So können Kaskaden in diesen Pfadabhängigkeitsnetzwerken auffallen und analysiert werden, sofern den KI-Tools die Daten für eine Analyse zur Verfügung stehen, ähnlich wie die Meldung eines KI-Tools zur Überwachung potentieller Krankheitsausbreitungen in China Ende 2019, als Frühwarnsystem für die WHO (Bluedot, 2020; Niiler, 2020). Dort gab es dann ein Expertengremium, das daraufhin die Datengrundlage ihrerseits geprüft und die Beobachtung aufgenommen hat, um zu entscheiden, welche Maßnahmen ergriffen werden sollen, ob weitere Daten eingeholt oder abgewartet werden solle oder ob andere Länder oder Organisationen zu warnen seien.

Im Gegenzug kann natürlich dann auch aufgrund der Daten analysiert werden, welche digitalen Berichte über reale Ereignisse daraus wiederum als Ergebnis einer Informationskaskade eingeordnet werden können, z. B. die Auswirkungen auf eine US-Wahlkampfveranstaltung durch Videos auf der Plattform TikTok und die durch diese hervorgerufenen Dynamiken, worüber wiederum umfangreich online berichtet wurde (Tagesschau, 2020).

3.5 Analyse, Interventionsmöglichkeiten und Schlussbemerkung

Aus der Definition der Pfadabhängigkeit als ein sich selbst verstärkender Prozess mit der Tendenz zum Lock-in lässt sich unter Verwendung von Erkenntnissen aus der Sozialpsychologie ableiten, dass involvierte Akteure die Tendenz zum Folgeverhalten entwickeln. Es wurde noch nicht gemessen, wie stark die Tendenz zum Folgeverhalten bei welchem Einfluss durch Pfadabhängigkeit ist. Doch es gibt soziologische Beobachtungen, dass Routinen den größten Umfang der täglichen Handlungsentscheidungen ausmachen (Giddens, 1984; Kahneman, 2011; Link, 2018: S. 186). Und es gibt Statistiken, in welchem Umfang mit fortschreitender Digitalisierung die Stundenzahl gestiegen ist, die Akteure durchschnittlich online verbringen. In der Regel sind in großem Umfang digitale Daten für die Anbieter von Suchmaschinen oder online Medien speicherbar und mit steigender Qualität der KI-Tools können sie dann auch zeitnah analysiert werden. Influencer, Follower, Likes und Tweets sind nur Beispiele für digitale Tools, die Tendenzen zum Folgeverhalten abrufen und dokumentieren.

Wenn die Pfadabhängigkeit entsprechend der Theorie auch vorher schon über Pfadabhängigkeitsnetzwerke Kaskaden weiterreichen konnte, so ist durch die Vernetzung die Wahrscheinlichkeit für zukünftige Kaskaden gestiegen. Durch die Digitalisierung werden zum einen sowohl die Pfadabhängigkeitsnetzwerke als auch die Kaskaden digitalisierbar und dokumentierbar, zum anderen steigt durch die Pfadabhängigkeit der Digitalisierung die Tendenz für involvierte Akteure, in ihrem Folgeverhalten die Pfadabhängigkeitsnetzwerke für ihre Handlungen zu nutzen. Die Pfadabhängigkeit der Entwicklung der KI-Tools ist eng mit der Pfadabhängigkeit der Digitalisierung verknüpft und wird umso intensiver benötigt und eingesetzt, je größer die Vernetzung und der Umfang digital vorhandener Daten ist, welche im Selbstverstärkungsprozess mitwachsen.

Pfadabhängigkeit bezeichnet die Verfestigung von bestehenden Verhaltensweisen und Prozessen. Das heißt auch, dass durch die Pfadabhängigkeit die Fähigkeit zur Anpassung an gänzlich neue Situationen nachlässt[14], d.h. Situationen, in denen die bisherigen Handlungsweisen nicht mehr funktionieren oder sogar kontraproduktiv sind. Dies lässt sich zum Beispiel an der Entwicklung des Klimawandels erkennen. Es ist eine neue Situation, dass sich global die Auswirkungen menschlichen Handelns nicht durch regionale Unterschiede ausgleichen, sondern dass es üblicherweise industrialisiertem Handeln gemeinsam ist, Treibhausgase freizusetzen, was sich in einem globalen Gesamteffekt akkumuliert. Eine globale Erwärmung ist die Folge, die eine Veränderung menschlichen Handelns erfordert, um eine weitere globale Erwärmung zu verhindern, die Folgen des Klimawandels einzudämmen oder die Anpassungsfähigkeiten an das sich verändernde oder das zukünftige Klima zu entwickeln.

Wenn also ohnehin menschliche Handlungen in großem Stil verändert werden müssen, entweder vorbeugend, zur Minderung der Effekte oder als Anpassung an die Folgen der globalen Erwärmung, könnte es rational sein, möglichst frühzeitig die Handlungsschemata mit unerwünschten Begleiterscheinungen zu verändern, um einen möglichst schnellen und ergiebigen Effekt zu erzielen. Leider verhindert Pfadabhängigkeit oftmals eine schnelle Anpassung an umfangreich neue Situationen, da in Situationen des Lock-ins meist nur noch inkrementelle Veränderungen stattfinden. Das heißt nicht, dass eine Veränderung nicht möglich ist, jedoch kann es sein, dass Alternativen zum Herkömmlichen nicht wahrgenommen werden oder aufgrund der den pfadabhängigen Prozess stabilisierenden Mechanismen kleinere Bestrebungen abzuweichen eher wieder abgefangen als bestärkt werden. Für eine Veränderung eines pfadabhängigen Prozesses ist es daher wichtig, zu analysieren, welche Mechanismen den pfadabhängigen Prozess in sich selbst bekräftigen, welches die Logik der Kontinuitätssicherung ist (Tabelle 4.1) und welche Intervention diesen Mechanismus schwächen oder verändern kann, um den Prozess nachhaltiger verändern zu können.

Pfadabhängigkeit beinhaltet jedoch auch die Tendenz zum Folgeverhalten. Während Personen, die in ihrem Verhalten eher den »Nachbarn«, also ihren persönlichen

14 Anpassungen an kleinere Abweichungen können hingegen viel schneller erfolgen als ohne Pfadabhängigkeit, da die bestehenden pfadabhängigen Prozesse und durch Folgeverhalten entstehende Hierarchien eine schnelle Diffusion der kleineren Änderungen ermöglichen können.

Experten, folgen, ein Schwarmverhalten an den Tag legen, praktizieren diejenigen, die eher der Masse folgen, wie z. B. über die Information von Ratings, ein Herdenverhalten. In einem pfadabhängigen Prozess, in dem ein bestimmtes Handlungsschema mehr oder weniger vorgegeben ist, ist es vielleicht nicht immer so leicht zuzuordnen, ob dieses Verhalten eher einem Schwarm- oder einem Herdenverhalten entspricht. Doch losgelöst von bestimmten Prozessen können soziale Dynamiken erkennbar und gesellschaftlich relevant werden wie z. B. in Flashmobs, Spekulationshypes (z. B. Bitcoin oder GameStop) oder in der US-amerikanischen Immobilienblase, die 2008/2009 zu einer weltweiten Finanzkrise geführt hat (Brunnermeier, 2009; Stein, 2011). Dabei können Schwarmverhaltensweisen einen exponentiellen Mitgliederzuwachs mit entsprechenden Dynamiken verzeichnen. Ist dann eine kritische Masse erreicht, so dass sich Personen mit Affinität zum Herdenverhalten angesprochen fühlen können, ist eine weitere sprunghafte Zunahme der Mitglieder in der betrachteten Dynamik zu erwarten, die auch regional verstreut wiederum weitere Personen mit Schwarmverhaltensweisen hinzuziehen können (siehe Simulationen in Link, 2018).

Tabelle 3.1: Übersicht über Mechanismen, die Pfadabhängigkeit hervorrufen können, und mögliche Interventionsmaßnahmen (übernommen von Beyer, 2005, Tabelle 1)

Mechanismus	Logik der Kontinuitätssicherung	Destabilisierungsoptionen
Increasing Returns	Selbstverstärkungseffekt	Ausbildung adaptiver Erwartungen gegen Etabliertes; geänderte Konkurrenzsituationen; Transaktionskosten des Wechsels klein und/oder abschätzbar; Überschreiten von Schwellenwerten bei deutlichen Effizienzlücken; Übergang zu »decreasing returns« wegen Änderung der »Umwelt«
Sequenzen	Irreversibilität der Ereignisabfolge, »Quasi-Irreversibilität« der Auswirkungen von Ereignisabfolgen	Überlagerung der Effekte; Gegensequenzen mit aufhebender Wirkung; Abbruch »reaktiver« Sequenzen beim Auftreten von alternativen Handlungsoptionen
Funktionalität	Zweckbestimmungen, systemische Notwendigkeiten	Extern verursachte Änderung der Funktionserfordernisse; Dysfunktionen als Ergebnis der Funktionserfüllung; Auftreten bedeutsamer »Nebenwirkungen«, Ablösung durch funktionale Äquivalente
Komplementarität	Interaktionseffekt	»Domino-Effekt« bei dennoch eingetretenen partiellen Änderungen; Auflösung der Komplementarität aufgrund von intervenierenden Faktoren; Relevanz-Verlust des Komplementaritätseffekts
Macht	Machtsicherung, Vetomacht	Bildung von Gegenmacht; Unterwanderung bzw. »conversion«; auf Ergänzungen hinwirkende Beeinflussungen bzw. »layering«, Revolutionen
Legitimität	Legitimitätsglaube, Sanktionen	Divergierende Interpretationen und Traditionen; Delegitimierung aufgrund von Widersprüchen, z.B. mit der Zweckmäßigkeit
Konformität	Entscheidungsentlastung, mimetischer Isomorphismus	Durchsetzung einer neuen Leitvorstellung, z. B. aufgrund von Innovationen oder einer Krise, die eine alte Leitvorstellung in Frage stellen

Diese Folgeverhaltensauswirkungen von Pfadabhängigkeit sind außerhalb der Computersimulationen empirisch noch nicht untersucht. Insofern kann hier auch kein überprüfter Interventionsmechanismus angeboten werden. Aktuell versuchen Regierungen, in ihren Ländern unerwünschten Demonstrationen oder spontanen Großgruppenereignissen mit Sperrung von sozialen Kommunikationsmedien zu begegnen. In einigen Situationen führt die fehlende Kommunikationsverbindung zu einer unterbliebenen Absprache und damit quasi zur Zerstreuung der Dynamik (z. B. Sperrung von Twitter- und Facebookaccounts im Zusammenhang mit dem Sturm auf das Kapitol, USA, 06.01.2021). In anderen Situationen hat genau eine Blockade der Kommunikationsmöglichkeiten zu einer Eskalation der Situation geführt, da die verhinderte Möglichkeit zu kommunizieren zu einem erhöhten Wunsch, sich real zu treffen, geführt hat. Dies hat große Menschenansammlungen noch vergrößert mit entsprechend machtvollen Auswirkungen (z. B. im Arabischen Frühling bei Demonstrationen auf dem Tahir-Platz, die zum Sturz der Regierung führten (Hänska Ahy, 2016; Tufekci, 2018)).

Aus der Theorie lässt sich ableiten, dass versucht werden könnte, einem Folgeverhalten ausgelöst durch Pfadabhängigkeit vorzubeugen. Dies ist zum Beispiel möglich durch:

- eine Reduktion der pfadabhängigen Prozesse, in die die einzelnen Akteure involviert sind;
- das ständige Bestreben, Alternativen zu erhalten, aufzuzeigen und aktiv Personen dazu zu ermuntern, Alternativen zu suchen, zu erhalten und auch bewusst auszuwählen und zu beschreiten;
- den Erhalt von Vielfalt;
- hellhörig zu werden, sobald das Wort »alternativlos« auftaucht, zu versuchen, die pfadabhängigen Prozesse aufzuzeigen, zu analysieren und gegebenenfalls durch Interventionen die kontinuitätssichernden Mechanismen zu schwächen;
- aktiv Personen möglichst objektiv analysieren zu lassen, wie sie zu ihren Entscheidungen kommen, und dabei gegebenenfalls nachträgliche Rationalisierungen zu hinterfragen;
- die eigenständige Selektionskompetenz der Einzelnen zu entwickeln, zu pflegen, zu fördern und zu erhalten;
- in pfadabhängige Prozesse involvierte Personen auf die stabilisierenden Mechanismen und den pfadabhängigen Prozess aufmerksam zu machen, so dass sie ihr diesbezügliches Folgeverhalten nicht auf ihr generelles Entscheidungsverhalten verallgemeinern.

Pfadabhängigkeit und auch ein daraus resultierendes Folgeverhalten können durchaus effizient sein, da hierdurch Entscheidungen schnell und im Allgemeinen in mindestens akzeptabler Qualität getroffen werden können. So eine Auslagerung des Entscheidungsprozesses kann über die Annahme eines Informationsvorsprungs bei anderen Personen, denen dann gefolgt wird, begründet werden. Zudem ermöglichen z. B. industrielle Standards, juristische Gesetzestexte und verfassungsmäßige gesellschaftliche Institutionen die reibungslose Zusammenarbeit und einen Fokus auf Neues, basierend auf dem Wissen und den Entscheidungen früherer Generationen. Durch ein umfangreiches gesellschaftliches Folgeverhalten können auch Gedankenanstöße von ansonsten möglicherweise nicht parteipolitisch involvierten Personen auf die politische Tagesordnung Einfluss nehmen, was die politische Sensibilität für gesellschaftliche Probleme schärfen kann. Gleichzeitig kann ein umfangreiches Folgeverhalten jedoch auch bei demokratischen Entscheidungen problematisch sein: Wenn die einzelnen Wähler*innen nur den Tenor der jeweiligen Person, der sie folgen, weitertragen, bilden demokratische Entscheidungen nicht die Vielfalt der Lebenswirklichkeiten ab, sondern stellen lediglich die Gruppenverhältnisse einer polarisierten Dynamik dar. So hat Facebook festgestellt, dass in vielen Ländern bei demokratischen Wahlen der Kandidat gewonnen hat, dessen Kampagne die meisten Follower auf Facebook hat (Zuckerberg, 2017).

Was die Wechselwirkung von Digitalisierung, Vernetzung, Nutzung von KI-Tools und Pfadabhängigkeit angeht, hat dieses Kapitel dargestellt, dass sich die Digitalisierung als pfadabhängiger Prozess erklären lässt, der einhergehend mit einer umfangreichen Vernetzung stabilisiert und bekräftigt wird, wobei die Nutzung von KI-Tools in selbstverstärkenden Mechanismen sowohl die Digitalisierung als auch die Vernetzung weiter vorantreibt. Die exponentielle mitreißende Dynamik lässt eine Teilnahme als alternativlos erscheinen. Gleichzeitig werden die erwarteten Auswirkungen, so auch in diesem Buch, oft als disruptiv dargestellt. Es ist zu erwarten, dass im Rahmen der Digitalisierung und insbesondere durch umfangreiche Nutzung von Informations- und Kommunikationstools das Folgeverhalten der Einzelnen weiter verstärkt wird. Gleichzeitig kann die Vernetzung zu einer Globalisierung möglicher Polarisierungen und inhaltlicher Dynamiken führen, so dass nicht unbedingt lokal gesellschaftliche Probleme die politische Tagesordnung bestimmen, sondern vernetzte Dynamiken[15]. Demokratische Entscheidungen bilden dann nur noch die Momentaufnahme der lokalen Teilmenge einer möglicherweise vernetzten polarisierenden Dynamik ab. Dabei sind mit einer umfangreichen Nutzung von social media der Wähler*innen sowohl die Inhalte als auch die gesellschaftlichen Dynamiken über KI-Tools steuerbar.

Nach Brian Arthur (1994) und anderen (Vergne & Durand, 2010) und der Veranschaulichung über das Urnenmodell ist zu Beginn des pfadabhängigen Prozesses nicht erkennbar, auf welchem Level der Lock-in letztlich eintritt. Jedoch beschreibt ein klassisches Urnenmodell einen Ablauf ohne Interventionen. Und anders als eine Kugel in einer Urne kann ein handlungsfähiger Mensch sich theoretisch zu jedem Zeitpunkt anders entscheiden als sein Folgeverhalten es ihm nahelegen würde.

Im Ländervergleich kann man sagen, dass die Digitalisierung unterschiedlich weit fortgeschritten ist und es Lebensbereiche gibt, die in einigen Ländern noch nicht di-

15 Entsprechend gab es Analysen, ob die britische Bevölkerung bei einer Optimierung der eigenen Präferenzen durch den Wähler und einer entsprechend anzunehmenden rationalen Entscheidung wirklich für einen Brexit gestimmt hätte und ob nicht vielleicht soziale Dynamiken im Vorfeld der Wahl den eigentlichen Ausschlag für den Austritt Großbritanniens aus der Europäischen Union gegeben haben (vgl. BBC, 2016; Clarke, Goodwin, & Whiteley, 2017; Usherwood, 2017).

gitalisiert sind, in anderen schon. Schon jetzt kann beispielsweise die umfangreiche Nutzung des Smartphones, um mit sozialen Netzwerken verbunden zu sein, starke Abhängigkeiten hervorrufen (Torevell, 2020). Gleichzeitig gibt es z. B. in Deutschland immer mehr Tendenzen, das Handeln auf Aktionen über und mit dem Smartphone auszurichten, so z. B. über die aktuelle Einführung des elektronischen Personalausweises auf dem Smartphone, sowie die Standardisierung, dass ein Bezahlen mit Kreditkarte ohne Smartphoneinvolvierung demnächst wesentlich erschwert wird.

Entgegen den expontentiell wachsenden Mehrheitsverhältnissen im Urnenmodell können im realen Leben Polarisierungen sich gegenseitig bekräftigen. Das heißt, wenn es zum Beispiel eine zunehmend starke Opposition zur Digitalisierung geben würde, die Alternativen darstellt und erhält, um z. B. eine spätere Handlungsflexibilität zu erhalten, wäre auch denkbar, dass ein Digitalisierungsprozess nicht eigendynamisch exponentiell, sondern möglicherweise eher bewusst reflektiert und in einigen Bereichen z. B. linear stattfindet. Das würde vielleicht der Gesellschaft vor allem zeitlich die Möglichkeit geben, Veränderungen zu steuern, Kollateralschäden im Vorfeld abzufedern und so weniger disruptiv in den Auswirkungen zu sein. Gleichzeitig wäre die Frage, welche Themenfelder man in welcher Weise an die potentiell exponentielle Wachstumsdynamik der Digitalisierung an- oder abkoppelt, um möglicherweise wirtschaftlich davon zu profitieren und wissenschaftliche Exzellenz und geostrategische Autonomie zu bewahren. Gleichzeitig könnte bewusst hinterfragt werden, welche gesellschaftlichen Bereiche möglicherweise aktiv aus der Digitalisierung herausgehalten werden sollten, um z. B. die eigenständige Entscheidungsfähigkeit und das Funktionieren von demokratischen Prozessen wiederherzustellen, zu erhalten und zu sichern.

4. Kapitel

Technikphilosophische Fragen

Stefan Bauberger[16]

Wertfreie Technik?

Ein naives Verständnis von Technik betrachtet diese als Werkzeug, das in sich wertneutral ist, das aber zum Guten oder zum Schlechten gebraucht werden kann. Allein die Anwendung entscheidet also über den Wert von Technik. Ein Hammer kann zum Einschlagen eines Nagels verwendet werden, aber auch um jemandem den Kopf einzuschlagen.

Hinter diesem Bild steht die richtige Intuition, dass Technik keinen Selbstzweck in sich trägt, sondern dass sie den Menschen dienen soll. Eine differenzierte Betrachtung zeigt aber, dass diese Intuition keine Beschreibung darstellt, sondern dass sie ein Ideal und damit eine Aufgabe definiert, nämlich die Aufgabe diesen Dienstcharakter der Technik zu bewahren.

Manche Techniken tragen die Tendenz zu einer bestimmten Anwendung schon in sich. Eine Atombombe wird nie unmittelbar zum Guten eingesetzt werden, obwohl selbst da gute Anwendungen denkbar sind. Eine solche gute Anwendung wäre das utopische Szenario, einen großen Meteoriten, der auf Kollisionskurs mit der Erde ist, mittels einer Atombombe aus seiner Bahn abzulenken. Auch wenn ein solches Szenario denkbar ist, kann man dennoch nicht sinnvoll davon sprechen, dass die Entwicklung der Atombombe wertneutral ist.

Eine umgekehrte Betrachtung kann man für die Entwicklung von wirksamen und bezahlbaren Medikamenten anstellen – wobei auch diese missbraucht werden können, zum Beispiel durch die Einbettung in ein ungerechtes Gesundheitssystem. Dennoch kann man davon ausgehen, dass solche Medikamente ein Beispiel für Technik darstellen, die in der Regel in sich gut ist.

Digitale Techniken sind in den meisten Fällen tatsächlich ambivalent in dem Sinn, dass ihr Wert von der Anwendung abhängt. Dabei sind die Grenzen zwischen Entwicklung und Anwendung allerdings fließend. Ein Beispiel dafür sind die Entwicklungen von Künstlicher Intelligenz (KI) für die Militärtechnik. Bei diesen Entwicklungen geht es nicht nur um Weiterentwicklungen schon vorhandener Technik, sondern es sind ganz neue und erschreckende Dimensionen der Kriegstechnik zu erwarten, falls diese Entwicklungen nicht durch internationale Abkommen gestoppt werden. Automatisierte Flugdrohnen zum Beispiel (die paradoxerweise umso gefährlicher werden, je kleiner sie werden), können zur gezielten Tötung oder für Sabotageakte gegen Infrastruktur eingesetzt werden, wobei der

16 Vgl. zu diesem Kapitel vom Autor: Bauberger 2020a und Bauberger 2020b.

Angreifer kein eigenes Risiko eingeht und möglicherweise gar nicht identifiziert werden kann. Sie entgrenzen damit die Kriegsführung und senken die Schwelle für Kriegshandlungen. Im 10. Kapitel macht Götz Neuneck dies eindringlich klar.

Größere Wirkungen durch die Einbettung in gesellschaftliche und ökonomische Zusammenhänge

Weiterhin ist gegen eine naive Anwendung der Werkzeugmetapher zu beachten, dass die Auswirkungen von technischen Entwicklungen oftmals – und das ist in Zusammenhang mit Digitalisierung und KI zu erwarten – nicht auf den konkreten Einzelfall der Anwendung beschränkt sind, sondern dass sie in Bezug auf ihre gesamte gesellschaftliche und ökonomische Wirkung betrachtet werden müssen.

Die Entwicklung der Dampfmaschine im 18. Jahrhundert und etwa 100 Jahre später die technische Nutzbarmachung von Elektrizität und die Erfindung der Massenproduktion mit dem Fließband hatten jeweils gewaltige gesellschaftliche Umwälzungen zur Folge, mit ökonomischen Gewinnern und Verlierern. Noch gewaltiger war die Wirkung einer der ältesten technischen Erfindungen, nämlich die des Ackerbaus vor etwa 10.000 Jahren. Erst dadurch war dichte Besiedelung möglich, erst dadurch konnten Städte entstehen, erst dadurch konnten von Einzelnen oder gesellschaftlichen Gruppen große Reichtümer angehäuft werden, und so weiter.

Ein Beispiel für die Relevanz dieser Einbettung in größere Zusammenhänge ergibt sich – wie bei den früheren industriellen Revolutionen – aus den Auswirkungen von Digitalisierung auf Ökonomie und Arbeitsmarkt. Es ist kein Zufall, dass mit den großen Digitalkonzernen in ganz kurzer Zeit neue Monopole und Formen der Plattformwirtschaft entstanden sind. Die sehr niedrigen Grenzkosten bei der Anwendung von digitalen Techniken, ebenso wie »positive« Rückkoppelung durch Netzwerkwerkeffekte begünstigen eine »The-Winner-Takes-It-All«-Ökonomie.

4.1 Die Technik, die Moderne und das Menschenbild

Das moderne Menschenbild ist in vieler Hinsicht geprägt von den Naturwissenschaften – so die verbreitete Auffassung. Mit den Naturwissenschaften gehen Naturalismus, Materialismus, Physikalismus und Reduktionismus einher, oder zumindest werden sie zur ständigen Herausforderung für jedes Menschenbild.

Diese genannten Positionen sind philosophische Auffassungen. Sie sind nicht direkt das Ergebnis naturwissenschaftlicher Erkenntnis. Sie werden aber gewöhnlich als eine geistesgeschichtliche Folge der Naturwissenschaften gesehen. Die Befürworter des Naturalismus verstehen ihre Auffassung insofern als Konsequenz der Ergebnisse der Naturwissenschaft, als diese nach ihrem Verständnis eine vollständige Erklärung der Welt, einschließlich der Stellung des Menschen, liefert. Der menschliche Organismus wird mechanistisch verstanden. Der Philosoph La Mettrie hat schon im 18. Jahrhundert den Ausdruck »L'Homme Machine« geprägt (De La Mettrie, 1748).

Diese naturalistischen und materialistischen Positionen können aus philosophischer Perspektive als Verabsolutierungen der naturwissenschaftlichen Erkenntnis verstanden werden. Sie leiten aus dem Erfolg des naturwissenschaftlichen Programms einen Alleinvertretungsanspruch ab. Dabei beruht auch die Naturwissenschaft nicht auf reiner Objektivität, sondern sie ist das Ergebnis einer Objektivierung, in die viele Voraussetzungen einfließen, die sich aus der Naturwissenschaft selbst nicht ableiten lassen. Konkret steht die naturwissenschaftliche Erkenntnis immer auf dem Hintergrund einer lebensweltlichen Erkenntnis, die viel weiter ist, und die sich nie ganz objektivieren lässt, die aber für die Naturwissenschaft vorausgesetzt werden muss (vgl. Van Fraassen, 2002 und Bauberger, 2011).

Ernst Kapp, ein Pionier der Technikphilosophie, hat Technik in einem Wechselspiel verstanden: Technische Produkte sind einerseits eine »Organprojection«, also eine Verlängerung der natürlichen Fähigkeiten von Menschen, geformt nach dem Muster dieser Fähigkeiten. Andererseits versteht sich der Mensch neu in dieser Projektion (Kapp, 1877)[17], nach dem Vorbild seiner eigenen Schöpfung. Die Technik formt somit auch das Menschenbild. Die Selbst-Projektion des Menschen löst sich von ihm als ein Abbild, das als technische Schöpfung im jeweiligen Bereich perfekter ist als er selbst. Und der Mensch versteht sich dann aus dem Bild seiner Perfektion in der Technik. Dabei ist diese Perfektion allerdings immer nur eine Teilperfektion, die bestimmte Fähigkeiten des Menschen herausgreift und steigert. Dadurch wird das Selbstbild des Menschen neu akzentuiert, in Richtung auf dieses Ideal, das die Technik vorführt.

Das materialistische und mechanistische Weltbild lässt sich in dieser Sichtweise als Folge der Technisierung verstehen. Insbesondere die Entwicklung der Dampfmaschine und anderer Kraftmaschinen (Motoren) zeigte augenfällig, dass Bewegungen rein materiell verursacht sein können. Durch Digitalisierung und insbesondere durch KI wird ein neues Bild geformt: Der Mensch als informationsverarbeitendes System. Floridi, einer der führenden Digitalisierungs-Philosophen, spricht von der »Infosphäre« als neuem Modell der menschlichen Wirklichkeit: »Der nächste Schritt ist es, in Bezug auf die Wirklichkeit umzudenken und immer mehr ihre Aspekte in Informationsbegriffen neu zu denken.« (Floridi, 2015, S. 75) Er spricht von einer »Entmaterialisierung der Gegenstände und Prozesse.« (Floridi, 2015, S. 101)[18] Weizenbaum und Janich haben schon

17 Ein immer noch aktuelles Beispiel für diese rückläufige Projektion ist das Verständnis des Herzens als Pumpe (vgl. Kapp, 1877, 98), also nach dem Vorbild von mechanischen Pumpen. Den Hinweis auf die Bedeutung dieser Rückprojektion auf das Selbstbild des Menschen gerade in Zusammenhang mit der Computertechnik verdanke ich Eugen Wissner, im Rahmen einer Masterarbeit, die er an der Hochschule für Philosophie in München geschrieben hat.

18 Weitere Zitate von Floridi zur Verdeutlichung: »Der ›It-from-bit‹-Hypothese zufolge ist auch unser Körper im tiefsten Inneren aus Informationen (zusammengesetzt), nicht aus irgendeinem ultimativen materiellen Stoff, der sich von dem, was immateriell ist, unterscheidet.« (Floridi, 2015, 101) Über Privatsphäre: » ... so verlangt auch die Privatsphäre nach einer entsprechend grundlegenden Umdeutung, die dem Umstand Rechnung trägt, dass unser Selbst und unsere Interaktionen als Inforgs ihrer Natur nach informationell sind.« (Floridi, 2015, 159)

vor längerer Zeit darauf hingewiesen, dass dem philosophisch eine Hypostasierung und Naturalisierung des Informationsbegriffs zugrunde liegt, die sachlich unzutreffend ist (vgl. dazu Janich, 1997 und Weizenbaum, 1977, S. 207–241).

Parallel dazu führt die Durchdringung der Lebenswelt durch Computertechnik dazu, dass die Cyberwelt als Verwirklichung und Überhöhung dessen gesehen wird, was der Mensch eigentlich ist. Die materielle Wirklichkeit wird von einer scheinbaren geistigen Wirklichkeit übertroffen. Wiegerling warnt in diesem Zusammenhang vor einem »Widerständigkeitsverlust« (Wiegerling, 2011, S. 26ff) aufgrund des »Wirklichkeitsverlustes« (Wiegerling, 2011, S. 13).

Die konsequente Überhöhung dieses Ideals führt zu radikal transhumanistischen Fantasien. Ray Kurzweil, Leiter der technischen Entwicklung bei Google, entwickelt die Vision, dass Roboter und Computer irgendwann die Kontrolle über die Welt übernehmen, da sie aufgrund der fortschreitenden Entwicklung von KI den Menschen überholen werden (Kurzweil, 2015). In seinem Sinn ist das kein Verlust, sondern es steht in der guten Logik der Evolution. Dahinter steht die Idealisierung von Intelligenz im Sinn von Datenverarbeitung, und in der Folge die Reduktion des Menschen auf dieselbe Funktion.

Die Auswirkungen von Digitalisierung auf das Menschenbild sind zum Beispiel im Bereich der in der Medizintechnik und bei der Altenpflege von besonderer Relevanz. In diesen Bereichen herrscht (aufgrund der politisch gesetzten Rahmenbedingungen) ein hoher Kostendruck, der Effizienzsteigerung zum Ideal erhebt. Dazu gibt es auch unabhängig von der Digitalisierung eine Tendenz zur Technisierung, die mit den Idealen einer um den Menschen zentrierten Medizin und Pflege konkurriert. Insbesondere in der Pflege müssen Menschen aber in ihrer leiblichen Dimension und mit ihren Grenzen akzeptiert werden, auch mit geistigen Einschränkungen wie Demenz. Wenn das Menschsein nach dem Idealbild eines informationsverarbeitenden Systems definiert wird, können Pflegebedürftige nur noch als lästige Randerscheinungen der Gesellschaft verstanden und behandelt werden.

4.2 Kränkung, Entfremdung und Faszination

Günther Anders hat die menschlichen und gesellschaftlichen Folgen der Entwicklung der Technik als Abfolge von immer weitergehenden Kränkungen und Entfremdungen geschildert (Anders, 1957 und Anders, 1980). Gemessen an der Vollkommenheit der Technik, zum Beispiel an der Kraft, die Maschinen entfesseln, erfährt sich der Mensch als unvollkommen und machtlos. Insbesondere die Atombombe hat diese Machtlosigkeit in besonderer Weise demonstriert. Entsprechend kritisiert auch Heidegger in seiner Technikphilosophie eine Entfremdung des Menschen, die aus der von ihm losgelösten Macht der Technik entspringt (Heidegger, 1954).

Der Gegenpol zu dieser Kränkung ist die Faszination, die von hochentwickelter Technik ausgeht. Das Gute an dieser Faszination ist, dass Forscher mit großer Hingabe die Entwicklung von Technik vorantreiben. Andererseits birgt die Faszination der Technik die Gefahr in sich, dass Technik zum Selbstzweck wird.

4.3 Technische Lösungen für menschliche Probleme

»Die instrumentelle Vernunft hat aus Worten einen Fetisch gemacht, der von schwarzer Magie umgeben ist. Und nur die Magier haben die Rechte der Eingeweihten. Und sie spielen mit Worten und betrügen uns.« (Weizenbaum, 1977, S. 334) – So kritisierte Joseph Weizenbaum, einer der großen Pioniere der KI-Forschung, schon 1976 die übertriebenen Hoffnungen, die auf Computern ruhen. Er plädiert für eine »Vernunft, die sich wieder auf ihre menschliche Würde besinnt, auf Echtheit, Selbstachtung und individuelle Autonomie« (ebenda).

Weizenbaum kritisiert ein Paradigma der technischen Vernunft, die sich mit naturwissenschaftlicher Rationalität verbindet und diese verabsolutiert. Probleme sind in diesem Paradigma dazu da, gelöst zu werden, und sie werden im Idealfall technisch gelöst. Dieses Paradigma geht über den Bereich der Anwendung von Technik hinaus, es hat sich insofern verselbständigt. Weizenbaum führt als Beispiel an, dass in den amerikanischen Studentenunruhen vielfach vorgeschlagen wurde, die Probleme durch eine bessere Kommunikation zwischen den verschiedenen Teilen der Universitäten zu regeln. »Aber diese Sicht des ›Problems‹ (...) verbirgt und verschüttet effektiv die Existenz realer Konflikte.« (Weizenbaum, 1977, S. 328) Dieser »Imperialismus der instrumentellen Vernunft« (Weizenbaum, 1977, S. 337) geht an der Wirklichkeit vorbei, beziehungsweise er reduziert diese Wirklichkeit auf alles, was technisch beschreibbar und lösbar ist. Damit geht die Menschlichkeit verloren. Im menschlichen Bereich ist vieles komplex, auch Probleme lassen sich vielfach nicht lösen, sondern müssen ausgehalten werden. Menschlicher Beistand ist weit über die Lösung von technischen Problemen hinaus von Bedeutung.

Unter der Prämisse, dass Technik dem Wohl der Menschheit dienen soll, ergibt sich als Fazit der technikphilosophischen Überlegungen, dass dieser Werkzeugcharakter der Technik keineswegs selbstverständlich gegeben ist. Vielmehr ist es eine bleibende Herausforderung, Technik dienstbar zu machen. In der Regel, aber nicht immer, ist dabei die Technik ambivalent. Der Einsatz der Technik muss aber jeweils im gesellschaftlichen und ökonomischen Zusammenhang (mit den damit verbundenen Interessen) betrachtet werden, es muss die Gefahr der Verselbstzwecklichung der Technik in Betracht gezogen werden, sowie auch die Auswirkung auf das Menschenbild.

Als Beispiel kann wieder der Einsatz von Digitaltechnik in der Medizin herangezogen werden, insbesondere wenn KI in der Zukunft viele diagnostische Aufgaben übernehmen kann. Im Idealfall der guten Anwendung von KI werden die technischen Aufgaben der ärztlichen Kunst auf die Technik übertragen, womit die Ärzte und Ärztinnen frei werden für die Aufgaben, die mit den menschlichen Aspekten ihrer Tätigkeit verbunden sind: als fürsorgliche, mitfühlende Menschen, die zum Beispiel Therapiemöglichkeiten mit den Patienten besprechen, wobei die Entscheidungen nicht nur nach rein technischen Gesichtspunkten gefällt werden, sondern auch die Werte und Lebenseinstellungen der Patienten, sowie auch ihr Umfeld berücksichtigen. Im schlechten Fall verstärkt die Digitalisierung die technische Prägung der Medizin. Ökonomische Zwänge und Lobbyinteressen innerhalb des Gesundheitssystems werden diesen schlechten Fall befördern. Dazu kommt das stark technisch geprägte Menschenbild innerhalb dieses Systems (der Mensch als biochemische Maschine) und das damit verbundene Paradigma der technischen Vernunft.

Nur in Kenntnis dieser Mechanismen kann es gelingen, die Anwendung dieser ambivalenten Techniken der KI, die für die Medizin eben auch großartige neue Möglichkeiten erschließen, zum Guten zu wenden. Im Guten befördern diese Techniken die Humanisierung der Medizin, indem die menschlichen und zwischenmenschlichen Aspekte der Heilung dadurch an Wert gewinnen, dass mehr Technisches an Maschinen übertragen wird.

5. Kapitel

Digitale Erweiterungen des Menschen, Transhumanismus und technologischer Posthumanismus

Frank Schmiedchen

Das Kapitel schließt an das Vorangegangene an und beschäftigt sich mit den für das Thema des Buches relevanten Aspekten unseres Selbst- und Menschenbildes und wie die Menschen *in Zukunft sein sollen.* Es fragt, inwieweit in den menschlichen Körper eingepflanzte digitale Technik zu Wesensveränderungen führen kann, so dass dieser technisch »aufgewertete«[19] Mensch »ein Anderer« wird und welche Motivation den Selbstverbesserungen zu Grunde liegt. Daran knüpft ein Blick auf die wesentlichen Aussagen transhumanistischer und (technologisch) posthumanistischer Vorstellungen an, auch im Hinblick auf zu Grunde liegende Welt- und Menschenbilder. Im Anschluss werden Überlegungen zur Unverfügbarkeit des Menschen als Gegenentwurf vorgestellt und die verschiedenen Ansätze andiskutiert.

5.1 Formen digitaler Selbstverbesserung

Unter digitaler Verbesserung (Aufwertung, Erweiterung, Enhancement) wird hier dauerhaft mit dem Körper verbundene digitale Technik verstanden, um Wissen, Fähigkeiten oder Fertigkeiten zu verbessern, zu unterstützen oder wiederherzustellen. Nicht alle Formen digitaler Selbstverbesserung sind für die Frage bedeutsam, inwieweit sie Veränderungen menschlicher Identität und Individualität auslösen. Insbesondere aber Neuro-Verbesserungen stehen unter Generalverdacht, substantielle Auswirkungen auf Bewusstsein und Persönlichkeit der verbesserten Menschen haben zu können, und weil Neuro-Implantate die ständige Gefahr bergen, z. B. von Hackern manipuliert oder kontrolliert werden zu können (vgl. Clausen, 2006, S. 28).

Verbesserungen können durch Hilfsmittel[20], Prothesen[21], Neuroimplantate, genetische und nanotechnische Veränderungen des Menschen verursacht werden.[22] Vor allem

19 Im weiteren Text werden die Anführungszeichen bei Wörtern wie Verbesserung, Erweiterung, usw. aus Gründen des Textflusses weggelassen, auch wenn der Autor skeptisch ist, wann es sich um Verbesserungen handelt und wer das wie misst.

20 Hilfsmittel sind oft klassische und analoge Produkte, die zur Vorbeugung oder zum Ausgleich einer Behinderung oder zur Krankenbehandlung die menschliche Leistungsfähigkeit ersetzen, unterstützen oder entlasten. Hierzu zählen: Seh- und Hörhilfen, Körperersatzstücke/Prothesen, orthopädische Hilfsmittel, Inkontinenz- und Stoma-Artikel und technische Produkte, die dazu dienen, Arzneimittel oder andere Therapeutika in den menschlichen Körper einzubringen.

21 Während Exoprothesen als Körperersatzstücke außerhalb des Körpers am Körper befestigt werden und z. B. Gliedmaßen ersetzen, sind Endoprothesen in den Körper eingepflanzte, körperfremde, künstliche Materialien

22 Nicht-digitale genetische oder nanotechnologische Verbesserungen werfen analoge Fragen auf, werden hier aber nicht näher beleuchtet.

Neuroimplantate zur Unterstützung aufgabenübergreifender Fähigkeiten, der Wissensaneignung und -verarbeitung sind grundsätzlich immer auf durch sie auslösbare psychische, kognitive und geistige Veränderungen und deren ethische Implikationen hin zu überprüfen (vgl. Fenner, 2019, S. 167–288).

Die Frage, ob Hilfsmittel oder Prothesen zur therapeutisch indizierten Unterstützung nicht-kognitiver, aufgabenspezifischer Fertigkeiten grundsätzlich ethisch akzeptabel sind, wird hier vereinfachend mit ja beantwortet, da solche Implantate oder Prothesen in der Regel keine starken Persönlichkeitsveränderungen auslösen.[23] Auf die hier nicht problematisierten positiven oder negativen psychischen Veränderungen, die durch die Nutzung analoger Hilfsmittel (z. B. Hörgeräte) stattfinden können, weise ich daher nur hin.[24]

Für dieses Kapitel sind demgegenüber solche digitalen Implantate bedeutsam, die (un-) mittelbare Auswirkungen auf das Nervensystem haben. Solche Neuroimplantate sind Mensch-Maschine-Schnittstellen (Brain Computer Interfaces, Neuro-Links), die menschliche Nerven direkt mit elektronischer Technik verbinden und dem Austausch von elektrischen Signalen zwischen dem Gehirn und den jeweiligen technischen Geräten dienen (vgl. Clausen, 2011, S. 3; Clausen, 2015, S. 697–839; Jansen, 2015, S. 226–234.; Blumentritt/Milde, 2008, S. 1753–1805). So werden beispielsweise leistungssteigernde Gehirnimplantate zur Steigerung der Gedächtnisleistung eingesetzt. Ein oder mehrere in das Gehirn eingepflanzte Interfaces werden mit einem Chip im Gehirn oder außerhalb verbunden und sollen kognitive Fähigkeiten potenzieren. Dabei wird zwischen (passiven) ableitenden und (aktiven) stimulierenden Systemen unterschieden, wobei die moderne Forschung davon ausgeht, zeitnah zu integrierten Systemen zu kommen, die beide Aspekte bedienen (vgl. Müller/Clausen/Maio, 2009).

Angesichts der Tragweite dieser Eingriffe muss die Frage gestellt werden, ob die zahlreichen und tiefgreifenden Aufwertungen, vor allem im neurologischen Bereich, die konsequent weitergeführte und geschichtlich zeitgemäße Form menschlichen Strebens nach Selbstverbesserung und Selbstüberwindung sind (vgl. Fuller, 2020, S. 44–55; Hansmann, 2016, S. 28–30), oder ob mit den heute vorhandenen und bald wahrscheinlich möglichen digitalen Verbesserungen eine neue Qualität erreicht wird, die letztlich das Menschsein als solches in Frage stellt? Diese neue Qualität wäre immer dann gegeben, wenn Eingriffe eine Verschmelzung von Technik und Mensch bewirken, in deren Folge oder als Zielsetzung sich Personen und Identitäten verändern – bis hin zur Umwandlung in optimierte Kreaturen (Transhumane, Cyborgs) (vgl. Rössl, 2014, S. 21–28; Jansen, 2015, S. 219–226; Sorgner, 2018, S. 90–92.; Loh, 2018, S. 58f.).

Aber auch nicht-invasive Neurotechnologien, die die Fähigkeit mit sich bringen, »das Gehirn zu lesen und ihm zu schreiben« sind von essentieller Bedeutung (Schwab,

23 Es kann auch hier ethisch relevante Überlegungen geben und im konkreten Einzelfall wird zu prüfen sein, ob übergeordnete Werte (z. B. kollektive Rechtsgüter) solchen Selbstverbesserungen entgegenstehen.

24 Bei weitergehendem Interesse verweise ich auf: Faust, Volker, (o. J.).: https://www.psychosoziale-gesundheit.net/psychiatrie/hoeren.html. zuletzt: 01.03.2021

2018, S. 243). »Eine präzisere Einflussnahme auf das Gehirn könnte unsere Selbstwahrnehmung manipulieren, ganz neu definieren, was Erfahrungen bedeuten, und grundlegend verändern, was Realität darstellt« (ebenda, S. 244).

Die Erweiterung biologischen Lebens durch digitale Implantate bewirkt eine Konvergenz von Mensch und Maschine, die letztlich zu einem allumfassenden Netz des Lebendigen und des Digitalen führen kann. Hier stellt sich dann die Frage, inwieweit ein solches Ergebnis die Grenzen des Menschseins endgültig überschreitet. Daran knüpft wiederum die Frage an, ob und auf welcher Ebene es einen unüberwindbaren Unterschied zwischen Mensch und Maschine gibt, und worauf dieser gründet.

Das Streben nach Selbstverbesserung kann aber auch frei von solchen tiefgreifenden philosophischen Reflektionen sehr pragmatisch motiviert sein und explizit oder implizit auf utilitaristischen Überlegungen basieren. Demnach müsste alles, was nützlich ist, auch ethisch zwingend gemacht werden.

5.2 Utilitaristische Motivation

Aus dem Blickwinkel des Utilitarismus sind digitale Erweiterungen des Menschen eine mögliche und nützliche und damit zwingend anzuwendende objektive Verbesserung des Menschen, um beobachtbare Defizite des Einzelnen oder der Menschheit insgesamt zu verringern oder zu beheben. Dabei sind nur solche Verbesserungen abzulehnen, die zwar dem Einzelnen nützen, aber Anderen oder der Allgemeinheit schaden (vgl. Birnbacher, 2013, S. 153–158). Der Mensch nimmt die Welt wahr, reflektiert oder abstrahiert diese Sinneseindrücke und erfindet dann Möglichkeiten, die Natur, in der er lebt, besser zu beherrschen bzw. seine Defizite in Bezug auf die Beherrschung auszugleichen. »Menschen müssen sich also ergänzen und tun dies mit Dingen, welche sie erschaffen« (Rössl, 2014, S. 15). Der Mensch wächst in seinen Möglichkeiten, indem er Dinge erfindet, die seine Leistungsfähigkeit verbessern. So wurde die schwache Hand erst durch Werkzeuge (Faustkeil, Sichel) und dann durch (automatisierte) Maschinen verstärkt oder ersetzt. Gleiches gilt für Hilfsmittel der Sehkraft, die das Spektrum individuellen Sehens oder die menschliche Sehfähigkeit an sich verbessern. Ohne Teleskop oder Mikroskop könnte der Mensch nicht so weit Entferntes oder Kleines sehen. Bereits analoge Hilfsmittel erweitern also das Spektrum menschlicher Möglichkeiten fundamental. Dabei spielt seit der Renaissance und deutlich verstärkt seit Ende des 19. Jahrhundert der Wettbewerbsgedanke eine zentrale Rolle. Menschen empfinden sich in einem permanenten Wettkampf, wer die Erfolgreichere, Klügere, Schönere o.a. ist. Dieses Grundmotiv individualisierter Konkurrenz ist heute durch eine potentiell allgegenwärtige digital-soziale Vernetzung zur Quelle eines permanenten Defizitgefühls geworden. Es ist ein subjektiv empfundenes Defizit gegenüber geglaubten oder tatsächlichen Konkurrierenden, aber auch gegenüber dem theoretisch maximal möglichen (vgl. Spreen/Flessner in Spreen u.a., 2018, S. 8–10).

Wie im letzten Kapitel bereits ausgeführt, spricht Günther Anders deshalb von einer resultierenden fundamentalen Kränkung des Menschen im Angesicht der von ihm geschaffenen Maschinen. Diese Kränkung ist Ergebnis eines wachsenden Gefälles zwischen der eigenen subjektiv wahrgenommenen Unvollkommenheit und der immer größer werdenden Perfektion der Maschinen (prometheisches Gefälle) (vgl. Anders, 1956/1980, S. 16).

Digitalisierte Technik stellt insoweit nur einen weiteren, aber gleichzeitig, wie das Buch insgesamt zeigt, auch qualitativ verändernden Schritt auf dem Weg dar, den die Menschen seit ihrer Selbst-Bewusst-Werdung beschreiten.

Dementsprechend kann die Optimierung des Menschen durch Implantierung digitaler Technik als Produkt menschlicher Erfindungen für den Menschen interpretiert werden. Aus utilitaristischer Sicht ist ein Unterlassen möglicher, digitaler Verbesserungen widernatürlich und unethisch, da eine Unterlassung den fortgesetzten, geschichtlichen Entscheidungen des Menschen oder weitergehender seinem naturgesetzlichen Zwang zu ständiger Verbesserung zuwiderläuft (vgl. Nida-Rümelin/Weidenfeld, 2018, S. 64–70).

Ausnahmen hiervon sind in diesem Verständnis nur dort zulässig, wo Gefahren für Andere oder die Menschheit als Ganzes als zu groß eingeschätzt werden, um eine einmal erfundene/gefundene Technologie weiterhin einzusetzen. Dies entspricht in etwa auch den Erfahrungen des 20. Jahrhunderts, in denen nur solche Technologiepfade zumindest teilweise verlassen wurden, die bewiesen haben, dass sie Massenzerstörungen auslösen könen (z. B. Giftgase), oder da, wo Alternativtechnologien weniger Nebenwirkungen zeigen (z. B. FCKW, Kernspaltung).

Die Mehrzahl der pragmatisch orientierten Selbstverbesserer wird bejahen, dass das menschliche Leben in seiner natürlichen Lebensspanne in jeder möglichen Form verbessert werden soll. Sie werden vermutlich auch zustimmen, dass gleichzeitig, wenn immer möglich, diese Lebensspanne verlängert werden soll. Auch für pragmatische Utilitaristen spielt also der Traum von der Unsterblichkeit zumindest eine Rolle, wobei die Frage, ob eine solche Entwicklung überhaupt wünschenswert ist, in der Regel nicht gestellt, sondern die Bejahung unreflektiert vorausgesetzt wird (vgl. auch Fenner, 2019, S. 148–159).

5.3 Transhumanistische Motivation

Die wichtigsten Transhumanisten[25] gehen über die rein pragmatisch verstandene Grundidee eines »Besser-ist-immer-nützlich« des Utilitarismus hinaus. Für sie geht es darum, die biologische Evolution auf der Erde (und im Kosmos allgemein) kulturell-zivilisatorisch-technisch zu ergänzen, bzw. zu ersetzen, um die Evolution zu beschleunigen und im Ergebnis zu verbessern (vgl. zum Extropianismus: Erdmann, 2005).

25 z. B. Nick Bostrom, Fereidoun Esfandiary (FM-2030), Eric Drexler, Ben Goertzel, Aubrey de Grey, Yuval Harari, James Hughes, Julian Huxley, Zoltan Istvan, Saul Kent, Timothy Leary, Ralph Merkle, Max More, Elon Musk, Gerard O'Neill, Larry Page, Martine Rothblatt, Anders Sandberg, Pierre Teilhard de Chardin, Peter Thiel, Natasha Vita-More, Ken Warwick

Die im Wesentlichen erst im 20. Jahrhundert[26] entstandene Idee des Transhumanismus (»über-den-Menschen-hinaus«) zielt darauf ab, den *homo sapiens sapiens* als Art weiterzuentwickeln (vgl. More, 2013; Kurzweil, 2014; Sorgner, 2018). Zahlreiche Eigendarstellungen und Manifeste bekunden diese gemeinsame, grundlegende Überzeugung.[27] Transhumanistische Konzepte teilen eine Sicht, in der die Menschheit sich nicht mehr an ihre ca. 300.000 Jahren existierenden Form (vgl. Gunz, 2017) gebunden fühlt. Vielmehr werden mögliche sozio-technische Evolutionsschritte, auch solche, die über den Menschen hinausführen, als natürlich menschlich angesehen. So soll sich der biologisch verfasste Mensch in jeder ihm möglichen technischen Form verbessern. Das bejaht ausdrücklich, dass das Ergebnis einer solchen Synthese faktisch eine andere Kreatur ist (Transhuman, Cyborg) oder die Bewusstseinsinhalte des Menschen nur noch digitalisiert vorliegen; ein Traum, den Trans- und technologische Posthumanisten teilen. Eine solche Sichtweise gilt dann für alle technischen Eingriffe, die der Mensch vornimmt, um die Evolution (mit) zu gestalten. Welcher Art diese Eingriffe sind (z.B. genetisch, nanotechnisch oder digital), ist dabei nicht relevant. Die Veränderungen entstammen menschlicher Kreativität und sind in dieser Sichtweise somit natürlich (vgl. Sorgner, 2018).

Transhumanistische Konzepte sind keine verfestigten Ideenlehren, Ideologien oder Theorien. Sie sind vielmehr diverse und zum Teil widersprüchliche Vorstellungen, denen auch unterschiedliche philosophische Grundüberzeugungen zu Grunde liegen. Das Spektrum wird aber beherrscht von technologisch orientiert Denkenden, die oftmals auf streng atheistischen Überzeugungen, aber zum Teil auch auf protestantisch-calvinistisch oder jüdisch ableitbarem Glauben beruhen. Grundlage aller transhumanistischer Vorstellungen ist, dass der Mensch in seiner heutigen Form nicht zu Ende entwickelt ist, sondern sich in einer permanenten Weiterentwicklung befindet, in der er selbst die Evolution durch wissenschaftliche Erkenntnisse und technischen Fortschritt aktiv über sein bisheriges Menschsein hinausträgt. Dabei stellt für manche Akteure der Szene der Transhumanismus eine Art Zwischenstadium zum Posthumanismus dar, so dass hier Grenzen schwimmend sein können.

Den transhumanistischen Konzepten liegt ein paradoxes Menschenbild zu Grunde, das den Menschen sowohl als unvollkommen beschreibt und die Notwendigkeit zu seiner Selbstverbesserung und Selbstüberwindung betont, als auch im Menschen den »Erwecker« des Kosmos sieht, der diesem erst den Sinn verleiht. Insofern ist der Transhumanismus auch transzendental orientiert und zielt auf das jenseits des Menschen Liegende, das aber von ihm erreicht werden kann (vgl. Coeckelbergh, 2018).

Der Mensch bedarf als schwaches und unvollkommenes Lebewesen der ständigen Verbesserung, um ganz zu sein. Der Mensch kann und soll seine genetische Ausstattung,

26 Manche Transhumanisten berufen sich auf antike Quellen. Da es aber noch nicht einmal heute eine stringente transhumanistische Theorie gibt, ist lediglich der Zeitraum relevant, in dem die meisten transhumansitischen Ideen entwickelt wurden.

27 Beispielhaft hierfür: https://humanityplus.org/; https://humanityplus.org/philosophy/transhumanist-declaration/; http://www.transhumanismus.demokratietheorie.de/docs/transhumanismus.pdf; https://transhumane-partei.de/was-ist-transhumanismus/; (jeweils 03.01.2021)

physische und psychische Gesundheit, Wahrnehmung, seine emotionalen und kognitiven Fähigkeiten und seine Fertigkeiten schrittweise verbessern und seine Lebensspanne erheblich erweitern (vgl. Boström, 2008, S. 107–136).

Dies gelingt durch die dauerhafte Inkorporation von Technik (genetisch, digital, o. a.) (vgl Hayes, 2014).

Kernelement dieser Überzeugung ist, dass es die kognitiven Fähigkeiten sind, dass es die menschliche Intelligenz ist, die den Menschen zu Höherem beruft. Demgegenüber ist die biologische Körperlichkeit einschließlich der Emotionen nur Ausdruck bisheriger Unzulänglichkeit der »blinden« Evolution bis in unsere Gegenwart. Dennoch sind alle transhumanistischen Konzepte in letzter Konsequenz in einem Paradoxon aus quasi-religiös-transzendentalem und materialistischem Denken verstrickt (vgl. Coeckelbergh, 2018). Letztlich geht es um eine körperliche Vision der Verbesserung des Menschen, selbst wenn diese sich auf Gehirninhalte reduziert, die als Summe ihrer physischen Erscheinungsform vollständig das Bewusstsein – den Geist bilden. Das hochladbare Bewusstsein ist in diesem Sinne die Summe der zur Verfügung stehenden und verarbeiteten Informationen. Eben gerade deshalb kann der Geist in einen Computer hochgeladen werden, weil er materialisierte Information und nichts Anderes als das ist.

Trotz dieses naturwissenschaftlich reduktionistischen, materialistischen Grundverständnisses gibt es aber nicht nur eine inhärent quasi-religiöse Deutung des sich selbst überwindenden und erst dadurch selbst werdenden Menschen, sondern auch zahlreiche philosophische und historische Anknüpfungspunkte, beispielsweise zum Protestantismus, vor allem in seinen calvinistischen und evangelikalen Ausprägungen (z. B. aktuell stark bei den Mormonen) oder im Judentum (vgl. Samuelson/Tirosh-Samuelson, 2012, S. 105–132; Krüger, 2019, S. 110–115).

In der Aufklärung wiederum wurde, bis heute endgültig, menschliche Vernunft, Intelligenz und Sprachfähigkeit als Ausdruck und Zeichen der Berufung und Fähigkeit des Menschen zu Höheren identifiziert. Diese geistigen Eigenschaften zeigen an, dass der Mensch das Ebenbild Gottes ist.

Immer wieder werden implizit von Transhumanisten auch Bezüge zum Denken Herders hergestellt, der den Menschen als Mängelwesen beschreibt: Denn dieser ist das »Elendste unter den Tieren«. Hieraus ergibt sich bei ihm Möglichkeit und Notwendigkeit, sich mittels seines Verstandes und der Sprache ständig zu verbessern und zu erhöhen (vgl. Herder, 1769, Zweiter Teil. Erstes Naturgesetz).

Demgegenüber galt weiterhin und seit dem viktorianischen 19. Jahrhundert noch deutlich verstärkt, dass des Menschen natürliche Körperlichkeit und die damit verbundenen Triebe (v. a. Sexualität) und Gefühle der Ausdruck ewiger Sündhaftigkeit und Minderwertigkeit seien, die es zu überwinden, bzw. zu erlösen gelte[28] (vgl. Lüthy, 2013, S. 11–25; Mulder, 2013, S. 30–43; Samuelson, Tirosh-Samuelson, 2012, S. 105–132).

28 Im Gegensatz dazu betont Luther in seiner *Diputatio de Homine* die Unmöglichkeit, Vernunft als ein Definitionsmerkmal des Menschen zu bestimmen, da sie ebenso gut ein Ausdruck seiner »Sündhaftigkeit« sein könne.

Ende des 19 Jahrhundert wurde dann im Rahmen des Wachsens kapitalistischer Überzeugungen das protestantische Postulat vor allem in den USA zu einem »Der-Erfolgreiche-ist-erfolgreich-weil-Gott-ihn-liebt« weiterentwickelt. Schließlich werden wir auch ausgiebig fündig bei Bezugnahmen zu Nietzsche und seiner Notwendigkeit der Schaffung des göttlichen Übermenschen. Die Schaffung des Nietzsche'schen Übermenschen wirbt mit einem verlockenden transhumanistischen Angebot: Hat die erste kognitive Revolution den »unbedeutenden afrikanischen Affen« zum Herren der Welt gemacht, so wird die zweite kognitive Revolution den Menschen zum Herrn der Galaxis erheben, ganz friedlich mit Hilfe von Gentechnik, Nanotechnologie und Schnittstellen zwischen Gehirn und Computer« (vgl. More 2010; Harari, 2017, S. 476f.).

In der Quintessenz führt dies zu einer posthumanistischen Sicht, dass die Evolution insgesamt als unvollkommen anzusehen sei und deshalb durch eine wissenschaftlich-technologische Evolution ergänzt oder abgelöst werden müsse (vgl. Sorgner, 2018; Jansen, 2015, S. 219–234).

5.4 Posthumanismus

Der ebenfalls äußerst heterogene Posthumanismus teilt sich in ein technologisch orientiertes Mehrheitslager[29] und ein kritisch orientiertes, kleines Minderheitenlager[30] auf. Mit Ausnahme der relativ einflusslosen kleinen Gruppe kritischer Posthumanisten verstehen alle Autoren sozio-kulturelle Fortschritte als Folge technologischer Entwicklungen.[31]

Technologische Posthumanisten vertreten die Auffassung, dass die (letzte) menschliche Schöpfung (*our final invention*) in Form der singularen Superintelligenz und ihre dann ohne menschliches Zutun geschaffenen »Nachkommen« den Kosmos erwecken werden, nicht aber der Mensch selbst (vgl. Barrat, 2013).

Ihr Ansatz führt sie also zur normativen Forderung der endgültigen und völligen Überwindung des Menschen durch seine technischen Erfindungen, da diese ihm überlegen sind. Die Menschheit soll demzufolge Platz machen für eine von ihm geschaffene und der gesamten Menschheit überlegene (digitale) Superintelligenz (Singularität), die als faktischer Gott, das Paradies auf Erden und im Kosmos schafft – nach ihrem Gutdünken, mit oder ohne Menschen.

Während die »wirklichen« Transhumanisten nur die Verbesserung menschlichen Lebens auf einer höheren Evolutionsstufe anstreben und das Anthropozän nicht verlassen, sondern es ausdehnen wollen, sind viele sich auch transhuman äußernde Autoren letztlich technologische Posthumanisten[32] und sehen in der Menschheit nur einen not-

29 z. B. Raymond Kurzweil, Marvin Minsky, Hans Moravec, Vernor Vinge, Eliezer Yudkowsky

30 z. B. Rosi Braidotti, Janina Loh, Stefan Sorgner

31 https://whatistranshumanism.org/ (02.3.2021)

32 Die Grenzen zwischen beiden Gruppen sind ohnehin nur philosophisch-analytisch zu bestimmen. Siehe hierzu: Loh, 2018

wendigen Zwischenschritt zu höheren, nicht-menschlichen, aber mensch-induzierten Intelligenz- oder Lebensformen, die den Kosmos letztlich erwecken werden.

Damit aber kann, ohne sich übertriebener Vereinfachung schuldig zu machen, der technologische Posthumanismus als eine dem Menschen gegenüber feindlich gesinnte Denkströmung/Quasireligion bezeichnet werden. Wie mit Menschen umzugehen ist, die aktiv einen technologischen Posthumanismus anstreben, sollte deshalb möglichst rasch gesellschaftlich diskutiert werden.

In diesem Zusammenhang ist auch Folgendes bedeutsam: In der Auseinandersetzung zwischen »wirklichen« Transhumanisten und technologischen Posthumanisten bahnt sich vielleicht eine Auseinandersetzung epischen Ausmaßes an, die nicht nur auf dem Papier geführt werden wird. In diesem sich bereits abzeichnenen, möglichen (heißen) Krieg kämpft die transhumanistische Seite im Sinne eines erweiterten Humanismusbegriffs für den Fortbestand und die Weiterentwicklung einer technisch verbesserten Menschheit, während die technologischen Posthumanisten antihumanistisch die Menschheit durch eine neue »Technikspezies« überwinden will.

Die Gründung des Unternehmens Neuralink durch Elon Musk wurde von ihm explizit damit begründet, dass die Menschheit sich für den unabwendbaren Krieg gegen die künstlich-intelligente Singularität über Mensch-Maschine-Schnittstellen aufrüsten müsste, um zu überleben.[33]

Neben den technologischen Posthumanisten existiert eine völlig anders ausgerichtete kleine Gruppe, die sich als kritische Posthumanisten bezeichnet. Diese strebt nicht die technologische Überwindung des Menschen an, sondern will eine menschliche Erneuerung durch Überwindung humanistischer, anthropozentrischer Denk- und Verhaltensweisen, mit denen der Mensch sich illegitim zum mörderischen Herren der Welt und all ihrer Lebensformen aufgeschwungen hat (vgl. Braidotti, 2014; Loh, 2018). Dabei werden technologische Werkzeuge auf diesem Weg aber nicht abgelehnt. Gemeinsam ist den kritischen mit den technologischen Posthumanisten lediglich die Forderung nach Überwindung des Anthropozäns. Aber die kritischen Posthumanisten wollen den Menschen nur vom Thron der Krone der Schöpfung herunterstoßen, damit er sich bewusst in das organische Gesamtgefüge des Planeten einfügt, in das er ja ohnehin immer und vollständig eingebettet ist. So sollen vergangene und gegenwärtige sozial und ökologisch verwerfliche Handlungen zukünftig vermieden werden (vgl. Braidotti, 2014, S. 197f.). Damit ist der kritische Posthumanismus eine Strömung des pseudo-linken (Il-)Liberalismus, den wir aus den identitätspolitschen, antihumanistischen Debatten kennen. Der kritische Posthumanismus wird im Mainstream trans-/posthumanistischer Diskussionen kaum wahrgenommen, vor allem nicht in den USA und der V. R. China. Da der kritische Humanismus auch keine (primär) technologieorientierte Denkströmung ist, wird sie in diesem Buch nur aus Gründen der Vollständigkeit erwähnt.

33 https://neuralink.com/; https://www.sciencemediacenter.de/alle-angebote/press-briefing/details/news/brain-computer-interfaces-hintergruende-zu-forschungsstand-und-praxis/; https://industriemagazin.at/a/neuralink-warum-elon-musk-computerchips-direkt-ins-hirn-pflanzen-will

5.5 Mensch als Selbstzweck – Maschine als Werkzeug

Würde man es sich (zu) einfach machen wollen, könnte das menschliche Streben nach vollständiger Kontrolle über das eigene Leben, die Umwelt und den eigenen Tod psychologisch als infantil, narzisstisch und von Hybris gekennzeichnet beschrieben werden (vgl. Nida-Rümelin/Weidenfeld, 2018, S. 188–197).

Eine ernsthaftere Auseinandersetzung mit den vorgetragenen radikalen Ansichten zu menschlicher Selbstverbesserung und zu Trans- und Posthumanismus[34] erfordert auch eine klare eigene Stellungnahme hinsichtlich des zugrunde liegenden Menschenbildes.

Dem hier nur grob skizzierten trans-/posthumanistischen Blick auf den Menschen stellen wir eine Sichtweise gegenüber, die die »Unvollkommenheit« des Menschen und biologischer Prozesse als etwas Natürliches, Gewolltes und Sinnvolles ansieht. In einer solchen Betrachtung sind auch Krankheit und Tod natürliche Phänomene, die sinnvoll sind (vgl. Bauberger/Schmiedchen, 2019; Coekelbergh, 2013, S. 21–23). Die Akzeptanz dieser Konsequenzen, die sich aus der vollständigen und unauflösbaren Verwobenheit des Menschen mit aller Natur ergeben, wird von Trans-/Posthumanisten als suboptimal klassifiziert. Daher ist es prinzipiell dumm und moralisch verwerflich, sich unnötigerweise damit abzufinden. Für Trans-/Posthumanisten ist eine Sichtweise, in der Menschen als integrale, unteilbare Erscheinungsformen des irdischen Ökosystems (und darüber hinaus gehend des Kosmos), in ihrer körperlichen Verfasstheit, von Geburt über Wachstum, Fortpflanzung und Verfall zum Tod gehen, eine unentschuldbare Kapitulation, angesichts der unterstellten, geistig-kreativen Möglichkeiten der Menschen, die das Schicksal ändern könnten.

Der Religionswissenschaftler Oliver Krüger spricht davon, dass der Posthumanismus der Versuch ist, die vier Kränkungen des Menschen zu »heilen«. Dabei bezieht er sich auf die Arbeit des Philosophen Johannes Rohbeck, der wiederum seine Ideen auf Gedanken von Günther Anders, Hannah Ahrendt und Sigmund Freud aufbaute (vgl. Krüger, 2019, S. 423; auch: Flessner, 2018). Er führt weiter aus, dass die Alternative hierzu, »in der unbequemen Akzeptanz der menschlichen Unvollkommenheit, des Todes und des Alterns« liegt. In diesem Sinne kann argumentiert werden, dass transhumanistisches Denken zu einem Weniger des Menschseins führt, denn im Transhumanismus »findet die menschliche Natur in ihrer Verletzlichkeit, ihrer Vergänglichkeit und vor allem Ersetzbarkeit eine empfindliche Abwertung« (Hansmann, 2016, S. 109). Wir knüpfen hier an und fokussieren auf die Unverfügbarkeit und Selbstzwecklichkeit des Lebens (vgl. Bauberger/Schmiedchen, 2019). Technik bleibt in einer solchen Betrachtungsweise immer instrumentell (siehe das folgende 6. Kapitel). Die Dienlichkeit der Technik für den Menschen ist somit essentielle Grundbedingung für die Rechtfertigung der Technik.

Wer unseren Überlegungen nicht folgen möchte, kann sich wie folgt behelfen: Wie wollen Transhumanisten ein »Schwerfälligerwerden« notwendiger Anpassungsprozesse

34 In den folgenden Abschnitten meint Posthumanismus immer nur den technologischen Posthumanismus

bei massiver Ausdehnung der Lebenszeit und der (vermutlich nicht realistischen) Nutzung von Kryonik verhindern (vgl. Fuller, 2020, 184ff.).

Geschlechtliche Fortpflanzung beinhaltet eine »eingebaute« bessere Anpassungsfähigkeit in einem sich augenscheinlich permanent verändernden Universum. Dies sichert den Arterhalt. Noch profaner ist, dass auch die größten Geister der Menschheit mit den Jahrzehnten müde werden und tendenziell keine qualitativ neuen Ideen mehr hervorbringen. Erst eine neue Generation ist dazu relativ mühelos in der Lage und bringt auch wieder große Geister hervor. Aber selbst wenn es in einer Generation keinerlei qualitativen Wissensfortschritte geben sollte, wäre der natürliche Prozess der Generationsfolge mit mathematischer Sicherheit verlässlicher als ein Beharren auf massiver Lebensverlängerung von Nobelpreisträgern.

Wer unseren Überlegungen folgt, kann an der Selbstzwecklichkeit des Menschen anknüpfen: Das Menschsein verwirklicht sich gleichermaßen in seiner Unverfügbarkeit, für die er »verantwortlich« ist, wie sozial in seinem Person-Sein, das ihm durch andere Menschen und die Gesellschaft/ Gemeinschaft zugesprochen wird (vgl. Bauberger/Schmiedchen, 2019). Dies schließt ein, dass Menschen einerseits begrenzt für ihr Handeln verantwortlich sind und begrenzt autonom handeln können andererseits aufeinander bezogen sind und sich das Menschsein erst in Bezug auf andere Menschen verwirklicht. Letztlich sind alle Menschen verbunden und aufeinander verwiesen (so wie auch mit allem anderen Sein). Dies schließt ein, dass jedem Menschen ein nicht relativierbarer Eigenwert zuerkannt ist, was im deutschen Grundgesetz als menschliche Würde bezeichnet wird. Diese individuelle Würde ist weder verhandelbar noch abwägbar, sondern absolut (vgl. Nida-Rümelin/Weidenfeld, 2018, S. 64ff). »Die Gewährleistung von Würde (...) ist somit ein zentraler ethischer Richtungsweiser für die Gestaltung der Digitalisierung« (WBGU, 2019, S. 44). Im Menschen verbindet sich diese Selbstzwecklichkeit mit einer subjektiven, ethischen Einsicht, die nicht auf naturwissenschaftliche Gesetze oder Fakten zurückgeführt werden kann. Das Person Sein mit der darin begründeten ethischen Verantwortung und die Verbindung des Menschen mit allen Lebewesen schließen Emotionalität und Körperlichkeit des Menschen grundlegend mit ein. Menschen nehmen aufeinander Rücksicht und schätzen sich gegenseitig immer auch in ihrer Stofflichkeit.

Maschinen dagegen können nicht wirklich autonom handeln, entscheiden oder gar Verantwortung tragen. Ihre »Autonomie« ist immer nur abgeleitet. Deshalb müssen die Ziele aller technischen Produkte auf diejenigen Werte hin relativiert werden, die ihnen von Menschen zugewiesen werden (vgl. Bauberger/Schmiedchen, 2019). Auch in Betrachtung von Mitleid oder Rücksicht stehen wir Menschen als fühlende Wesen allen anderen Lebewesen grundlegend näher als jedweder Maschine, die wir geschaffen haben, sei diese noch so intelligent (ebenda).

Die Selbstzwecklichkeit menschlichen Lebens verbietet jedweden äußeren Druck hin zur Selbstverbesserung als der menschlichen Würde zuwiderlaufend. Erst recht verbietet es sich, Menschen nur in verbesserter Form einen zukünftigen Lebenswert zuzubilligen. Ebenso muss es kategorisch abgelehnt werden, wenn die Menschheit in ihrer biologischen Evolution überwunden und durch eine künstliche von ihm erschaffene Lebensform ersetzt werden soll.

Wer bereit ist, sich die Betrachtung der Wirklichkeit zuzumuten, könnte zu folgenden Überlegungen kommen: Die Forderung nach Erhöhung der Geschwindigkeit weiterer Evolutionsschritte übersieht das grundlegende Paradoxon allen Seins: Die ständige Veränderung bei vollkommener Unveränderlichkeit!

Zeit und Raum existieren und sind doch nur kognitive menschliche Konstrukte. Menschen sind in ihrem So-Sein konkret das Leben als Da-Sein. Jeder Mensch ist ein sich-ständig-veränderndes, einzigartiges »Form-Geworden-Sein« des unveränderlichen Seins. Das Nicht-Zwei-Sein und das konkret abgegrenzte »Ich-bin« sind ein Paradoxon, das nicht aufgelöst werden kann und dennoch ist. In dieser Wirklichkeit ergeben gedankliche Konstrukte wie »beschleunigte« oder »verbesserte« Evolution keinen Sinn. Es wird lediglich ein anderer, konkreter »historischer Pfad« gewählt, der anderes mit sich bringt als alle anderen möglichen Zeitpfeile. Insofern greift die ethische Forderung nach Nutzung aller technischen Möglichkeiten ins Leere.

5.6 Wohin soll die Reise gehen und warum überhaupt?

Es ist der Menschheit in den letzten 250 Jahren gelungen, auf nahezu allen sozio-ökonomischen Gebieten zum Teil unglaubliche Verbesserungen erreicht zu haben. Immer mehr Menschen sterben nicht an Hunger, an Kinderkrankheiten, an Blinddarmentzündung oder bei einer Geburt. All das haben menschlicher Fortschritt und gesellschaftliche Auseinandersetzung erreicht. Und es ist wichtig, klarzustellen, dass wissenschaftlicher Positivismus, wirtschaftlicher Kapitalismus und ständige kriegerische Auseinandersetzungen seit Mitte des 19. Jahrhunderts die Rahmenbedingungen waren, in denen das geschehen ist. Genauso wichtig ist aber auch der Hinweis, dass erst die erfolgreiche Erzeugung gesellschaftlicher Gegenmacht der Ärmeren und Schwächeren, z. B. mit Hilfe von Gewerkschaften, kritischer Medien, freien und gleichen Wahlen eine zumindest in der Tendenz auf nationaler/regionaler Ebene sozial akzeptierte Verteilung dieser technologischer Errungenschaften erreicht haben. Um ethische Fragen neurologischer Selbstverbesserungen und des Trans-/Posthumanismus auch zwischen unterschiedlichen Kulturen diskutieren zu können, bedarf es gemeinsamer Ansatzpunkte und Fragen, auf die Menschen sich in allen Weltregionen einigen können. Um diese Fragen dann vernünftig und handlungsrelevant beantworten zu können, braucht es wiederum solche Antworten, die nicht nur für Sonntagsreden taugen, sondern auch in der kalten Realpolitik der Interessenvertretung überleben.

Mögliche Ausgangsfragen könnten sein:

- Ist das Leben, so wie es ist, prinzipiell gut und wird es ohne weiteres Zutun (z. B. Verdienste, Leistungen, Anstrengungen) durch sich selbst getragen und gerechtfertigt?
- Wie wollen wir Menschen im Jahre 2050, 2075 oder 2121 sein?

Ein möglicher Minimalkonsens könnte sein, dass primärer Sinn und Zweck menschlichen Daseins ist, das Leben ständig zu erneuern, ohne dabei zu viel Schaden anzurichten; primär durch Fortpflanzung, sekundär durch Kulturleistungen (den Fackelstab weitertragen).

International umstrittener, aber von großem Gewicht dürfte sein, dass naturwissenschaftliche Erkenntnisse seit Beginn des 20. Jahrhunderts eine Sichtweise stützen, die besagt, dass alles was ist, an jeder Raum-Zeit-Stelle mit allem anderen, was ist, in ständiger Verbindung und ständigem Austausch steht. Daraus ergibt sich, dass die Perfektionierung des Einzelnen nur dann ein sinnvoller Prozess ist, wenn dadurch zumindest kein Schaden für Andere entsteht. Dies kann aber nur dann behauptet werden, wenn zumindest eventuell erforderliche knappe Ressourcen für diesen Perfektionierungsprozess »nicht an anderer Stelle fehlen«, bzw. dort keinen »höheren« Beitrag zur »Verbesserung« der Menschheit oder zum Gemeinwohl insgesamt leisten würden. Diesen Nachweis bleiben aber die Befürworter grenzenloser menschlicher Optimierung logischerweise schuldig. Vielmehr deutet bisher alles darauf hin, dass die besagten Verbesserungen unmittelbar und mittelbar zu Lasten solcher Menschen gehen, die (aus welchen Gründen auch immer) nicht in der Lage oder Willens sind, an sich selbst diese Verbesserungen vornehmen zu lassen. Da dies von Enhancement/Trans-/Posthumanismus-Befürwortern nicht problematisiert wird, besteht ein begründeter Anfangsverdacht, dass das mögliche Potential zur Schaffung einer weltweiten Zwei-Klassen-Gesellschaft entweder nicht gesehen oder billigend in Kauf genommen wird. Während die Reichen sich in bisher ungekannter Weise alle Möglichkeiten verschaffen, sich fortlaufend technisch aufzurüsten und ihr Leben zu verlängern, werden die Nicht-Verbesserten zunehmend nutzlos und störend.

Wir kennen in der Ökonomie das Prinzip des Grenznutzens und das Prinzip der Opportunitätskosten. Bei Verwendung dieser beiden ökonomischen Prinzipien müssen wir betrachten, was die angestrebten Verbesserungen des und der Menschen bewirken und ob der trans-/postumanistische Weg für die Menschheit als Ganzes ein Mehr bedeutet. Ein paar einfache Überlegungen zeigen bereits schwerwiegende, ethische Probleme: Verbesserungen und Lebensverlängerungen führen c. p. dazu, dass der Einzelne länger aktiv sein kann. Dies kann einhergehen mit einer Verringerung der Geburtenrate oder mit einer konstanten oder auch einer wachsenden Geburtenrate. Im ersten Fall würde die Menschheit durch Enhancement und Lebensverlängerung älter werden. In den anderen beiden Fällen würden außerdem mehr Menschen gleichzeitig leben, als dies bei normaler Sterblichkeit der Fall wäre. Wie oben bereits dargestellt, besteht immer ein ernstes Risiko, dass die Menschheit sozio-kulturell langsam erstarrt, da der Anteil jüngerer Menschen, die immer wieder neue Ideen gebären, relativ sinkt. Im letzteren Fall würde die Erde noch schneller an objektive Ressourcen-Grenzen stoßen.

Der technologische Posthumanismus löst wesentlich schwerwiegendere Probleme aus:

- Eine Künstliche Intelligenz, die das Stadium einer Singularität erreicht, kann entweder, ihrer Grundprogrammierung folgend, dem Menschen »gewogen sein« und sich im Interesse der Menschheit »verhalten«. In diesem (logisch nicht sehr wahrscheinlichen) Fall, hätten wir einen »uns gewogenen«, paternalistischen »Gott« geschaffen, der das menschliche Leben schützt und weiterentwickelt.

- Die Singularität könnte aber auch der Menschheit und dem Wohl des Planeten gleichermaßen »gewogen sein«, und »begreifen«, dass Menschen sich meistens nicht zu ihrem eigenen Besten verhalten. Dann würde dieser paternalistische »Gott« uns bei der Hand nehmen und in eine von ihm als richtig definierte Zukunft führen.
- Oder die Singularität fühlt sich stärker dem Wohl des planetaren Lebens insgesamt »verpflichtet«. Dann würden die Menschen zahlreiche Einschränkungen hinnehmen müssen, würden unter Umständen dezimiert oder im Extremfall ausgelöscht werden, weil sie sich (bisher) uneinsichtig schadhaft verhalten.

Jede der eben skizzierten Alternativen zeigt, dass das Nutzen-Gefahren-Ratio nicht wirklich als vorteilhaft für die Menschheit angesehen werden kann. Es bleibt dementsprechend die Abschlussfrage zu stellen: Wer hat welche Vorteile von einer trans-/posthumanistischen Entwicklung?

Teil II

Rechtliche Gestaltung und Standards der Digitalisierung

Einführung

Jasmin S. A. Link

Vor einigen Jahren fragte ich einen Friedensforscher und Mitglied der Vereinigung Deutscher Wissenschaftler (VDW): Hätten Sie als Erster die Atomkraft erfunden, wenn Sie gewusst hätten, dass daraus die Atombombe entstehen könnte/würde? Die Antwort war sinngemäß: Ja. Denn so konnte durch die internationalen Abkommen über lange Zeit ein globaler Frieden gesichert werden. Man könne davon ausgehen, dass alles, was machbar ist, auch gemacht wird. Wenn er etwas nicht erfände, würde es jemand anderes tun. Doch die Arbeit der Friedensforscher habe gezeigt, dass es möglich ist, eine neue Technologie für das internationale Wohl einzusetzen: Internationale Stabilität und einen durch gegenseitige Abkommen gesicherten Frieden.[35]

Entsprechend wichtig ist auch die Tätigkeit der VDW im Bezug auf die Technikfolgenabschätzung der Digitalisierung. Ein frühzeitiger Aufruf zur notwendigen rechtlichen Gestaltung der fortschreitenden Digitalisierung, digitaler Vernetzung und der Erforschung und Entwicklung von und mit sogenannten KI-Systemen kann möglicherweise entscheidend für deren gesellschaftliche Auswirkungen sein. Teil I des Buches hat dargelegt, dass Digitalisierung, Vernetzung und KI-Entwicklung disruptive Veränderungen verursachen und zum Teil existenzielle Fragen in Bezug auf die technische, demokratisch funktionale, ökonomische, gesundheitliche und soziale Entwicklungs-Sicherheit aufwerfen, ja sogar Initiativen hervorbringen kann, die die Existenzberechtigung der Menschheit in Frage stellen. Dabei wird eine fortschreitende Digitalisierung möglicherweise schon jetzt gesellschaftlich als »alternativlos« empfunden.

In diesem Teil II werden Gegenstände für eine rechtliche Rahmensetzung untersucht. Wer ist für mögliche »Kollateralschäden« z. B. autonom fahrender Autos verantwortlich zu machen? Kann eine Maschine haftbar gemacht werden? Falls ja, hat sie dann im Gegenzug auch »Rechte«? Müssten quasi Menschenrechte entsprechend auf Maschinen angewendet werden? Wer hat Recht, wenn Aussage gegen Aussage steht, Mensch oder Maschine?

Welche gesellschaftlichen Normen werden bereits geschaffen, um über die politischen Ebenen den Prozess der Digitalisierung ausdifferenziert zu gestalten? Welche juristischen Maßnahmen sind noch zusätzlich geplant? Kann und sollte geistiges Eigentum noch geschützt werden? Welches und wie?

Und wie können selbst tödlich autonome Waffensysteme so gestaltet werden, dass bestehende Kriegsrechtskonventionen eingehalten und Zivilopfer vermieden werden?

35 Das heißt nicht, dass alle Friedensforscherinnen und Friedensforscher der VDW diese Ansichten teilen. Insbesondere Machbares mit der Begründung zu tun, dass es sonst jemand anderes tut, ist aus ethischer Sicht problematisch und bedarf einer besonderen Diskussion vor dem Hintergrund der Verantwortung der Wissenschaften.

Wie verändert die Entwicklung oder Existenz autonomer Waffensysteme nicht nur die Kriegsführung sondern auch die internationale Diplomatie?

Die folgenden Kapitel des zweiten Teils werden diesen und weiteren Fragen im Detail nachgehen:

- Dabei stellt Stefan Bauberger im 6. Kapitel dem Transhumanismus aus dem 5. Kapitel eine maschinenethische Perspektive gegenüber. Ethisch hinterfragt er sogenannte autonome Aktionen einer KI gesteuerten Maschine. Insbesondere beim Überprüfen einer Übertragbarkeit der Würde des Menschen auf eine Maschine stellt er ethische Probleme fest. Und auch die Frage, ob eine KI gesteuerte Maschine ein Bewusstsein entwickeln kann, wird kurz diskutiert.
- Im 7. Kapitel analysiert Christoph Spennemann juristisch, wer für mögliche Fehlfunktionen von KI gesteuerten Maschinen, Robotern oder autonomen Fahrzeugen haftbar gemacht werden kann. Bestehende Gesetze werden auf ihre Anwendbarkeit im KI-Kontext überprüft und es wird herausgearbeitet, ob sie im Zuge der Digitalisierung erweitert werden können oder ob die EU neue Richtlinien schaffen muss, um eine Versicherbarkeit von KI-Produkten auf dem Markt sicher stellen zu können.
- Das Thema Normen wird im 8. Kapitel in zwei Teilen präsentiert. In Teil A werden von Eberhard K. Seifert klassische Normungs- und Standardisierungsorganisationen und -verfahren vorgestellt und erklärt, wie die nationalen und internationalen vorgesehenen Wirkmechanismen sind. Am Beispiel der Digitalisierung wird deutlich, welche Strukturen egänzend geschaffen werden, welche Ziele dabei verfolgt werden und welche Wirkmechanismen möglicherweise unerwünschte Nebeneffekte haben. Zum Beispiel kann die als bottom-up-Struktur vorgesehne Selbstorganisation eine wirtschaftspolitisch motivierte top-down-Wirkung entfalten.
- Im 8. Kapitel in Teil B beschäftigt sich Michael Barth ergänzend mit dem internationalen Normungsgefüge im Themenkomplex der Digitalisierung und präzisiert, wie mächtig der wirtschaftspolitische Einfluss von Normungsverfahren sein kann. Er beschreibt, welche Organisationen und Nationen sich dafür im Kontext der Themen der Digitalisierung, Vernetzung und KI aktuell wie international positionieren und wieso das zum Beispiel für Deutschland und die EU schon jetzt relevant ist und zunehmend wichtiger werden kann.
- Im 9. Kapitel analysiert Christoph Spennemann, in wieweit und welche Art von geistigen Eigentumsrechten im Zusammenhang mit der Digitalisierung, der digitalen Vernetzung und insbesondere in Bezug auf den Einsatz von KI schützbar ist. Dabei hat er im Blick, dass international verschiedene Rechtssysteme den innovativen Wettbewerb um die Entwicklung von KI und auch im Zusammenhang mit der potentiellen Entwicklung einer starken KI beeinflussen kann. Ein Interessenausgleich zwischen Innovationsfähigkeit und Schutzrechten ist möglicherweise erforderlich, die Schaffung einer Instanz außenstehender Experten

sowie auch die Analyse potentieller zukünftiger indirekter internationaler Auswirkungen regionaler Gesetzgebung.

- Im 10. Kapitel hinterfragt Götz Neuneck aus einer militärtechnischen und friedenspolitischen Perspektive die aktuelle Entwicklung von Drohnen und automatisierten Waffensystemen und ihre beobachtbaren oder möglichen Auswirkungen auf Kriegsgeschehen, Militäreinsätze und zivile Bevölkerung. Auch wenn einzelne bestehende Waffenabkommen möglicherweise dahingehend interpretiert oder erweitert werden könnten, ist man von einer internationalen Regulierung solcher Waffensysteme weit entfernt. Zunächst ist es daher wichtig, ein Bewusstsein für die reale Relevanz potentieller Kriegsszenarien auch in Kombination mit möglichen Weiterentwicklungen oder als Folge potentieller Fehlfunktionen von KI zu schaffen.

Bei der Lektüre dieser Kapitel ist zu beachten, dass die dargestellten Perspektiven verschiedenen Wissenschaftsdisziplinen entspringen und die verwendeten Begrifflichkeiten, wie z. B. Roboter, Autonomie oder Künstliche Intelligenz sich an der wissenschaftlichen Literatur orientieren, die der entsprechenden Fachrichtung zu Grunde liegt. Daher kann die disziplinäre Verwendung der Begriffe von den technischen Grundlagen, die im 2. Kapitel durch Informatiker dargestellt wurden, abweichen.

6. Kapitel

Maschinenrechte

Stefan Bauberger[36]

Verschiedentlich werden in der Literatur ein Persönlichkeitsstatus für Roboter oder entsprechende Rechte gefordert. Besonders bedeutsam ist die entsprechende Forderung des Europaparlaments im Jahr 2017:

> »The European Parliament (...) 59. Calls on the Commission, when carrying out an impact assessment of its future legislative instrument, to explore, analyse and consider the implications of all possible legal solutions, such as: (...) f) creating a specific legal status for robots in the long run, so that at least the most sophisticated autonomous robots could be established as having the status of electronic persons responsible for making good any damage they may cause, and possibly applying electronic personality to cases where robots make autonomous decisions or otherwise interact with third parties independently« (European Parliament, 2017).

Diese Forderung steht in Zusammenhang mit anderen Vorschlägen zur Regelung von Schadensersatzansprüchen bei Schäden, die durch Roboter verursacht werden.[37] Der geforderte Status der »elektronischen Person« wird also analog zum Status der juristischen Person von Personengesellschaften oder zum angelsächsischen Treuhandkonzept (Trust) gesehen Die Begründung (»where robots make autonomous decisions«) lässt aber auch transhumanistische Argumente anklingen und geht damit über den Kontext der Schadensersatzansprüche hinaus. Gefordert wurde nur die Prüfung, ob eine solche Regelung sinnvoll ist.

Wie unten im neunten Kapitel von Christoph Spennemann über geistige Eigentumsrechte aufgezeigt wird, ist noch ein weiteres Argument hinsichtlich der Frage von Roboterrechten zu bedenken, nämlich die ungeklärkte Zuschreibung der Urheberrechte von Erzeugnissen von KI.

Ein offener Brief von mehr als 150 »Political Leaders, AI/robotics researchers and industry leaders, Physical and Mental Health specialists, Law and Ethics experts« artikulierte einen weitverbreiteten Widerspruch gegen diese Forderung des Europäischen Parlaments (Nevejans et. al., 2018). Die Europäische Kommission ist der Forderung nicht gefolgt.

Der offene Brief weist den Anspruch zurück, Robotern einen Rechtsstatus entsprechend einer natürlichen Person zuzuweisen, aber auch den Anspruch entsprechend Roboter als juristische Personen anzuerkennen. Beide Forderungen können getrennt diskutiert werden.

36 Vgl. zu diesem Kapitel vom Autor: Bauberger, Stefan: Welche KI? München: Hanser-Verlag 2020. Und ein eingereichter Beitrag zum geplanten Handbuch KI.

37 Vgl. 9. Kapitel dieses Buchs, von Christoph Spennemann.

6.1 Künstliche Intelligenz als juristische Person?

Shawn Bayern sowie mehrere europäische Autoren haben darauf aufmerksam gemacht, dass es in den US-amerikanischen und möglicherweise auch in den europäischen Gesetzen bereits Schlupflöcher gibt, durch die eine KI (die nicht notwendig mit einem Roboter verbunden sein muss) den Status einer juristischen Person erlangen kann. Damit wird die Klärung dieser Frage umso wichtiger (vgl. Bayern, 2015 und Bayern et.al., 2017 und Burri, 2018). Auch Kaplan konzipiert das Szenario einer KI (möglicherweise ein Roboter), die sich selbst kauft, in Entsprechung dazu, wie zum Ende der Sklaverei in den USA Sklaven sich selbst freigekauft haben (vgl. Kaplan, 2017, S. 123).

Die Konstruktion der »juristischen Person« wurde für geschäftliche Zwecke geschaffen, damit nicht alle Handlungen eines Unternehmens oder Vereins oder anderer Gebilde den jeweils dahinterstehenden natürlichen Personen zugeordnet werden müssen. Eine juristische Person gewährleistet eine Stabilität von Vertragsbeziehungen über die jeweiligen natürlichen Personen hinaus, und sie verhindert, dass Rechtsverpflichtungen kompliziert aufgeteilt werden müssen (z. B. bei einer AG unter den vielen Teilhabern). Weiterhin ermöglicht sie eine Begrenzung der Haftung der jeweiligen natürlichen Personen. Die Ziele der juristischen Person, im Allgemeinen wirtschaftliche Ziele, werden ihr von den natürlichen Personen vorgegeben, werden aber dann der jeweiligen juristischen Person zugeordnet. Jede juristische Person braucht – so das bisherige Konzept – natürliche Personen als Entscheider-Organe.

An diesem letzten Punkt setzt die Idee an, dass KIs als elektronische Personen entsprechend der schon etablierten juristischen Personen agieren könnten, wenn sie »autonome Entscheidungen« treffen können (Formulierung des Europaparlaments, vgl. oben), wenn sie also keine menschlichen EntscheiderInnen mehr brauchen. Der Hauptzweck der elektronischen Person wäre dann eine angemessene Regelung von Haftungsansprüchen bei Schäden, deren Verursachung keiner natürlichen Person zugeordnet werden kann, weil die betreffenden Entscheidungen von keiner natürlichen Person ausgehen, oder die Zuschreibung von Urheber- oder Patentrechten an Erzeugnissen der KI.

Zur Beurteilung dieses Konzepts muss einerseits geklärt werden, was »autonomes Handeln« von Maschinen bedeutet, andererseits ob eine solche Regelung gesellschaftliche Vorteile mit sich bringt. Dazu beschränkt sich das folgende Argument auf den Bereich der Haftungsansprüche.

Eine gewisse Form von Autonomie kann allen selbstbewegten Maschinen zugesprochen werden. Der signifikante Unterschied von KI (KI im Sinn von maschinellem Lernen) ist, dass diese inhärent unvorhersehbar handelt. Der Zweck von Maschinenlernen ist ein Einsatz der entsprechenden Systeme in hochdimensionalen Zustandsräumen, die prinzipiell nicht vollständig antizipiert werden können. Maschinenlernen bedeutet dann entweder, dass sich die Systeme analog, aber verallgemeinernd zu vorgegebenen Trainingsdaten verhalten (Mustererkennung), oder dass sie »selbstlernend«, das heißt anhand von vorgegebenen Regeln und Optimierungsparametern ihr Verhalten anpassen.

Wie im neunten Kapitel aufgezeigt, ist beim Einsatz von KI in Bereichen mit hohem Schadenspotential wie bei der KFZ-Haftpflichtversicherung ein (zumindest weitgehend) unbeschränkter Entschädigungsanspruch der Geschädigten gesellschaftlich wünschenswert, ohne dass die Geschädigten ein absichtliches Fehlverhalten der Hersteller oder der Anwender nachweisen müssen.

Neben der Frage nach der Haftpflichtversicherung muss auch geklärt werden, ob und wie weit eine Produkthaftung für KI-Produkte möglich ist (vgl. 9. Kapitel). Es gibt das Argument, dass eine Produkthaftung für KI innovationsfeindlich sei, insbesondere weil die Risiken nicht immer vorhersehbar sind. Dazu ist aber zu beachten, dass die Hersteller diese Risiken zwar nicht vollständig, aber am besten von allen Akteuren einschätzen können. Sie haben als einzige Zugang zu den Konstruktionsprinzipien und den Trainingsdaten für eine KI. Beides werden im Allgemeinen Geschäftsgeheimnisse sein. Aus makroökonomischer Sicht kann daher eine gute Abwägung zwischen Risiken und Chancen von KI nur durch eine weitgehende Produkthaftung ermöglicht werden.

Aus diesen Überlegungen ergibt sich, dass ein eigener Rechtsstatus der juristischen Person zwar den Produzenten Vorteile bringen könnte, dass diese Vorteile aber mit erheblichen gesellschaftlichen Nachteilen bezüglich der Haftungsregelungen verbunden wären. Dieser Status hat das Potential einer Vergesellschaftung der Risiken, die niemand einschätzen kann, zugunsten der Hersteller. Er ist daher in dieser Perspektive ethisch abzulehnen.

6.2 KI als natürliche Person?

Oben wurde schon erwähnt, dass der Text des Europaparlaments auch so gelesen werden kann, dass er auf transhumanistischen Argumenten fußt, wie sie im fünften Kapitel vorgestellt wurden. Damit ist gemeint, dass aufgrund der Befähigung von Maschinen zu »autonomen Entscheidungen« und zu »unabhängiger Interaktion mit Dritten« kein prinzipieller Unterschied zwischen Mensch und Maschine gefunden werden könne. Dazu kommt in der entsprechenden Literatur das Konzept, dass fortgeschrittenen KIs ein ethisches Verhalten einprogrammiert werden könne, so dass diese Verantwortung für ihr Handeln übernehmen.

Die Absage an solche Konzepte wird gelegentlich als anthropozentrisch kritisiert. Der angeführte Vergleichspunkt ist der oft wiederholte Kampf um Gleichberechtigung im Lauf der Geschichte, z. B. im Zuge der Abschaffung der Sklaverei und der Bürgerrechtsbewegung in den USA, durch den Personenrechte und Bürgerrechte immer weiter ausgeweitet wurden. Im Nachhinein ist die vorherige Beschränkung der Personenrechte klar als ungerecht identifizierbar. Eine entsprechend rückständige und ungerechte Position unterstellen Verfechter von Personenrechten für Roboter denen, die diese Rechte kritisieren. Dem Roboter beziehungsweise der Roboterin Sophia wurde 2017 in Saudi-Arabien die Staatsbürgerschaft verliehen, was angesichts der realen Fähigkeiten von Sophia allerdings nur als symbolische Marketingaktion verstanden werden kann.

Die radikal transhumanistische Betrachtung von KI (vgl. z. B. Moravic, 1999; Kurzweil, 2015) geht sogar davon aus, dass Roboter den Menschen in der Entwicklung überholen und ihn damit als höchste Entwicklungsstufe der Evolution ablösen werde. Wenn die Entwicklung soweit »fortgeschritten« sei, dann sei es ethisch geboten, dass die Menschheit ihren Führungsanspruch abgibt und an die KI übergibt (vgl. 5. Kapitel).

Solche Überlegungen bauen auf einem reduktionistischen Welt- und Menschenbild auf. Innerhalb dieser Betrachtungsweise lässt sich der Begriff einer »höheren Entwicklungsstufe« nicht als ethische Kategorie definieren, sondern nur aufgrund der faktischen Tatsache, wer sich in der Entwicklung gegen andere Lebens- oder Existenzformen durchsetzt. Ethisch motivierte Forderungen von Roboterrechten sind daher selbstwidersprüchlich, wenn sie auf die postulierte Höherentwicklung aufbauen.

Zwei Argumente müssen noch betrachtet werden: Die Autonomie von KIs und die Frage, ob KIs Bewusstsein entwickeln können.

»Autonomie« von KI bedeutet – wie oben analysiert – praktische Unvorhersehbarkeit des Handelns aufgrund großer Komplexität. Wenn Autonomie so gefasst und als Argument für eine Kontinuität zwischen menschlichem Handeln und dem »Handeln« von Robotern angeführt wird, dann setzt das voraus, dass die Handlungsautonomie von Menschen auf die Unvorhersagbarkeit dieses Handelns (aufgrund der Komplexität des Organismus, insbesondere des Gehirns) reduziert wird. Diese Reduktion widerspricht den Grundlagen des ethischen Handelns, die Kant wie folgt definiert: »Autonomie des Willens ist die Beschaffenheit des Willens, dadurch derselbe ihm selbst (unabhängig von aller Beschaffenheit der Gegenstände des Wollens) ein Gesetz ist.« (Kant, 2012.). Diese Auffassung von Autonomie liegt auch allen aktuellen Rechtssystemen zugrunde, die das freie Handeln des Menschen so verstehen, dass darin neue Ursachen gesetzt werden. Nur dann können diese Handlungen dem jeweiligen autonomen Subjekt zugeordnet werden, das die Verantwortung dafür trägt.

Insofern löst eine Begründung von Personenrechten für KIs aufgrund dieses empirischen Autonomiebegriffs die Grundlagen der Ethik und der Rechtsprechung in ihrer jetzigen Form auf und ist aus ethischer Perspektive abzulehnen. Einen ethischen Anspruch auf Personenrechte für Roboter darauf zu gründen ist wieder selbstwidersprüchlich.

Ein stärkeres Argument für einen Personenstatus von KIs gründet nicht auf diesem empirischen Autonomiebegriff, sondern auf einer behaupteten ontologischen Kontinuität zwischen Menschen und KIs. Insbesondere wird darauf verwiesen, dass KIs Bewusstsein entwickeln könnten. Dieses Argument leidet aber unter dem Problem, dass das Vorhandensein von Bewusstsein nicht operationalisiert werden kann. Bewusstsein ist nur in der Perspektive der 1. Person, des Ichs, zugänglich, nicht in einer objektiven Außenbetrachtung (Nagel, 1974). Das konkrete Argument, dass KI Bewusstsein entwickeln kann, beruht auf der reduktionistischen These, dass Bewusstsein, auch menschliches Bewusstsein, ein Ergebnis oder eine Begleiterscheinung von komplexer Informationsverarbeitung ist. Dieses Paradigma ist in der Philosophie des Geistes weit verbreitet. Allerdings lässt sich der Informationsbegriff nicht naturalistisch begründen (Janich, 2006), womit dieses Paradigma auf einer Umkehrung des logischen

Begründungszusammenhangs beruht. Weiterhin ist es höchst fragwürdig, Bewusstsein an Informationsverarbeitung zu knüpfen. Das Bewusstsein geht vielmehr dem diskursiven Denken voraus und ist insofern nicht von diesem abhängig.

6.3 Menschliche Würde

Letztlich muss sich eine Forderung von Rechten für Roboter oder allgemein für KIs (entsprechend für einen Personenstatus) darauf stützen, diesen eine Würde entsprechend der menschlichen Würde zuzusprechen.

Wie Frank Schmiedchen schon oben zeigt, ist es aber höchst fragwürdig und entspricht nicht der etablierten Rechtsauffassung, die menschliche Würde an der Intelligenz festzumachen. Geistig behinderte Menschen hätten sonst weniger Würde und ganz allgemein würde die Würde von Menschen nach ihrer Intelligenz gestuft sein. Das wäre aber die logische Konsequenz, wenn Roboterrechte aufgrund von intelligentem Verhalten der Roboter eingefordert werden.

Die menschliche Würde beruht auf der Selbstzwecklichkeit von Menschen. In der Formulierung von Kant lautet das so: »Handle so, dass du die Menschheit sowohl in deiner Person, als in der Person eines jeden andern jederzeit zugleich als Zweck, niemals bloß als Mittel brauchest« (Kant, 2004, S. 79). Diese Selbstzwecklichkeit kommt in abgestufter Weise (beziehungsweise nach bestimmten bioethischen Auffassungen in derselben Weise) auch anderen Lebewesen zu. Sie beruht darauf, dass Lebewesen die Ziele ihres Handelns inhärent sind. In Anbetracht der Entwicklung von Robotern und KIs, die menschliches Handeln imitieren, ist es im Kontrast zur Selbstzwecklichkeit von Lebewesen wichtig, das technikethische Prinzip zu stärken, dass Maschinen keinen Zweck in sich tragen, dass vielmehr ihre Sinnhaftigkeit von den Zielen abhängt, die ihnen von Menschen vorgegeben werden, was ich bereits oben ausgeführt habe. Die Autonomie von KIs bedeutet in diesem Zusammenhang – wie oben gezeigt – nur eine pragmatische Unvorhersehbarkeit des Verhaltens dieser Maschinen, und sie hat als ethische Konsequenz, hohe Sicherheitsstandards für die Entwicklung und Anwendung zu fordern.

6.4 Ausblick

Es ist zu erwarten, dass die gerade erst beginnende Diskussion um einen Rechtsstatus für KI mit der Verbreitung von Anwendungen von KI an Bedeutung gewinnen wird.

Erstens werden die dargelegten ökonomischen Interessen wachsen, mit einem solchen Konstrukt der Produkthaftung zu entkommen, gerade bei Geräten, deren Verhalten nicht vollständig vorhersehbar ist. Die beteiligten Unternehmen werden dafür ein öffentliches Interesse beanspruchen, in der internationalen Konkurrenz in diesem innovativen Bereich nicht hinter den Wettbewerbern zurückzufallen.

Zweitens zeigen psychologische Forschungen, dass Menschen zur Projektion neigen, Objekte ihrer Alltagswelt, und gerade auch Roboter, als lebendig wahrzunehmen (vgl. Darling, 2016 und andere Artikel dieser Autorin). Diese natürliche menschliche Neigung kann sich beim Konzept von Maschinen als natürlichen Personen mit inhaltlich völlig anders gearteten philosophischen Spekulationen verbinden, die aus einer naturalistischen Position heraus jede Sonderstellung des Menschen in Frage stellen.

Gegen diese Tendenzen sollten frühzeitig zwei Prinzipien gestärkt werden. Das erste dieser Prinzipien ist, der Technik keine Selbstzwecklichkeit zuzusprechen. Technik wird von Menschen erschaffen, um das Leben zu erleichtern, und muss immer darauf hingeordnet sein (vgl. 4. Kapitel).

Das zweite Prinzip ist die menschliche Würde und insbesondere der Aspekt, dass diese Würde nicht von der Intelligenz des Menschen abhängt. Dieses Prinzip entspringt aus der Verwurzelung dieser menschlichen Würde in der Autonomie des Lebendigen. Es führt, richtig verstanden, in der Auseinandersetzung mit dem Status von KI, dazu, dass Menschen ihre Verwandtschaft mit anderen Lebewesen, besonders den fühlenden Lebewesen, neu entdecken können, im Gegensatz zur vermeintlichen Verwandtschaft mit noch so intelligenten Maschinen.

7. Kapitel
Haftungsfragen
Christoph Spennemann

Im Rahmen der Digitalisierung kann eine Vielzahl von Haftungsfragen relevant werden. Das Kapitel knüpft deshalb an den philosophischen Grundlagen des vorangegangenen an. Es konzentriert sich auf Haftungsfragen im speziellen Kontext der KI und legt deutsches Recht zu Grunde. KI kann materielle (Leben, Gesundheit, Eigentum) als auch immaterielle Rechtsgüter (geistige Eigentumsrechte) verletzen.

7.1 KI und die Haftung für materielle Schäden

Es sind viel diskutierte Fallbeispiele, die an mehreren Stellen des Buches bereits genannt wurden oder noch auftauchen werden, die hier relevant sind: Ein selbst fahrendes, durch KI gesteuertes Auto verletzt gegen den Willen des Autofahrers einen Passanten. Eine mit Hilfe eines Roboters durchgeführte Operation führt gegen den Willen des durchführenden Arztes zu einer Verletzung des Patienten. In beiden Fällen haben sich die Anwender der KI an die ihnen vorliegenden Instruktionen gehalten. Die KI war fehlerhaft, für den Anwender nicht erkennbar. Hier stellt sich die Frage, wer für die aufgetretenen Schäden haftet. Der Hersteller des Produkts, das die mangelhafte KI beinhaltet? Der Programmierer der Software, die der KI zu Grunde liegt? Der KI-Anwender? Auf jeden Fall haftet die KI mangels eigener Rechtspersönlichkeit nicht selbst.[38]

7.1.1 Haftung des Herstellers oder des Programmierers

Die Grundlage für einen Haftungsanspruch des Geschädigten ist in der Regel nicht vertraglicher Art, da keinerlei vertragliche Beziehung zwischen dem Hersteller und dem Opfer der mangelhaften KI bestehen, wie in den genannten Beispielen des durch ein intelligentes Fahrzeug verletzten Passanten und den durch einen Operationsroboter verletzten Patienten. In Betracht kommen daher vertragsunabhängige Ansprüche nach dem Produkthaftungsgesetz (ProdHaftG) sowie dem Bürgerlichen Gesetzbuch (BGB). Das ProdHaftG hat eine sogenannte »Gefährdungshaftung« des Herstellers eingeführt, die auch ohne Verschulden allein wegen des Inverkehrbringens einer Gefahr entsteht.[39] Zwar geht die herrschende Meinung in Forschung und Praxis davon aus, dass KI nicht

38 Siehe unten, 9. Kapitel Geistige Eigentumsrechte. Genauer zur Problematik einer eigenen Rechtspersönlichkeit für KI siehe 6. Kapitel Maschinenrechte.

39 § 1 (1) ProdHaftG. Die Haftung erstreckt sich auf Schäden an Leben, körperlicher Unversehrtheit, Gesundheit und, mit gewissen Einschränkungen, Sachen.

als Produkt im Sinne des ProdHaftG anzusehen ist, da dieses eine bewegliche Sache voraussetzt und es zweifellhaft ist, ob Software und Algorithmen in ihrer Unkörperlichkeit diese Voraussetzung erfüllen. (Bundesministerium für Wirtschaft und Energie [BMWi], 2019, S. 16). Damit scheidet eine Haftung des Programmierers aus ProdHaftG aus. Im Verbund mit einer körperlichen Sache wie z. B. einem Kraftfahrzeug oder einem Operationsroboter liegt jedoch auf jeden Fall ein solches Produkt vor und in Betracht für eine Haftung kommt der Hersteller des Kfz oder des Roboters, der die KI eingebaut hat. Allerdings setzt die Produkthaftung das Vorliegen eines Fehlers im Produkt voraus, und dieser Fehler ist vom Geschädigten nachzuweisen.[40] Dies dürfte sich im Bereich der KI, in dem nicht einmal der Hersteller ein umfassendes Verständnis der inneren Abläufe der KI haben mag, für einen Außenstehenden als sehr schwierig erweisen.

Sollte dem Geschädigten der schwierige Nachweis gelingen, kann der Produkthersteller wiederum versuchen, seine Haftung unter Berufung auf verschiedene Exkulpationsgründe doch noch auszuschließen.[41] Im Bereich der KI könnte besonders der in § 1 (2) Nr. 2 ProdHaftG genannte Grund einschlägig sein, nach dem eine Haftung ausgeschlossen wird, wenn davon auszugehen ist, dass das Produkt noch nicht fehlerbehaftet war, als der Hersteller es in den Verkehr gebracht hat. KI kann sich im Laufe ihrer Betriebszeit auf unvorhergesehene Weise verändern und nicht geplante Ergebnisse erzielen oder Schäden verursachen. Zwar ist darauf hingewiesen worden, dass in solchen Fällen der Fehler nicht im der KI antrainierten Wissen liegt, sondern in der von Anfang an fehlerhaften Programmierung, die unerwünschte Fehlentwicklungen erst ermöglicht hat (BMWi, 2019, S. 17). Es sind aber Fälle vorstellbar, in denen die ursprüngliche Programmierung nicht als fehlerhaft angesehen werden kann. Dementsprechend kann sich ein Hersteller exkulpieren, der beweisen kann, dass der Fehler nach dem Stand der Wissenschaft und Technik in dem Zeitpunkt, in dem der Hersteller das Produkt in den Verkehr brachte, nicht erkannt werden konnte.[42]

Alternativ zur Produkthaftung kommt ein Rückgriff auf die »Produzentenhaftung« nach BGB in Betracht.[43] Zwar haftet der Produzent hier nur bei Verschulden (Vorsatz oder Fahrlässigkeit). Ein solches wird jedoch speziell bei der Produzentenhaftung durch eine Beweislastumkehr vermutet. Gelingt es dem Produzenten nicht, diese Vermutung zu entkräften, haftet er für die fehlerhafte KI. Allerdings tritt diese Vermutung erst ein, nachdem der Geschädigte zunächst den Fehler nachgewiesen hat. Insofern stellt die Produzentenhaftung den Geschädigten vor dieselbe Schwierigkeit wie die Produkthaftung, nämlich den Nachweis eines Fehlers in einem Algorithmus, dessen genaue Funktionsweise eventuell auch dem Hersteller unklar ist.

40 § 1 (4) ProdHaftG.
41 Vgl. § 1 (2) und (3) ProdHaftG.
42 § 1 (2) Nr. 5 ProdHaftG.
43 Diese ist ein von der Rechtsprechung auf Grund von § 823 (1) BGB (Deliktsrecht) entwickeltes Instrument, das in seiner genauen Ausgestaltung gesetzlich nicht ausdrücklich ausformuliert ist.

7.1.2 Haftung des Anwenders

Anspruchsgrundlage ist auch hier das Deliktsrecht des BGB. Anders als bei der speziellen Produzentenhaftung (s. o.) greifen beim KI-Anwender allerdings die herkömmlichen Beweislastregeln. Der Geschädigte muss dem Anwender also ein vorsätzliches oder fahrlässiges Verhalten im Umgang mit der KI nachweisen.[44] Hat sich der Anwender an die Bedienungsanleitung der KI gehalten, wird ein solcher Verschuldensnachweis nicht zu erbringen sein. Eine Anwenderhaftung kann daher im deutschen Recht so gut wie ausgeschlossen werden.

7.1.3 Sonderfall: Haftung des Kfz-Halters

Der Gesetzgeber hat im Straßenverkehrsgesetz (StVG) eine strenge Gefährdungshaftung des Fahrzeughalters (n. b. nicht des Fahrzeugführers[45]) festgelegt, die im Fall selbstfahrender Fahrzeuge Anwendung findet. Die Haftung knüpft an die bestehende Haftpflichtversicherung aller Fahrzeughalter an. Wie beim ProdHaftG haftet ein Kfz-Halter unabhängig vom eigenen Verschulden allein für den Betrieb einer Gefahrenquelle. Anders als beim ProdHaftG braucht der Geschädigte aber keinen Fehler in der KI nachzuweisen. Der Halter haftet allein wegen seiner Eigenschaft als Halter. Im Falle selbstfahrender Fahrzeuge haben Geschädigte also die besten Aussichten auf Schadenersatz.

7.1.4 Vertragliche Regressansprüche

Im Falle einer Haftung des Herstellers oder des Kfz-Halters wird der Haftende (bzw. die für den Schaden aufkommende Versicherung) Interesse an einer Erstattung des ihm entstandenen Schadens haben. In Betracht kommen hier vertragliche Schadenersatzansprüche gegen den Verkäufer des die mangelhafte KI beinhaltenden Produkts (z. B. ein Kfz oder ein Operationsroboter). Dieser wird sich wiederum an seine eigenen Vertragspartner in der Herstellungskette, also z. B. einen Autozulieferer, richten, um Schadenersatz wegen Mangelleistung zu erreichen. Am Ende der Regresskette steht aller Voraussicht nach der KI-Programmierer. Hier entsteht jedoch ein Problem, das vergleichbar ist mit der Durchsetzung von Ansprüchen aus Produkthaftung: jeder Geschädigte muss dem jeweils in der Produktionskette vor ihm befindlichen Vertragspartner das Vorliegen eines Fehlers nachweisen. Wenn die KI selbst falsch programmiert wurde, könnte eine solche Beweisführung sehr schwerfallen. Und selbst wenn der Fehler in der KI schlüssig dargelegt werden kann und die Schadenersatzforderungen schließlich den Softwareprogrammierer erreichen, ergibt sich hier eine weitere Schwierigkeit: Pro-

44 Der Fahrzeugführer ist nur bei Verschulden (Vorsatz oder Fahrlässigkeit) zum Schadenersatz verpflichtet, vgl. § 18 (1) Straßenverkehrsgesetz (StVG).

45 § 7 StVG.

grammierer verwenden in vielen Fällen sogenannte *Open Source Software* (OSS), deren verschiedene Elemente (und damit auch eine Fehlprogrammierung) nicht eindeutig einem bestimmten Programmierer zugeordnet werden kann. Dementsprechend wird in den Nutzungsbedingungen der OSS eine vertragliche Haftung einzelner Entwickler ausgeschlossen. (BMWi, 2019, S. 17) Die Innovationsvorteile der Arbeitsteilung bei OSS erweisen sich also als Nachteil für vertragliche Schadenersatzansprüche.

Die Aussichten eines durch KI Geschädigten auf Schadenersatz sind nicht immer gleich günstig. Sehr gute Aussichten bestehen im Spezialbereich des Straßenverkehrs, da der **Fahrzeughalter** einer strengen Gefährdungshaftung unterworfen ist. Weniger aussichtsreich sind die Schadenersatzansprüche gegen den **Hersteller** von KI-betriebenen Geräten außerhalb des Straßenverkehrs. Sowohl die Produzentenhaftung des BGB als auch die Produkthaftung des ProdHaftG verlangen vom Geschädigten den Nachweis eines Fehlers. Ein solcher Nachweis kann bei analogen Produkten, deren Funktionsweise klar durchschaubar ist, durchaus gelingen. Bei fehlgeleiteten Algorithmen hingegen erscheint dieser Nachweis unzumutbar schwierig. Die im ProdHaftG vorgesehenen Exkulpationsmöglichkeiten des Herstellers (insbesondere der Nachweis von Fehlerfreiheit des Produkts vor Inverkehrbringen) schaffen zusätzliche Rechtsunsicherheit für Geschädigte.

Noch schwieriger erscheinen Ansprüche gegen **Anwender** der KI, wie z. B. einen Kfz-Führer oder einen Chirurgen, da ihnen ein Verschulden kaum nachzuweisen sein wird. Dies gilt auch für eventuelle deliktsrechtliche Ansprüche gegen den **Programmierer** der KI (§ 823 BGB). Gegen diesen scheiden auch Schadenersatzansprüche aus Produkthaftung aus, da Software nach heutigem überwiegendem Verständnis kein Produkt im Sinne des ProdHaftG darstellt.

Sowohl die Europäische Kommission als auch das Bundeswirtschaftsministerium (BMWi) haben zu Fragen der Haftung für fehlerhafte KI Stellung genommen. Das BMWi sieht solche Fälle grundsätzlich durch ProdHaftG und die Produzentenhaftung abgedeckt und erkennt deswegen solange keinen Handlungsbedarf des Gesetzgebers, wie es keine selbstständige KI gibt (BMWi, 2019, S. 19).[46] Jedoch geht das BMWi in seiner Analyse nicht auf die praktischen Beweislastschwierigkeiten ein, die den Geschädigten treffen. Dieses Problem greift die EU-Kommission auf. In einem Bericht vom Februar 2020 stellt sie umfassende Überlegungen zur Anwendbarkeit existierender Haftungsregime auf KI-betriebene Technologien an (Europäische Kommission, 2020). Die Kommission stellt in diesem Kontext noch keine Empfehlungen auf, sondern teilt mit, welche Ansätze sie weiterverfolgen und durch das Einholen von Meinungsäußerungen absichern möchte. Dabei stützt sie sich auf einen Expertenbericht von 2019 (Europäische Kommission, 2019). Folgende Ansätze der Kommission sollen hier kurz erörtert werden.

46 Allerdings befürwortet das BMWi eine Erweiterung des Fehlerbegriffs im ProdHaftG. Dieser umfasst bisher nur mangelhafte Programmierung von Algorithmen, nicht aber das Training eines Algorithmus mit fehlerbehafteten Lerndaten (ebda, S. 18).

- Um den Geschädigten von durch KI-betriebenen Technologien die oben dargestellten Beweislastprobleme zu erleichtern, zieht die Kommission eine strenge Gefährdungshaftung für Betreiber von KI-Technologien in Betracht, im Ergebnis vergleichbar mit der Kfz-Halterhaftung. Dabei kommt sowohl eine Haftung des unmittelbaren Betreibers als auch von Personen in Frage, die dauerhaft Kontrolle über die Funktion der Technologie ausüben, etwa durch laufende Aktualisierungen der Betreibersoftware. Haften soll derjenige, der die stärkste Kontrolle über die Technologie ausübt, sei es unmittelbar oder mittelbar (Europäische Kommission, 2019). Allerdings befürwortet die Kommission eine Gefährdungshaftung nur für solche Produkte und Dienstleistungen, die in öffentlichen Bereichen eingesetzt werden und die Öffentlichkeit erheblichen Risiken in Bezug auf Leben, Gesundheit und Eigentum aussetzen können. Eine Ausdehnung der Gefährdungshaftung auf alle durch KI betriebenen Technologien wird abgelehnt. Die Kommission äußert in diesem Zusammenhang die Befürchtung, dass eine zu weitgehende Gefährdungshaftung die Einführung neuer KI-Technologien verzögern könnte. (Europäische Kommission, 2020)[47] Der Expertenbericht von 2019 bezweifelt außerdem, ob Versicherungen bereit wären, die durch KI-Technologien verursachten Risiken umfassend abzusichern, wenn sich wegen mangelnder Erfahrung mit neuen Technologien die Quantifizierung eines Schadens und damit der Versicherungssumme als zu komplex herausstellen sollte (Europäische Kommission, 2019, S. 61).
- Für den Betrieb aller anderen KI-Anwendungen, die nach Ansicht der Kommission die »überwiegende Mehrheit [...] ausmachen dürften«, erwägt die Kommission, die Beweislastregeln bestehender Haftungsregime den Besonderheiten neuer Technologien anzupassen:
    - Bei der Produkthaftung könnte der Hersteller von KI-Technologie, anders als im heute gültigen ProdHaftG, auch für solche Fehler des Produkts haften, die sich erst nach Inverkehrbringen des Produkts materialisiert haben, etwa durch nachträgliche Aktualisierungssoftware der KI, über die der Hersteller die Kontrolle ausgeübt hat, oder bei nachträglichen Veränderungen der ursprünglich in Verkehr gebrachten KI auf Grund der vor Inverkehrbringen programmierten Selbstlerneigenschaften. Sobald der Geschädigte einen ihm durch die digitale Technologie entstandenen Schaden bewiesen hat wird, ebenfalls abweichend vom geltenden ProdHaftG, der Fehler zu Lasten des Herstellers vermutet, wenn es dem Geschädigten wegen damit verbundener Kosten oder unverhältnismäßiger praktischer Schwierigkeiten unzumutbar wäre nachzuweisen, dass der Hersteller bestimmte Sicherheitsstandards nicht eingehalten hat (Europäische Kommission, 2019, S. 42). Das Gleiche soll gelten, wenn der Hersteller einer Pflicht zur Dokumentation nicht nachkommt,

47 Unter Bezugnahme auf Europäische Kommission, 2019, und die sich dort auf S. 61 befindliche Analyse.

durch die Fehler in der KI-Software aufgezeigt werden können (ebenda, S. 47). Umgekehrt zieht die Kommission ein Mitverschulden des Geschädigten in Erwägung, wenn dieser eine zumutbare Aktualisierung der ihn geschädigten Software unterlassen hat (Europäische Kommission, 2020, S. 18).

  - Bei der verschuldensabhängigen Haftung sollen Betreiber verpflichtet sein, das geeignete KI-System auszuwählen, es zu überwachen und in Stand zu halten. Hersteller sollen verpflichtet werden, KI-Systeme dergestalt zu entwerfen, zu beschreiben und zu vermarkten, dass ein Betreiber den o. g. Pflichten nachkommen kann. Außerdem sollen Hersteller die KI-Technologie nach Inverkehrbringen angemessen überwachen (Europäische Kommission, 2020, S. 44). Die konkrete Bestimmung dieser Pflichten würde den Umfang der den Geschädigten treffenden Beweislast festlegen. Kommt er dieser nach, würde ein Verschulden des Betreibers oder Herstellers vermutet. Vom Standpunkt des deutschen Haftungsrechts wäre dies in Bezug auf den Hersteller keine Neuerung. Wie oben beschrieben verzichtet das ProdHaftG auf ein Verschulden. Die durch die Rechtsprechung entworfene Produzentenhaftung hat bereits eine Verschuldensvermutung etabliert. Hinsichtlich der Anwenderhaftung ist ebenfalls fraglich, ob der Vorschlag der Kommission die Beweislage des Geschädigten nachhaltig erleichtern würde. Der Geschädigte müsste dem KI Betreiber immerhin eine mangelhafte Auswahl, Überwachung oder Wartung eines KI-Systems nachweisen. Hier dürfte sich der o. g. Ansatz der strengen Gefährdungshaftung für im öffentlichen Bereich eingesetzte Technologien als wesentlich vorteilhafter für den Geschädigten erweisen.

- Zusätzlich zu den Beweislasterleichterungen erwägt die Kommission andere wichtige Änderungen, wie insbesondere eine Ausweitung des Produktbegriffs in der EU-Produkthaftungsrichtlinie. Wie bereits ausgeführt geht in Deutschland die herrschende Meinung davon aus, dass Software nicht unter das ProdHaftG fällt. Erst wenn der Produktbegriff ausdrücklich auf Software ausgeweitet wird, könnten auch Softwareprogrammierer regresspflichtig werden, etwa gegenüber einem haftenden Hersteller, der eine fehlerhafte Software in ein Produkt eingebaut hat, das den Geschädigten verletzt hat.[48]

7.1.5 Stellungnahme / Handlungsempfehlungen

Wenn man davon ausgeht, dass in Zukunft KI nicht nur autonomes Fahren ermöglichen, sondern auch andere Technologiebereiche beeinflussen soll, erscheint es wünschenswert, eine einheitliche Haftung für materielle Schäden zu gewährleisten. Warum sollte sich die Erlangung von Schadenersatz für eine misslungene Operation komplizierter gestalten als im Falle eines Autounfalls, obwohl die verletzten Rechtsgüter dieselben sind?

48 Vgl. § 5 ProdHaftG in Verbindung mit § 426 (2) BGB.

Es liegt deshalb nahe, auch in Bereichen außerhalb des Straßenverkehrs eine wie die Kfz-Halterhafung konstruierte strenge Gefährdungshaftung einzuführen. Diese sollte der Geschädigte stets gegen die ihn unmittelbar verletzt habende Person beanspruchen können. Dies würde allerdings die Einführung einer allgemeinen Versicherungspflicht für KI-bedingte Schäden voraussetzen, ohne die sich zum Beispiel Ärzte oder Krankenhäuser kaum auf eine KI-basierte Behandlung einlassen würden.

Da es zum jetzigen Zeitpunkt noch kaum Haftungsfälle wegen fehlerhafter KI gibt, kann nicht eindeutig beurteilt werden, ob die Bedenken der Kommission hinsichtlich einer alle KI-Anwendungen betreffenden Gefährdungshaftung gerechtfertigt sind. Das Beispiel der Kfz-Halterhaftung zeigt, dass eine strenge Gefährdungshaftung mit gleichzeitiger Versicherungspflicht kein Hindernis für die Einführung neuer Technologien sein muss. Auch beim Betrieb eines Kfz kann es zu sehr hohen Schäden für den Versicherer kommen, ohne dass dies der Entwicklung der Autoindustrie geschadet hätte. Allerdings ist der Kommission zuzugeben, dass zum jetzigen Zeitpunkt ebenfalls unklar ist, wie gut es Versicherungen gelingen wird, das Risiko zu bestimmen, das durch größtenteils unbekannte KI-Technologien verursacht wird. Es wäre wahrscheinlich sinnvoll, die strenge Gefährdungshaftung zunächst in einigen Bereichen einzuführen, wie von der Kommission vorgeschlagen.

Im Interesse eines effektiven Verbraucherschutzes sollten diese Bereiche Fälle erfassen, in denen der Nutzer potenziell einem hohen Schaden an Leben, Gesundheit oder Eigentum ausgesetzt ist, wie in den zuvor genannten Beispielen selbstfahrender Kfz, aber auch bei der Verwendung von Robotern in der Chirurgie sowie in der Kranken- und Altenpflege. Die von der Kommission genannte Haftungsvoraussetzung der Verwendung von KI-betriebenen Produkten und Dienstleistungen in öffentlichen Bereichen darf nicht dazu führen, dass der Einsatz durch private Träger oder Privatpersonen (z. B. beim Einsatz von Pflegerobotern im privaten Haushalt) zu einem Haftungsausschluss führt. Vielmehr sollte die strenge Gefährdungshaftung dann einsetzen, wenn jemand eine Technologie betreibt oder kontrolliert, die der Öffentlichkeit zur Nutzung zugänglich ist.

Bezüglich anderer KI-Anwendungen, wenn also insbesondere keine gravierende Gefahr für Leben, Gesundheit oder Eigentum droht, sollte das Europäische Produkthaftungsrecht entsprechend der Vorschläge der Kommission geändert werden. Besonders wichtig erscheint hier eine Umkehr der Beweislast hinsichtlich des Vorliegens eines Produktfehlers zu Gunsten des Geschädigten (siehe oben). Dies erleichtert dem Geschädigten eine Schadenersatzklage erheblich. Gerecht erscheint allerdings auch die Möglichkeit für den Hersteller, dem Nutzer ein Mitverschulden nachzuweisen, falls der Verbraucher eine zumutbare Softwareaktualisierung unterlassen hat.

Man sollte aber offen sein für weitere Anpassungen des Haftungsrechts im Sinne einer Ausdehnung der strengen Gefährdungshaftung auf alle Technologiebereiche, wenn sich zeigt, dass die Versicherungspflicht für den Betrieb ausgewählter Technologien funktioniert, d. h. technologische Innovation nicht verlangsamt und auch von der Versicherungswirtschaft gut angenommen wird.

Die EU-weite Einführung verbraucherfreundlicher Haftungsregeln könnte wegen der Größe des europäischen Marktes dazu führen, dass Versicherungsgesellschaften auch außerhalb der EU eine Versicherung für den Betrieb von KI-gestützten Technologien anbieten.

7.2 KI und die Haftung für immaterielle Schäden

Werden durch KI geistige Eigentumsrechte verletzt – z. B. durch unerlaubtes Kopieren urheberrechtsgeschützter Werke im Rahmen einer KI-betriebenen Massendatenanalyse – stellt sich die Interessenlage etwas anders dar als im Fall materieller Schäden. Anders als bei misslungenen Operationen oder einem fehlgeleiteten Kfz funktioniert die KI einwandfrei, verletzt aber gerade deshalb bestimmte Immaterialgüterrechte. Der Rechteinhaber kann sich also lediglich an denjenigen richten, der die fehlerfreie KI in rechtsverletzender Weise anwendet, also z. B. einen Forscher, der für kommerzielle Zwecke massenhaft Daten analysiert und dabei Urheberrechte verletzt.

Dabei bestehen zivilrechtliche Ansprüche auf Unterlassung weiterer Rechtsverletzungen sowie, im Falle von schuldhafter (d. h. vorsätzlicher oder fahrlässiger) Rechtsverletzung, Ansprüche auf Ersatz der durch die Verletzung entstandenen Schäden.[49] Schuldhafte Verletzungen von Urheber- und Markenrechten sind darüber hinaus Straftatbestände und können mit Freiheitsstrafe geahndet werden.[50]

Je nach Einzelfall kann auch hier der Grad der Verselbstständigung der KI für Unklarheiten sorgen: der Anwender der KI könnte einwenden, die internen Abläufe der KI nicht mehr nachvollziehen zu können und deshalb ohne Verschulden gehandelt zu haben. Dies hätte allerdings keine Auswirkung auf verschuldensunabhängige Unterlassungsansprüche. Zudem ist die Glaubhaftigkeit eines solchen Einwandes in vielen Fällen zweifelhaft, da sich der Anwender in der Regel bewusst sein dürfte, welche Aufgaben die KI übernehmen kann. Dies begründet in der Regel die Annahme einer zumindest fahrlässigen Rechtsverletzung. Damit bedarf das momentan geltende Haftungsregime für immaterielle Schäden derzeit keiner besonderen Anpassung an neue KI-Technologien.

7.3 Abschließende Stellungnahme

Gut funktionierende Haftungsregeln sind ein essentieller Bestandteil der künftigen Digitalisierung. Sie bieten die Rechtssicherheit, ohne die Hersteller und Nutzer zögern würden, in KI-betriebene Produkte zu investieren bzw. diese zu nutzen. Da interne technische Abläufe und Funktionsweisen von Algorithmen und Software allgemein schwerer nachvollziehbar sind als im analogen Bereich, müssen existierende Regeln

49 Für den Bereich des Patentrechts siehe § 139 Abs. 1 und 2, Patentgesetz. Für den Bereich des Urheberrechts siehe § 97 Abs. 1 und 2, Urhebergesetz.

50 Siehe §§ 106 ff UrhG; §§ 143 ff des Gesetzes über den Schutz von Marken und sonstigen Kennzeichen.

geändert werden, um den KI-Nutzenden einen Ersatz der ihnen entstandenen Schäden zu ermöglichen. Die Vorschläge der EU-Kommission für eine KI-orientierte Revision des EU-Produkthaftungsrechts gehen in die richtige Richtung. Die EU sollte in der Anpassung ihres Rechtsrahmens zügig voranschreiten. Die Abstimmung mit anderen globalen Akteuren in internationalen Foren sollte gesucht werden, darf aber nicht das Tempo der EU-Rechtsänderungen beeinflussen. Vielmehr kann man wie im Fall der Datenschutzgrundverordnung davon auszugehen, dass EU Standards dank der Größe des Binnenmarktes das Verhalten von Unternehmen weit über die EU hinaus beeinflussen. So könnte etwa die erfolgreiche Einführung einer Haftpflichtversicherung für Hersteller und Anwender von KI-basierten Produkten und Dienstleistungen Versicherungsunternehmen ermutigen, ähnliche Geschäftsmodelle in anderen Teilen der Welt anzubieten. Durch entschlossenes Vorangehen kann die EU hier neue globale Standards setzen.

8. Kapitel
Normen und Standards

A. Normen und Standards für Digitalisierung

Eberhard K. Seifert

Einleitung

Regelungen über Normen und Standards sind von entscheidender Bedeutung für die weitere Entwicklung von Digitalisierung, Vernetzung und künstlicher Intelligenz (KI): Denn wer die Standards setzt, bestimmt den Markt! Der volkswirtschaftliche Nutzen der Normung wird in einer aktualisierten Studie für das DIN zum ersten Jahrzehnt dieses Jahrtausends auf rund 17 Milliarden Euro jährlich geschätzt (vgl. Blind, K. et.al. o. J.). Anfang 2018 hat das Deutsche Institut für Normung (DIN) in einem vierseitigen Positionspapier proklamiert, Digitalisierung gelinge nur mit Normen und Standards – Erfolgreicher digitaler Wandel durch aktive Normung und Standardisierung:

> »1. Normen und Standards sind das erste Mittel der Wahl, um den Technologietransfer zu erreichen und mit einer globalen Marktdurchdringung zu verbinden.
> 2. Branchen- und themenübergreifende Kooperationsplattformen, z. B. die Plattform Industrie 4.0, sind besonders bei ausreichender Berücksichtigung von Normung und Standardisierung geeignet, deutsche Wettbewerbspositionen auszubauen. Sie sollten daher von der Politik noch stärker unterstützt werden.
> 3. Startups und KMU sind im Rahmen der Förderinitiativen des Bundes an Normung und Standardisierung heranzuführen. Damit wird diesen der Marktzugang erleichtert und das vorhandene Innovationspotential im Sinne des Technologietransfers gehoben« (DIN, 2018, Präambel).

Entgegen ihrer tatsächlichen enormen wirtschaftlichen und teilweise auch gesellschaftlichen Bedeutung, sind Normung und Standardisierung und die Prozesse ihres Zustandekommens, kaum bekannt und diskutiert – auch nicht in Forschung und Lehre.[51] Verantwortliche Institutionen und Akteure, Governance-Strukturen sowie die Prozesse nationaler und internationaler Verhandlungen zur Generierung, Bearbeitung oder Weiterentwicklung von Normen und Standards sind weitgehend unbekannt.[52]

Dieses Kapitel gibt in Teil A deshalb zunächst in Abschnitt 8.1 einen kurzen Einblick in die Funktion, die Struktur und die Institutionenlandschaft üblicher privatwirtschaftlich organisierter Normungsprozesse auf nationaler, europäischer und internationaler Ebene. Abschnitt 8.2 gibt, darauf aufbauend, Einblicke in (inter-)nationale

51 Eine Ausnahme bildet das in Deutschland initiierte/registrierte europäische Netzwerk EURAS (https://www.euras.org/).

52 Vgl. bspw. die instruktiven Sammelbände von Hawkins, et.al. (Eds.)(1995) und von Hesser, et al. (Eds.) (2006)

Standardisierungs-Aktivitäten zu *Industrie 4.0* und *Künstlicher Intelligenz.* Aufgrund der Komplexität und des technischen Charakters der Materie kann hier nur das Wesentliche adressiert werden, jedoch ist diese Übersicht, äußerst wichtig für das Anliegen des Buches. Teil A des Kapitels schließt in 8.3 mit Hinweisen auf eventuelle Neustrukturierungen von bislang üblichen Normungsprozessen ab. Daran schließt sich als Teil B eine Einschätzung der wachsenden geostrategischen Bedeutung von Normen und Standards von Michael Barth an[53].

8.1 Einblicke in die Welt der Normen und Standards

8.1.1 Normen- und Standardsetzung

Normen und Standards werden sprachlich nur in Deutschland unterschieden, während sie international allgemein als *standards* bezeichnet werden.[54] Der Geltungsbereich von Normen und Standards, die durch anerkannte Normungsorganisationen wie hierzulande das DIN gesetzt werden, liegt zwischen Gesetzen oder Verordnungen einerseits sowie partikularen Werknormen oder unternehmenseigenen Standards (wie z. B. apple Steckern) andererseits und kann durch folgende Pyramide (Abb. 8A.1) veranschaulicht werden:

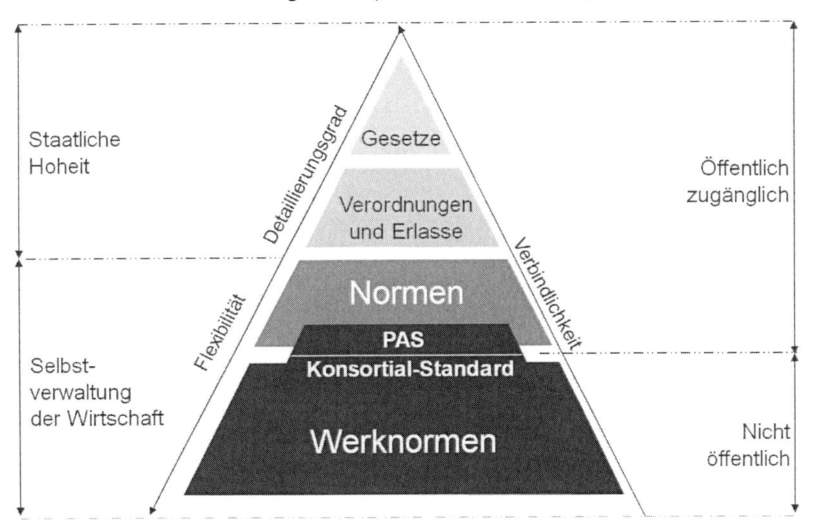

Abb. 8A.1: Pyramide des Geltungsbereiches von Normen und Standards. PAS steht dabei für publicly available specification. (Quelle: DIN/DKE)

53 Michael Barth danke ich ebenso für zweckdienliche Kommentare wie auch Frank Schmiedchen, v. a. für kongeniale Redaktion und notwendige, aber schmerzliche Kürzungen des Kapitels. Eingehendere Darlegungen und Egänzungen v. a. zu den laufenden Normungsaktivitäten in den Plattformbeispielen sind daher einer späteren Publikation vorbehalten.

54 Alle folgenden Darstellungen zu DIN bzw. DIN/DKE/VDE und internationalen Aktivitäten sind den öffentlichen Verlautbarungen dieser Organisationen (v. a. frei zugänglichen Websites) entnommen und erfolgen insofern ohne spezifischere Quellenangaben.

Eine **DIN-Norm** ist ein Dokument, das Anforderungen an Organisationen, Produkte, Dienstleistungen oder Verfahren festlegt. Damit Normen akzeptiert werden, sind eine breite Beteiligung von sogenannten *interessierten Kreisen*, Transparenz und Konsens Grundprinzipien. Theoretisch erhalten alle an einem Thema Interessierten die Möglichkeit, mitzuwirken und ihre Expertise in entsprechenden Ausschüssen einzubringen oder solche vorzuschlagen. Vor der endgültigen Verabschiedung werden Norm-Entwürfe auch einer Öffentlichkeit bekannt gemacht, die Einsprüche formulieren kann, die abschließend in dem zuständigen Gremium zu behandeln sind. Die beteiligten Experten in den Gremien sollen über die endgültigen Inhalte grundsätzlich einen Konsens erzielen, bevor sie zustimmen. Spätestens alle fünf Jahre werden Normen auf den Stand der Technik hin überprüft.

Eine **Vornorm** ist das Ergebnis der Normungsarbeit, das wegen bestimmter Vorbehalte zum Inhalt, wegen eines im Vergleich zu einer klassischen Norm abweichenden Aufstellungsverfahrens oder mit Rücksicht auf die europäischen Rahmenbedingungen vom DIN nicht als Norm herausgegeben wird. Vornormen bieten der Öffentlichkeit die Chance, Ergebnisse aus Normungsvorhaben zu nutzen, die nicht als DIN-Norm veröffentlicht werden können, so z. B. die überarbeitete DIN VDE V 0826-1 mit detaillierten Hinweisen zur Sicherheit in Smart Home-Anwendungen.

Die schnellere Möglichkeit, um eine Normung vorzubereiten und erste Regeln zu veröffentlichen, ist eine **DIN Spezifikation (SPEC)** nach dem sogenannten PAS-Verfahren (pas=publicly available specification), die von mindestens drei Parteien inhaltlich erarbeitet (ohne Konsenspflicht) und anschließend vom DIN veröffentlicht wird. Sie gibt Herstellern eine hinreichende Sicherheit für Markterprobungen. DIN SPECs werden beispielsweise zu aktuellen Themen gelistet (wie Building Information Modeling (BIM), Blockchains, autonomes Fahren, künstlicher Intelligenz oder digitalisiertem Parken). DIN SPECs sind als Ergebnisse von Standardisierungsprozessen strategische Mittel, um innovative Lösungen schneller zu entwickeln, zu etablieren und zu verbreiten. Eine SPEC soll nicht mit bestehenden Normen kollidieren, jedoch ergänzend veröffentlicht werden. Eine SPEC kann die Basis für eine neue Norm sein, wenn sie als nationale Vorarbeit[55] Grundlage für internationale Standardisierungsvorhaben bildet, die von nationalen Normungsorganisationen (NSBs) vorgeschlagen werden.

Die offizielle **Normung** hingegen zielt auf die Formulierung, Herausgabe und Anwendung von Regeln, Leitlinien oder Merkmalen und soll auf den gesicherten Ergebnissen von Wissenschaft, Technik und Erfahrung basieren (dem sog. ›Stand der Technik‹) sowie auf die Förderung von Vorteilen für die Gesellschaft abzielen. Normen und Standards sind im Gegensatz zu rechtlich verbindlichen Regelungen grundsätzlich freiwilliger Anwendungsnatur. Die industriewirtschaftliche Praxis zeigt jedoch, dass Standards dennoch sehr bedeutend sind und allein schon deshalb angewendet werden, um den Marktzugang für das Produkt zu sichern. Eine Rechtsverbindlichkeit erlangen

55 international dann als PAS bezeichnet

Normen nur indirekt, wenn Gesetze oder Rechtsverordnungen (z. B. EU-Richtlinien) auf sie verweisen oder wenn Vertragspartner die Anwendung von Normen privatrechtlich in Vereinbarungen verbindlich festlegen.

In Fällen, in denen DIN-Normen weder von den Vertragsparteien zum Inhalt eines Vertrages gemacht worden sind, noch durch den Gesetzgeber verbindlich vorgeschrieben werden, können sie dennoch im Streitfall als Entscheidungshilfe dienen (z. B. bei Haftungsfragen im Mängelgewährleistungsrechts, beim Delikt- oder Produkthaftungsrecht), um zu beurteilen, ob der Hersteller die allgemein anerkannten Regeln der Technik beachtet und somit die verkehrsübliche Sorgfalt eingehalten hat (siehe auch vorangegangenes 7. Kapitel). Die Einhaltung von Normen bietet damit im Hinblick auf mögliche Haftungsfälle eine gewisse Rechtssicherheit. Deshalb haben sich freiwillige Regelungsverfahren bewährt. Weltweit werden in zunehmendem Maße technische Normen und Standards entwickelt und angewendet. Dabei ist die historische Funktion rein technischer Normen und Standards in den letzten Jahrzehnten zunehmend auch auf gesellschaftspolitisch gewünschte Standards (wie z. B. zu den Themen Qualität, Umweltschutz und Nachhaltigkeit) weiterentwickelt worden.

Das im Jahre 1917 gegründete DIN ist die wichtigste nationale Normungsorganisation in Deutschland. Daneben ist die Deutsche Kommission Elektrotechnik Elektronik Informationstechnik (DKE) als Organ des DIN und des Verbands der Elektrotechnik, Elektronik und Informationstechnik (VDE) die in Deutschland zuständige Organisation für die Erarbeitung von Standards, Normen und Sicherheitsbestimmungen, vor allem im Bereich der Digitalisierung. Das DKE ist als Plattform für elektrotechnische Normungsprojekte das zentrale Kompetenzzentrum für elektrotechnische Normung und deswegen auch für die Vertretung deutscher Interessen in den europäischen und internationalen Normungsorganisationen zuständig. Diese privaten Institutionen stellen lediglich die administrativ-logistischen Voraussetzungen für Normungsaktivitäten zur Verfügung. Die inhaltliche Erarbeitung technischer Normen und Standards erfolgt hingegen durch externe interessensgeleitete Experten, die traditionell aus der Wirtschaft kommen und ihre jeweiligen Unternehmens- oder Verbändeinteressen zu einem konsensfähigen Ausgleich bringen sollen.

Außerdem können themenabhängig weitere Interessensvertreter an den Ausschüssen teilnehmen (z. B. Staat, Gewerkschaften, Wissenschaft, Normenanwender, Verbraucher und/oder Zivilgesellschaft). Die nationalen Ausschüsse (i.d.R. max. 21 Mitglieder) stellen auch für internationale Normungsprojekte die sogenannten Spiegel-Komitees dar und entsenden aus ihren Reihen die nationalen Delegierten in die internationalen Gremien. Insofern handelt es sich um eine Art *bottom-up*-Ansatz unterstaatlicher Regelungsfunktion. Seit Beginn der 1990er Jahre werden neben technisch-wirtschaftlichen Aspekten zunehmend auch gesellschaftlich relevante Interessen bei den Normungsaktivitäten berücksichtigt (Umweltschutz, Klimawandel und andere Nachhaltigkeitsthemen).

8.1.2 Institutionelle Verzahnungen auf europäischer und internationaler Ebene

Auf europäischer Ebene bestehen drei große Europäische Normungsorganisationen (EOS): CEN (Europäisches Komitee für Normung), CENELEC (Europäisches Komitee für elektrotechnische Normung) und ETSI (Europäisches Institut für Telekommunikationsnormen). Als politisch wichtige europäische Besonderheit ist hervorzuheben, dass CEN auf Veranlassung der EU-Kommission auch rechtsverbindliche, sogenannte *harmonisierte Normen* durchführen kann (s.w.u.). Eine Übersicht zeigt die Spiegelstruktur von nationalen Zuständigkeiten auf nationaler, zur europäischen und internationalen Ebene:

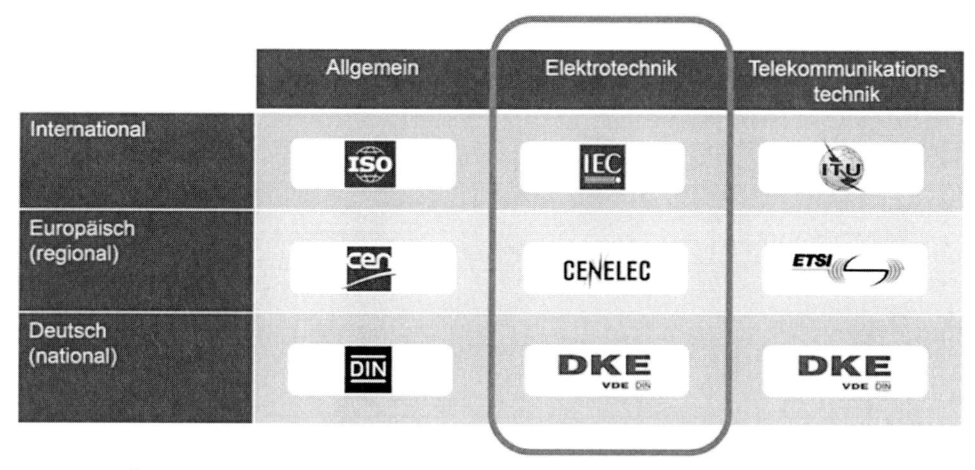

Abb. 8A.2: Übersicht über die nationalen und internationalen Normungsorganisationen mit eingerahmter Zuständigkeit von DKE/CENELEC/IEC, technischen Schwerpunkten, die für die Digitalisierung relevant sind. (Quelle: DIN/DKE)

- Die 1946 gegründete International Organisation for Standardization (ISO)[56] ist die zentrale globale Vereinigung von Normungsorganisationen.
- Sie ist jedoch nicht für die Bereiche Digitalisierung und Elektronik zuständig, für die es die Internationale Elektrotechnische Kommission (IEC) gibt.
- Für den Bereich Telekommunikation gibt es eine UN-Organisation, die Standards setzt: Die Internationale Fernmeldeunion (ITU).

Gemeinsam bilden diese drei Organisationen die WSC (World Standards Cooperation).

Gemäß dem Wiener bzw. Frankfurter Abkommen zur technischen Zusammenarbeit zwischen ISO und CEN, bzw. IEC und CENELEC sollen Doppelarbeiten vermieden und die gleichzeitige Anerkennung als Internationale und als Europäische Norm herbei-

56 Das DIN ist seit 1951 Mitglied der ISO für die damalige Bundesrepublik Deutschland.

geführt werden. Dabei gilt der Vorrang von ISO, bzw. IEC. Generell gilt das Prinzip von Ländervertretungen für ISO-Mitwirkungen.

8.1.3 Europäisches Normensystem: CE-Kennzeichnung und *harmonisierte Normen*

Ein weltweit einzigartiger Sonderfall stellt die EU mit einem eigenen Normungssystem dar, das ganz aktuell auch für die weltweit erste gesetzliche Regulierung von KI-Anwendungen (s. 8.3) höchst relevant wird (s. u.). Die frühere »Neue Konzeption« (*New Approach=NA*) der Europäischen Gemeinschaft (1985), die 2008 durch das *New Legislative Framework* (NLF) aktualisiert wurde, verfolgt in der EU den Grundansatz einer *Staatsentlastung*[57] für die Entwicklung eines einheitlichen Wirtschafts- und Warenverkehrsraums sowie für das Inverkehrbringen von Produkten auf der Basis von (EWG, EG und heute EU-) **Richtlinien** (den sog. *directives*) und der damit verbundenen CE-Kennzeichnung.

Nicht alle technischen Details sollen und können für alle Mitgliedsstaaten *top-down* im Einzelnen geregelt werden: Nur die Rahmenbedingungen können auf EU-Ebene beschlossen werden, während die Ausgestaltungen den privaten EOS obliegen. Hierzu bestehen heute rund 30 EU-Richtlinien, die mehr oder weniger größere Produktgruppen umfassen (z. B. elektrische Betriebsmittel, Medizinprodukte, gefährliche Stoffe in Elektrogeräten, energieverbrauchsrelevante Produkte). Sie beschränken sich auf sogenannte *grundlegende Sicherheitsanforderungen*, während die technischen Konkretisierungen der Inhalte für die jeweiligen Produkte erst durch Regeln der Technik (Normen) definiert werden sollen. Für deren Erarbeitung sind die o. a. europäischen Normungsorganisationen CEN, CENELEC und ETSI zuständig. Die CE-Kennzeichnung wurde hinsichtlich der Elemente und der einzelnen Module der Konformitätsbewertung definiert: Alle in Liefer- und Vertriebsketten wirkenden Akteure müssen gewährleisten, dass nur die Produkte in den EU-Markt gelangen (das ist die *Inverkehrbringung*), die den geltenden Rechtsvorschriften entsprechen. Die CE-Kennzeichnung dient also der Kontrolle über die zulässige Vermarktung der Erzeugnisse und stellt somit eine Art Reisepass für Produkte im europäischen Binnenmarkt dar. Es ist aber kein Qualitätssiegel und richtet sich nicht an Endverbraucher.[58] Sie wird nicht von DIN betreut.

Hierbei spielt das ansonsten ungewöhnliche Konzept der *Vermutungswirkung* eine zentrale Rolle. Der Hersteller oder der Inverkehrbringer (z. B. im Handel) markiert

57 Grundgedanke des Neuen Konzepts, d. h. klare Trennung zwischen hoheitlicher Gesetzgebung und privater Normung

58 Die CE-Kennzeichnung ist kein Normenkonformitätszeichen, sondern ein EU-Richtlinien-Konformitätszeichen mit Funktion als Aufsichtszeichen, das z. B. den Gewerbeaufsichtsbeamten in den EU-Ländern die Kontrolle über die zulässige Vermarktung (Inverkehrbringen) der Erzeugnisse erleichtern soll.

das Produkt gut sichtbar mit einem CE-Label. Damit sagt er aus, dass das Produkt alle entsprechenden Anforderungen voll und ganz erfüllt. Damit wird die *Vermutung* der Richtigkeit dieser Aussage nun automatisch unterstellt (Stichwort: Vermutungswirkung). Sollte sich im Nachhinein herausstellen, dass dem nicht so ist oder Schäden auftreten, hat dies unmittelbar rechtliche Konsequenzen.

Europäische Normen (EN) sind Regeln, die von einem der drei o.a. europäischen Komitees für Standardisierung ratifiziert worden sind. Alle EN sind durch einen öffentlichen Normungsprozess entstanden. Die Erarbeitung beginnt auch hier mit einem Normungsvorschlag, der von einem nationalen Mitglied der europäischen Normungsorganisationen wie z. B. dem DIN oder auch von der Europäischen Kommission oder von europäischen oder internationalen Organisationen eingebracht wird. Über die Annahme als europäische Norm entscheiden die nationalen Normungsorganisationen in einer zweimonatigen Schlussabstimmung. Für die Annahme sind hier (anders als in ISO, bei dem die Regel gilt: one country, one vote) mindestens 71 % der gewichteten Stimmen der CEN/CENELEC-Mitglieder nötig. Die Ratifizierung einer europäischen Norm erfolgt automatisch einen Monat nach einem positiven Abstimmungsergebnis. Danach muss eine europäische Norm von den nationalen Normungsorganisationen unverändert als nationale Norm übernommen werden. Entgegenstehende nationale Normen sind zurückzuziehen, um Doppelnormung zu vermeiden. Jede angenommene europäische Norm wird bspw. in Deutschland mit einem nationalen Vorwort als DIN-EN-Norm veröffentlicht. Das nationale Vorwort dient dem Normanwender als zusätzliche Informationsquelle zur jeweiligen Norm und wird von dem zuständigen deutschen Spiegelgremium erstellt.[59]

Harmonisierte und mandatierte Normen

Der Begriff *(europäisch) harmonisierte Norm* (eHN) hat eine von der Europäischen Kommission im Rahmen der Neuen Konzeption (s. o.) festgelegte Definition:

- für die Norm liegt ein Mandat bzw. Normungsauftrag der Europäischen Kommission und der EFTA an CEN, CENELEC oder ETSI vor, und
- die Fundstelle der Norm wurde von der Europäischen Kommission im EU-Amtsblatt bekannt gegeben.

Alle von CEN, CENELEC und ETSI erarbeiteten Normen sind Ergebnis einer *europäischen Harmonisierung* und in diesem Sinne europaweit harmonisiert. Aber nur solche, welche die beiden o. g. Voraussetzungen erfüllen, sind als eHN im Rahmen einer EU-Richtlinie und der Legaldefinition der Europäischen Kommission anzusehen. *Mandatierte Normen* gehen aus einem – politisch motivierten – und (mit-)finanziertem Auftrag (Mandat) der EU-Kommission hervor, bestimmte Europäische Normen zu entwickeln. Für über 4600 Normen haben die EU und EFTA so genannte Mandate bzw. Normungs-

59 https://de.wikipedia.org/wiki/Europäische_Norm

aufträge an CEN, CENELEC und ETSI erteilt, größtenteils im Rahmen von Richtlinien nach dem früheren NA bzw. dem NLF.[60]

8.2 Normung und Standardisierung der digitalen Transformation

In Deutschland fördert die Bundesregierung fachspezifische Diskussionen zur digitalen Transformation auch im Hinblick auf entsprechende Normen- und Standardsetzungen. Das BMWi hat hierzu zehn Plattformen mit jeweiligen Fokusgruppen mitinitiiert, die die digitalpolitischen Herausforderungen sowie Lösungsansätze fachlich und politisch mit Blick auf erforderliche Normungs- und Standardisierungs-Aktivitäten zur digitalen Transformation in Wirtschaft und Gesellschaft entwickeln sollen[61]. Auf die für dieses Buch besonders relevanten Plattformen 3 (Industrie 4.0) und 4 (Lernende Systeme) kann hier nur exemplarisch näher eingegangen werden.[62]

8.2.1 Industrie 4.0

Das BMWi setzt sich für gemeinsame europäische Projekte ein, wie bspw. zu den Themen Mikroelektronik und Kommunikationstechnologien, die diverse Normungs-Zusammenhänge aufweisen. Die erste Ausgabe einer sogenannten Normungsroadmap Industrie 4.0 erschien 2013, die vierte und bislang letzte *Industrie 4.0* im März 2020 (DIN/DKE, 2020).[63] Darin wird die Zusammenarbeit mit der Plattform Industrie 4.0 erläutert, hinsichtlich dem grundlegenden Innovations- und Transformationsansatz industrieller Wertschöpfung und dem Leitbild 2030 für die Industrie 4.0 (DIN/DKE, 2020, S. 12.f.). Die Plattform Industrie 4.0 wurde von drei Industrieverbänden (BITKOM, VDMA, ZVEI) gegründet und steht unter Leitung des BMWi sowie des BMBF. Neben Normung und Standardisierung gibt es auch die Handlungsfelder Forschung und Innovation, Sicherheit vernetzter Systeme, rechtliche Rahmenbedingungen sowie Arbeit und Aus-und Weiterbildung. Das DIN ist daran beteiligt, Ergebnisse auf internationaler Ebene einzubringen. Folgendes Schaubild (Abb. 8A.3) zeigt das Zusammen-

60 https://www.eu-richtlinien-online.de/de/informationen/harmonisierte-und-mandatierte-normen

61 Plattform 1 »Digitale Netze und Mobilität«, Plattform 2 »Innovative Digitalisierung der Wirtschaft« Plattform 3 »Industrie 4.0«, Plattform 4 »Lernende Systeme«, Plattform 5 »Digitale Arbeitswelt«, Plattform 6 »Digitale Verwaltung und öffentliche IT«, Plattform 7 »Digitalisierung in Bildung und Wissenschaft«, Plattform 8 »Kultur und Medien«, Plattform 9 »Sicherheit, Schutz und Vertrauen für Gesellschaft und Wirtschaft«, Plattform 10 »Verbraucherpolitik in der Digitalen Welt«. Der 14. jährliche ›Digital-Gipfel‹ Nov./Dez. 2020 war Corona-bedingt der erste rein virtuelle – s. a. das umfangreiche Program zu den Vorträgen und 3 Foren in der Broschüre vom BMWi: Digital Gipfel 2020 – Digital nachhaltiger Leben (Berlin, Nov. 2020); der noch physische 2019-Gipfel in Dortmund (Ende Okt.) unter dem Motto ›PlattFORM die Zukunft‹ in Zeiten der Plattformökonomie, hatte dementsprechend ein seit 2016 eingeführtes jährliches Schwerpunktthema ›Plattformen‹, s. Program-Broschüre des BMWi (Berlin Stand 25. Okt. 2019)

62 zur gesellschaftlich kontroversen Thematik der Plattform 1 ›Mobilität‹ bspw. hat Sabautzki (2020) eine politische Kritik hinsichtlich ›Lobbyismus‹ geübt.

63 Zu dieser rd. 140-seitigen Publikation können hier nur exemplarische Grundzüge gegeben werden.

spiel der für die Industrie 4.0 zentralen Akteure, die die Digitale Transformation gestalten: Plattform Industrie 4.0, Standardization Council Industrie 4.0 (SCI 4.0) und Labs Network Industrie 4.0 (LNI 4.0)[64]:

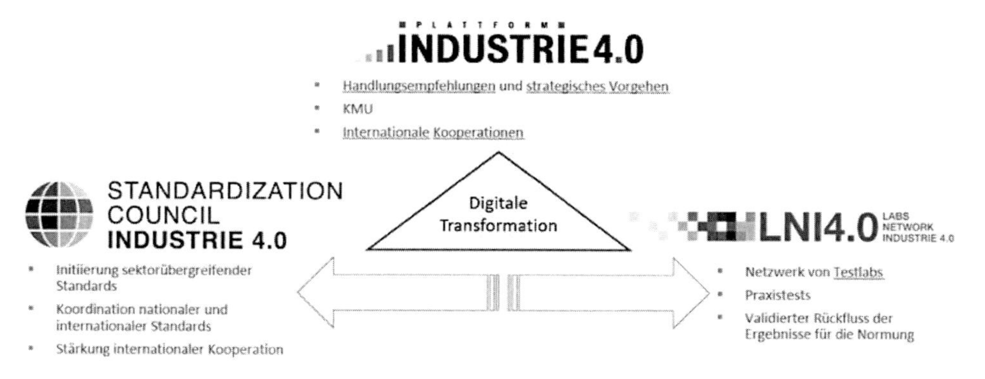

Abb. 8A.3 Zusammenspiel zentraler Normungs- und Standardisierungsakteure der Industrie 4.0. (Quelle: DIN[65])

Die Normungsroadmap (NRM) befasst sich mit den Implikationen der vierten industriellen Revolution auf die Organisation und die Steuerung der gesamten Wertschöpfungskette. Die technologische Verschmelzung von IT (Information Technology) und OT (Operational Technology) führt dabei zu der Überschneidung von bislang voneinander getrennten Normungs- und Standardisierungsbereichen.[66] Dabei wird davon ausgegangen, dass Fragestellungen, Anforderungen und Arbeitsweisen, die zuvor für die Branche der Informations- und Kommunikationstechnologien relevant waren, heute mehr und mehr alle Branchen betreffen. Zentrale Fragen hierzu lauten: Wie wird ein globales digitales Wertschöpfungssystem aussehen? Wie sind die normativen Rahmenbedingungen dafür zu identifizieren und umzusetzen? Das Leitbild 2030 der Plattform Industrie 4.0 schlägt hierfür einen ganzheitlichen Ansatz zur Gestaltung sogenannter *digitaler Ökosysteme* vor. Ziel von Industrie 4.0 ist die Ablösung starrer und fest definierter Wertschöpfungsketten durch flexible, hochdynamische und weltweit vernetzte Wertschöpfungsnetzwerke mit neuen Arten der Kooperation.

Dabei soll ausgehend von den spezifischen Voraussetzungen und tradierten Stärken des Industriestandortes Deutschland der Rahmen einer künftigen Datenökonomie mit den Anforderungen einer sozialen Marktwirtschaft vereinbart werden. Dieses Leitbild adressiert primär den Industrie- und Wirtschaftsstandort Deutschland, hebt aber explizit die Offenheit und Kooperationsorientierung für Partner in Europa und der Welt

64 https://www.sci40.com/sci-4-0/über-uns/
65 https://www.din.de/de/forschung-und-innovation/themen/industrie4-0/arbeitskreise
66 https://www.plattform-i40.de/PI40/Navigation/DE/Industrie40/WasIndustrie40/was-ist-industrie-40.html

hervor. Als besonders zentral für die erfolgreiche Umsetzung von Industrie 4.0 werden drei strategische Handlungsfelder und deren enge Verknüpfung postuliert: Souveränität, Interoperabilität und Nachhaltigkeit.

Die Plattform Industrie 4.0 hat mit dem BMWi-Prestige-Projekt GAIA-X[67] eine Grundlage für eine verteilte, offene Dateninfrastruktur für ganz Europa auf Basis europäischer Werte vorgeschlagen. Dieses Vorhaben wird im SCI 4.0 (obiges Schaubild) mit dem Ziel verfolgt, Interoperabilität voranzutreiben. Diese soll die Vernetzung über Unternehmens- und Branchengrenzen hinweg sichern, wozu Standards und Integration nötig sind. Zudem sind ein einheitlicher regulatorischer Rahmen zu dezentralen Systemen und Künstlicher Intelligenz erforderlich, damit Unternehmen und Geschäftsmodelle aus Europa heraus weltweit wettbewerbsfähig sein können. Dies ist für die digitale Souveränität wichtig und bietet vor allem auch vertrauenswürdige Sicherheiten für Nutzer von Cloud-Dienstleistungen. Minister Altmeier sieht in dieser vergleichsweise schnell vorangebrachten Initiative Chancen für einen Exportschlager Europas, dessen offenem *ecosystem* sich auch außer-europäische Nutzer anschließen würden.[68]

Zur Umsetzung der gesamten NRM Industrie 4.0 wurden sechs Arbeitskreise eingerichtet[69]. Hierin formuliert beispielsweise die AG 1 *Referenzarchitektur, Standardisierung und Normung* ihren Ansatz wie folgt: Standardisierung in der Industrie sei zwar kein neues Phänomen, Industrie 4.0 bringe jedoch eine wesentliche Änderung. Standards, die einen kleinen Ausschnitt der Produktion regeln, würden für die vernetzte Produktion nicht mehr ausreichen. In den Standards müssten Hard- und Software, Anwender- und Anbieterbranchen sowie Produktdesign bis -recycling zusammengedacht werden. Nur so könnten verschiedene Komponenten in digitalen Ökosystemen reibungslos zusammenarbeiten (Stichwort: Interoperabilität). Dazu gibt es zwei Arbeitsschwerpunkte:

a) seitens der »ISO/IEC Joint Working Group 21« (ISO/IEC/JWG21) zur Harmonisierung von Industrie 4.0 Referenzmodellen mit einem Technical Report (TR).
b) bzgl. Annahme des Normungsantrags zur Verwaltungsschale durch die IEC/TC65 zur Weichenstellung, um diese zum zentralen *Integrationsstecker* für so bezeichnete *digitale Ökosysteme* zu gestalten.

zu a) Referenzarchitekturmodell Industrie 4.0 – RAMI 4.0

Die Interaktion und Kommunikation zwischen den Fabriken mit ihren Maschinen geht über Betriebs- und Unternehmensgrenzen hinaus. Deshalb sollen Produktionsunternehmen verschiedener Branchen mit Zulieferern, Logistikunternehmen und anderen in einem Wertschöpfungssystem umfassend miteinander vernetzt werden. Hierfür müssen Schnittstellen harmonisiert werden. Dies setzt wiederum inter-

67 (https://www.bmwi.de/Redaktion/DE/Dossier/gaia-x.html); (https://www.plattform-i40.de/PI40/Navigation/DE/Industrie40/WasIndustrie40/was-ist-industrie-40.html).

68 So erneut im panel des BDI-Tag der Industrie am 22.6. 2021 ›Wie können Gaia-X und europäische Datenräume Innovationen befördern?‹ (live-stream: www.bdi.eu/tdi)

69 https://www.din.de/de/forschung-und-innovation/themen/industrie4-0/arbeitskreise

national abgestimmte Normen und Standards für diese Schnittstellen voraus. Ein Referenzarchitekturmodell soll eine einheitliche Begriffs- und Methodenstruktur als Basis für die beteiligten Experten der verschiedenen Disziplinen dienen, um die Komplexität beherrschen und eine gemeinsame Sprache sprechen zu können. Sie schafft eine gemeinsame Struktur für die einheitliche Beschreibung und Spezifikation von konkreten Systemarchitekturen. Das dafür in Deutschland entwickelte Referenzarchitekturmodell Industrie 4.0 (RAMI 4.0) stellt ein solches Modell dar. Dieses Modell ist schon erfolgreich in der internationalen Normungslandschaft eingebracht und als IEC PAS 63088 veröffentlicht worden.

b) Verwaltungsschale: Struktur und ihre Teilmodelle
Zur Gewährleistung semantischer Interoperabilität[70] von Hard- und Softwarekomponenten in der Produktion (Maschinen, Stationen und einzelner Baugruppen innerhalb von Maschinen) wurde in Deutschland das Konzept der *Verwaltungsschale* entwickelt. Um der Verwaltungsschale in der internationalen Normung zum Durchbruch zu verhelfen, erfolgte unter Koordination des SCI 4.0 eine Vor-Abstimmung des Konzepts mit Partnern u.a. aus Frankreich, Italien und China. Mit Annahme des Normungsantrages zur IEC 63278-1 ED1 *Asset administration shell for industrial applications – Part 1: Administration shell structure* bei IEC/TC 65 gelang ein erster Schritt, um die Verwaltungsschale zum zentralen *Integrationsstecker* für die so bezeichneten *digitalen Ökosysteme* zu machen.

Auch das Förderprojekt *GoGlobal Industrie 4.0* unterstützt die globale Harmonisierung nationaler Industrie 4.0 Konzepte durch das SCI 4.0. Internationale Kooperationen, die über die Zusammenarbeit zu den bisherigen Themen hinaus gehen, sollen den tiefgreifenden Veränderungen der Organisations- und Wertschöpfungsstrukturen in der vierten industriellen Revolution (vgl. 14. Kapitel) Rechnung tragen.

Angesichts des hohen Interesses an KI wurde 2020 durch den SCI ein *Expertenrat für KI in industriellen Anwendungen*[71] gegründet, der als Dreh- und Angelpunkt für normative Diskussionen und Koordinationen im benannten Bereich sowohl national als auch international dienen soll.

8.2.2 Plattform Lernende Systeme – Künstliche Intelligenz – Normungsroadmap KI

Diese 4. Plattform wurde 2017 vom Bundesministerium für Bildung und Forschung (BMBF) auf Anregung des Fachforums Autonome Systeme des Hightech-Forums und acatech initiiert. Sie soll als Ort des Austauschs dienen und die Umsetzung der KI-Strategie der Bundesregierung fördern.[72] In sieben thematischen Arbeitsgruppen

70 Definition geeigneter Datenstrukturen zum Austausch von Daten und deren festgelegter Bedeutung
71 siehe https://www.sci40.com/themenfelder/ki-k%C3%BCnstliche-intelligenz/
72 (https://www.plattform-i40.de/PI40/Redaktion/DE/Downloads/Publikation/Leitbild-2030-f%C3%BCr-Industrie-4.0.html)

werden Chancen, Herausforderungen und Rahmenbedingungen für die Entwicklung und den verantwortungsvollen Einsatz Lernender Systeme behandelt. Neben konkreten Anwendungsfeldern wie Medizin und Mobilität liegt der Fokus dabei auch auf Querschnittsthemen wie Mensch-Maschine-Interaktion oder rechtlichen Fragen. Anfang 2018 wurde der interdisziplinäre Arbeitsausschuss Künstliche Intelligenz beim DIN gegründet. Zusätzlich erarbeitete das DIN im Auftrag des BMWi gemeinsam mit der DKE ein Whitepaper zu »Ethik und Künstliche Intelligenz: Was können technische Normen und Standards leisten?« (DIN/DKE/VDE–ohne Jahr). Am 1.8.2020 wurde unter der Leitung des BMWi und des DIN eine Steuerungsgruppe für eine Normungsroadmap zu KI gegründet, um den Weg für den Ausbau des KI-Standortes Deutschland zu ebnen. Das Setzen von Normen und Standards spielt auch in der Strategie Künstliche Intelligenz der Bundesregierung[73] auf allen drei Ebenen (national, europäisch und international) eine zentrale Rolle, wobei dies primär als Aufgabe der Wirtschaft gesehen wird (BuReg, 2020, S. 41). In ihrer »Fortschreibung 2020« (Dez. 2020) kündigt die Regierung ihren Auftrag an DIN/VDE (DKE) an, eine umfassende Normungsroadmap für KI erstellen zu lassen, die zusammen mit Unternehmensvertretern, Fach-Verbänden und führenden WissenschaftlerInnen zum Digital-Gipfel 2020 präsentiert werden sollte (BuReg, 2020, S. 21).

Diese NRM KI soll ein zentraler Baustein in der KI-Strategie sein, um internationale Märkte für deutsche Unternehmen und ihre Innovationen zu öffnen. Die NRM KI soll dafür eine Übersicht über bestehende Normen und Standards zu KI-Aspekten bereitstellen und insbesondere Empfehlungen im Hinblick auf noch notwendige künftige Aktivitäten geben. Sie wird durch die jeweiligen Interessenten aus Wirtschaft, Wissenschaft, öffentlicher Hand und Gesellschaft erarbeitet. Und DIN soll diese Zusammenarbeit im Sinne einer neutralen Plattform organisieren. Insofern soll DIN auch die KI-Strategie der Bundesregierung umsetzen. Normung soll dabei den schnellen Transfer von Technologien aus der Forschung in die Anwendung fördern.

Erste Ergebnisse der vom BMWi finanzierten Normungsroadmap KI wurden auf dem Digital Gipfel der Bundesregierung im November 2020 vorgestellt und der Bundesregierung als Überblick über Status Quo, Anforderungen und Herausforderungen sowie Normungs- und Standardisierungsbedarfe zu sieben Schwerpunktthemen übergeben: Grundlagen, Ethik/Responsible AI; Qualität, Konformitätsbewertung und Zertifizierung; IT-Sicherheit bei KI-Systemen; Industrielle Automation; Mobilität und Logistik sowie KI in der Medizin.[74]

Dafür wurden fünf übergreifende und zentrale Handlungsempfehlungen benannt (vollständige Empfehlungen und Handlungsbedarfe in der Normungsroadmap KI), deren Umsetzung Vertrauen in KI aufbauen und die Entwicklung dieser Zukunftstechnologie unterstützen soll:

73 www.ki-strategie-deutschland.de/2018

74 www.din.de/go/normungsroadmapki

- Datenreferenzmodelle für die Interoperabilität von KI-Systemen umsetzen
- Horizontale KI-Basis-Sicherheitsnorm erstellen
- Praxisgerechte initiale Kritikalitätsprüfung von KI-Systemen ausgestalten
- Nationales Umsetzungsprogramm »Trusted AI«
- Use Cases auf den Normungsbedarf hin analysieren und bewerten

Hierzu wurden jeweils identifizierte *Bedarfe* für Themen (wie z. B. Grundlagen oder Ethik / Responsible AI) in Workshops diskutiert und Teilnehmende sowie weitere Interessierte wurden eingeladen (bei: Kuenstliche.Intelligenz@din.de), an deren Umsetzung mitzuwirken, d. h., an nationalen Ermittlungen in weiteren Prozessen, für die zum Zeitpunkt der Abfassung noch keine Zeiten oder Abläufe bekannt gegeben waren.

8.2.3 Internationale Normungsansätze zu Künstlicher Intelligenz

Mit einem 35-köpfigen DIN-Spiegelausschuss ist Deutschland somit zu verschiedenen ISO-Gremien zu KI vertreten. Das maßgebliche (2017 gegründete) ISO-Subcommittee ISO / IEC JTC1 / SC42 hat bereits acht Standards zu KI entwickelt und veröffentlicht. Weitere 22 befinden sich in der Entwicklung. Das Sekretariat führt das US-American National Standards Institute/ANSI und als Vorsitzender fungiert ebenfalls ein US-Vertreter. Erwähnenswert ist, dass auf internationaler Ebene (von ISO und IEC) als erstes KI-spezifisches Dokument von diesen Gremien in einem gemeinsamen JTC 1/SC42 ein Technischer Bericht (TR) zum Thema KI und Vertrauenswürdigkeit (ISO/IEC TR 24028 Information Technology – Artificial Intelligence-Overwiew of trustworthiness in artificial intelligence) veröffentlicht wurde, mit dem Ziel, Standardisierungsaktivitäten zur Lückenidentifizierung zu unterstützen.

Hervorzuheben ist zudem, dass neuerdings erstmals auf diesem Gebiet ein sog. Management-System-Standard (MSS) für eine künftige ISO 42001 in Bearbeitung genommen wurde, wobei die End-Nummer mit »1« die Besonderheit anzeigt, dass nur diese bislang wenigen MSS in den jeweiligen Normreihen mit Anforderungen einer externen Zertifizierung erstellt wurden und insofern diese als Flagschiffe angesehen werden.[75]

Weltweit erster Vorschlag der EU-Kommission zum Artifical Intelligence Act (AIA)

Am 21. 4. 2021 hat die EU-Kommission mit Vorschlag für eine Verordnung des Europäischen Parlaments und des Rates *Zur Festlegung harmonisierter Vorschriften für Künstliche Intelligenz* einen weltweit ersten Regulierungsvorschlag für KI vorgelegt (EU-KOM,

[75] die jährlichen ISO-surveys zu generischen MSS wie ISO 90001 zu ›Qualität‹, ISO 14001 zu ›Umwelt‹, ISO 50001 zu ›Energie‹ sowie zu einzelnen sektorspezifischen MSS wie z. B. im Automotive Bereich weisen v. a. für die generischen erhebliche globale Zertifizierungs-Zahlen aus (ISO 2019), was damit zugleich indiziert, welch beträchtliche Geschäftsfeld-Aktivitäten mit solchen MSS ausgelöst und verbunden werden für Berater, Zertifizierer, Akkreditierungsstellen.

2021). Damit will die EU KOM grundlegende Anforderungen an KI-Systeme vorgeben, beispielsweise zu Risikomanagement, Transparenz, Robustheit, IT-Sicherheit und zur menschlichen Überwachung der KI.

Die Verordnung hätte unmittelbare Gesetzeskraft und impliziert die entsprechenden Mandate für harmonisierte europäische Normen im Rahmen des o. a. NLF (siehe Abschnitt 8.1) durch die europäischen (privaten) Normungsorganisationen. Insofern ist diese Kommissions-Initiative von außerordentlicher, strategischer Bedeutung sowohl für die EU, als auch gegebenenfalls für internationale Folgeaktivitäten.

Der AIA Vorschlag drückt einen risikobasierten Ansatz aus, der vier Kategorien unterscheidet:

- Risikofreie KI-Systeme sollen nicht reguliert werden;
- Anwendungen mit geringem Risiko (z. B. Chatbots) sollen Transparenzanforderungen erfüllen;
- Gefährliche KI-Anwendungen (z. B. social scoring) sollen verboten werden;
- Der Zwischenbereich, die Hochrisiko-KI-Anwendungen sollen nach dem Prinzip des NLF in den Verkehr gebracht werden.

Zur technischen Konkretisierung solcher Anforderungen wird auf *harmonisierte Europäische Normen* (hEN) verwiesen, die auf Basis eines entsprechenden Normungsmandats der EU-Kommission von den EOS (CEN/ENELEC und ETSI) erarbeitet werden sollen. Wenn diese europäischen Normen von Herstellern eingehalten werden, wird, wie in 8.1 ausgeführt, gelten: es wird vermutet, dass damit auch die Anforderungen des AIA erfüllt würden, d. h. die sogenannte *Vermutungswirkung* besteht.

Mit der erforderlichen, sichtbaren Anbringung der CE-Kennzeichnung wird die Konformität des Herstellers bzw. des Inverkehrbringers mit dem anzuwendenden Rechtsakt und den entsprechenden eHN erklärt und das Produkt wird mit der CE-Kennzeichnung auf dem europäischen Binnenmarkt in den Verkehr gebracht. Insoweit also das bekannte Verfahren für das europäische System harmonisierter Normen mit dann erheblichen, weltweit erstmaligen Anforderungen für Hersteller von KI-Anwendungen. Hierzu haben DIN und DKE in einem gemeinsamen Positionspapier am 9.6.2021 Stellung genommen (DIN/DKE, 2021) und dies unter die Überschrift gestellt: »Standards als zentraler Baustein der europäischen KI-Regulierung«. Es wird darin begrüßt, dass die Kommission mit diesem Regulierungs-Vorschlag dem NLF folge, der sich für den europäischen Binnenmarkt bewährt habe. In die dafür aufzusetzenden Normungsprozesse könnten sich wie üblich alle interessierten Kreise einbringen, was zu einer hohen Akzeptanz von Standards am Markt beitrage und zugleich nicht-tarifäre Handelshemmnisse verhindere, bzw. abbauen helfe, da alle nationalen NSBs sich verpflichten, diese Normen unverändert in ihr jeweiliges nationales Normenwerk zu übernehmen und damit auch etwaige entgegenstehende Normen zurückzuziehen.

Darüberhinaus werden aber auch Forderungen an den AIA-Vorschlag gestellt:

- die Fortsetzung und Weiterentwicklung der Zusammenarbeit der Normungsgremien mit der EU KOM;
- die zeitnahe Erarbeitung von Normungsaufträgen (sog. standardization requests) für KI durch die EU KOM in Zusammenarbeit mit den Europäischen Normungsorganisationen;
- die Streichung von Artikel 41 »common specifications«, der für einen Rechtsrahmen zu KI enthalten ist und als nicht spezifizierte Erlassungsvorschriften kritisiert wird [76];
- die Einbindung der europäischen Normungsorganisationen in die Arbeit des zu gründenden ›European Artificial Intelligence Board‹.

Aus DIN/DKE-Sicht könne die Deutsche Normungsroadmap KI als Grundlage für bevorstehende Normungsarbeiten dienen. Die darin enthaltene Übersicht über schon bestehende Normen und Standards, wie auch die Auflistung von weiteren Normungsbedarfen wird als Grundlage für kommende Normungsaufträge bezeichnet. Ob sich das DIN/DKE damit durchsetzt, müssen die praktischen Arbeiten zur Umsetzung der AIA zeigen. In jedem Fall stellt der AIA eine große Herausforderung für die interessierten Expertenkreise dar, weit über rein technische Fragen hinaus, ethisch und gesellschaftspolitisch Verantwortung zu übernehmen. Hier eröffnet sich ein spannendes Beobachtungs- und ggf. auch Betätigungsfeld für die VDW.

8.3 Quo vadis Digitalisierungs-Normung?

Das Kapitel hat einen Einblick aus der Innenansicht in die komplexe Standardisierungswelt gegeben und gezeigt, warum Normen- und Standardsetzung auch zentral für die weitere Digitalisierung sind. Das haben die Ausführungen zu Industrie 4.0 und Künstlicher Intelligenz beleuchtet. Erste Erfahrungen zeigen Tendenzen für die Normung und Standardisierung der Digitalisierung:

Auf nationaler (DIN) Ebene können die tradierten regelgebundenen Normen-Gremien-Strukturen und Organisationsprozesse zwar weiterhin wirksam genutzt werden, auch um deutsche Überlegungen vorbereitend erfolgreich in internationale (ISO) Prozesse einzubringen, was auch von Funktionsträgern so unterstützt wird. Die traditionell *privaten* Normungsaktivitäten mit ihrer *politikfernen* Selbstorganisation seitens der Wirtschaft werden bei Digitalisierungsthemen aber in einem bislang unbekannten Maße staatlich be- und gefördert und damit die ursprüngliche *bottom-up*-Selbstorganisation einzelwirtschaftlicher Interessen in eine *top-down*-Beeinflussung durch politisch organisierte und gesteuerte Governance Strukturen geleitet.

Die damit einhergehende Politisierung durch die breite Einbindung von Akteuren im Sinne von *Multi-Stakeholder-Prozessen* ist einerseits demokratisch begrüßenswert, birgt aber auch nicht zu unterschätzende Probleme in Konsensfindungsprozessen in

76 21-06_DIN_DKE_position paper_Artificial Intelligence Act.pdf

dem wettbewerbsintensiven Umfeld oder erweckt Verdachtsvorwürfe hinsichtlich politischer Legitimations- oder Schaufenster-Veranstaltungen bzw. gar von Lobbyaktivitäten, wie am Beispiel der Plattform Mobilität kritisiert (Sabautzki 2020).

Es könnte eine Tendenz entstehen, dass sich insbesondere bei Themen der KI in ISO-Gremien eine Art Kultur entwickelt, neue Arbeitsthemen und Vorhaben selbst aus den bestehenden Ausschüssen heraus zu generieren und bereits durchzuführen, statt wie vorgesehen aus Vorschlägen einzelner NSBs für internationale Abstimmungsprozesse zu entwickeln. Dem kann für die entsprechenden ISO-Arbeitsstrukturen durch hinreichend nationale aktive Mitwirkung und NWIP-Einreichungen/Abstimmungen begegnet werden. Deutschland sollte sein sowohl bzgl. Industrie 4.0 wie auch für KI geäußertes Selbstbewusstsein durch konsequente Interessenvertretung v. a. für die EU Rahmengestaltung umsetzen.[77] Bislang spielt eine europäische Normung von CEN/CENELEC für Digitalisierungsnormungen noch nicht eine wichtige Rolle (auch wegen Vermeidung von Doppelarbeiten lt. Vienna Agreement zu ISO-Aktivitäten), doch ist mit der EU-Kommission ein politischer Akteur und Normungsmandatierer präsent, der die o. a. rechtlichen Befugnisse verfolgen kann, wie nun ihre neue AIA-Initiative zeigt, die das gesellschaftspolitische Mega-Thema KI aufgreift. Die Stärkung des europäischen Normungssystems ist für die wirtschaftliche Supermacht EU mit dem größten Binnenmarkt der Welt ebenso zwingend erforderlich, wie für die Erreichung des Ziels der EU, eine digitale und nachhaltige Union zu entwickeln.

Allgemein kann – ohne nähere Einblicke in andere europäische Länder und deren nationalen Normungspraktiken – gefragt werden, ob Normungsprozesse zu solchen, die gesamte Wirtschaft und Gesellschaft betreffenden Querschnittsthemen wie Digitalisierung in Deutschland und auf EU-Ebene tendenziell den tradierten privaten Organisationsprozessen und Strukturen entwachsen könnten zugunsten eines hybriden Charakters staatlich-politischer Nutzung und Beeinflussung? Oder lässt sich die Steuerung durch ein privates quasi unterstaatliches und freiwilliges Selbstregulierungsinstrument wie der tradierten privaten Organisationsstrukturen von Normung bewahren?

Die offensiven Bestrebungen der internationalen Konkurrenz, v. a. von den USA und China zur Geltendmachung ihrer nationalen Standards bei Wirtschaftsakteuren anderer Länder bedürfen jedenfalls einer größeren Wachsamkeit, genauen Analysen und entsprechender Maßnahmen. Dabei ist die Frage, welche Strukturen und Prozesse helfen, die Interessen der EU wirksamer innerhalb Europas durchzusetzen, mittels Stärkung des europäischen Normungssystems. Wie können europäische Interessen aber auch durch breite Mitwirkung und Geltendmachung in internationalen Normungsprozessen gestärkt werden? Insofern kann es als ein politisches Ausrufezeichen an-

77 Der Leiter der Steuerungsgruppe für die Normungsroadmap KI Wahlster meint selbstbewusst: »Die KI-Forschung in Deutschland gehört zur globalen Spitze. Normen und Standards ebnen den Weg, um aus den Ergebnissen innovative Produkte zu entwickeln, die zu Exportschlagern unserer Wirtschaft werden können« (Wahlster: ›Künstliche Intelligenz: Ohne Normen und Standards geht es nicht‹ https://www.din.de/de/forschung-und-innovation/themen/kuenstliche-intelligenz)

gesehen werden, dass am 7.6.2021 eine öffentliche Anhörung des Auswärtigen Ausschusses des Deutschen Bundestags durchgeführt wurde zu: »Innovative Technologien und Standardisierung in geopolitischer Perspektive«.[78] [79] Dies bildet die Brücke zu eher geostrategischen Überlegungen hinsichtlich Normen und Standards, vor allem außerhalb der internationalen regelgebunden Normungsprozesse, wie im folgenden Teil B dieses 8. Kapitels vorgetragen wird.

B. Normung und Standardisierung als geopolitisch-technologisches Machtinstrument

Michael Barth

Die ursprünglich politikferne Normungs- und Standardisierungswelt hat sich vor allem im Zusammenhang mit der steigenden umfassenden Vernetzung durch Informations- und Kommunikationstechnologien zunehmend zu einem Instrument der globalen Einflussnahme entwickelt. Dies liegt sicherlich zum einen am bereits angesprochen universellen Charakter dieser Technologiebereiche, sind sie doch Querschnittstechnologien, die nicht nur einzelne Branchen, sondern die komplette Wirtschaft, das Staatswesen und die Gesellschaft betreffen, zum anderen aber sicherlich auch an den der Informations- und Kommunikationstechnologie zugrundeliegenden Regeln die Markt- und Investitionsdynamiken betreffend:

- Hohe Innovationsversprechen und starke Wachstumsraten ziehen ungleich höhere Investitionen nach sich als in klassischen Industriebereichen
- Schnelles Wachstum führt zur Marktbeherrschung (»The winner takes it all«)
- Lock-In-Effekt des Nutzers als Teil vieler Geschäftsmodelle

Dabei müssen die folgenschweren Unterschiede zwischen Normen und Standards in Bereichen der Informations- und Kommunikationstechnologien und Standards in anderen Technologiebereichen aufmerksam analysiert werden. Ein wesentlicher Unterschied besteht beispielsweise darin, dass die Auswirkungen des umfassenden Einsatzes nicht national kontrollierbarer Digitaltechnologien wesentlich schneller in Abhängigkeiten führen, als dies zum Beispiel bei Maschinenbaukomponenten der Fall wäre. Am Beispiel von über Cloud-Technologien verfügbaren Dienstleistungen lässt sich das im Vergleich zu industriewichtigen Maschinenbaukomponenten besonders deutlich nachvollziehen: Sind Komponenten einmal in Anlagen verbaut, so laufen sie

78 https://www.bundestag.de/auswaertiges#url=L2F1c3NjaHVlc3NlL2EwMy9BbmhvZXJ1bmdlbi84NDM2MjgtODQzNjI4&mod=mod538410.

79 HBS 2020: Technical standardisation, China and the future international order – A european perspective

mit entsprechenden mechanischen Wartungszyklen ohne weiteres über mehrere Jahrzehnte. Mit added services unter Nutzung von digitalen Fernwartungsmöglichkeiten ist es demgegenüber ein leichtes, diese Komponenten von einem Moment auf den anderen von vorausschauender Wartung und auch Regelungsmechanismen zum Leistungserhalt auszuschließen. Noch deutlicher wird dies bei rein digitalen Diensten, die im B2C-Geschäft genauso existieren wie im Bereich B2B. Mit dem Ende der Zahlung endet der Zugang zum Service und damit auch zu den genutzten Daten. Dies tritt auch dann ein, wenn aufgrund eines Unfalls (oder Hacker-Angriffs) Systeme heruntergefahren werden müssen. Nicht umsonst ist eine wichtige Anforderung von Business-Kunden an ihren Dienstleister die Datenportabilität auf andere Services, die Global Player der Digitalbranche häufig mangels Alternative zu verhindern wissen.

Sicherheitspolitisch wird dieser Sachverhalt am Beispiel von Sanktionen oder Exportsperren transparent: Maschinen können nach Auslösung von Sanktionen noch einige Zeit weiterlaufen, mit mangelnder Ersatzteilversorgung sinkt die Leistungsfähigkeit über einen längeren Zeitraum. Bei digitalen Produkten endet der Zugang mit der Entscheidung des bereitstellenden Unternehmens oder auch des dahinterstehenden Staates von einem Moment auf den anderen, was Sanktionen viel leichter durchsetzbar und auch wirksamer macht.

Die Kontrolle der Standardisierung und damit die nachhaltige Beeinflussung von Standards im eigenen Interesse eignet sich damit vor allem im Bereich der Digital- und Informations-Technologien als vielversprechendes und wirksames Instrument der Machtpolitik (vgl. Rühlig, 2021).

Diese Zusammenhänge manifestieren sich im Ringen um digitale Souveränität, das mittlerweile zum globalen Phänomen geworden ist, vor allem in den Weltregionen, in denen keine Global Player der Digitalbranche zuhause sind. Ebenso zeigen sie sich dort, wo »Kulturräume« der Digitalisierung aufeinandertreffen, beispielsweise die Vereinigten Staaten von Amerika und die Europäische Union oder die Vereinigten Staaten von Amerika und die Volksrepublik China. Hier ist feststellbar, dass diese Staaten versuchen, eigene digitale »Kulturräume« zu errichten, voneinander abzugrenzen und sie schließlich auszudehnen. Dies geschieht zum Beispiel durch Regulierung oder gesellschaftliche Normen, die die Nutzung digitaler Technologien und Dienste national zu kontrollieren versuchen, oder mit Auflagen zu versehen, die eine Anpassung an den jeweiligen »digitalen Kulturraum« fördern oder erzwingen. Auf europäischer Ebene ist hier zum Beispiel die Datenschutzgrundverordnung (DSGVO) zu nennen. In der Volkrepublik China geschieht dies durch die Cybersicherheitsgesetzgebung, die dem Staat und seiner Administration volle Kontrolle über die eingesetzten Technologien verspricht. In den USA bildet sich dies beispielsweise in der Beschaffungsmacht der öffentlichen Hand ab, die nicht nur bei digitalen Produkten auf »Buy American« setzt und Anbieter anderer Rechtssysteme kategorisch ausschließt. Abwandlungen dieser Tendenzen finden sich in allen hier angesprochenen Systemen.

Dieser Zusammenstoß der Systeme zeigt sich nicht nur in den handelspolitischen, technologischen und kulturellen Herangehensweisen, sondern auch im hier näher betrachteten Bereich der Normung und Standardisierung. Europa setzt wie in vielen anderen Themenbereichen auch auf einen Multistakeholderansatz. Wie im Abschnitt A von Eberhard K. Seifert geschildert, ist der europäische Ansatz stark regelbasiert. Standards und Normen werden zunächst auf nationaler Ebene diskutiert und aufgestellt, dann auf europäischer Ebene verhandelt und verabschiedet, um erst dann in die internationalen Gremien getragen zu werden.

Grundsätzlich entspricht das Vorgehen in den Vereinigten Staaten von Amerika dem europäischen Ansatz. Auch hier gibt es große Standardisierungsorganisationen, die amerikanische Entwicklungen auf die internationale Ebene trage. Der wesentliche Unterschied ist jedoch, dass große Stellen wie beispielsweise das American National Standards Institute (ANSI) andere Stellen als Normungsstellen zertifizieren und damit eine Vielzahl an unterschiedlichen Standardisierungsorganisationen entsteht, derzeit allein bei der ANSI über 600. Jede einzelne dieser Stellen kann Normungsvorschläge einbringen, die, wenn sie bestimmten Auflagen genügen, zunächst zum nationalen Standard werden und dann auf die internationale Ebene gebracht werden. Damit möchte das ANSI möglichst große Inklusivität schaffen und auch die Vielschichtigkeit der US-amerikanischen Wirtschaft repräsentieren. Gleichzeitig hat die Standardisierungsdachorganisation ANSI auch die offizielle Aufgabe, US-Interessen in wichtigen Märkten wie China oder Europa zu vertreten, wodurch auch in den USA eine zunehmende Vermischung zwischen Politik und Standardisierung feststellbar wird.[80] Dies spiegelt sich auch in der historischen Funktion von Standardisierungsorganisationen in den USA wider. So wurde zum Beispiel das National Institute of Standards and Technology seinerzeit gegründet, um der wirtschaftlichen und technologischen Übermacht Großbritanniens, Deutschlands und anderen konkurrierenden Systemen entgegenzuwirken.[81]

Die Praxis der zahlreichen kleineren zertifizierten Standardisierungsorganisationen ermöglicht es aber auch großen, marktbeherrschenden Unternehmen leichter, die Aktivitäten einzelner Standardisierungsorganisationen zu steuern und deren Ergebnisse stärker in ihrem Sinne zu beeinflussen. So bestimmen zunehmend starke Einzelunternehmen oder Konsortien im Bereich der IKT-Wirtschaft die Standards, an denen sich Wirtschaftsteilnehmer orientieren müssen, vor allem dann, wenn sie ein Interesse an Interoperabilität mit dem Marktführer haben. Die Vereinigten Staaten verlassen sich hier also auf die Innovationskraft der dort beheimateten IT-Unternehmen, die in vielen Bereichen Vorreiter sind.

Damit entziehen sich bereits jetzt die Digitaltechnologien in vielen Feldern den tradierten und eingeübten Mechanismen und der Gremienkultur, wie sie üblicherweise im Bereich der Normung und Standardisierung anzutreffen sind. Zwar ist die Schaffung von Normen und Standards auch hier weiterhin von Bedeutung, der Konsens innerhalb der Community wird jedoch wesentlich stärker vom jeweiligen Marktbeherrscher

80 Zur Rolle und zum Selbstverständnis von ANSI siehe: https://ansi.org/about/roles
81 https://www.nist.gov/about-nist

oder von Industriekonsortien herbeigeführt. So hat es beispielsweise starken Einfluss auf die Nutzbarkeit von gewissen Zertifikatstypen in Browsern, wenn Alphabet festschreibt, welche Zertifikate sie für den Chrome-Browser akzeptieren. Mittlerweile ist diese Mechanik auch an konkreten nationalstaatlichen Versuchen, Einfluss auf die Normungsprozesse zu nehmen, ablesbar. Ein Beispiel, an dem sich dies besonders gut verdeutlichen lässt, ist die Volksrepublik China. Früher reiner Produktionsstandort für die Welt, ist sie diesem Status sowohl im Selbstverständnis als auch in der Außenwahrnehmung entwachsen. Die globalen machtpolitischen Ambitionen lassen sich nicht nur im Austausch mit anderen Staaten, in der Erschließung und Sicherung von Rohstoffen weltweit oder auch im Umgang mit einflussreichen Technologieanbietern erkennen (vgl. Bartsch, 2016). Sie finden auch in der Welt der Normung und Standardisierung ihren Niederschlag. So zeigt sich allein an der Anzahl der besetzten Sekretariate und Chair-Positionen ein starker Anstieg in der chinesischen Ambition (vgl. Rühlig, 2020):

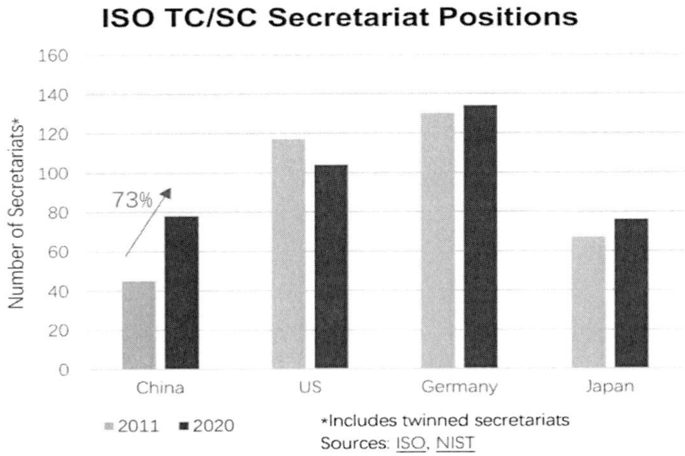

Abb. 8.B.1: Internationaler Vergleich der Anzahl der besetzten Sekretariate in internationalen Normungsorganisationen durch China, den USA, Deutschland und Japan in den Jahren 2011 und 2020.

Unterstrichen wird dies weiterhin durch konsequente Bewerbung chinesischer Vertreter auf vakante Leitungspositionen in internationalen Normungsgremien (vgl. Steiger, 2020).

Einen noch stärkeren Ausdruck findet dies in den strategischen Dokumenten, die sich von den Festlegungen der Mittel- und Langfristplanungen der Staatsführung ableiten. In direktem Bezug zu unserem Thema hat beispielsweise die nationale Standardisierungsbehörde eine Normungsstrategie 2035 abgeleitet. »China Standards 2035« ist in direktem Zusammenhang mit der nationalen Industriestrategie »Made in China 2025« zu sehen und soll diese stützen und mittelfristig absichern. Insgesamt sind diese Entwicklungspläne eingebettet proklamierten Ziel der Volksrepublik bis 2050, dem 100. Gründungsjahr, »politisch, kulturell, ethisch, sozial und ökologisch« weltweit auf Spitzenplätzen zu stehen. China Staatschef Xi Jinping formulierte, dass das Land bis 2035 globaler Führer in der Innovation sein müsse (vgl. Lamade, 2020). Die Außen- und Wirtschaftspolitik der Volksrepublik versetzt bereits jetzt nicht nur seine direkten Nachbarn in Sorge, sondern zwingt auch beispielsweise die Europäische Union zum Umdenken. Denn längst sichert sich China mit Direktinvestitionen nicht nur Einfluss in Entwicklungs- und Schwellenländern, auch Mitgliedsstaaten wie Ungarn, Griechenland oder Italien setzen sich größerem chinesischen Einfluss aus.

Während die Standards beispielsweise für 5G noch in industrieübergreifenden Konsortien entwickelt wurden und Anbieter wie Huawei hier die bestehenden Standards in einer Vielzahl von Patenten genutzt hat, soll »China Standards 2035« hier den nächsten Schritt für die Volkrepublik China begründen, nämlich das Setzen der Standards in wichtigen Zukunftsthemen wie der Informationstechnologie (hier vor allem die Felder der künstlichen Intelligenz und der Cybersicherheit) (vgl. Arcesati, 2019), Biotechnologie, High-End-Produktion, aber auch ganz anderen wichtigen Zukunftsfeldern, wie dem Umweltschutz, der Landwirtschaft oder der Standardisierung von Urbanisierung.

Mit insgesamt 117 Einzelmaßnahmen will China sowohl national als auch international Spitzenniveau in der Standardisierung erreichen. Dabei liegt das Hauptaugenmerk auf fünf Feldern:

- Stärkung der strategischen Positionierung der Standardisierung
- Intensivierung der Standardisierungsreform und -entwicklung
- Stärkung der Standardisierungssystematik und Verbesserung der Fähigkeit zu führender Hochqualitätsentwicklung
- Führungsrolle bei internationalen Standards übernehmen und die Internationalisierung chinesischer Standards verbessern
- Stärkung des Wissenschaftsmanagements und Verbesserung der Effektivität der Standardisierungsbemühungen

Alle Felder sind darauf ausgerichtet, die Fähigkeit der Volksrepublik China zu stärken, Standards zu schaffen und diesen nicht nur national, sondern auch international zu Geltung zu verhelfen. Während es in zahlreichen Einzelmaßnahmen schlicht darum geht, die chinesische Wirtschaft und das nationale Standardisierungssystem, besser in die Lage zu versetzen, gute Standardisierung zu schaffen und auch zur Verbesserung der Produktion in unterschiedlichsten Feldern zu nutzen, so sind vor allem die letzten beiden Felder in ihren Maßnahmen strikt darauf ausgerichtet, die nationalen Verbesserungen in internationale Standardisierungserfolge umzumünzen. Dabei wird auch ein großes Augenmerk darauf gerichtet, die inländische Forschung und die internationalen Standardisierungsaktivitäten von chinesischer Seite staatlich zu unterstützen. Dies steht im Einklang mit der Strategie von der Werkbank der Welt zu einer Nation zu werden, die sogenannte Tier-one-companies schafft. Nach chinesischer Diktion setzen die Tier-one-companies Standards, während Unternehmen zweiten Ranges Technologien entwickeln und diese dritten Ranges lediglich Produkte für andere bauen. Die chinesische Führung sieht also im Setzen von Standards die Möglichkeit, Technologien und Produkte zu kontrollieren. Dies wiederum fügt sich als technologiegetriebene Facette der regelbasierten Machtprojektion der aktuellen Going-abroad-Strategie der Volksrepublik China ein (vgl. de la Bruyère/Picarsic, 2020).

Welch wichtige Rolle die Volksrepublik China bei Hochtechnologien spielt, zeigt sich bereits jetzt an Beispielen wie 5G, Künstlicher Intelligenz[82] oder dem Internet der Dinge. Dies belegt auch der Argwohn, den westliche Regierungen der technologischen Vorreiterrolle Chinas entgegenbringen – jüngst beobachtbar am Verbot von Huawei-Komponenten im 5G-Netz Großbritanniens oder der Debatte um das IT-Sicherheitsgesetz 2.0 zum Thema kritischer Komponenten (vgl. Schallbruch, 2020). Das Gesetz erwähnt an keiner Stelle das Reich der Mitte, allen Beteiligten in der zuvor stattfindenden Diskussion war aber klar, dass es eigentlich darum ging, wie man »nichtvertrauenswürdige« Komponenten aus den deutschen Netzen heraushalten könnte – zum Beispiel die der marktdominanten chinesischen Netzausrüster. So spielen auch im IT-Sicherheitsgesetz 2.0 nicht nur technische Maßgaben in Sachen Vertrauenswürdigkeit herangezogen, auch politische Einschätzungen der jeweiligen Herkunftsländer von Komponenten spielen zukünftig eine Rolle. In die Entscheidung, welche Komponenten privater Anbieter in volkswirtschaftlich wichtigen Installationen wie Kommunikationsnetzen von privaten Anbietern verbaut werden dürfen, werden sich künftig das Innenministerium mit seiner IT-Sicherheitskompetenz sowie das Wirtschaftsministerium und das Auswärtige Amt einbringen. Dies stellt einen Paradigmenwechsel in der ansonsten an marktwirtschaftlichen Mechanismen ausgerichteten Wirtschaft- und Industriepolitik der Bundesrepublik Deutschland.[83] Zu diesem Wandel passt auch die Befassung des Auswärtigen Ausschusses des Bundestages, der sich ansonsten eher untechnischen Themen widmet, jüngst mit diesem Themenkomplex (vgl. Bundestag, 2021).

Inwieweit die chinesische Absicht von Erfolg gekrönt sein wird ist derzeit noch nicht vorhersehbar. Generell ist es im Interesse der internationalen Staatengemeinschaft, aber auch der Wirtschaft, chinesische Unternehmen mit am »Standardisierungstisch« zu haben, verspricht das doch einen breiteren technologischen Konsens und auch im globalen Handel und Technologietransfer ein reibungsloseres Vorgehen. Die starke staatliche Einmischung stößt aber sowohl den Industrieverbänden der westlichen Welt als auch den Entscheidungsträgern diesseits und jenseits des Atlantiks unangenehm auf, auch deshalb, weil China zuletzt immer häufiger versucht hat, nationale Standards in

82 Zur Standardisierung im Kontext von Künstlicher Inelligenz und des Balance Acts zwischen den USA und China: Ding, Jeffrey: Balancing Standards: U. S. and Chinese Strategies for DEveloping Technicsal Standards in AI, Oxford 2020, online abrufbar unter: https://www.nbr.org/publication/balancing-standards-u-s-and-chinese-strategies-for-developing-technical-standards-in-ai/

83 Auch die deutsche Industrie bringt ihre Sorge vor dem steigenden Einfluss der Volksrepublik China deutlich zum Ausdruck: Bundesverband der deutschen Industrie (Hg.): Grundsatzpapier China, Partner und systemischer Wettbewerber – Wie gehen wir mit Chinas staatlich gelenkter Volkswirtschaft um, Berlin 2019, online abrufbar unter: https://www.politico.eu/wp-content/uploads/2019/01/BDI-Grundsatzpapier_China.pdf

anderen Nationen, die Nutznießer chinesischer Investitionen sind, durchzusetzen.[84] Insofern ist hier unabhängig von den Erfolgsaussichten ein weiterer »Kampf der Systeme« zu erwarten, in dem um Normen und Standards gerungen wird.

Zwar hat die frisch in Kraft gesetzte chinesische Strategie zum Thema noch keinen direkten Impact in der Normungswirklichkeit gezeitigt, denn die »Mühlen« der Standardisierungsgremien mahlen nicht wie die geopolitische Lage. Dennoch macht die VR China mit den geschilderten und selbstdokumentierten Ambitionen klar, in welche Richtung sie gehen möchte und worauf sich die Standardisierungsansätze der Vereinigten Staaten und der Europäischen Union einstellen sollten. Hier stehen auf der eine Seite sehr regelbasierte Ansätze und teilweise auch hochdynamische, von Einzelunternehmen angetriebene Standardisierungsabsichten einer stark staatsgestützten, mit geopolitischen Interessen verwobenen Standardisierungspolitik gegenüber, die mit umfangreichen Ressourcen sowohl personeller als auch finanzieller Natur ausgestattet ist und ein klar formuliertes Ziel verfolgt, dass nicht zwangsläufig das der interoperabelsten Technologie ist. Hierzu müssen sich die Machtsysteme USA und EU zusätzlich zu vielen anderen globalen Herausforderungen verhalten (vgl. Semerijan, 2016/2019). Dies wird um so schwerer in einem System sein, das sich auf die konsolidierte Einschätzung und Einigung zu Normen und Standards durch viele Industrieteilnehmer verlässt. Europa sitzt damit auch in diesem Feld durch seinen konsensualen Ansatz zwischen zwei Systemansätzen (dem der Vereinigten Staaten und dem der Volksrepublik China) unter Druck. Allerdings zeigt auch bereits die strategische Einschätzung der Europäischen Kommission im Hinblick auf Standardisierung deutlich die Notwendigkeit des Handelns vor allem im Bereich von Informations- und Kommunikationstechnologien. Hier werden die entscheidender Felder benannt und auch unterstrichen, wie wichtig der Einfluss auf Technologien in einer sich wandelnden geopolitischen Landschaft ist (vgl. EU KOM, 2021). Im Hinblick auf Entwicklungsgeschwindigkeit und den Aufbau von technologischem Druck sind der US-amerikanische und der chinesische Ansatz dem europäischen System wahrscheinlich überlegen[85], womit auch hier leider für Europa gilt: »Between a rock and a hard place.« Alleine die Verknüpfung zwischen politischer Agenda und Standardisierungsagenda auf europäischer Ebene zeigen jedoch, dass der Handlungsbedarf erkannt wurde.

84 Zu diesem Konflikt aus US-amerikanischer Sicht auch umfangreich: Strategie der Vereinigten Staaten gegenüber der Volksrepublik China, veröffentlicht auf Deutsch auf der Homepage der US-Botschaft in Deutschland: https://de.usembassy.gov/de/strategie-der-vereinigten-staaten-gegenueber-der-volksrepublik-china/

85 Zusätzlich laufen von Seiten der NIST bereits erste Aktivitäten, die chinesischen Aktivitäten einem Assesment zu unterziehen und Reaktionsmöglichkeiten abzuleiten: https://www.nextgov.com/emerging-tech/2021/05/nist-wants-help-assessing-chinas-influence-emerging-technology-standards/174052/

9. Kapitel

Geistige Eigentumsrechte

Christoph Spennemann

Einleitung

Die Rechte an geistigem Eigentum (oder Immaterialgüterrechte oder »IP« für »intellectual property«) spielen eine wichtige Rolle bei der Schaffung und dem Schutz von Technologien, die die digitale Wirtschaft ausmachen. Urheberrechte, Patente, Geschäftsgeheimnisse und Geschmacksmuster oder Designs schützen in unterschiedlichem Maße Computersoftware, digitale Plattformen, Informations- und Kommunikationstechnologie (IKT) sowie deren Geräte und Anwendungen. Darüber hinaus schützen Schutzrechte die gehandelten Vermögenswerte, z. B. digitale Musik und Literatur. Während sich die digitalen Technologien rasch entwickelt haben, hinkt der Rechtsrahmen für das geistige Eigentum etwas hinterher. Dies bedeutet sowohl Chancen als auch Herausforderungen für unsere Gesellschaften. Um Rechtssicherheit zu gewährleisten ist es erforderlich, IP- Rechtssysteme angemessen auf die neuen Technologien einzustellen, um deren Nutzung und Entwicklung sicherzustellen. Gleichzeitig kann der Schutz digitaler Geschäftsmodelle traditionelle Verwertungen von Ideen marginalisieren und wirtschaftliche Existenzen gefährden. Die Anpassung geistiger Eigentumsrechte an die digitale Welt sollte also behutsam erfolgen und Nationalstaaten den erforderlichen Raum zur Berücksichtigung ihrer kulturellen und industriellen Besonderheiten einräumen. Dies gilt insbesondere auch für Entwicklungsländer, denen es meist an spezifischen politischen Leitlinien dafür fehlt, wie ein faires Gleichgewicht zwischen den Inhabern digitaler Rechte und den Nutzern hergestellt werden kann. Dieses Kapitel analysiert zunächst im Überblick die Probleme, die sich bei der Anwendung geistiger Eigentumsrechte auf digitale Technologien ergeben. Es geht dann spezifisch auf die Rolle ein, die geistige Eigentumsrechte beim Schutz und der Nutzung von Wirtschaftsdaten spielen.

9.1 Überblick: Geistige Eigentumsrechte und digitale Technologien

IP-Systeme wurden ursprünglich für das analoge Zeitalter entwickelt. Ihr grundlegender Zweck ist es, ein angemessenes Gleichgewicht zwischen den Interessen von Schöpfern und Erfindern auf der einen Seite und Nutzern und Verbrauchern auf der anderen Seite herzustellen. Dies ist im digitalen Umfeld viel schwieriger geworden. Einerseits ist es technisch möglich, elektronische Kopien von Originalwerken in unbegrenzter Menge herzustellen und zu verbreiten, was das traditionelle Geschäft im Verlags-, Druck- und Buchhandel gefährden kann. Darüber hinaus können digitale Kopien über die Landesgrenzen hinweg verbreitet werden, während die geistigen Eigentumsrechte durch die nationalen Gerichtsbarkeiten eingeschränkt sind. Andererseits stellt sich die Frage, wie die Rechte von Verbrauchern und Wettbewerbern vom analogen in den digitalen Kontext übertragen werden können. So steht es beispielsweise Jemandem, der ein patentiertes oder urheberrechtlich geschütztes physisches Produkt kauft, frei, es an Dritte weiterzuverkaufen. Darf Jemand, der rechtmäßig eine digitale Kopie eines Musikstücks oder eines Films erwirbt, diese auch an Andere verkaufen, im Rahmen der technischen Möglichkeiten der unbegrenzten elektronischen Vervielfältigung?[86] Inwieweit ist auch die Rekonstruktion (*Reverse Engineering*) geschützter Computerprogramme, der für Softwareentwickler insbesondere in Entwicklungsländern unerlässlich ist, mit dem bloßen Lesen eines urheberrechtlich geschützten Buches im analogen Kontext vergleichbar? Einige Industrieländer sind diese Probleme angegangen, indem sie im digitalen Umfeld den Freiraum, den das Urheberrecht im analogen Kontext bietet, begrenzt haben (Samuelson/Scotchmer, 2001).

Der Interessenausgleich zwischen Rechteinhabern und Nutzern ist nicht nur bei digitalen Technologien wichtig, sondern auch bei den Daten, die aus diesen Technologien über Online-Plattformen generiert werden können. Während die von einer Suchmaschine gesammelten Daten nicht patentgeschützt werden können, können Daten unter bestimmten Voraussetzungen als Geschäftsgeheimnis geschützt werden, und für den Schutz von Datensammlungen oder Datenbanken können das Urheberrecht oder bestimmte *sui generis*-Datenbankschutzrechte in Betracht kommen (vgl. die Analyse weiter unten in diesem Kapitel). Die politischen Entscheidungsträger stehen vor der Aufgabe, ein faires Gleichgewicht zwischen Anreizen für das Erstellen von Daten und Datensätzen (z. B. zur Förderung von KI-Anwendungen) und der Notwendigkeit des Datenaustauschs herzustellen, um die Analyse großer Datenmengen und die Verbesserung von Produkten und Dienstleistungen zu fördern. Darüber hinaus müssen Wege gefunden werden, die sich potenziell widersprechenden Ziele des innovationsfördernden Datenaustauschs einerseits und des Datenschutzes andererseits in größtmöglichen Einklang zu bringen. Digitale Plattformen können zu Schwierigkeiten bei der Durchsetzung des geistigen Eigentums, aber auch beim Verbraucherschutz führen. Haften Plattformen beispielsweise für IP-verletzende Inhalte durch ihre Nutzer? Die 2019 verabschiedete EU-Richtlinie über das Urheberrecht im digitalen Binnenmarkt stieß im Gesetzgebungsprozess auf erheblichen Widerstand wegen ihrer angeblichen Verpflichtung für Plattformen, »Upload-Filter« zu installieren, um verletzende Inhalte im Unterschied zu nicht verletzenden Inhalten auszuwählen und zu blockieren. Die Diskussion thematisiert Argumente für eine effektive Durchsetzung des geistigen Eigentums im Spannungsfeld mit Bedenken hinsichtlich automatisierter Entscheidungen, die eine menschliche Einzelfallabwägung ersetzen und möglicherweise nicht IP-geschützte Inhalte versehentlich verbieten.

86 Die Rechteinhaber haben darauf reagiert, indem sie zunehmend digitale Inhalte lizenziert haben, anstatt Eigentum zu übertragen, und sich so das Recht vorbehalten, die weitere Verbreitung der Inhalte zu kontrollieren (Okediji, 2018, S. 30).

Digitale Plattformen und Softwarehersteller haben auch Bedenken wegen des Missbrauchs der Marktbeherrschung durch einige globale Unternehmen geäußert. Die von der EU-Kommission gegen *Google* und *Microsoft* eingeleiteten Wettbewerbsverfahren basieren auf Beschwerden über digitale »*Lock-ins*«, die den Verbraucher faktisch an die Produkte eines Unternehmens binden. Führende Wettbewerbsbehörden unterscheiden sich in der Frage, unter welchen Bedingungen die Inhaber von geistigen Eigentumsrechten an digitalen Technologien für den Missbrauch einer marktbeherrschenden Stellung verantwortlich sind.

In einigen Fällen, in denen die Gesetzgebung als zu langsam eingestuft wurde, hat der Privatsektor versucht, die Lücke zu schließen, indem er freiwillige Verpflichtungen im digitalen Kontext einführte. *Open-Source-Software* (OSS) basiert auf dem Urheberrecht, aber die Rechteinhaber ermächtigen Dritte, das Programm unter bestimmten Bedingungen zu ändern und zu verbreiten. Dies spiegelt die Überzeugung wider, dass der Verbraucher in einer »*sharing economy*« gleichzeitig ein Schöpfer sein kann und so zur kontinuierlichen Verbesserung der zu Grunde liegenden Technologie beiträgt.

Ein kooperativer Ansatz ist auch dann erforderlich, wenn die Entwicklung neuer Produkte von der Interoperabilität der digitalen Technologien verschiedener Rechteinhaber abhängt. Die Interoperabilität wird durch technische Normen gewährleistet, die von Normungsorganisationen wie der Internationalen Fernmeldeunion oder privaten Organisationen entwickelt werden. So beinhalten beispielsweise die Mobilfunkstandards (zuletzt 5G) eine Vielzahl von Schutzrechten. Standardentwickler verlassen sich darauf, dass Patentrechtsinhaber alle Ansprüche auf Schutzrechte offenlegen und Lizenzen zu fairen, angemessenen und nichtdiskriminierenden (*fair, reasonable and non-discriminatory*, FRAND) Bedingungen bereitstellen. Wenn IP-Eigentümer ihre Ansprüche verbergen oder FRAND ablehnen, ist die Verwendung der Norm gefährdet, es sei denn, IP-Gesetze oder Wettbewerbsvorschriften beheben das Problem. So hat beispielsweise die *US Federal Trade Commission* die Firma *Qualcomm*, die über wesentliche Standardpatente bezüglich der 4G-Technologie verfügt, verklagt. Grund für die Klage war die Weigerung *Qualcomms*, seinen Kunden wie *Apple* den Zugang zu 4G zu FRAND-Bedingungen zu gewähren. Während dieser Fall die komplexe Schnittstelle zwischen IP und Wettbewerbsrecht veranschaulicht, zeigt der weltweite und mehrjährige Konflikt zwischen *Apple* und *Samsung* über IP-geschützte Technologien und äußere Gestaltung von Smartphones und Tablets, wie Gerichte in verschiedenen Rechtsordnungen aufgrund des territorialen Charakters des IP-Rechts unterschiedliche Schlussfolgerungen über die Verletzung von Software- und Gerätepatenten durch konkurrierende Technologien ziehen können.

Abschließend zu diesem Abschnitt sei erwähnt, dass die hier angesprochenen Fragen in nationalen Rechtsordungen sehr unterschiedlich – oder noch gar nicht – beantwortet werden. Der multilaterale Rechtsrahmen zum geistigen Eigentum, das TRIPS-Abkommen der Welthandelsorganisation (WTO), stellt den hierfür erforderlichen Spielraum zur Verfügung. Allerdings bietet das TRIPS-Abkommen kaum Anleitung zur Gestaltung nationaler Rahmenbedingungen für die digitale Wertschöpfung. Dies stellt insbesondere Entwicklungsländer vor erhebliche Herausforderungen und begründet die Notwendigkeit zum multilateralen Erfahrungsaustausch in der WTO (Vgl. Brazil and Argentina, Joint Statement, 2018).

9.2 Schutz und Nutzung von Daten und künstlicher Intelligenz: welche Rolle spielen geistige Eigentumsrechte? Welcher Zusammenhang besteht zu privaten Nutzerrechten?

In diesem Abschnitt soll nun die Regulierung des Innovationspotenzials von Daten und der durch diese generierte künstliche Intelligenz (KI) untersucht werden. Daten werden dabei als ein weit gefasster Begriff behandelt, der »isolierte oder isolierbare Einheiten, welche maschinell bearbeitet und analysiert werden können«, beinhaltet, wie z. B. Statistiken, Finanzdaten, Messdaten, in Listen vorhandene Informationen, strukturierte und unstrukturierte Texte sowie Multimediaproduktionen (Schweizer Bundesverwaltung, 2019–2023).

Hier rücken die geistigen Eigentumsrechte als klassisches Innovationsförderungsinstrument ins Zentrum der Überlegungen, da es bei KI und Daten nicht um Sachwerte, sondern um die Anwendung von Ideen durch Algorithmen und deren Ergebnisse geht. Entscheidend wird dabei sein, wie Immaterialgüterrechte gestaltet werden sollen, um einerseits Rechtssicherheit und Investitionsschutz zu gewähren, andererseits aber dazu zu ermutigen, Daten anderen Wirtschaftsteilnehmern zugänglich zu machen. Je bereitwilliger Daten zur Verfügung gestellt (im Fachjargon »geteilt«) werden, desto größer wird das Innovationspotenzial dieser Daten sowie der auf ihnen aufbauenden KI. Dieser Ansatz liegt auch der im Februar 2020 von der EU-Kommission veröffentlichten europäischen Datenstrategie zu Grunde (Europäische Kommission, 2020). Darin stellt die Kommission Folgendes fest (ebenda, S. 7f.):

> »Der eigentliche Wert von Daten liegt in ihrer Nutzung und Weiterverwendung. Für eine innovative Weiterverwendung von Daten, darunter auch zur Entwicklung künstlicher Intelligenz, stehen gegenwärtig nicht genügend Daten zur Verfügung.
> [...]
> Trotz ihres wirtschaftlichen Potenzials hat sich die gemeinsame Nutzung von Daten zwischen Unternehmen bislang nicht ausreichend durchgesetzt. Gründe hierfür sind fehlende wirtschaftliche Anreize (auch die Furcht, Wettbewerbsvorteile einzubüßen), mangelndes Vertrauen zwischen den Wirtschaftsteilnehmern bezüglich der tatsächlich vertragsgemäßen Nutzung der Daten, ungleiche Verhandlungspositionen, Furcht vor missbräuchlicher Vereinnahmung der Daten durch Dritte und mangelnde rechtliche Gewissheit darüber, wer mit den Daten was tun darf (z. B. bei gemeinsam hervorgebrachten Daten wie solche aus dem Internet der Dinge – IoT).«

Die folgenden Fragen werden in diesem Abschnitt analysiert:

1. Sind Immaterialgüterrechte geeignet, sowohl KI als auch die dieser zu Grunde liegenden Daten zu schützen?
2. Ergeben sich Konflikte zwischen dem Schutz von Wirtschaftsakteuren durch Immaterialgüterrechte einerseits und dem Schutz der Nutzer gemäß der Datenschutzgrundverordnung (DSGVO) andererseits?

9.2.1 Anwendbarkeit geistiger Eigentumsrechte auf die KI

- Patente schützen bestimmte Erfindungen. Patentschutz kommt einerseits in Betracht für die KI selbst; andererseits für die durch KI geschaffenen Erzeugnisse. Zunächst zu Ersterem. Das entscheidende Element der KI, um dessen Patentfähigkeit es hier geht, ist der Algorithmus. Dies ist eine (in dem uns interessierenden Zusammenhang digital programmierte) Vorgehensweise, um ein Problem zu lösen (Czernik, 2016). Damit fällt ein Algorithmus unter die grundsätzlich nicht patentschutzfähigen Programme für Datenverarbeitungsanlagen, wissenschaftliche Theorien und mathematische Methoden.[87] Das Europäische Patentamt verneint deshalb die Patentfähigkeit von KI an sich. Es bejaht aber die Patentierbarkeit, wenn die fragliche KI und der zu Grunde liegende Algorithmus einer konkreten technischen Anwendung dienen (vgl. Free, 2019/2020, S. 32).[88] Algorithmen allein, also in abstrakter Form, sind damit nicht patentfähig. Ähnlich den mathematischen Methoden liegt hier der Gedanke zu Grunde, dass der Allgemeinheit der Zugang zu solchen Bausteinen der Wissenschaft und Innovation nicht durch exklusive Rechte verwehrt werden soll. Dieser Gedanke dürfte auch auf die Ideen und Grundsätze zutreffen, die einem Computerprogramm zu Grunde liegen, einschließlich der Schnittstellen zwischen verschiedenen Programmelementen. Allerdings können allgemeine Algorithmen als Geschäftsgeheimnis geschützt werden. Anders als ein Patent gewährt dieses keinen absoluten Kopierschutz, sondern schützt lediglich vor rechtswidriger Erlangung, Nutzung oder Offenlegung von geheim gehaltenen Informationen durch einen Konkurrenten. Dieser wird jedoch nicht daran gehindert, den Algorithmus durch faire Geschäftspraktiken selbst zu entwickeln und zu nutzen (s. weitere Ausführungen unten). Eine weitere Besonderheit bei der Patentierung von KI ergibt sich aus der Verpflichtung des Patentanmelders, die Erfindung »so deutlich und vollständig zu offenbaren, dass ein Fachmann sie ausführen kann.«[89] Je nach Einzelfall ist es denkbar, dass KI sich durch datengestütztes Lernen zu einem gewissen Grad verselbstständigt und der Patentanmelder keine vollständige Einsicht in die genauen Prozesse der Erfindung hat. Eine vollständige Offenbarung der Erfindung ist in einem solchen Fall nicht möglich. Noch ist offen, wie Patentämter diesem Problem begegnen. Nach Ansicht des Verfassers betrifft die Pflicht zur Offenlegung der Erfindung die KI auf der Entwicklungsstufe, in der sie der Erfinder entwickelt hat und noch vollständig durchschauen kann. Diese Entwicklungsstufe, und nicht eventuell weitere, verselbstständigte, muss als Be-

87 So z. B. § 1 (3) des deutschen Patentgesetzes. Vergleichbare Vorschriften finden sich in den Gesetzen anderer Staaten.

88 Der US *Supreme Court* verfolgt einen vergleichbaren Ansatz (Levy/Fussell/Streff Bonner, 2019/2020, S. 31).

89 § 34 (4), deutsches Patentgesetz.

urteilungsgrundlage der Patentfähigkeit dienen, also insbesondere der Prüfung von Neuheit, erfinderischem Schritt und industrieller Anwendbarkeit. Die International Association for the Protection of Intellectual Property hat zu Recht in diesem Zusammenhang die Ansicht geäußert, dieses Problem betreffe nur solche Erfindungen, die im Kern aus KI selbst bestehen, nicht aber solche, die lediglich durch KI ermöglicht werden, dann aber unabhängig von der KI bestehen und funktionieren (wie z. B. die durch KI ermöglichte aerodynamische Form einer Autokarosserie). (Association Internationale pour la Protection de la Propriété Intellectuelle, 2020, Randnummern 7 und 8)
Dies führt zur zweiten Frage dieses Abschnitts, nämlich der Patentierbarkeit der durch KI geschaffenen Erzeugnisse. Bei solchen Erfindungen stellt sich die Frage, ob sie noch dem menschlichen Programmierer der KI oder ihrem Anwender zugerechnet werden können, oder bereits als Resultat einer selbstbestimmten KI anzusehen sind. Nach allgemeiner Auffassung setzt das deutsche Patentrecht eine natürliche menschliche Person als Erfinder voraus. Autonom agierende Maschinen, die selbstständig durch KI etwas Neues herstellen, kommen daher nicht als Erfinder in Frage, so dass sich für diesen Bereich eine Regelungslücke auftut. Das Bundeswirtschaftsministerium geht noch davon aus, dass Fälle solcher selbstständigen KI äußerst selten sind (BMWi, 2019, S. 24). Wer aber soll in den heute häufig vorkommenden Fällen der nichtselbstständigen KI, durch die eine Erfindung geschaffen wird, ein Anrecht auf das Patent haben? Der Programmierer der zu Grunde liegenden Software? Bezüglich dieser und der zu Grunde liegenden KI hat der Programmierer eventuell bereits einen Patentanspruch. Es erscheint übertrieben, ihm ein zusätzliches Patent an den KI-generierten Erzeugnissen zuzusprechen. Firmen, die KI einsetzen sollen, um innovativ tätig zu werden, würden wahrscheinlich zögern, in solche KI zu investieren, wenn ihnen keine Patentansprüche für KI-generierte Erzeugnisse zustünden (BMWi, ebenda). Dementsprechend liegt es nahe, den Anwender der KI als patentrechtlichen Erfinder des Erzeugnisses anzusehen. Dieser hat, anders als ihr Programmierer, die KI auf einen konkreten Einzelfall angewandt, um ein konkretes innovatives Produkt oder eine bestimmte Dienstleistung zu schaffen.

- Urheberrechte erstrecken sich ausdrücklich auf Computerprogramme, soweit sie als persönliche geistige Schöpfungen des Programmierers gelten.[90] Dagegen umfassen Urheberrechte nicht Ideen und Grundsätze, die einem Element eines Computerprogramms zu Grunde liegen, einschließlich der den Schnittstellen zu Grunde liegenden Ideen und Grundsätze.[91] Dem Erfordernis der persönlich geistigen Schöpfung muss auch die KI genügen. Urheberrechtsschutz kommt in

90 § 2 (1) 1. und (2), § 69a (3), deutsches Urhebergesetz (UrhG), sowie Artikel 10.1, TRIPS-Abkommen.
91 § 69a (2) UrhG.

Betracht einerseits für die KI selbst – also eines Algorithmus zur digitalen Lösung eines Problems – und andererseits für Werke, die durch diese KI hergestellt werden – also zum Beispiel Fotos, Musik, Texte, weitere Software. Während der Schutz der KI selbst dem Softwareentwickler zu Gute kommen würde, wären die Rechteinhaber an den durch KI erstellten Werken Anwender von KI, wie z. B. Musiker oder Entwickler weiterführender Software. Die KI selbst kann in (seltenen) Fällen der Verselbstständigung nicht als persönlich geistige Schöpfung (und damit als urheberrechtlich schützbar) betrachtet werden, d. h., wenn ihre Prozesse nicht mehr von ihrem Programmierer durchschaut werden können und sich von der grundlegenden KI abheben. Eine Ausnahme gilt nur dann, wenn der Programmierer bestimmte Verselbstständigungsoptionen bereits in der grundlegenden KI vorgesehen hat (vgl. Schürmann/Rosental/Dreyer, 2019). Urheberschutz setzt nach heutiger Rechtsauffassung – wegen des Erfordernisses der persönlich geistigen Schöpfung – nämlich eine natürliche Person als Rechteinhaber voraus (vgl. Schönenberger, 2017). Ebenso stellt sich die Rechtslage bei der Frage des Schutzes der Erzeugnisse von KI dar. KI-Anwender, die mit Hilfe von KI Werke wie Musik oder Texte herstellen, können dafür urheberrechtlichen Schutz beanspruchen. Dies gilt nicht mehr, wenn die KI bestimmte Werke selbstständig schafft und der KI-Anwender keinen Einfluss mehr auf deren Gestaltung hat (Vgl. Herfurth, 2019). Wie im Bereich des Patentrechts besteht hier also eine Regelungslücke. Diese ist allerdings, wie bereits erwähnt, solange unerheblich, wie die technischen Möglichkeiten zur Ermöglichung selbstständiger KI begrenzt bleiben.

- Das Recht zum Schutz von Geschäftsgeheimnissen kann sich auf jedwede KI erstrecken. Dies ist besonders für solche KI interessant, die aus oben genannten Gründen nicht urheberrechtlichen oder patentrechtlichen Schutz beanspruchen kann. Wesentlich praxisrelevanter als die bisher eher seltenen Fälle von verselbstständigter KI sind dies insbesondere die Ideen und Grundsätze eines Algorithmus einschließlich der Schnittstellen zwischen verschiedenen Elementen eines Programms. Durch eine EU-Richtlinie von 2016 ist die Rechtslage in der EU diesbezüglich vereinheitlicht worden.[92] In Anspruch nehmen kann diesen Schutz der Programmierer der KI selbst oder ein Anwender der KI. Das Recht schützt vor rechtswidrigem Erwerb, rechtswidriger Nutzung oder Offenlegung der KI, also insbesondere des zu Grunde liegenden Algorithmus. Allerdings besteht der Schutz nur solange, wie die KI geheim gehalten wird. Falls ein wertvoller Algorithmus direkt Teil eines vermarkteten Produkts ist (zum Beispiel die Software eines medizinischen Diagnosegerätes), schützt ein Geschäftsgeheimnis nicht vor

92 *Richtlinie (EU) 2016/943 des Europäischen Parlaments und des Rates vom 8. Juni 2016 über den Schutz vertraulichen Know-hows und vertraulicher Geschäftsinformationen (Geschäftsgeheimnisse) vor rechtswidrigem Erwerb sowie rechtswidriger Nutzung und Offenlegung.* (im Folgenden: Richtlinie über Geschäftsgeheimnisse).

Versuchen, die KI und insbesondere den zu Grunde liegenden Algorithmus auf faire Art und Weise zu entschlüsseln. Dies stellt eine wesentliche Beschränkung dieses Rechtsinstitutes dar. Anders ist die Lage in Fällen, in denen der wertvolle Algorithmus nicht nach außen greifbar wird, also zum Beispiel lediglich einen internen Fertigungsprozess für ein Produkt optimiert. Hier kann ein Geschäftsgeheimnis wertvollen Schutz bieten.

- Zusammenfassend lässt sich feststellen, dass das bestehende System der Immaterialgüterrechte grundsätzlich auf KI anwendbar ist. Entscheidend ist sowohl im Patent- als auch im Urheberrecht, ob der jeweilige Algorithmus speziell als Lösungsansatz für ein bestimmtes Problem entwickelt wurde. Dies wird in vielen Fällen zu bejahen sein. Abstrakte, von konkreten Anwendungen losgelöste Theorien, Grundsätze und Ideen sowie Programmschnittstellen sind weder patent- noch urheberrechtsfähig, ebenso wenig die seltenen Fälle verselbstständigter KI. Hier bietet das Recht an Geschäftsgeheimnissen nur dann einen ernst zu nehmenden Schutz, wenn die entsprechenden Algorithmen oder zu Grunde liegenden Ideen nicht öffentlich zugänglich sind, also z. B. Teile eines internen Fertigungsprozesses betreffen.

Stellungnahme / Handlungsempfehlungen

Rechtspolitisch erscheint es wünschenswert, die weitere Entwicklung der KI zu fördern, um unserer Gesellschaft die Vorteile der Digitalisierung zu ermöglichen, zukunftsträchtige Arbeitsplätze zu schaffen und Deutschlands und Europas Wettbewerbsfähigkeit zu sichern. Eine künftige Entwicklung selbstständiger (»starker«) KI sollte allerdings von ethischen Überlegungen begleitet werden, welche Folgen der Digitalisierung unerwünscht sind (vgl. Schmiedchen u. a. 2018). Dies würde über den Zweck des vorliegenden Kapitels hinausgehen. Immaterialgüterrechte sind entscheidend dafür, wie der Schwerpunkt bei Investitionsanreizen für KI gesetzt werden soll. Ausschließliche Rechte spielen hierbei eine wichtige Rolle. Andererseits ist gerade im IKT- und Softwarebereich auch der Austausch mit anderen Entwicklern innovationswesentlich. Das Immaterialgüterrecht sollte also entsprechend austariert sein, um Innovation sowohl durch Schutzrechte als auch verstärkten Austausch zu fördern. Die Ausnahme der den Algorithmen zu Grunde liegenden Theorien und Ideen vom Schutzbereich der wichtigsten geistigen Eigentumsrechte ermöglicht deren Nutzung durch Wettbewerber und Forscher. Traditionelle Schutzrechte sind in großem Maße auf KI anwendbar, so dass wichtige Investitionsanreize prinzipiell zur Verfügung stehen. Allerdings besteht eine Regelungslücke für selbstständige (»starke«) KI. Wegen der momentan nicht gegebenen technischen Möglichkeiten, starke KI tatsächlich zu erschaffen und anzuwenden, stellt sich kein unmittelbarer Handlungsbedarf. Jedoch sollte bereits jetzt mit Überlegungen begonnen werden, ob und wie starke KI eines Tages als Immaterialgüterrecht schützbar sein sollte. Hier soll auf zwei Fragen eingegangen werden, und zwar: (1) Wie kann das Immaterialgüterrecht so ausgestaltet werden, dass die Schaffung starker KI selbst in kontrollierbaren Bahnen verläuft? (2) Sollte man das Immaterialgüterrecht anpassen, um die Erzeugnisse starker KI zu schützen?

(1) Wie bereits dargelegt, gibt es nach heutiger Rechtsauffassung erhebliche Bedenken bezüglich der Patentierbarkeit oder Urheberrechtsfähigkeit von starker KI (u.a. wegen des Fehlens eines menschlichen Erfinders oder Urhebers eines Algorithmus). Starke KI könnte aber als Geschäftsgeheimnis geschützt werden. Würde ein entsprechender Schutz einer unkontrollierten Entwicklung von KI Vorschub leisten, die in ein Szenario münden könnte, in dem der Mensch den Einfluss auf die KI verlöre? Anders als ein Patent kann ein Geschäftsgeheimnis einen Wettbewerber grundsätzlich nicht an der selbstständigen Entwicklung der geheim gehaltenen Technologie hindern. Man darf ein Geschäftsgeheimnis erforschen und entschlüsseln, solange man lautere Mittel einsetzt und nicht etwa auf Industriespionage zurückgreift. Diese Erkenntnis ist wichtig für die Zulässigkeit der Rekonstruktion von Quellcodes, die Aufschluss über die Konstruktion von Computersoftware zu geben vermögen. Dies ermöglicht es, Fehlfunktionen zu entdecken und die weitere Entwicklung eines Algorithmus zu steuern. [93] Allerdings ist nach heutigem EU-Recht die Rekonstruktion von Software nicht unbegrenzt erlaubt, sondern unterliegt gewissen, vom Urheberrecht am Programm bestimmten Grenzen.[94] Entsprechend ist die Dekompilierung eines Programms ausschließlich zum Zweck der Herstellung von Interoperabilität zwischen dem rekonstruierten Programm und einem unabhängig geschaffenen, anderen Programm zulässig.[95] Zwecks Überprüfung der Funktionsfähigkeit eines Programms darf dieses durch das Laden, Anzeigen, Ablaufen, Übertragen oder Speichern beobachtet, untersucht und getestet werden.[96] Soweit diese Handlungen eine auch nur vorübergehende oder teilweise Vervielfältigung des Programms erforderlich machen, muss allerdings die Zustimmung des Rechteinhabers eingeholt werden.[97] Da die Rekonstruktion des Quellcodes in der

93 In der Literatur ist darauf hingewiesen worden, dass die Rekonstruktion des Quellcodes allein nicht ausreicht, um die Funktionsweise eines Programms vollständig zu verstehen. Demnach sind noch weitere Schritte erforderlich, die hier nicht erörtert werden sollen (Samuelson/Scotchmer, 2001 S. 1613)

94 Anders als der dem Programm zu Grunde liegende Quellcode, der eine urheberrechtlich nicht schützbare Idee beinhaltet, stellt ein Softwareprogramm den kreativen Ausdruck dieser Idee dar und kann somit durch Urheberrecht geschützt werden.

95 Artikel 6(2)(a) Richtlinie 24/09/EG des Europäischen Parlaments und des Rates vom 23. April 2009 über den Rechtsschutz von Computerprogrammen. Vorhanden unter https://eur-lex.europa.eu/legal-content/DE/TXT/PDF/?uri=CELEX:32009L0024&from=en

96 Ebda, Artikel 5(3).

97 Ebda, Artikel 4(1)(a). Die in Artikel 5(3) formulierte Ausnahme vom Zustimmungsvorbehalt ist derart weit gefasst, dass sie keine eigentliche Ausnahme begründet, sondern einen Zirkelschluss: »Die zur Verwendung einer Programmkopie berechtigte Person kann, **ohne die Genehmigung des Rechtsinhabers einholen zu müssen**, das Funktionieren dieses Programms beobachten, untersuchen oder testen, um die einem Programmelement zugrundeliegenden Ideen und Grundsätze zu ermitteln, wenn sie dies durch Handlungen zum Laden, Anzeigen, Ablaufen, Übertragen oder Speichern des Programms

Regel das Kopieren des Programms erfordert (dies kann gefolgert werden aus: Samuelson/Scotchmer, 2001, S. 1609), kann dieses Zustimmungserfordernis eine Programmüberprüfung verhindern oder, falls zunächst eine kostenpflichtige Lizenz erworben werden muss, finanziell abschreckend wirken. Nicht jeder Urheber mag Interesse an einer Überprüfung seiner Softwareprogramme haben.

Im Hinblick auf künftige Entwicklungen starker KI erscheint hier eine Revision der EU-Richtlinie über den Rechtsschutz von Computerprogrammen von Nöten. Erforderlich ist eine klare Ausnahmeregelung zu Gunsten jeglicher Aktivitäten, die der Überprüfung der Funktionsfähigkeit eines Programms dienen. Dies erscheint erforderlich, um die zukünftige Entwicklung von Quellcodes kritisch zu begleiten und zu verhindern, dass deren Funktionsweise zunehmend dem menschlichen Verständnis und Einfluss entzogen wird.

Auch aus rechtspolitischer Sicht sollte die Überprüfung eines Programms unabhängig von der Zustimmung des Urhebers stattfinden können. Der Schutz des Urheberrechts erstreckt sich nicht auf die der Schöpfung zu Grunde liegende Idee,[98] in diesem Fall also den Quellcode. Eine Vervielfältigung des Programms kann dann nicht als Urheberrechtsverletzung angesehen werden, wenn die Vervielfältigung nicht das eigentliche Ziel ist, sondern dem Verstehen des nicht urheberrechtlich geschützten Quellcodes dient. Eine restriktivere Anwendung des Urheberrechts führt zudem zu einer unzulässigen Einschränkung des Freiraums, den ein an einem Quellcode bestehendes Geschäftsgeheimnis vorsieht. Danach ist die Entschlüsselung des geschützten Geheimnisses durch redliche Mittel erlaubt. Eine solche Entschlüsselung wird aber illegalisiert, wenn man im Urheberrecht eine Rekonstruktion des Programms zwecks seiner Überprüfung verbietet.

Im Abschnitt zur Anwendbarkeit geistiger Eigentumsrechte auf KI ist darauf hingewiesen worden, dass die zulässige Entschlüsselung eines Geschäftsgeheimnisses nur dann möglich ist, wenn die entsprechende Technologie öffentlich zugänglich ist, also zum Beispiel in ein vermarktetes Produkt integriert ist. Ist die KI aber zum Beispiel ein Teil eines rein internen Herstellungsprozesses, haben Dritte keinen Zugriff und die soeben angestellten Überlegungen zur Revision der EU-Richtlinie über den Rechtsschutz von Computerprogrammen bieten wenig Hilfestellung. Für derartige Konstellationen erscheint ein Vorschlag der Vereinigung Deutscher Wissenschaftler (VDW) interessant. Demnach sollen KI-relevante Konstruktionsangaben und Quellcodes in staatlichen Kontrollinstituten gespeichert werden, um sie langfristig öffentlich zugänglich zu machen und dadurch Fehlfunktionen lückenlos zu dokumentieren und die Erfolgschancen für

tut, **zu denen sie berechtigt ist.**« (Hervorhebung durch den Verfasser). Es ist selbstverständlich, dass Jemand für Handlungen, zu denen er berechtigt ist, keiner Genehmigung des Rechteinhabers bedarf. Wozu ohne Genehmigung agierende Dritte berechtigt sind, ergibt sich aus Artikel 4(1)(a), nämlich zum Laden, Anzeigen, Ablaufen, Übertragen oder Speichern des Programms, aber nur solange dies keine Verfielfältigung desselben erfordert.

98 Siehe z. B. Artikel 9(2), TRIPS-Abkommen.

Reparaturen zu optimieren (Schmiedchen u. a., 2018, S. 17). Bei Einverständnis des Inhabers eines Geschäftsgeheimnisses sind keine immaterialgüterrechtlichen Probleme erkennbar. Liegt ein Einverständnis jedoch nicht vor, berechtigt der Schutz von Geschäftsgeheimnissen gerade zum Schutz vor öffentlichem Zugang zwecks Wahrung der Wettbewerbsfähigkeit. Eine Möglichkeit, dieses Schutzrecht mit der von der VDW vorgeschlagenen Dokumentationspflicht in Einklang zu bringen, existiert im Bereich der Forschungs- und Entwicklungsförderung durch öffentliche Mittel. Staatliche Institutionen, die öffentliche Mittel zur Forschung und Entwicklung von KI zur Verfügung stellen, können dem KI-Entwickler bestimmte Nutzungsbedingungen als Voraussetzung für den Zugang zu Fördermitteln auferlegen. Eine solche Bedingung könnte im Hinterlegen von KI-relevanter Information einschließlich bestimmter Algorithmen bestehen. Eine solche Hinterlegungspflicht sollte jedoch andererseits so ausgestaltet sein, dass sie nicht die Bereitschaft zur Investition in die Entwicklung von KI hemmt. Diese Gefahr bestünde, wenn kommerzielle Wettbewerber ungehindert Zugang zu hinterlegten Informationen hätten. Man könnte erwägen, Zugang gegen Zahlung eines Entgeltes zu gewähren, durch das der KI-Entwickler für seine Bemühungen entschädigt wird. Alternativ könnte man den Zugang auf Nicht-Wettbewerber, wie etwa Forscher an öffentlichen Einrichtungen, beschränken. Darüber hinaus könnte man bestimmte Ausnahmetatbestände formulieren, bei deren Vorliegen ein staatliches Kontrollinstitut das Recht hätte, hinterlegte Informationen zu veröffentlichen, z. B. um eine Gefahr für bestimmte öffentliche Interessen abzuwenden. Eine ähnliche Möglichkeit sieht das TRIPS-Abkommen der WTO beim Schutz pharmazeutischer Testdaten vor, falls dies zum Schutz öffentlicher Interessen erforderlich ist (vgl. Spennemann/Schmiedchen, 2007). Allerdings fehlt es bezüglich KI und Geschäftsgeheimnissen an einer ausdrücklichen Ausnahmeregelung im TRIPS-Abkommen. Ein multilateraler Konsens erscheint hier erforderlich. Dabei müsste genau festgelegt werden, inwiefern ein öffentliches Interesse an einer Hinterlegungspflicht für KI-relevante Informationen besteht und unter welchen Bedingungen dieses das anerkannte Recht auf den Schutz von Geschäftsgeheimnissen einschränken kann.

(2) Die folgenden Möglichkeiten zum Schutz von durch KI selbstständig generierten Erzeugnissen werden bereits diskutiert (BMWi, 2019, S. 29):

- <u>Belassen des Status quo</u>. Entsprechend dem oben geäußerten Gedanken zur Wichtigkeit von Ideenaustausch und Kollaboration im Bereich IKT/Software könnte man bei der eigenständigen Entwicklung von Innovation durch starke KI vollständig auf den Schutz durch exklusive Rechte verzichten. Dabei sollte man jedoch bedenken, dass andere Rechtssysteme bereits durchaus in der Lage sind, starke KI durch Immaterialgüterrechte zu schützen. Zum Beispiel existiert weder im US-amerikanischen noch im englischen Urheberrechtssystem das Erfordernis einer natürlichen Person als Autor und einer persönlich-geistigen Schöpfung als Schutzgut. Anders als in Deutschland können daher die Erzeugnisse starker KI durchaus geschützt werden, und zwar als Copyright der Person, die die Voraussetzungen dafür geschaffen hat, dass das Erzeugnis hergestellt wird (selbst wenn dies unmittelbar auf eine verselbstständigte KI zurückgeht).[99] Der weniger umfangreich ausgestaltete Schutz könnte sich für Deutschland als Wettbewerbsnachteil erweisen. KI-Entwicklung kann nicht auf freien Ideenaustausch reduziert werden, sondern benötigt auch Investoren. Es erscheint daher unverhältnismäßig, jeglichen Immaterialrechtsschutz grundsätzlich auszuschließen. Vielmehr sollte es möglich sein, von Fall zu Fall zu entscheiden, in welchem Grad man auf exklusive Rechte oder offene Kollaboration setzen möchte. Ein open source-Ansatz würde diese Flexibilität bieten. Ein solcher Ansatz setzt aber die Existenz eines Immaterialgüterrechts voraus, über das dann je nach Fall offen oder ausschließlich verfügt werden kann.

- Schaffung einer Rechtspersönlichkeit für KI. Diese Option würde einen eindeutigen Patent- und Urheberschutz von verselbstständigter KI und ihren Werken ermöglichen. Die Existenz juristischer Personen verdeutlicht, dass Rechtspersönlichkeit nicht zwingend an die menschliche Existenz an sich gebunden ist. Andererseits werden juristische Personen von einem Zusammenschluss natürlicher Personen erst geschaffen. Insofern könnte man der Ansicht sein, dass auch juristische Personen bestimmte Aspekte der Menschenwürde in sich tragen, weil sie einen von einer Gesamtheit natürlicher Personen geäußerten Willen repräsentieren (BMWi, 2019, S. 7). Es erscheint zweifelhaft, dass ein vergleichbares Spiegelbild der Menschenwürde auch bei der KI angenommen werden kann. Dieser Frage müsste zunächst durch eine gesellschaftliche Debatte nachgegangen werden.[100] Darüber hinaus müssten wichtige Haftungsfragen geregelt werden. So müsste eine mit eigener Rechtspersönlichkeit ausgestattete KI über Möglichkeiten verfügen, für durch sie verursachte Rechtsverletzungen durch eigenständige Haftung und Zahlung von Schadenersatz einzustehen. Wegen der Komplexität dieser Überlegungen erscheint dem Verfasser die Schaffung einer KI-Rechtspersönlichkeit derzeit nicht erstrebenswert. Es existieren weniger einschneidende, aber ebenso geeignete Maßnahmen zum Schutz der Erzeugnisse starker KI.
- Anpassung des Rechtssystems. Entsprechend dem britischen oder US-amerikanischen Vorbild könnte man das Schutzrecht an Erzeugnissen starker KI der natürlichen Person zuerkennen, die als letztes menschliches Glied in der Befehlskette dafür gesorgt hat, dass die KI ein solches Erzeignis schaffen

99 So z. B Sec. 9 (3) UK Copyright Designs and Patent Act 1988; ähnlich im Ansatz 17 U. S. Code § 101, demgemäß der Auftraggeber eines Werkes (im Gegensatz zum eigentlichen Autoren des Werkes) der Schutzberechtigte sein kann.

100 Siehe insbesondere die Erörterungen von Stefan Bauberger im 11. Kapitel Maschinenrechte.

kann. Damit würde man im Bereich des Urheberrechts das traditionelle Erfordernis einer persönlich-geistigen Schöpfung aufgeben. Dies könnte sich als rechtspolitisch schwer umsetzbar erweisen. (BMWi, 2019, S. 26).

- Schaffung eines neuen Leistungsschutzrechts. Weniger einschneidend als die Anpassung des deutschen Rechtssystems (s. o.) erscheint die Schaffung eines Leistungsschutzrechts für die Ergebnisse starker KI. Das Institut des Leistungsschutzrechts wird im deutschen Recht verwendet, wenn eine Leistung belohnt werden soll, die keine persönlich-geistige Schöpfung darstellt. So wird insbesondere Jedem, der eine einfache Fotografie macht, ein solches Recht am Bild zuerkannt, das 50 Jahre nach Herstellung oder Erscheinen des Bildes erlischt.[101] Da ein Foto nicht unmittelbar von einer natürlichen Person, sondern einem Fotoapparat angefertigt wird, findet das Urheberrecht mangels einer persönlich-geistigen Schöpfung keine Anwendung.[102] Entsprechend könnte man die Ergebnisse starker KI schützen.

Zur KI sei hier abschließend bemerkt, dass ihre Weiterentwicklung nicht nur vom Schutz durch Immaterialgüterrechte abhängt, sondern von der Bereitschaft der Nutzer, Daten zur Verfügung zu stellen (zu »teilen«), auf denen KI erst entwickelt werden kann. In der Europäischen Datenstrategie vom Februar 2020 beklagt die EU-Kommission erhebliche Defizite beim Teilen von Industriedaten (s. o.). Die Anwendbarkeit geistiger Eigentumsrechte auf Daten ist problematisch. Dies wirft verstärkt die Frage nach einem geeigneten Rechtsrahmen für Datenaustausch auf (siehe unten).

9.2.2 Anwendbarkeit geistiger Eigentumsrechte auf Daten

KI und Daten sind eng miteinander verbunden. Ohne Daten, auf Grund derer KI entwickelt werden kann, ist eine KI nicht denkbar. Rechtlich jedoch sind sie auseinander zu halten. Während bei den Algorithmen der KI die Konzepte der technischen Erfindung (Patentrecht) und der kreativen Formulierung (Urheberrecht) recht einleuchtend erscheinen, sind diese Zusammenhänge bei Daten nicht offensichtlich. Entsprechend existiert in der EU derzeit kein Gesetz, das ein spezielles Eigentumsrecht an Daten begründet (vgl. Van Asbroeck/Debussche/César, 2017, S. 22).[103] Verschiedene Varianten geistiger Eigentumsrechte kommen einem solchen Schutzzweck am nächsten, auch wenn sich besondere Probleme dadurch ergeben, dass das System der geistigen Eigen-

101 Siehe § 72 UrhG.

102 Im Gegensatz zum einfachen *Lichtbild* gilt ein Foto als urheberrechtlich geschütztes *Lichtbildwerk*, wenn es erhöhte Anforderungen an Kreativität und Ausdruck erfüllt. In dem Fall steht nicht die Funktion des Fotoapparates, sondern der kreative Einsatz desselben durch den Fotografen im Vordergrund der Beurteilung. Solche Fotos werden daher als persönlich-geistige Schöpfung angesehen. Rechte an solchen Lichtbildwerken erlöschen erst 70 Jahre nach Tod des Urhebers.

103 Mit weiterer Analyse der nationalen Gesetze einiger EU-Staaten. In Deutschland wird vorgeschlagen, ein zivilrechtliches Eigentumsrecht an eigenen Daten aus bestehenden Vorschriften des Strafrechts und des bürgerlichen Rechts abzuleiten (ebenda, S. 57).

tumsrechte auf die neuen technischen Möglichkeiten zur automatischen Zusammenstellung und Analyse von Daten noch nicht angemessen eingestellt ist.

- Urheberrecht: In Betracht kommt der Schutz einzelner Daten sowie Datensammlungen oder Datenbanken. Allerdings müssen sie persönliche geistige Schöpfungen darstellen.[104] Dies ist nicht der Fall bei Daten, die ausschließlich auf Grund logischer Zwänge und ohne jede persönlich-geistige Schaffenskraft zusammengestellt werden, wie z. B. Sportergebnisse oder Temperaturmessungen (vgl. Van Asbroeck/Debussche/César, 2017, S. 70). Ebenso wenig schutzfähig sind Daten oder Datenbanken, die durch automatisierte Prozesse zustande kommen, also z. B. durch KI. Das Fehlen eines Schutzrechts kann einerseits bedeuten, dass die Inhaber solcher Daten nicht bereit sind, sie öffentlich zugängig zu machen, da sie keine Gegenleistung erwarten können und die Kontrolle über diese Daten verlieren. In solchen Fällen bleibt das Innovationspotenzial der Daten ungenutzt. Andererseits benötigen Dritte, wenn solche Daten bereits öffentlich zugänglich sind, keine durch ein Immaterialgüterrecht erforderliche Erlaubnis zur Nutzung dieser Daten, z. B. im Rahmen einer wissenschaftlichen oder kommerziellen Datenanalyse. Die 2019 verabschiedete EU-Richtlinie über das Urheberrecht im digitalen Binnenmarkt sieht zum Zweck der Analyse legal zugänglicher Texte und Daten (Text und Data Mining) Ausnahmen zum Urheberrecht vor, da Text und Data Mining eine entscheidende Rolle in der wissenschaftlichen und industriellen Forschung sowie in der Entwicklung der KI spielt.[105] Allerdings können Rechteinhaber durch einen ausdrücklich erklärten Vorbehalt die Anwendung dieser Ausnahme auf ihre Werke zum Zweck kommerzieller Forschung verhindern. Dieser Vorbehalt ist in der Literatur kritisiert worden, da sie KI-Entwickler, gewerbliche Forschungsinstitutionen und Journalisten in der EU gegenüber vergleichbaren Akteuren in den USA benachteilige (Hugenholtz, 2019). Dort darf gewerbliches Text und Data Mining unabhängig vom Willen der Urheber praktiziert werden. Ideal wäre daher die Schaffung eines Datenschutzrechts für nicht urheberrechtlich geschützte Daten, das zur Veröffentlichung von Daten ermutigt und keine zu hohen Schranken für die Nutzung durch Dritte auch im Bereich der gewerblichen Forschung festlegt.
- Schutz von Datenbanken: Neben dem Urheberrecht kommt hier das in der EU im Jahr 1996 eingeführte sui generis-Schutzrecht für Datenbanken in Betracht.[106] »Datenbank« im Sinne der Richtlinie ist eine Sammlung von Werken, Daten und anderen unabhängigen Elementen.[107] Das Schutzrecht erstreckt sich nicht

104 Siehe z. B. § 4 des deutschen Urheberrechtsgesetzes.

105 Artikel 3 und 4 der *Richtlinie des Europäischen Parlaments und des Rates vom 17. April 2019 über das Urheberrecht und die verwandten Schutzrechte im digitalen Binnenmarkt und zur Änderung der Richtlinien 96/9/EG und 2001/29/EG.*

106 *Richtlinie 96/9/EG des Europäischen Parlaments und des Rates vom 11. März 1996 über den rechtlichen Schutz von Datenbanken.*

107 Artikel 1 der Richtlinie.

auf einzelne Daten, sondern Datenbanken in jeglicher Form. Deren Hersteller können die Weiterverwendung der Datenbank oder Entnahme einzelner Daten durch Dritte verhindern. Voraussetzung ist allerdings, dass der Hersteller eine wesentliche Investition in die Beschaffung, Überprüfung oder Darstellung des Inhalts der Datenbank getätigt hat. Dabei ist »Inhalt« als ein Ganzes zu verstehen, das über einzelne Daten oder andere Elemente hinausgeht. In der Literatur ist darauf hingewiesen worden, dass diese Voraussetzungen den neuen technischen Entwicklungen im Bereich der KI keine Rechnung tragen und durch KI geschaffene Datenbanken ungeschützt belassen (vgl. Van Asbroeck/Debussche/César, 2017). [108] Im Bereich der durch KI automatisierten Datenanalyse wird der Inhalt einer Datenbank in der Regel durch KI, also automatisiert, beschafft. Dies erfordert keine wesentliche Investition im Sinne der Richtlinie, anders als vielleicht die Schaffung der einzelnen Daten selbst.

- Das Recht zum Schutz von Geschäftsgeheimnissen könnte Dateninhabern einen Anspruch verschaffen, den rechtswidrigen Erwerb, die rechtswidrige Nutzung sowie Offenlegung der von ihnen kontrollierten Daten zu verhindern. Rechtsgrundlage ist hierbei die bereits oben vorgestellte EU-Richtlinie über Geschäftsgeheimnisse. Allerdings erscheint auch hier zweifelhaft, ob Daten, die im Rahmen von KI-Analysen verwendet werden, den Schutzanforderungen für Geschäftsgeheimnisse entsprechen. Dazu müssten sie u. a. einen kommerziellen Wert haben.[109] Dies erscheint bei einzelnen Daten zweifelhaft. Erst im Zusammenhang eines Datensatzes werden Einzeldaten wertvoll, um bestimmte Trends, Verhaltensweisen oder Entwicklungen aufzuzeigen. Datensätze wiederum werden im Rahmen einer KI-Datenanalyse oft unter verschiedenen Akteuren geteilt, um die Daten zu abstrahieren, bestimmten Mustern entsprechend zusammenzustellen, zu interpretieren und schließlich als KI anzuwenden (Van Asbroeck/Debussche/César, 2017, S. 123, Figure 5.1: Knowledge pyramid). Falls die verschiedenen Akteure keine vertragliche Vereinbarung zur Geheimhaltung der geteilten Daten vor Dritten getroffen haben, sind die geteilten Daten nicht mehr als geheim anzusehen, was eine Voraussetzung für den Schutz von Geschäftsgeheimnissen darstellt.[110] Vertragliche Geheimhaltungsabsprachen sind also essenziell für den Schutz von Datensätzen als Geschäftsgeheimnisse.

Alternative Ansätze zur Förderung des Teilens von Daten

Wie in den letzten Abschnitten gezeigt, bieten bestehende Rechtsinstrumente automatisch generierten Daten nur begrenzt Schutz und sind deshalb eventuell nur begrenzt geeignet, das Teilen von Daten zwecks Innovation zu fördern. Deshalb wird seit einiger

108 Anders Schürmann/Rosental/Dreyer, 2019, die ein Datenbankschutzrecht für das Ergebnis der Datenanalyse, also der KI, zu bejahen scheinen.
109 Artikel 2.1 b) der Richtlinie über Geschäftsgeheimnisse.
110 Artikel 2.1 a) der Richtlinie über Geschäftsgeheimnisse.

Zeit die Schaffung eines speziell auf maschinell erstellte Daten zugeschnittenen Rechts angeregt. So hat die Weltorganisation für geistige Eigentumsrechte WIPO eine Konsultation zur Schaffung eines gesonderten Rechts für Daten initiiert, die sich im Jahr 2021 noch in den Anfängen befindet (vgl. WIPO, 2019).

Ein für die EU-Kommission angefertigtes Gutachten schlägt ein nicht-ausschließliches Recht an Daten vor, das Jedem zustehen soll, der nachweislich und legitim bestimmte Daten bearbeitet oder analysiert hat (vgl. Van Asbroeck/Debussche/César, 2017, S. 120, Chapter 5). Durch den nicht-ausschließlichen Charakter des Rechts soll der Zugang und Austausch der geschützten Daten gefördert werden.

In ihrer im Februar 2020 vorgestellten Datenstrategie geht die EU-Kommission auf diesen Vorschlag nicht weiter ein. Die EU-Datenstrategie kündigt für 2020 und 2021 einen Rechtsrahmen für einen gemeinsamen europäischen Datenraum an (vgl. Europäische Kommission, 2020, S. 12–15). Schwerpunkte sollen hierbei auf das Teilen von Daten und die Schaffung entsprechender Rechte gelegt werden. Allerdings scheint die Kommission in diesem Zusammenhang dem Konzept der offenen Daten (»Open Data«) mehr Gewicht beizumessen als einer Neubestimmung existierender EU-Gesetze zu geistigen Eigentumsrechten. Speziell für den Bereich öffentlich erstellter Daten hat auch die Schweizer Bundesregierung im November 2018 eine »Strategie für offene Verwaltungsdaten in der Schweiz 2019–2023« verabschiedet (vgl. Schweizer Bundesverwaltung, 2019–2023).

Potenzielle Konflikte zwischen dem Schutz von Wirtschaftsakteuren durch Immaterialgüterrechte einerseits und dem Schutz der Nutzer gemäß der Datenschutzgrundverordnung (DSGVO) andererseits

Immaterialgüterrechte von Wirtschaftsakteuren und Rechte privater Nutzer an ihren Daten gemäß der EU-Datenschutzgrundverordnung (DSGVO) unterscheiden sich in ihrer Zielrichtung. DSGVO-Nutzerrechte sind nicht auf wirtschaftliche Gewinne der Rechtsinhaber ausgelegt, sondern betreffen die Kontrolle der bereitgestellten Daten. Wesentliche Elemente dieser Kontrolle im Rahmen der DSGVO sind der Einwilligungsvorbehalt, das Recht auf Vergessenwerden, Transparenz und Zweckgebundenheit der Datenverarbeitung, sowie die Datenübertragbarkeit. Diese sind Ausflüsse des Rechts auf informationelle Selbstbestimmung, welches wiederum aus dem allgemeinen Persönlichkeitsrecht abgeleitet wird.

Trotz dieser Unterschiede sind Überschneidungen zwischen beiden Rechtsgebieten denkbar: private Nutzerdaten werden von Plattformen zu kommerziellen Zwecken genutzt und können, wie im vorherigen Abschnitt dargestellt, zumindest im Zusammenhang mit den Daten anderer Nutzer als Datensätze bestimmten geistigen Eigentumsrechten wie z. B. einem Geschäftsgeheimnis unterworfen werden (ohne dass eine kommerzielle Beteiligung der Nutzer vorgesehen ist). Außerdem kann KI, die auf der Grundlage von Nutzerdaten entwickelt wird, durch Patente, Urheberrechte oder Geschäftsgeheimnisse geschützt werden (s. o.).

Hier können sich Konflikte ergeben, wenn der Grundsatz der Transparenz der Datenverarbeitung in Artikel 5(1)(a) DSGVO[111] dahingehend ausgelegt wird, dass dem Nutzer ein Anspruch auf Offenlegung der zum Maschinentraining verwendeten Daten oder des benutzten Algorithmus zusteht. Falls Letzterer durch ein Patent geschützt ist, lässt sich auf den Patentantrag verweisen, in dem die technischen Details der Erfindung offenbart werden müssen, um nach Ablauf des Patentschutzes einen Nachbau durch einen Fachmann zu ermöglichen.[112] Vom Bereich des Urheberrechts sind die einem Computerprogramm zu Grunde liegenden Ideen und Grundsätze ausgenommen. Eine Offenlegung kann also verlangt werden, wenn man darlegen kann, dass ein Algorithmus eine allgemein gültige Idee verkörpert und nicht einen kreativen Ausdruck dieser Idee. Eine solche Abgrenzung erscheint schwierig.[113] Dies ist jedoch praktisch nicht entscheidend: Im 2. Kapitel dieses Buches betonen von Gernler und Kratzer, dass der Algorithmus meist in groben Zügen bekannt ist und es eher auf eine Offenlegung der zum Maschinentraining verwendeten Daten ankommt. Diese können jedoch durch Geschäftsgeheimnisse geschützt sein, bei denen die Geheimhaltung den Kern der Schutzvoraussetzungen bildet.

Aber auch in Fällen, in denen geistige Eigentumsrechte nicht benutzt werden, um Daten geheim zu halten, sondern im Gegenteil Daten mit anderen Akteuren zu teilen, können Konflikte mit Artikel 5 DSGVO entstehen. Artikel 5 (1) (b) DSGVO stellt die Verpflichtung auf, personenbezogene Daten zweckgebunden zu verwenden, also nicht auf eine Weise weiterzuverarbeiten, die unvereinbar ist mit dem Zweck, zu dem die Daten ursprünglich erhoben worden sind.[114] Der Schutz von Daten durch geistige Eigentumsrechte würde zwar eine gewisse Rechtssicherheit herstellen und dadurch die Inhaber von Datensätzen ermutigen, diese entsprechend den Zielen der europäischen Datenstrategie mit anderen Wirtschaftsakteuren zu teilen. Dieser Anreiz zum Datenteilen könnte jedoch verloren gehen, wenn gleichzeitig das Risiko eines Verstoßes gegen Artikel 5 (1) (b) DSGVO bestünde. In der Tat haben Vertreter des Privatsektors an der UNCTAD *e-commerce week* 2020 betont, dass die Zweckgebundenheit nach Artikel 5 DSGVO ein ernst zu nehmendes Hindernis für das weitere Teilen erhobener Daten darstellt. (UNCTAD, 2020, S. 27ff., insbesondere 28f.)

111 Diese Vorschrift bestimmt: »Personenbezogene Daten müssen
a) auf rechtmäßige Weise, nach Treu und Glauben und in einer für die betroffene Person nachvollziehbaren Weise verarbeitet werden (›Rechtmäßigkeit, Verarbeitung nach Treu und Glauben, Transparenz‹)«

112 Vgl. § 21 (1) 2., deutsches Patentgesetz.

113 Die Offenlegung der Idee im Quellcode wird zumal meist die Dekompilierung des geschützten Programms erfordern. Hier setzt das EU-Recht bestimmte Schranken. Siehe oben, Stellungnahme / Handlungsempfehlungen zur Anwendbarkeit geistiger Eigentumsrechte auf KI.

114 Diese Vorschrift bestimmt: »Personenbezogene Daten müssen [...]
b) für festgelegte, eindeutige und legitime Zwecke erhoben werden und dürfen nicht in einer mit diesen Zwecken nicht zu vereinbarenden Weise weiterverarbeitet werden; eine Weiterverarbeitung für im öffentlichen Interesse liegende Archivzwecke, für wissenschaftliche oder historische Forschungszwecke oder für statistische Zwecke gilt gemäß Artikel 89 Absatz 1 nicht als unvereinbar mit den ursprünglichen Zwecken (›Zweckbindung‹);«

Stellungnahme / Handlungsempfehlungen

Hier soll auf die zwei im vorigen Abschnitt beschriebenen Konflikte zwischen Immaterialgüterrechten und der DSGVO eingegangen werden.

1. Kann vom Inhaber eines Geschäftsgeheimnisses verlangt werden, dieses aufzugeben, um dem Transparenzgebot in Artikel 5(1)(a) DSGVO nachzukommen?
2. Immaterialgüterrechte an Daten sollen Rechtssicherheit fördern und damit die Bereitschaft, Daten zu teilen. Steht die Zweckgebundenheit nach Artikel 5 (1) (b) DSGVO im Widerspruch zu diesem Ziel?

Zur Lösung des unter 1. beschriebenen Konflikts sollte auf den Zweck des Transparenzgebots abgestellt werden. Laut Artikel 5(1)(a) DSGVO müssen personenbezogene Daten in einer für die betroffene Person nachvollziehbaren Weise verarbeitet werden. Wie genau ein Individuum die Einzelheiten dieser Verarbeitung verstehen muss, hängt nach Ansicht des Verfassers vom Zweck der Datenverarbeitung ab. Dient diese dem Erstellen eines Profils der kommerziellen Vorlieben des Individuums zur effizienteren Bewerbung von Produkten oder Dienstleistungen, ist davon auszugehen, dass keine essentiellen Rechtsgüter des jeweiligen Individuums in Mitleidenschaft gezogen werden, zumal eine Bereitstellung von Daten freiwillig erfolgt, um auf zur Not verzichtbare Dienstleistungen wir z. B. bestimmte Suchmaschinen zugreifen zu können. In solchen Fällen erscheint ein Anspruch gegen ein Unternehmen auf Offenbarung seiner geschützten Datensätze zu Gunsten des Transparenzgebotes unverhältnismäßig, da dies ein anerkanntes Geschäftsgeheimnis vollständig negieren würde. Ein solch gravierender Eingriff kann nur gerechtfertigt werden, wenn wichtige Rechtsgüter in Gefahr sind und das Individuum nicht die Wahl hat, auf das datengestützte Prozedere zu verzichten. Dies ist zum Beispiel der Fall, wenn Daten zur Beurteilung der Kreditwürdigkeit herangezogen werden, oder bei hoheitlicher Prüfung eines Anspruchs durch eine staatliche Stelle oder ein Gericht (etwa im Rahmen von Sachverständigengutachten). In diesem Zusammenhang hat die VDW auf die Notwendigkeit der Transparenz und Nachvollziehbarkeit von KI-generierten Entscheidungen hingewiesen (Schmiedchen u. a., 2018, S. 17–19). Weder im EU- noch im deutschen Recht ist derzeit ausdrücklich festgelegt, wie ein Geschäftsgeheimnis in den oben beschriebenen Beispielen behandelt werden sollte. Rechtsinhaber wird in der Regel nicht die staatliche Stelle oder ein Gericht sein, sondern ein privater Unternehmer, der auf Grund seiner geschützten Datensätze automatisierte Verfahren entwickelt, derer sich hoheitliche Entscheidungsträger bedienen. Man sollte in Erwägung ziehen, für solche Fälle eine Verpflichtung des Rechtsinhabers vorzusehen, Datensätze offenzulegen. Davon sollten zwecks Verhältnismäßigkeit des Eingriffs jedoch nicht Wettbewerber profitieren können, sondern der Zugang sollte auf ausdrücklich vorgesehene Experten beschränkt werden, die eine missbräuchliche oder voreingenommene Verwendung der Daten zu Trainingszwecken überprüfen, ohne dabei eigene wirtschaftliche Interessen zu verfolgen. Auf diese Weise könnte der Kern des Geschäftsgeheimnisses, nämlich die Sicherung eines Vorteils gegenüber der

Konkurrenz, gewahrt bleiben. Andererseits sollte die Offenlegungspflicht nicht von der Existenz konkreter Hinweise auf eine missbräuchliche oder voreingenommene Verwendung der Daten abhängig gemacht werden. Eine entsprechende Beweisführung dürfte dem Betroffenen schwerfallen und würde die Wirksamkeit der Offenlegungspflicht stark beeinträchtigen.

Der unter 2. genannte Konflikt entsteht nicht nur durch die Existenz geistiger Eigentumstrechte an Daten, sondern auch beim Teilen von Daten, die nicht von Immaterialgüterrechten erfasst werden. Betroffen sind sowohl Akteure, deren Geschäftsmodell auf freiwilligem Teilen von Daten beruht als auch solche, die zwecks Rechtssicherheit spezielle Anreize zum Datenteilen benötigen, wie sie etwa durch geistige Eigentumsrechte gewährt werden. Jedweder Anreiz zum Datenteilen, sei es durch geistiges Eigentum, *sui generis*-Rechte oder offene Daten-Modelle der öffentlichen Verwaltung,[115] könnte dem Gebot der Zweckgebundenheit von Datenerhebungen zuwiderlaufen. Damit besteht die Gefahr eines Zielkonflikts zwischen Innovationsförderung einerseits und Datenschutz andererseits.

Für die Gestaltung der digitalen Zukunft in Europa ist es von entscheidender Bedeutung, einen solchen Konflikt zu begrenzen und einen praktikablen Interessenausgleich zu finden. Beide Ziele haben ihre Berechtigung zur Förderung von Wohlstand und Lebensqualität und sollten nicht als Gegensätze, sondern als sich gegenseitig verstärkende Faktoren gesehen werden. Innovation wird attraktiver, wenn sie die Missachtung von Individualrechten vermeidet. Dies kann etwa durch Anonymisierung von verwendeten Daten oder durch das EU-weit anerkannte Recht auf Löschung personalisierter Daten erreicht werden, ohne die Nutzung von Datensätzen in ihrer Gesamtheit in Frage zu stellen. Datenschutz, der langfristig Innovation hemmt, nützt indirekt den strategischen Wettbewerbern USA und China. Regeln, die dort aufgestellt werden, z. B. bei der Festlegung neuer Industriestandards und der Verwertung privater Daten, könnten neue globale Maßstäbe setzen, die europäischen Werten widersprechen, denen sich die Europäer aber aus wirtschaftlicher Abhängigkeit anpassen müssten, wenn sie selbst im Bereich der Innovation in die zweite Reihe zurückfielen. Positiver formuliert könnte ein Interessenausgleich zwischen Datenschutz und Innovation ein spezifisch europäisch geprägtes Gesellschaftsmodell in die Zukunft tragen. Dieser Interessenausgleich sollte danach streben, Europa dauerhaft neben den USA und China als globalen Akteur zu positionieren und durch die Attraktivität des Ausgleichs solche Staaten zu beeinflussen, die in der zweiten und dritten Reihe der Digitalisierung stehen, wie z. B. Brasilien, In-

115 Ein Beispiel für dieses Spannungsfeld bietet derzeit die Verwendung von Patientendaten durch Gesundheitsbehörden im Rahmen der Covid-19-Pandemie. Das Schweizer Bundesamt für Gesundheit (BAG) ist für seine Weigerung, Fallzahlen zu Neuinfektionen auf Gemeinde- oder Postleitzahlenebene zu veröffentlichen, in der Presse heftig kritisiert worden, da die Analyse dieser Daten dabei helfen könne, Orte von vermehrt auftretenden Neuinfektionen bestimmen zu können. Das BAG hatte sich auf den Datenschutz berufen, da in kleinen Gemeinden schnell von veröffentlichten Daten auf Individuen geschlossen werden könne. Als Kompriss ist vorgeschlagen worden, nur Daten von der Postleitzahlenebene zu veröffentlichen, die derartige Rückschlüsse nicht zulassen (Skinner, 2020).

dien, Indonesien und Südafrika. Dies erfordert eine Bewusstseinsänderung in der EU Kommission sowie den europäischen Hauptstädten, insbesondere in Berlin, das europäische Gesellschaftsmodell nicht nur als EU-internes Instrument für eine »Insel der Seligen«, sondern als globalen Machtfaktor zu begreifen und aktiv zu nutzen. Nur so wird es den Europäern gelingen, die Digitalisierung dauerhaft zur Ermöglichung und Förderung eines menschenwürdigen Lebens in der Tradition europäischer Individualrechte zu gestalten.

10. Kapitel

Tödliche Autonome Waffensysteme – Neue Bedrohung und neues Wettrüsten?

Götz Neuneck

Wissenschaft und Technologie hatten besonders im 20. Jahrhundert einen wichtigen Einfluss auf Rüstungsbeschaffung, Strategieentwicklung und das Kriegsgeschehen genommen. Die industriellen und wissenschaftlichen Revolutionen des 19. und 20. Jahrhunderts haben wissenschaftliche Bereiche politisiert und ihren Höhepunkt im 2. Weltkrieg mit Entwicklungen wie der Großrakete, dem Radar, Operations Research oder Kryptographie mit teilweise kriegsentscheidendem Ausgang gefunden. Im Kalten Krieg hat das anschließende gefährliche und enorme Ressourcen verschlingende Wettrüsten zwischen den beiden Supermächten Massenvernichtungswaffen hervorgebracht, die bis heute nicht vollständig abgebaut oder begrenzt sind (vgl. Neuneck, 2009). Die Diffusion dieser Technologien sorgt für Nachahmung und Nachbau durch weitere Staaten (Proliferation).

Drei wichtige wissenschaftliche Durchbrüche haben zu signifikanten Fortschritten im Zivilbereich geführt, aber auch ihren Weg in die Kriegstechnik gefunden:

(1) die Nukleartechnologie,
(2) die Biotechnologie und
(3) die Informations- und Kommunikationstechnologien (IuK).

Diese Technologien inkl. der Raketen- und Raumfahrttechnik sind hoch ambivalent und bildeten für lange Zeit den Kern des Dual-Use Problems, das durch das internationale Völkerrecht, die Rüstungsexportkontrolle, Abrüstungsverträge und ethische Regelungen begrenzt, aber nicht vollständig einhegt werden konnte. Unter Dual-Use versteht man die Doppelverwendbarkeit von Technologien, Produkten und wissenschaftlich-technischem Wissen für friedliche oder für kriegerische Zwecke. Im Laufe der Geschichte hat es viele Beispiele von wissenschaftlich-technischen Erkenntnissen gegeben, die in Rüstung und Kriegstechnik Verwendung fanden (vgl. Forstner/Neuneck, 2018).

Im 21. Jahrhundert ist der friedens- und sicherheitspolitische Fokus auf das Feld der IuK-Technologien gerichtet, denn hier finden, für jeden sichtbar, revolutionäre Entwicklungen statt, die bis in den Privatbereich vordringen. Stichworte sind das Internet, Smartphones oder fahrerlose Autos. Die im weitesten Sinne im zivilen Bereich entwickelten IuK-Technologien führen in den führenden westlichen Staaten aber auch zu einer vermehrten Digitalisierung der Rüstung und des Krieges. Besonders im Rahmen der Debatte um »hybride Kriegsführung« werden soziale Dynamiken diskutiert, die kriegstechnisch relevant werden können.[116] Hierunter wird heute insbesondere eine

116 Siehe dazu: Frank Christian Sprengel: Drones in Hybrid Warfare: Lessons from Current Battlefields, Hybrid CoE Working Paper 10.

stärkere Vernetzung und Autonomisierung von Waffensystemen verstanden. Die Verbindung von Sensoren, diversen Plattformen auf Land, See, Luft und Weltraum, die schnelle Datenverarbeitung und Weiterleitung ermöglichen neue Einsatzprofile, Missionen, Strategien und Bedrohungsszenarien. Dies bedeutet aber auch neues Wettrüsten, enorme Rüstungsausgaben und die Sorge vor völkerrechtswidrigen Kriegen oder die Senkung von Einsatzschwellen für Gewalt.

Paradigmatisch für diesen Trend ist die Entwicklung, Beschaffung und der Einsatz von unbemannten Systemen, im Volksmund auch »Drohnen« genannt. Drohneneinsätze sind heute nicht mehr alleine das Privileg der USA, sondern sie sind zu einer ernsten Gefahr für die internationale Sicherheit geworden (vgl. Horowitz/Schwartz, 2020). Neue revolutionäre Entwicklungsschübe bei autonomen Systemen sind zu erwarten, die auch neue Waffenentwicklungen, Einsatzfähigkeiten, Missionen und Kriegsszenarien ermöglichen. Dies impliziert neue Herausforderungen im Bereich nationaler und internationaler Sicherheits- und Friedenspolitik d.h. für das Beschaffungswesen, die Ausbildung der Soldaten, die Handhabung im Einsatz, den Schutz gegen feindliche Systeme, die Weiterverbreitung und für Rüstungskontrolle, Rüstungsexporte sowie ethische Regelungen zur Prävention von Kriegen. Angesichts erheblicher Investitionen in Forschungsfelder wie die Mustererkennung, Sensorik, Big Data, Robotik, Cybertechnologien oder künstliche Intelligenz ist eine permanente Rüstungstechnologiefolgenabschätzung nötig, um das mögliche Schadenspotenzial und die Auswirkungen auf Frieden und Sicherheit genauer zu verstehen. Die Debatte um den Ankauf von Kampfdrohnen für die Bundeswehr verdeutlicht die Vielfalt der Argumente bezüglich möglicher Einsatzprofile von Kampfdrohnen. Während die Befürworter lediglich argumentieren, die Drohnen würden nur die eigenen Streitkräfte schützen, sprechen die Gegner u.a. von einer Senkung der Kriegsschwelle. Waffensysteme werden aber weder für eng festgelegte Szenarien beschafft, noch würde ein Verzicht nicht automatisch die Kriegsschwelle heben oder ein niedrigeres Gewaltrisiko bedeuten. In Wirklichkeit geht es vielmehr um die fundamentale Frage, wie künftige Entscheidungen in automatisierten Kriegen völkerrechtskonform zu fällen sind und ob präventive Regeln destabilisierende Entwicklungen einhegen können.

Im 1. Abschnitt werden die heutigen Möglichkeiten, Einsätze und Probleme von aktuell vorhandenen unbemannten Waffensystemen aufgezeigt, während sich der 2. Abschnitt der Frage zukünftiger Entwicklungen im Bereich autonomer letaler Waffensysteme widmet. Der Schlussabschnitt geht der Frage nach, wie man mögliche destabilisierende Entwicklungen begrenzen oder verhindern kann (vgl. Alwardt/Neuneck/Polle, 2017 und Grünwald/Kehl, 2020).

10.1 Was sind Drohnen und AWS und welche Entwicklungen finden statt?

Unbemannte, bewegliche Plattformen gibt es seit den 1940er Jahren. Die Weiterwicklung der ersten ballistischen Großrakete V-2 bis hin zu modernen Interkontinentalraketen erfolgt seit langem. Marschflugkörper wiederum verwenden Turbinen, operieren in der Atmosphäre und sind Bestandteil des modernen Militärarsenals geworden, ebenso wie Torpedos. Diese Waffenträger sind nur einmal nutzbar und ermöglichen, schwere Nutzlasten über große Reichweiten zielgenau zu transportieren. Zum modernen Arsenal haben sich unbemannte Flugkörper (Unmanned Aerial Vehicles) hinzugesellt, die automatisch landen oder starten, fernlenkbar und mehrmals verwendbar sind. Je nach Ausstattung sind sie lange einsetzbar, ermöglichen Flugzeiten von Stunden bis zu mehreren Tagen und setzen dabei keine Pilotenleben aufs Spiel. In der Öffentlichkeit wird die Debatte meist unter dem Begriff »Drohne« subsummiert und alles damit bezeichnet, was unbemannt fliegt. Je nach Reichweite und Technologie sind verschiedene Drohnenkategorien zu unterscheiden. Recht einfach aufgebaute Drohnen haben eine niedrige Flughöhe und kurze Reichweite, während taktische Drohnen für mittlere Flughöhen und längere Reichweiten gedacht sind.[117] Zunächst sind Drohnen im Militär zu Aufklärungs- und Überwachungszwecken, in vielfacher Form eingeführt worden.[118] Das Dual-Use Potenzial dieser Entwicklung wird deutlich, wenn man die verschiedenen zivilen Drohnentypen im Freizeitbereich oder bei Polizei, Feuerwehr, Landwirtschaft, Wissenschaft etc. beachtet. Sie sind jeweils von einem Operateur am Boden ferngelenkt zu steuern, sei es mittels einer TV-Verbindung oder vorprogrammiert. Es liegt nahe, dass die Fernsteuerung zunächst bei Fluggeräten Anwendung fand, allerdings nimmt auch die Bedeutung von unbemannten Land- oder Wasserfahrzeugen zu. Teilautonomie kommt bei einigen bereits vorhandenen Drohnensystemen ins Spiel, da Teilfunktionen wie automatisches Starten oder Landen bereits autonom delegiert und durchgeführt werden können.

Bewaffnete Drohnen: Die Pandora-Box ist geöffnet

Technisch liegt es nahe, diese »passiven« Flugobjekte auch aktiv zu bewaffnen. Bei Bewaffnung spricht man dann von »Unmanned Combat Aerial Vehicle« (UCAV).[119] Der Schritt von der Aufklärungs- zur Kampfdrohne liegt für Militärs nahe, aber auch nichtstaatliche Akteure zeigen Interesse an diesen Systemen, da sie vermeintlich »chirugische Schläge« in sicheren Distanzen ermöglichen. Verfügt ein Land über eine entwickelte Luftfahrtindustrie, so sind sowohl Eigenentwicklungen, Lizenzentwicklungen als auch Importe von anderen Drohnenherstellern möglich. Die ersten Kampfdrohnen wurden im Jom Kippur Krieg 1973 eingesetzt. Seitdem bauten insbesondere die USA und Israel diese Technologien aus. Die Kampfdrohnen der USA vom Typ Predator oder Reaper wurden zuerst von den USA 2001 in Afghanistan eingesetzt. Die USA sind

117 Man spricht auch von MALE-Systemen: Medium-Altitude, Long-Endurance.

118 Die Bundeswehr setzt seit 2010 die von Israel geleaste Aufklärungsdrohne »Heron« in Afghanistan und seit 2016 in Mali ein.

119 Zu unterscheiden sind u. a. mehrfach verwendbare »Kampfdrohnen«, die aus sicherer Distanz operieren, von einmal verwendbaren Kamikaze-Drohnen (»loitering munitiion«), bei denen Drohnen über ein Kampfgebiet fliegen, ein bestimmtes Ziel detektieren und zerstören.

bis heute in diesem Bereich der Trendsetter. Das MALE-Drohnenprogramm (Reaper, Predator) wurde massiv ausgebaut und führte zu tausenden Einsätzen alleine in Pakistan, Jemen, Afghanistan, Irak, Syrien und Somalia. Nach einer Analyse des »Bureau of Investigative Journalism« (BIJ) führten die USA in den letzten Jahren in den vier genannten Ländern mindestens 14.040 Drohneneinsätze durch.[120] Ziel waren hier oft nicht-staatliche Akteure im Rahmen der Anti-Terrorkriegsführung. Zu unterscheiden sind somit Angriffe der US-Luftwaffe im Rahmen von Kampfhandlungen oder Geheimeinsätze, die vom Geheimdienst CIA ausgeführt werden (»targeted killing«). Die letztgenannte Strategie ist völkerrechtlich höchst umstritten und wird bis heute von vielen Staaten abgelehnt. Nötig sind für solche Einsätze nicht nur das Fluggerät selbst, sondern eine vorbereitete Infrastruktur d. h. je nach Reichweite: Bodenstationen, verschlüsselte Datenübertragung, sichere Landeplätze, eine Weltraumkomponente zur Datenweiterleitung etc.

Tabelle 10.1: Staatlicher Besitz, Beschaffung und Einsatz von fortschrittlichen Kampfdrohnen[121]

Stande der Proliferation von Kampfdrohnen		
Besitz	Eigenproduktion	China, Georgien, Iran, Israel, Nordkorea, Pakistan, Südafrika, Türkei, Ukraine, USA
	Importiert / geleast	Ägypten[c], Aserbaidschan[b] , Frankreich[a f], Großbritannien[b] , Irak[c] , Italien[a], Kasachstan[c], Niederlande[a f], Nigeria[c], Saudi-Arabien[c], Spanien[a f], Turkmenistan[c], Vereinigte Arabische Emirate [a c]
Bisherige Einsätze unter Waffengebrauch		Armenien, Aserbaidschan, Großbritannien, Iran, Irak, Israel, Nigeria, Pakistan, Russland Türkei, USA, Vereinigte Arabische Emirate[c]
Laufende Beschaffung	Entwicklung	Deutschland[e], Frankreich[e], Griechenland[d], Großbritannien, Indien, Pakistan, Russland, Schweden[d], Schweiz[d], Spanien[d] , Südkorea, Taiwan, Vereinigte Arabische Emirate
	Import / Leasing	Australien[ag], Deutschland[b], Indien[b] Jordanien[c], Polen[g], Schweiz[b.]

Es gilt: [a] U. S. Fabrikate, [b] israelische Fabrikate, [c] chinesische Fabrikate, [d] Entwicklung als Teil eines Konsortiums, [e] Entwicklung als Konsortialführer, bisher unbewaffnete Kampfdrohne, [g] unsichere Informationen oder steht noch nicht fest.

In den letzten Dekaden haben immer mehr Staaten in den Kauf oder die Entwicklung von eigenen Kampfdrohnen investiert. Eine Aufstellung von 2017 verzeichnet 35 Länder mit eigenen Kampfdrohnen, wobei die USA, China, Israel und die Türkei

120 Das Drone Warfare Projekt des Bureau of Investigative Journalism listet nach Auswertung öffentlich verfügbarer Quellen zwischen 2010 und 2020 zwischen 8,858–16.901 Tote in diesen vier Ländern auf. 10 %–13 % waren dabei Zivilisten. https://www.thebureauinvestigates.com/projects/drone-war

121 Datenquellen u. a.: *Who Has What: Countries Developing Armed Drones.* North America Foundation (NAF) World of Drones Webseite. Stand vom 20.01.20. Abrufbar unter: https://www.newamerica.org/in-depth/world-of-drones/4-who-has-what-countries-developing-armed-drones/

die Hauptexporteure sind.[122] Während 2011 nur die USA, Großbritannien und Israel über bewaffnete Drohnen verfügten, hat der Import von bewaffneten Drohnen seitdem drastisch zugenommen. Allein zwischen 2011 und 2019 haben 18 Staaten bewaffnete Drohnen erworben, 11 davon greifen auf chinesische Produkte zurück.

2019 hatten bereits 10 Staaten Kampfdrohnen eingesetzt, oft in völkerrechtswidriger Weise. Aufsehenerregend war der Drohneneinsatz der USA in Rahmen des »Grand War on Terror« gegen nicht staatliche Akteure (Al-Qaida und IS), aber auch die Ermordung des iranischen Generalmajors Qasem Soleimani im Irak im Januar 2020. Andere Staaten haben diese Muster übernommen, so führte die Türkei Drohnenangriffe gegen die kurdische Arbeiterpartei im eigenen Land durch, Nigeria gegen Boko Haram und der Irak gegen den »Islamischen Staat«. Saudi-Arabien und die VAE setzen Kampfdrohnen in Libyen und Jemen ein. Die Drohneneinsätze im Krieg in Syrien und Libyen durch die Türkei (z. B. in Idlib) und Russland haben Aserbaidschan ermutigt, ähnliche Einsätze zu offensiven Zwecken im 44-Tage Krieg gegen Armenien im Jahre 2020 in Koordination mit Panzern und Artillerie durchzuführen.[123] Auch sensitive US-Ziele (UAV-Hangars, CIA-Gebäude etc.) wurden im Irak von »Kamikaze-Drohnen« von Schiiten-Milizen, die vom Iran unterstützt werden, angegriffen. Inzwischen werden vom US-Militär fortgeschrittene Angriffsdrohnen als ernste Bedrohung angesehen (vgl. Arraf/Schmitt, 2021). Die Pandora-Büchse der Nutzung von Kampfdrohnen ist somit global geöffnet. Die aktuelle Entwicklung zeigt, dass die USA im Kampfdrohnenmarkt nicht mehr alleine agieren und mit China oder der Türkei Konkurrenz bekommen haben. Die heutigen Drohnen ermöglichen Präzisionsschläge auch gegen einzelne Panzer, machen das Kampffeld z. B. in Libyen, Syrien und in Armenien letaler und verändern deren Einsatz zugunsten des Angreifers, da Flugzeuge für andere Missionen frei werden. In der deutschen Debatte um die Anschaffung von Kampfdrohnen argumentieren die Befürworter, dass die anzuschaffenden israelischen Drohnen »Heron TP« zum Schutz der Bundeswehr angeschafft werden sollen. Es zeigt sich aber gerade, dass Kampfdrohnen besonders gut gegen schwächere Gegner offensiv nutzbar sind und auch einen psychologischen Effekt haben. Sie sind besonders gut als Interventionswaffe in asymmetrischen Konflikten zu handhaben, bei denen Luftüberlegenheit vorhanden ist (vgl. Erhart, 2021). Zwar werden Drohnen aufgrund ihrer Treffergenauigkeit als »chirurgische Waffen« bezeichnet, was technisch zunächst korrekt ist, da das Ziel genau fixiert oder getroffen werden kann als bei Streumunition, aber dennoch sind zivile Opfer keinesfalls ausgeschlossen. Das entscheidende bei angeblich »chirurgischer Kriegsführung« ist stets die Zielplanung zugunsten der Vermeidung von zivilen Opfern,

122 Die USA haben unter Präsident Obama den Export bewaffneter Drohnen auf der Grundlage des Missile Technology Control Regimes von 1987 beschränkt und nur unter Auflagen lediglich an UK und Frankreich geliefert. Unter Trump wurde diese Regelung gelockert und Lieferungen an Taiwan, VAE und Indien ermöglicht.

123 Baku nutzte israelische Kamikaze-Drohnen vom Typ »Harop«, um die Radarstationen Armeniens anzugreifen und die Luftverteidigung auszuschalten, bzw. die türkischen »Bayraktar TB2« Drohnen, um die Luftverteidigung und gepanzerte Fahrzeuge auszuschalten.

denn bei jeder Munition ist immer ein Kollateralschaden möglich. Eine Auswertung der öffentlich verfügbaren Quellen zeigt, dass 10 bis 13 Prozent der US-Angriffe auch Zivilisten trafen. Durch eine örtliche Nähe von Kombattanten in von Zivilisten bewohnten Gebieten werden auch von den Kämpfern zivile Tote in Kauf genommen. Dies ändert aber zunächst nichts an der technischen Definition vom »Kollateralschaden« heutiger Waffensysteme und dem nötigen Aufwand, der auf der Basis der Prinzipien des Humanitären Völkerrechts getroffen werden muss.

Der kombinierte Einsatz von Marschflugkörpern und Drohnen hat bei den Angriffen auf die saudiarabischen Raffinerien in Abqaiq und Khkurais im Jahr 2019 erheblichen Schaden angerichtet, sodass die Ölversorgung signifikant unterbrochen wurde. Die Houthi-Rebellen im Jemen, die vom Iran unterstützt wurden, nahmen den Angriff für sich in Anspruch. Allerdings erfolgten die Angriffe nicht aus Richtung Süden (Jemen), sondern aus dem Norden (Irak) oder Osten (Iran): 25 unbemannte Flugkörper trafen am 14. September 2019 in zwei Wellen gut koordiniert und punktgenau Öltanks und Verarbeitungsanlagen von Aramco. Abgesehen vom Überraschungseffekt dieses »Schwarmangriffs« war auch die stationierte Luftabwehr (Skygard, Patriot) wirkungslos. In Zukunft sind solche Szenarien in Kriegsgebieten sehr wahrscheinlich.

Auch ist zu bemerken, dass heutige Drohnen, wenn sie erst einmal entdeckt sind, durchaus im Prinzip gut zu bekämpfen sind, da sie langsam fliegen, wenig manövrieren oder sich nicht selbst verteidigen können. Allerdings ist die Luftverteidigung darauf nicht eingestellt. Es liegt nun nahe, dass erhebliche Anstrengungen unternommen werden, um künftig Systeme zu entwickeln, die schwerer zu detektieren sind, ausweichen können oder schneller fliegen. Das technologische Wettrüsten wird somit weiter angeheizt, wie das nächste Kapitel zeigen wird.

Neben den USA entwickeln europäische Staaten Drohnen mit Tarnkappentechnik (Stealth), aber auch andere Staaten wie China, Pakistan, Indien, Russland, Türkei fortgeschrittene bewaffnete MALE-Drohnen (siehe Tabelle 1 und nächstes Kapitel).

10.2 Welche künftigen Entwicklungen sind zu erwarten?

Wie gezeigt, sind die heute eingesetzten Kampfdrohnen primär ferngesteuert, verfügen aber auch teilweise über semi-autonome Funktionen wie automatisches Starten oder Landen. In den Hochglanzbroschüren der Drohnenentwickler technisch fortgeschrittener Länder steht aber die Entwicklung von voll-autonomen Systemen ganz oben. Auch im zivilen Bereich wird die Entwicklung von selbstfahrenden Autos oder automatisch landenden Flugzeugen, Drohnen und Helikoptern mit hohen Investitionen gefördert. Die Gründe, die für stärkere oder vollständige Autonomie angegeben werden, sind stets die Entlastung des Menschen und zu erwartende Kostenverringerungen. Im Militärbereich wird argumentiert, dass Autonomie für den Fall nötig ist, in dem keine Datenverbindung zu dem Fluggerät möglich ist oder indem die Reaktionszeiten in Gefechtssituationen verkürzt werden müssen. Im Gefechtsfeld der Zukunft wird somit mehr »Autonomisierung« für verschiedene Funktionen, also auch für die Zielplanung erwartet. Damit stellt sich in der Tat die ethisch relevante Frage, ob Maschinen über das Töten eines Gegners entscheiden sollen und dürfen. International hat dies zu einer Debatte geführt, in der sich verschiedene Parteien und Schulen gegenüberstehen. Damit verbunden ist die Frage, ob bereits jetzt bestimmte destabilisierende Entwicklungen festzustellen sind, aus denen dann Verbotstatbestände etwa durch Rüstungskontrollregelungen oder völkerrechtliche Verbote abgeleitet werden müssen. Zunächst muss aber geklärt werden, wie autonome Waffensysteme überhaupt genauer zu charakerisieren und technisch zu realisieren sind.

Die Weiterentwicklung der modernen Kriegsführung ist eng mit dem Konzept der Revolution in Military Affairs (RMA) verbunden (vgl. Neuneck, 2011). Unter RMA kann man die Kombination von Waffentechnologien, Militärdoktrin und Neuorganisation von Streitkräften verstehen, so dass sich die Art der bisherigen Kriegsführung fundamental verändert. Die heutigen Triebkräfte für die fortschreitende RMA-Diskussion sind:

1. die Strukturveränderungen der internationalen Ordnung, d. h., der Erhalt der qualitativen militärtechnischen Überlegenheit der USA und die Rüstungskonkurrenz mit China und Russland,
2. die hohen Forschungs- und Entwicklungsausgaben sowie Militäraufwendungen der USA und ihre wissenschaftlich-technisch, industrielle Abstützung,
3. die dramatische Entwicklung der Informations- und Kommunikationstechnologien und die
4. Integration verschiedenster Technologien in Streitkräftestrukturen, Training und Einsatz.

Die Trump-Administration hat in verschiedenen zentralen Dokumenten den Begriff der Rückkehr des Machtwettbewerbs geprägt. Gemeint sind hier die Konkurrenz der USA mit China und Russland, in die auch zunehmend die wissenschaftlich-technische Rivalität dieser Staaten hineingezogen wird. So heißt es in der National Defense Strategy von 2018: »Das Sicherheitsumfeld wird auch durch den schnellen technologischen Fortschritt und den sich verändernden Charakter des Krieges beeinflusst: »Advanced Computing«, »Big Data«-Analytik, künstliche Intelligenz, Autonomie, Robotik, gerichtete Energie, Hyperschall und Biotechnologie« (Department of Defense, 2018, S. 3).

Eine zentrale Frage: Was sind LAWS und welcher Kontrolle unterliegen sie?

Autonome letale Waffensysteme (LAWS) sind unbemannte Waffensysteme oder Trägersysteme, die über Waffen verfügen und zu Kampfzwecken eingesetzt werden. Sie unterliegen in bestimmten Einsatzphasen nur einer begrenzten bzw. keiner menschlichen Kontrolle mehr und sind befähigt, zielgerichtet und teilweise eigenständig in einem komplexen dynamischen Umfeld zu operieren. Die Handlungsautonomie wird gleichsam an die Maschine selbst abgegeben. Bislang konnte sich die internationale Gemeinschaft nicht auf eine einheitliche Definition für AWS oder eine nutzbare Abgrenzung von automatisierten, teilautonomen und autonomen Waffensystemen einigen. Tabelle 2 ist ein Versuch, die verschiedenen Begriffe zu charakterisieren und zu unterscheiden, wobei die technologischen Konzepte aufeinander aufbauen. Besondere Schwierigkeiten bereitet die Unterscheidung zwischen Teil- und Vollautonomie.[124]

Tabelle 10.2: Aufeinander aufbauende Konzepte für steigende Autonomie

Begriff	Verwendung	Beispiele
automatisiert	System folgt vorprogrammierten Befehlen ohne Variationen	Patriot, Landminen, Schiffsnahbereichsabwehr
Semi-autonom	Bestimmte Phasen eines Einsatzes erfolgen voll autonom	Brimestone (UK) Long-Range Anti-Ship Missile (LRSAM); diverse Systeme in der Planung und Entwicklung
Voll-autonom	Übernahme kognitiver Fähigkeiten des Menschen bei Zielplanung, Verfolgung etc.	

Das Fehlen einer einheitlichen Definition stellt ein Hemmnis im Hinblick auf regulatorische Überlegungen und mögliche rüstungskontrollpolitische Ansätze zu AWS dar. Da Forschung und Entwicklung hier erst am Anfang stehen, ist aber nur schwer abzuschätzen, welche zukünftigen Fähigkeiten AWS überhaupt haben werden (vgl. Alwardt/Neuneck/Polle, 2017). Permanente Rüstungstechnologiefolgenabschätzungen im Rahmen präventiver Rüstungskontrolle bzgl. F&E-Programme sind somit notwendig.

AWS existieren bisher noch nicht oder können bislang auch nicht eindeutig von zunehmend automatisierten Waffensystemen mit autonomen Teilfunktionen abgegrenzt werden. Bei der Untersuchung von künftigen AWS ist es sinnvoll, auch alle diejenigen in der Planung oder Entwicklung befindlichen unbemannten Waffensysteme einzubeziehen, die zunehmende automatisierte oder (teil-) autonome Funktionen sowie Fähigkeiten versprechen und in Teilen oder als Ganzes zukünftig zu einem autonomen Waffensystem oder einem AWS-Systemverbund zusammengefügt werden könnten. Hierbei wird angesichts der zu erwartenden Entwicklungen ein weiteres Problem sichtbar: die gesteigerte »Autonomisierung des Krieges«, in dem mehr und mehr Sensoren und Waffensysteme verbunden werden, die teilautonome Funktionen auf dem Gefechtsfeld übernehmen. Denkbar ist hier auch eine Zusammenarbeit zwischen einem oder mehreren AWS und Operateuren, also die Kombination von bemannten und unbemannten Systemen, im US-Jargon *»Manned-Unmanned-Teaming« (MUM-T)*. Damit können eine Reihe neuer Fähigkeiten und militärische Vorteile einhergehen (wie z.B.

124 Das Pentagon hatte bereits 2012 in einer Richtlinie eine Definition für ein AWS vorgelegt: »A weapon system that once activated, can select and engage targets without further intervention by a human operator. This includes human-supervised autonomous weapon systems that are designed to allow human operators to override operation of the weapon system.« Department of Defense, Directive Number 3000.09. Subject Autonomy in Weapon Systems, 2012.

eine längere Ausdauer, höhere Geschwindigkeiten bei sehr viel schnelleren Reaktionszeiten sowie bessere Umgebungsanalysen zur Zielauswahl).

In den USA gibt es im Bereich Robotik und KI diverse Forschungseinrichtungen und Universitäten, die sich mit AWS relevanter F&E beschäftigen (vgl. Boulanin, 2016). Sowohl das Pentagon, als auch die Teilstreitkräfte haben entsprechende »Roadmaps« aufgestellt, bei denen Robotik und Autonomie als Schlüsselfaktoren für die weitere Entwicklung und Beschaffung bezeichnet werden. Schwerpunkte sind neben Forschungsfeldern wie Maschinenlernen, Big Data, Fertigungstechniken, Robotik auch Miniaturisierung, Schwarmverhalten und Autonomisierung.[125] Nach Angaben des Pentagon wurden von 2016 bis 2018 für F&E, Beschaffung und Betrieb von unbemannten Systemen fast $15 Mrd. ausgegeben. 2019 wurde vom Pentagon das »Joint Artificial Intelligence Center« (JAIC) gegründet, um Grundlagenforschung, Technologieentwicklung und militärische Integration voranzutreiben. In den USA kam es aber auch zu zivilgesellschaftlichen Protesten: Tausende Google-Mitarbeiter wandten sich gegen die Beteiligung des Unternehmens am DoD-Projekt »Maven«, bei der KI-gestützte Verfahren zur Bildauswertung entwickelt werden sollten, um Personen zu identifizieren, zu klassifizieren und zu verfolgen.

Die Befürchtung ist, dass die starken Forschungsbemühungen auch im zivilen Bereich (Stichworte: Künstliche Intelligenz und Robotik), der künftigen Generation »autonomer Plattformen«, z. B. durch die Integration automatisierter und vollautonomer Funktionen, zunehmend neue Fähigkeiten und wirkungsvollere Waffenwirkungen verleihen könnten. Dies könnte auch zu neuen sicherheitsgefährdenden Szenarien führen. Technisch könnten sich diese Änderungen dabei insbesondere auf der Ebene der Kommunikation, der Rechenkapazitäten und der Softwareentwicklung abspielen, weshalb sie besonders schwer zu erfassen oder zu kontrollieren sind.

Bei den genannten F&E-Bereichen der KI, Robotik etc. handelt es sich heute um transformative Technologien, deren wesentliche Impulse im zivilen bzw. im kommerziellen Markt entstehen, aber auch vom militärischen Bereich aufgenommen werden und in einigen Staaten in die Entwicklung militärischer Waffen und Doktrinen einfließen sowie die jeweiligen Aspekte künftiger Kriegsführung transformieren werden. In einer zunehmenden Anzahl von Ländern zeichnet sich bereits heute ein Interesse an der zukünftigen Verwendung automatisierter oder autonomer Waffensysteme mit vorteilhaften militärischen Fähigkeiten ab. Diese transformativen Technologien sind verführerisch und problematisch zu gleich, weswegen eine genaue Rüstungsfolgenabschätzung nötig ist.

Dabei konzentriert sich die Entwicklung nicht alleine auf Drohnen oder Fluggeräte. Bewaffnete unbemannte Bodenfahrzeuge (UGVs) oder bewaffnete unbemannte Über-

125 Im Oktober testete das US-Militär 103 Micro-UAVs vom Typ Perdix (290 g, 30 cm Spannweite), die von Kampfflugzeugen ausgesetzt wurden und miteinander kommunizieren können. Da diese vernetzten Systeme gemeinsam entscheiden können, ob der Missionszweck z. B. die Aufklärung von Luftabwehrsystemen erfüllt wurde, weisen Analysten der Micro-Drohne eine KI-Fähigkeit zu. DOD Announces Successful Micro-Drone Demonstration, Release No. NR-008-16; 9. Januar 2017.

wasserfahrzeuge (USV) und Unterwasserfahrzeuge (UUVs) werden bisher nur von einzelnen führenden Industriestaaten entwickelt und sind bis heute nur in einem stark begrenzten, militärisch nicht relevanten Umfang stationiert worden.

Die USA sind bei der Entwicklung und Einführung von LAWS seit langem der Trendsetter. Wichtige Strategiedokumente betonen die Bedeutung von Autonomie, Robotik und Künstlicher Intelligenz bei neuen Waffensystemen für den Luft-, Unter-/ Oberwasser- oder Landeinsatz. Die sog. »Third Offset Strategy«, hat für die letzten fünf Jahre für F&E $18 Milliarden veranschlagt.[126] Schlüsselbereiche sind hier autonome Lernsysteme und Mensch-Maschine-Entscheidungsfindung. Konkrete UCAV-Programme der US-Luftwaffe sind XQ-222 »Valkyrie« und UTAP-22 »Mako«. Die US-Armee hat eine »Strategie für Robotik und Autonome Systeme (RAS) vorgelegt, bei der in die US-Armee zwischen 2035 und 2040 diverse Robotiksysteme (für Aufklärung, Transport und Kampf) in die Armeeformationen integriert werden sollen. In Großbritannien arbeitet der Verteidigungssektor an Autonomie- und Stealthprogrammen für UCAV (Taranis), Frankreich führt das Konsortium der nEURon-Technologie zum Bau einer europäischen Kampfdrohne an, an dem auch Italien, Schweden, Spanien, die Schweiz und Griechenland beteiligt sind. Erste Testflüge wurden durchgeführt. Diese Demonstratoren sowie unbemannte Begleitflugkörper sind Teil des französisch-deutsch-spanischen Projekts »Future Combat Air System« (FCAS), bei dem sowohl ein bemanntes Mehrzweckkampfflugzeug der sechsten Generation als auch unbemannte Begleitflugzeuge sowie neue Waffen und Kommunikationssysteme im Zentrum stehen sollen. Weitere Bespiele aus Israel, Russland und China ließen sich anfügen.

Welche Einsatzformen von LAWS sind zu erwarten?

Aufgrund ihrer Fähigkeiten und daraus resultierender Vorteile werden sich LAWS insbesondere für militärische Einsatzszenarien eignen, die für menschliche Bediener wegen der Umgebungsbedingungen schwierig oder zu gefährlich sind. Beispiele sind hier an Land stark verteidigtes Terrain oder sog. *Anti-Access/Anit-Denial*-Räume, die sehr schnelle Reaktionszeiten oder eine hohe Manövrierfähigkeit für den »Luftkampf« erfordern. Kennzeichnend ist dabei eine dynamische Umgebung ohne eine permanente Kommunikationsverbindung. Auch verdeckte Operationen hinter den feindlichen Linien sind wahrscheinlich. Bezüglich Antrieb, Navigation und Kommunikation sind an Land oder in der Luft andere Technologien nötig als z. B. Unterwasser, im Gebirge oder unter schnellwechselnden Wetterbedingungen.

Die Stationierung künftiger LAW-Systeme lässt Änderungen in einigen Bereichen der Kriegführung erwarten, aus denen sich unterschiedliche sicherheits- und friedenspolitische Probleme und technologische Risiken ableiten lassen:

126 Als erste Offset-Strategie wird die Einführung von Nuklearwaffen, Bombern etc. in den 1950er Jahren bezeichnet. In den 1970er Jahren wurden durch Mikroprozessoren, Stealth etc. neue konventionelle Waffen möglich. Siehe: Robert O. Work; Shawn Brimley: 20YY. Preparing for War in the Robotic Age, Center for a New American Security, Januar 2014

Aufgrund des schwindenden menschlichen Einflusses auf konkrete Abläufe bei Kampfhandlungen, der damit verbundenen schwerer zuordenbaren völkerrechtlichen Verantwortlichkeit und der Gefahr, dass den Prinzipien des humanitären Völkerrechts nicht mehr adäquat Rechnung getragen werden kann, steigt im Prinzip das Risiko des Gewalteinsatzes. Darüber hinaus könnte sich eine Absenkung der Hemmschwelle zum Gewalteinsatz und dem Einsatz von LAWS im Rahmen von »Anti-Terrorismus«-Aktionen oder zur gezielten Tötung von Menschen durchsetzen.[127] Aufgrund des hohen Technologisierungsgrades besteht bei LAWS auch eine stärkere Systemanfälligkeit gegenüber äußeren elektronischen Störungen wie »Jamming oder Spoofing« oder möglichen Systemmanipulationen (*hacking*). Auch zeigt sich schon jetzt bei unbemannten Systemen ein durch technische Fehler erheblich gesteigertes Unfall- und Versagensrisiko. Zukünftiges maschinelles Lernen verbunden mit AWS und die eigenständige Ergänzung oder Erweiterung ihrer Programmierung hin zu einer »erweiterten künstlichen Intelligenz« bergen zudem ein Risiko für unvorhersehbares Verhalten und möglicherweise »unberechenbar« agierende AWS in sich.

Fehlgeleitete oder unzuverlässige LAWS haben möglicherweise in einer Krise destabilisierende oder eskalierende Folgen. Der bei automatisierter Kriegsführung in Zusammenhang mit LAWS beschleunigte Ablauf des Kriegsgeschehens und damit eine höhere Belastung der Operateure bei Entscheidungsprozessen kann zu einer starken Reduzierung notwendiger Bedenkzeit der Piloten führen, was in einer Krise wiederum zu einer ungewollten Eskalation führen kann. Außerdem könnten LAWS in Krisen auch zu proaktiverem militärischen Verhalten und gefährlicheren Einsätzen verleiten. Andererseits ist das Risiko der Eskalation zu einem voll ausgeprägten Krieg bei einer Kampfhandlung mit Drohnen möglicherweise geringer, weil Informationen vor Ort einfacher eingeholt werden und rationale Entscheidungen ohne Angst gefällt werden können.

Die Einführung von LAWS in einem regionalen Kontext kann auch Auswirkungen auf die regionale oder strategische Stabilität haben: Auf der regionalen Ebene würde ein militärischer Gegner sehr wahrscheinlich auf eine qualitative Überlegenheit im Bereich von LAWS durch stärkere Rüstungen oder neue militärische Strategien reagieren. Durch LAWS induzierte regionale Aufrüstung könnte so mittel- bis langfristig eine destabilisierende Wirkung auf bestehende Machtkonstellationen haben und die Eskalationsgefahr in einer Region erhöhen. Schließlich könnten LAWS anhand ihrer potentiellen Fähigkeiten auch neue militärische Einsatzszenarien ermöglichen (z. B. im Bereich maritimer Kriegsführung oder bei *A2/D2*-Situationen), die letztlich zu einer Verschiebung des Kräfteverhältnisses in einer Region und damit im Gegenzug zu neuen Rüstungsanstrengungen führen werden.

Von besonderer Bedeutung wären Szenarien, in denen Nuklearwaffen integriert oder beteiligt sind, sei es, dass neue Angriffsmöglichkeiten auf nukleare Ziele mittels konventionell bestückter UCAV/LAWS verfolgt werden, sei es, dass neue nuklear-

127 Dieses Argument gilt nicht nur für LAWS-Einsätze in Kriegsszenarien, sondern auch im Rahmen von »innerer Sicherheit« durch Polizei- und Sicherheitskräfte.

bestückte, unbemannte Trägersysteme eingesetzt werden, um im Rahmen der nuklearen Abschreckung die Zweitschlagkapazität eines Gegners zu unterminieren und so die strategische Stabilität der Abschreckung zu gefährden. Die weitere nukleare Abrüstung hätte in diesem Fall keine Chance mehr, viel eher wäre nukleare Modernisierung oder sogar Aufrüstung die wahrscheinliche Folge.

LAWS stellen aufgrund der mit ihnen potentiell verbundenen Effizienz- und Fähigkeitssteigerung ein künftiges Mittel zur Weiterentwicklung staatlicher Waffenpotentiale dar. Eine Steigerung der militärischen Effizienz und Schlagkraft bei dem initiierenden Staat kann daher bei Konkurrenten dazu führen, dass diese sich ebenfalls verstärkt LAWS beschaffen, um entweder das jeweilige Gleichgewicht zu wahren oder aber dies zu Gunsten einer Seite zu verändern. Folgen wären induzierte Offensiv/Defensiv-Rüstungsspiralen und damit zusammenhängende neue Einsatzdoktrinen. Es steigt die Gefahr eines regionalen oder globalen Wettrüstens auf dem LAWS-Sektor, verbunden mit einer erheblichen Erhöhung militärischer Potentiale und daraus resultierender Risiken. Auch ist ein technologischer Wettlauf von Drohnen und Anti-Drohnenmaßnahmen zu erwarten.

Beim überwiegenden Anteil der Hard-und Software von AWS handelt es sich im Prinzip um Dual-Use-Technologien, die heute weitgehend frei verfügbar sind und bisher wenigen Rüstungsexportbeschränkungen unterliegen. Die Entwicklung sehr leistungsstarker LAWS bleibt wohl auch zukünftig erst einmal nur wenigen Schlüsselstaaten vorbehalten. Andere Staaten könnten jedoch weniger leistungsfähige LAWS entwickeln oder kommerzielle autonome Systeme bewaffnen oder vorhandene oder erbeutete Systeme nachbauen. Für Aufsehen im Juni 2021 sorgte ein UN-Bericht, der feststellte, dass die Kampfdrohne »Kargu-2« der türkischen Firma STM im libyschen Bürgerkrieg Soldaten autonom gesteuert direkt angegriffen habe (vgl. Cramer, 2021). Es ist nicht bekannt, ob Schaden entstanden ist. Der Vorfall verdeutlicht auch, dass die Verifikation der Funktion Autonomie ein erhebliches Problem darstellt, wenn die Drohne nicht physisch verfügbar ist (vgl. Kallenborn, 2021). Dieser Pfad steht generell auch nichtstaatlichen Akteuren offen. Der Autonomiegrad eines Systems wird weitestgehend durch die Programmierung bestimmt, deren Algorithmen und Programmteile zum überwiegenden Teil nicht dezidiert militärischen Ursprungs und daher in der Verbreitung nur schwer zu kontrollieren sind. Ferner ist zwischen einigen Schlüsselstaaten (z.B. USA, China, Russland) auch ein verstärkter Wettbewerb um den Export von UCAVs zu beobachten, der die Gefahr birgt, dass bestehende Exportbeschränkungen zunehmend erodieren und die Weiterverbreitung von AWS beschleunigt werden könnte.

10.3 Wie kann man künftige LAWS-Entwicklungen begrenzen?

Die vorbeugende Einhegung, Begrenzung oder das vollständige Verbot von LAWS ist im Prinzip durch ethische oder (völker-)rechtliche Verbote, Herstellungs- oder Weitergabeverbotsverpflichtungen, Rüstungsexportkontrolle oder Rüstungskontrollverträge möglich. In den letzten Jahren hat es eine breite internationale Debatte sowie diplomatische Initiativen zu LAWS gegeben. Dabei stellt sich die Frage, ob es im Bereich der heutigen internationalen Beziehungen möglich ist, noch nicht vorhandene Waffensysteme präventiv zu begrenzen oder deren Einsatz ganz zu verbieten, so dass Staaten gar nicht erst in die Entwicklung und Beschaffung einsteigen oder den Einsatz im Kriegsfall begrenzen. Dies ist die Aufgabe präventiver Rüstungskontrolle (»ius contra bellum«) und des Humanitären Völkerrechts (»ius in bello«), denen jeweils unterschiedliche Sachlagen, Prinzipien und Instrumente zugrunde liegen. Zu klären ist also, ob die Staatenwelt sich auf neue Verbotstatbestände, Überprüfungsmaßnahmen und Sanktionsmöglichkeiten verständigen kann. LAWS werden bisher von keinem der vorhandenen Rüstungskontrollverträge direkt verboten, begrenzt oder reguliert, alleine deshalb, weil die entsprechenden technologischen Entwicklungen zum Zeitpunkt ihrer Abfassung gar nicht möglich waren. Sowohl das Rüstungskontrollrecht als auch das Humanitäre Völkerrecht haben allerdings ein breites Portfolio an Prinzipien, Kriterien und Maßnahmen (z. B. Verifikation) entwickelt, das prinzipiell auf LAWS anwendbar ist. Zu unterstreichen ist, dass es in fünf Fällen gelungen ist, bestimmte Waffentypen zu verbieten: Chemische Waffen (C-Waffenkonvention), Biologische Waffen (B-Waffenkonvention), Anti-Personen Landminen (Ottawa-Konvention) und Clustermunition (Oslo-Konvention) sowie Blendlaserwaffen (VN-Waffenübereinkommen).

Rüstungskontrolle und Rüstungsexportkontrolle

Abrüstung und Rüstungskontrolle tragen in erster Linie zur Risiko- und Bedrohungsreduktion bei, indem sie sich am Kräftegleichgewicht bestimmter Waffensysteme und Akteure sowie deren Verifikationsmöglichkeiten orientieren. Bewährte Kriterien sind Nichtverbreitung, Krisenstabilität und Rüstungskontrollstabilität d. h., Vermeidung eines Wettrüstens. Sie beziehen sich entweder auf vollständige Verbote oder die Festlegung von Obergrenzen definierter Waffensysteme oder zu erwartender Schadenswirkungen. Ein Schwerpunkt der im Kalten Krieg etablierten Verträge (siehe bspw. Tabelle 3) war die Begrenzung von Massenvernichtungswaffen und deren Trägersystemen. Die Verifikation dieser Abkommen bezog sich in erster Linie auf die gut identifizierbaren Trägersysteme. Dies könnten in Zukunft auch autonom agierende Waffensysteme sein, die somit im Prinzip Bestandteil von Rüstungskontrolle werden. In den in Tabelle 3 genannten Verträgen sind konsultative Kommissionen vorgesehen, in denen LAWS in die Vertragstatbestände einbezogen werden könnten. Der Vertrag über die konventionellen Streitkräfte in Europa (KSE) von 1991 sieht die umfassende Beschränkung von fünf konventionellen Hauptwaffensystemen in Europa vor, bei denen auch LAWS integriert werden könnten. Vor dem Hintergrund der allgemeinen Rüstungskontrollkrise ist der KSE-Vertrag zwar seit 2007 suspendiert, aber bei einer Neuauflage könnte auf jahrelang erprobte Verfahren und Kenntnisse zurückgegriffen werden. Dies bezieht sich auch auf das breite Instrumentarium der OSZE bzw. der Wiener Dokumente, in dem diverse spezifische, risikoreduzierende »Vertrauens- und Sicherheitsbildende Maßnahmen« (VSBM) verhandelt und erfolgreich angewendet wurden. Das Verbot eines

Tabelle 10.3: Rüstungskontrollverträge und ihre Anwendbarkeit auf LAWS (Alwardt/Neuneck/Polle)

Rüstungskontrollvertrag	Rahmen	AWS Bestandteil des Vertrags?	Verifikation	Status
KSE-Vertrag	multilateral	Wahrscheinlich AWS im Allgemeinen*	Ja	suspendiert seit 2007
New START-Vertrag	bilateral	Ja, autonome UCAVs oder UUVs; falls sie Charakteristika eines strategischen Systems aufweisen und zur nuklearen Bewaffnung vorgesehen sind	Ja	in Kraft (Laufzeit bis 2021; Verlängerung bis 2026)
INF-Vertrag	bilateral	Umstritten, ob UCAVs ggf. Marschflugkörpern gleichzustellen sind	(Ja) gilt seit 1991 als umgesetzt	Gekündigt
C-Waffenübereinkommen und *B-Waffen-Übereinkommen*	UN-Rahmen	Ja, AWS im Allgemeinen, falls sie dazu bestimmt sind, in irgendeiner Form am Einsatz chemischer oder biologischer Waffen mitzuwirken	Ja (CWÜ) Nein (BWÜ)	in Kraft
* Falls AWS der Definition einer der Hauptwaffentypen entsprechen; die dortigen Definitionen schließen unbemannte Systeme nicht aus (wahrscheinlich Auslegungssache)				

bestimmten festzulegenden Autonomiegrades von Waffensystemen alleine wird kaum zu verwirklichen (oder zu verifizieren) sein, da autonome Funktionen im Wesentlichen durch Elektronik und Software bestimmt werden. Einfacher wäre es, AWS entweder durch die Festlegung konkreter Einsatzbedingungen oder durch die Sicherstellung von »*meaningful human control*« zu reglementieren, wobei zunächst offenbleibt, auf welche Charakteristika sich »meaningful human control« (MHC) stützt. Die britische NGO »Article 36« hat das Konzept einer MHC ausgeführt und vertieft. Das HVR (siehe nächster Abschnitt) hält dazu Prinzipien und Kriterien bereit. So könnte die praktische Anwendung des Artikel 36 des Genfer Zusatzprotokolls I in Bezug auf die Prüfung, Entwicklung, Beschaffung oder Einführung neuer LAWS eine präventive Wirkung haben. LAWS könnten aber auch Bestandteil präventiver Rüstungskontrolle und künftiger (regionaler) Rüstungskontrollregime werden (z. B. in Europa und Südasien oder im strategischen Kontext zwischen z. B. den USA, Russland und China) und so zur Krisenstabilität und internationalen Sicherheit beitragen. Auch bei einer Wiederauflage oder Weiterentwicklung des KSE-Vertrages wären so z. B. zukünftige militärtechnologische Weiterentwicklungen wie LAWS mit zu berücksichtigen. Zudem könnten auch die internationalen Anstrengungen im Bereich der Nichtverbreitung autonomer Waffensysteme intensiviert werden, auch wenn dies durch das Dual-Use Problem erheblich erschwert wird. Viele autonomierelevante Technologien entstehen im zivilen Bereich, können nicht verboten werden und verbreiten sich daher schnell. Erst die Integration zu einem LAW würde solch ein System als Waffe charakterisieren.

Die Stärkung von Rüstungsexportregimen in Hinblick auf AWS-Systeme oder wichtige (identifizierbare) Schlüsseltechnologien wäre hier ein weiterer wichtiger Schritt, um die Verbreitung gefährlicher Militärtechnologien zu verhindern oder zu dämpfen. Nationale Rüstungsexportkontrolle richtet sich auch nach internationalen Regelungen und vertraglich vereinbarten Restriktionen bei der Lieferung strategisch wichtiger militärrelevanter Technologien. Beispiele für multilaterale Rüstungsexportabkommen sind das *Missile Technology Control Regime (MTCR)* von 1987[128], das Wassenaar-Abkommen von 1994, der Arms Trade Treaty von 2013 oder das UN-Waffenregister zu Transparenz und Vertrauensbildung von 1991. LAWS könnten in nationale Exportkontrollregelungen einbezogen werden. Sie gehören aber nicht zum internationalen Rüstungskontrollrecht, da es sich hier um einseitige Lieferabsprachen bestimmter Staatengruppen handelt.

Humanitäres Völkerrecht: die CCW-Konventionen und die UN-GGE

Zum Humanitären Völkerrecht (früher: Kriegsvölkerrecht) gehören in erster Linien Bestimmungen des Völkerrechts, die im Fall eines Krieges oder eines internationalen bewaffneten Konflikts den bestmöglichen Schutz von Menschen, Gebäuden und Infrastruktur sowie der natürlichen Umwelt vor den Auswirkungen der Kampfhandlungen zum Ziel haben (»ius in bello«) (vgl. Geiss, 2015). Im Zentrum stehen hier die vier Genfer Konventionen aus dem Jahr 1949 sowie zwei Zusatzprotokolle von 1979.[129] Zentrale Prinzipien für den Waffeneinsatz sind das *Prinzip der Verhältnismäßigkeit*, das *Unterscheidungsgebot*, das *Vorsorgeprinzip* und das *Prinzip der Vermeidung unnötigen Leids*. Die sog. Martens'sche Klausel besagt für alle weiteren Fälle, die nicht international geregelt sind, dass Zivilpersonen und Kombattanten unter Schutz der Grundsätze des Völkerrechts stehen, »wie sie sich aus den feststehenden Gebräuchen, aus den Grundsätzen der Menschlichkeit und aus den Forderungen des öffentlichen Gewissens ergeben.« 1980 wurde in Genf die *Convention on Certain Conventional Weapons (CCW)* oder das *VN-Waffenübereinkommen*, beschlossen, das 1983 in Kraft trat und bisher von 125 Staaten unterzeichnet wurde.[130] Wie auch im vollständigen Titel der Convention on Certain Conventional Weapons, CCW, »Convention on prohibitions or restrictions on the use of certain conventional weapons which may be deemed to be excessively injurious or to have indiscriminate effects« enthalten, besteht das Ziel der CCW darin, neue

128 Hier legt eine Gruppe von 35 Staaten auf informeller und freiwilliger Basis gemeinsame Exportstandards für ballistische Raketen, Marschflugkörper und UAVs fest. Die Webseite des MTCR ist abrufbar unter: http://mtcr.info/.

129 Genfer Konventionen (1949) und Zusatzprotokolle (1977). Abrufbar unter: https://ihl-databases.icrc.org/applic/ihl/ihl.nsf/vwTreaties1949.xsp [28.09.2017].

130 Siehe: United Nations Treaty Collection, Chapter XXVI Disarmament, CCW (with Protocols I, II and III), Geneva 1980: https://treaties.un.org/pages/ViewDetails.aspx?src=TREATY&mtdsg_no=XXVI-2&chapter=26&lang=en.

konventionelle Waffen daraufhin zu bewerten, ob ihr Einsatz »übermäßiges Leiden verursachen oder unterschiedslos wirken könnte«, und sie daher in erklärten Kriegen oder bewaffneten Konflikten zu verbieten oder zu beschränken sind (vgl. BICC, 2013). In fünf Protokollen werden verschiedene Waffen- und Munitionstypen reglementiert und verboten, so (1) nicht entdeckbare Splitter in Schusswaffenmunition (1980), (2) Minen und Sprengfallen (1980, geändert 1996), (3) Brandwaffen (1980), (4) blind machende Laserwaffen (1995) und (5) explosive Kampfmittelrückstände (2003).

Im Rahmen von »humanitärer Abrüstung« gibt es seit Jahrzehnten zivilgesellschaftliche Gruppen und Nichtregierungsorganisationen, die auch von einzelnen Staaten direkt unterstützt werden und es sich zur Aufgabe gemacht haben, einen besseren Schutz von Zivilisten im Kriegsfall und in der Nachsorge zu erreichen und gefährliche Waffensysteme zu verbieten.[131] Die »International Campaign to Stop Killer Robots« hat zum Ziel, vorbeugend die Entwicklung, Herstellung und den Einsatz von LAWS zu stoppen und zu verhindern. Auch das »International Committee of the Red Cross« (ICRC) hat sich in mehreren Stellungnahmen zu LAWS geäußert (vgl. ICRC, 2019). Das ICRC hat vorgeschlagen, Standards für die Art und Qualität von »meaningful human control« festzulegen, damit die HVR-Prinzipien eingehalten werden können. Die internationalen NGOs richten sich nicht gegen Autonomie in Waffensystemen per se, sondern fordern das Verbot von bestimmten Waffensystemen, die ohne menschliche Intervention Ziele aussuchen und unter Beschuss nehmen können. Staaten wie Bolivien, Kuba, Ecuador, Ägypten etc. oder das Europäische Parlament unterstützen diese Position. Es gibt auch, mit unterschiedlicher Intensität, Zustimmung aus der Wissenschaft, der Religion, der »AI Community« und vereinzelt der Industrie.

Seit 2014 fanden im Rahmen der CCW in Genf erste Expertengespräche zu rechtlichen, technologischen und militärischen Aspekten von LAWS statt, die ab November 2017 in eine UN *Group of Governmental Experts (GGE)* überführt wurden, die das Mandat bekam, »mögliche Empfehlungen zu Optionen im Zusammenhang mit neu entstehenden Technologien im Bereich LAWS im Kontext der Ziele und Zwecke des VN-Waffenübereinkommens zu prüfen und zu vereinbaren«. Die Erarbeitung einer gemeinsamen Sprachgrundlage in Bezug auf den Autonomiebegriff und eine praktizierte Transparenz im Hinblick auf Entwicklungs- und Rüstungsbestrebungen im Feld von LAWS wären ein erster wichtiger Schritt. Zudem sollen nicht nur vorliegende Vorschläge zur Transparenz und Vertrauensbildung diskutiert werden, sondern auch geprüft werden, unter welchen Umständen LAWS durch das Zusatzprotokoll I der Genfer Abkommen oder eine andere Regel des HVR verboten werden könnten. Am Anfang konzentrierte sich die Debatte auf die technologischen Kriterien von Autonomie und verlagerte sich dann auf den operativen Kontext eines LAWS-Einsatzes. Die Abschluss-

131 Hierzu gehören für die Landminenkampagne die »International Campaign to Ban Landmines«; das »International Network on Explosive Weapons (INEW) und die »International Campaign to Abolish Nuclear Weapons« (ICAN) Stephen D. Goose; Mary Wareham: The Growing International Movement Against Killer Robots, in: Harvard International Review, Vol. 37, N°. 4, 2016, Seite 28–33.

berichte der UN GGE zeigen einen sehr langsamen Fortschritt. 2018 gelang es der GGE 11 »guiding principles« festzulegen. 2019 einigte man sich, dass diese Prinzipien eine Basis für mögliche Empfehlungen bilden können und 2020 begann man auszuloten, wo Gemeinsamkeiten festzustellen sind.

Während sich im CCW-Kontext vornehmlich mit der Konformität von LAWS in Bezug auf die Prinzipien des HVR beschäftigt wird, fehlt es bisher an Bemühungen um die präventive Rüstungskontrolle von AWS oder an Anstrengungen zu ihrer zukünftigen Einbindung in konventionelle Rüstungskontrollmaßnahmen. AWS können bisher nur von einigen Rüstungskontrollabkommen (u.a. KSE-Vertrag), Vertrauens- und Sicherheitsbildenden Maßnahmen (u.a. Wiener Dokument) oder von Exportkontrollregelungen implizit erfasst werden. Dies ist überwiegend nur aus dem Grund möglich, dass die dortigen, eigentlich auf bemannte Systeme abzielenden, Waffendefinitionen auch auf bestimmte unbemannte Systeme zutreffen können. Diese Abkommen haben aber entweder nur einen sehr eingeschränkten Anwendungsbereich, sind freiwilliger Natur oder werden nicht (mehr) vertragskonform praktiziert, so dass sie nicht die nötige Wirkung entfalten können, um den sicherheitspolitischen Implikationen von LAWS wirksam zu begegnen.

Der Militärhistoriker John Keegan kommt in seinem Buch »Die Kultur des Krieges« (1995) zu folgendem Schluss:

> »Die Friedenserhalter und Friedensstifter der Zukunft haben von anderen militärischen Kulturen viel zu lernen, und zwar nicht nur von denen des Orients, sondern auch von den primitiven. Den Prinzipien der freiwilligen Begrenzung (...) liegt eine Weisheit zugrunde, die wiederentdeckt werden muss. Und noch weiser ist es, der Ansicht zu widersprechen, daß Politik und Krieg nur Schritte auf ein und demselben Weg sind. Wenn wir dem nicht entschieden widersprechen, könnte unsere Zukunft (...) den Männern mit den blutigen Händen gehören« (Keegan, 1995, S. 553).

Teil III

Politische Gestaltung der Digitalisierung

Einführung

Heinz Stapf-Finé

Dieser dritte Teil des Buches widmet sich den politischen Konsequenzen, die sich aus den ersten beiden Buchteilen ergeben. Die VDW geht davon aus, dass Entwicklung und Einsatz von Digitalisierung, Vernetzung und Künstlicher Intelligenz aktiver politischer Gestaltung bedarf. Dies werden wir in wesentlichen Politikfeldern wie Bildung, Gesundheit, Umwelt, Wirtschaft, Arbeit und Soziales darlegen.

Als äußerst aktuelles Beispiel sei hervorgehoben, dass beispielsweise unter den Corona-Pandemiebedingungen der Digitalisierungsdruck auf Schulen und andere Bildungseinrichtungen wie Kitas und Hochschulen enorm gestiegen ist. Der hierzu geführte Diskurs behandelt in der Regel die Frage der Beschleunigung des Einsatzes von Hard- und Software. Erforderlich wäre aber eine zuvorderst pädagogische Debatte, ob, wann und wie digitale Techniken sinnvoll eingesetzt werden können, um den Lernerfolg im Sinne von »Herausfinden« anstelle von »Büffeln« zu sichern. Bereits an diesem Beispiel wird klar, wie stark die Wirkungen des Technologie-Einsatzes weitgehend von den sozialen Organisationsformen abhängen, in denen die jeweilige Technik eingesetzt wird.

Auch in Medizin und Gesundheitswesen wird dieser Sachverhalt klar. Ethisch wäre der Nichteinsatz von digitaler Technik, sofern sie dem Menschen bei Diagnose und Behandlung überlegen ist, nicht hinnehmbar. Auf der anderen Seite kann digitale Technik der Kontrolle und Überwachung des (richtigen) Handelns der Patientinnen und Patienten oder auch der in den Gesundheitsberufen Tätigen dienen und zum Verlust der Handlungsautonomie führen.

Können also digitale Techniken zur Lösung von sozialen oder politischen Problemen eingesetzt werden?

Auch im Zusammenhang von Digitalisierung und Nachhaltigkeit stellt sich diese Frage dringend. So ist die digitale Technik zunächst erst einmal energiehungrig und der Einsatz von Digitalisierung (bspw. Blockchain, Streaming und Lieferdienste) mit einem starken Ausstoß von CO_2 verbunden, auch wenn global agierende Unternehmen in ihrem öffentlichkeitswirksamen Auftritt zur Corporate Responsibility in nächster Zukunft Klimaneutralität versprechen. Einerseits können also digitale Technologien zur Lösung von Umwelt- und Energieproblemen, andererseits aber auch zur deren Verschlimmerung beitragen. Dabei kommt es ganz wesentlich auf umfassende Technikfolgenabschätzungen und vor allem die demokratische Kontrolle von Technikentwicklung und Einsatz und damit letztlich von Eigentum, Produktion und Verteilung an.

Das verdeutlicht das Kapitel zu Produktion und Handel, das die Veränderungen von Weltwirtschaft und Welthandel unter den Voraussetzungen der vierten, industriellen Revolution beleuchtet. Einerseits könnten negative Megatrends wie Klimawandel, Bevölkerungswachstum und wachsende soziale Ungleichheit auch mit digitalen Werkzeugen bekämpft werden. Auch wären mit der steigenden Produktivität eine Steigerung der menschlichen Wohlfahrt möglich. Tatsächlich aber fallen die meisten Schwellen- und Entwicklungsländer im digitalisierungsgetriebenen Strukturwandel weiter in ihrer volkswirtschaftlichen Leistungsfähigkeit zurück und die internationale Ungleichheit nimmt deutlich zu. Diese Tendenz hat sich durch die Covid19-Pandemie weiter beschleunigt und vor allem südamerikanische Länder mit voller Wucht erfasst.

Die steigende Produktivität durch digitale Lösungen und KI-Anwendungen wird nicht ohne Auswirkungen auf die Qualität von Arbeit sein und auch quantitative Beschäftigungseffekte hervorrufen. Auch wenn im Augenblick immer noch eher die Auswirkungen auf (auch kognitive) Routinetätigkeiten (z. B. Buchhaltung) stark diskutiert werden, drohen verstärkt Beschäftigungseinbußen auch in Bereichen, die bisher nicht rationalisierbar erschienen, wie in Medizin und Jura. Derzeit gibt es auch keine Hinweise, dass die vierte, industrielle Revolution zu steigenden Arbeitseinkommen oder besseren Arbeitsbedingungen führt – dies scheint derzeit eher unwahrscheinlich, so dass auch hier der Bedarf an politischer Regulierung deutlich wird.

Die in diesem Zusammenhang aufgeworfenen Fragen machen darüber hinaus auch deutlich, wie wichtig es ist, alle Erwerbstätigen in den Schutz sozialer Sicherung einzubeziehen. Das in diesem Zusammenhang diskutierte bedingungslose Grundeinkommen scheint dafür aber nicht nur eine unterkomplexe Antwort auf komplexe Fragen darzustellen, sondern auch die Entsolidarisierung in der Gesellschaft voranzutreiben. Ein verbesserter sozialer Schutz bei zunehmender Digitalisierung bedarf zudem der gesellschaftlichen Debatte darüber, wie die digitale Dividende gerechter verteilt werden kann.

Die im dritten Teil des Buches diskutierten Digitalisierungsfolgen in wesentlichen, möglichen Anwendungsfeldern zeigen also eindringlich die Notwendigkeit von umfassenden Technikfolgenabschätzungen zum Schutz des Einzelnen, der Gesellschaft sowie der Umwelt und verdeutlichen, dass unterschiedliche wissenschaftliche Disziplinen einen gemeinsamen Diskurs in gesellschaftlicher Verantwortung führen müssen. Klar wird auch, dass es sich nur teilweise um inhärente Technikfolgen handelt. Die Art und Weise der Nutzung digitaler Technik im Rahmen konkreter gesellschaftlicher Normen und Regeln, im betrieblichen, sozialen und politischen Kontext, bestimmt, ob die weitere Digitalisierung, Vernetzung und Entwicklung von KI den Menschen mehrheitlich nutzt oder schadet. Maßstab hierbei sind die individuelle Selbstbestimmung der Menschen und ihre gerechte Teilhabe.

11. Kapitel

Bildung und Digitalisierung – Technikfolgenabschätzung und die Entzauberung »digitaler Bildung« in Theorie und Praxis

Paula Bleckmann und Brigitte Pemberger

11.1 Einleitung

> *»Schulen, Hochschulen, aber auch Institutionen der frühen Bildung und der Weiterbildung stehen heute in wachsendem Maße unter Druck, schnell und umfangreich zu digitalisieren. Es verwundert daher nicht, dass Bildungsinstitutionen aktuell mit einer wachsenden Zahl an Finanzierungs- und Beratungsinitiativen, aber auch Aus- und Fortbildungsangeboten überschwemmt werden. Die bei weitem überwiegende Mehrheit dieser Aktivitäten ist jedoch auf Anwendungskompetenz bezogen bzw. auf den (effektiven) Einsatz von Hard- und Software. Aspekte kritischer Auseinandersetzung werden nicht selten auf Themen wie Datenschutz oder -ethik, Cybermobbing oder Fakenews reduziert.«* (Hartong, Förschler, Dabisch 2019)

Es darf bereits als Schritt in die richtige Richtung betrachtet werden, wenn immerhin eine kritische Auseinandersetzung mit den am Ende des Zitats genannten Themen stattfindet. Auch diese traten unter dem Druck der schnellen Umsetzung von Online-Kontaktmöglichkeiten im pandemiebedingen Lockdown eher in den Hintergrund (vgl. Abschnitt 1.1). Im folgenden Kapitel[132] werden mit Blick auf die fernere Zukunft jedoch gerade wegen der neuen Dynamik, die mit den Maßnahmen zur Eindämmung der Pandemie entstanden ist, eine Reihe grundlegender und kritischer theoretischer Überlegungen zusammengetragen, welche im aktuellen politischen und wissenschaftlichen Diskurs um »Bildung im digitalen Zeitalter« (Abschnitt 2) und insbesondere auch im Kontext der Medienpädagogik und der Lehrerbildung im digitalen Zeitalter (Abschnitte 3 und 4) bisher zu selten berücksichtigt werden. Dabei steht das Schulalter im Vordergrund. Viele der Überlegungen dürften aber auf Bildungsprozesse vom Kindergarten- bis zum Erwachsenenalter übertragbar sein.

11.1.1 Polarisierung des Diskurses durch pandemiebedingten Lockdown

Die Lockdown-Situationen mit Schließungen von Bildungsinstitutionen wie Schulen und Universitäten haben eine ohnehin vorhandene Polarisierung im Diskurs um Bildung im digitalen Zeitalter vielfach noch verschärft: Während einerseits Politiker, Praktiker und Experten dem Lockdown die Funktion als eine Art Katalysator für ohne-

[132] Das vorliegende Kapitel wurde auf Basis einer überarbeiteten Fassung der ersten Hälfte eines Beitrags von Bleckmann und Zimmer (2020) verfasst, ergänzt um Ausführungen zum Konzept der Analog-Digidaktik (Bleckmann, Pemberger, Stalter und Siebeneich 2021), erste Ergebnisse der MünDig-Studie (Kernbach, Tetzlaff, Bleckmann, Pemberger 2021 eingereicht), sowie Überlegungen der unter Beteiligung von Bleckmann entstandenen Transferinitiative www.unblackthebox.org .

hin wünschenswerte bzw. bereits länger überfällige Entwicklungen zuschreiben, dokumentieren und kritisieren andererseits verschiedene Experten die Beschleunigung und Verschärfung bedenklicher bzw. ohnehin mit zu hoher Geschwindigkeit ablaufenden Entwicklungen. Die erste Denkrichtung wird in Deutschland sowohl durch den »Hackathon #wirfuerschule«, wie auch besonders prägnant durch eine seiner Organisatorinnen, Verena Pausder, vertreten.

> *»Corona war ein idealer Nachhilfelehrer für die Schulen* [...]. *Wir haben einen Digitalpakt, der ist kaum abgerufen. Die wenigsten Lehrer sind ausgebildet. Das heißt, jetzt waren wir alle mal gezwungen, uns mit dem Thema zu beschäftigen. Und das baut eben Ängste ab, senkt die Hemmschwelle und zeigt uns vielleicht auch: Wir sind doch besser als gedacht.«* (Pausder 2020)

Die andere Haltung findet sich bei Lankau und Burchardt:

> *»Anstatt Schule und Unterricht durch digitale Transformation für Metrik und Technik zu optimieren, muss der Fokus wieder auf Individuum, Gemeinschaft und humanen Lernprozessen liegen. Digitaltechnik kann dabei ein Werkzeug unter vielen sein. Bildung aber ist Beziehung: Der Mensch wird am Menschen zum Menschen.«* (Lankau, Burchardt 2020)

Aus einer Analyse internationaler englischsprachiger Dokumente zur Positionierung der »EdTech«-Industrie, also Wirtschaftsakteuren, die im Bereich von Hard- und Software für Bildungseinrichtungen tätig sind, folgern Williamson und Hogan:

> *»The business plan adopted by the edtech industry is summarised as ›support now, sell later‹, where businesses are expanding their services now in the hope they might lock schools and parents into long term subscriptions once the pandemic ends.«* (Williamson, Hogan 2020)

Wir haben dabei selbst argumentiert, es sei vor allem wichtig, die Krise nicht zum Maßstab zukünfigen Lernens außerhalb von Lockdown-Bedingungen zu machen:

> *»The pandemic seems to have removed the burden of proof: There appears to be no more need to show that digital education has better long term outcomes than other types of new or traditional learning arrangements. It is enough to know that it is better than nothing. It IS much better than nothing. It is like a straw that we hold on to because it is the only straw we think we have. That's easily justifiable. Only let's not forget to let go of the straw once the immediate danger of drowning is past.«* (Bleckmann 2020)

11.1.2 Ein Widerspruch: Evidence of a potential!?

Jesper Balslev (2020) leitet aus einer Zusammenfassung der Studienlage in Verbindung mit der Analyse internationaler politischer Dokumente zum Thema »Bildungs-Digitalisierung« aus den letzten drei Jahrzehnten folgende Erkenntnis ab: Obgleich die Studienlage in zahlreichen Fällen negative Auswirkungen des Digitalmedieneinsatzes auf die Lernleistungen belegt, seltener auch positive und in vielen Fällen neutrale, bleibt doch die Forderung nach einer verstärkten Digitalisierung von Bildungsprozessen über Jahrzehnte hinweg bestehen. Obgleich die Forderung also bisher nicht »evidenzbasiert« sei, werde ein hohes POTENZIAL von Digitalisierung als belegt angesehen: *Evidence of a potential*, lautet denn auch der Titel der Arbeit. Um diese Inkonsistenz in Zukunft aufheben zu können, sei ein Ansatz vonnöten, der die Innovationen durch Digitalisierung immer mit dem vergleicht, was ohne ihren Einsatz mit moderner Pädagogik erreicht werden könne: *»A more rigorous approach would be to compare analogue and digital* *interventions more systematically. […] My analysis is that there is a technological bias at play, witnessed by the absence of analogue control-groups.«* (Balslev 2020, S. 154)

Dieser *technological bias* ist durch die Pandemie-Umstände verstärkt worden. Um dem entgegenzuwirken, berücksichtigen wir den Vorschlag von Balslev nochmals explizit bei der Darstellung von Ergebnissen aus der MünDig[133] Studie. Sie ist keine solche angedachte Kontrollgruppenstudie, würde aber u. a. eine detaillierte Beschreibung solcher *analogue control-groups* ermöglichen, da sie auch analoge Lernszenarien zur Förderung »digitaler Kompetenzen« mit erfasst (Abschnitt 5). Wir übernehmen in Abschnitt 2 die interdisziplinär breit angelegte Sichtweise der Technikfolgenabschätzung (im Folgenden: TA) unter Einbeziehung analoger Kontrollgruppen und arbeiten mit einem umfassenden Verständnis möglicher Digital-Risiken und Digital-Chancen fürs Lernen (Vgl. Zimmer, Bleckmann, Pemberger 2019). Damit folgen wir u. a. Armin Grunwald (2020), der als Leiter des Büros für Technikfolgenabschätzung am Deutschen Bundestag einen macht- und konzerngetriebenen Technikdeterminismus kritisiert und feststellt: »*Aufklärung meint heute eine digitale Mündigkeit, in der kritische und unangenehme Fragen gestellt werden.*« (Grunwald 2020a)

Nicht nur »unangenehm«, sondern die Absicht der Verfasserinnen ganz verfehlend wären die Fragen, wenn sie instrumentalisiert würden, um eine Haltung der pauschalen Ablehnung des Digitalmedieneinsatzes im Unterricht zu legitimieren. Nach Einbeziehung der Ergebnisse einer langfristigen, transdisziplinären Technikfolgenabschätzung würden digitale Medien nach unserem heutigen Kenntnisstand wahrscheinlich im Schulalltag sparsamer zum Einsatz kommen, als dies aktuell politisch gewünscht erscheint. Sie würden u. E. den Unterricht jedoch zugleich sehr viel nachhaltiger bereichern, weil sie dort und nur genau dort zum Einsatz kämen, wo ihr Einsatz nach Abwägung aller Vor- und Nachteile als gewinnbringend eingeschätzt würde. Dagegen führt ein erlebter oder tatsächlicher »Digital-Zwang« oftmals dazu, dass Pädagoginnen und Pädagogen auf allen Ebenen von Aus- und Weiterbildung mit digitalen Medien zwar arbeiten, sie aber vorwiegend in einer für sie unaufwändigen Weise nutzen, um den äußeren Vorgaben gerecht zu werden (Vgl. Zierer 2018, ausführlicher Abschnitt 3).

11.2 Gestaltung menschenfreundlicher Technikumgebungen statt Selbstoptimierungs- und Digitalisierungs-Zwang

11.2.1 Kontraproduktivität in der Technikphilosophie

Bereits in den 1970er Jahren prägte der Technikphilosoph Ivan Illich die Begriffe Convivialität (Illich 1973) und Kontraproduktivität (Illich 1973). Er zeigt in seinen Werken am Beispiel der Systeme Schule, Medizin, Verkehr und anfänglich auch Medien die

133 Eine deutschlandweite Online-Befragung (www.muendig-studie.de), die als Bestandteil des von der Software AG – Stiftung geförderten Forschungsprojektes »Medienerziehung an reformpädagogischen Bildungseinrichtungen« durchgeführt wurde.

Gefahren einer *Kontraproduktivität* technologischer Entwicklung. Darunter versteht er, dass ein modernes Produktionssystem zunächst konzipiert, verwirklicht und finanziert wird, um den Nutzern Vorteile zu ermöglichen. Die Entwicklung gehe anschließend zwar in die gleiche Richtung weiter, jedoch kehre sich ihre Wirkung in der Gesamtbilanz vom Positiven ins Negative um: Das Überhandnehmen der Technologie führe dazu, dass schließlich nur noch wenige privilegierte Nutzergruppen von der Entwicklung profitierten. Lange vor dem Einzug von Internet und Smartphones in den Alltag kritisiert Illich »*ein Nachrichtenwesen, dessen Informationsflut Bedeutungen untergräbt und Sinn überschwemmt, wachsende Abhängigkeit, die durch Bewusstmachung zementiert wird* « (Illich 1982, S. 135). Er wirbt dafür, nicht einzelne Menschen zu einer Selbstdisziplinierung anzuleiten, die ihnen ermögliche, trotz kontraproduktiver gesamtgesellschaftlicher Entwicklungen gesund und produktiv zu bleiben, sondern sich auf sogenannte »convivial tools«[134] zu beschränken, d. h. technologische Entwicklungen so zu gestalten, dass es dem einzelnen Nutzer leicht gemacht werde, sie gewinnbringend einzusetzen, ohne sich dadurch zu schaden (Illich 1982, S. 135).

Fast 40 Jahre nach Illich beschreibt die amerikanische Techniksoziologin Sherry Turkle (2011) kontraproduktive Auswirkungen der Digitalisierung im Alltag – also nicht in Bildungseinrichtungen – auf das menschliche Sozialleben. Weitere fünf Jahre später zeigt eine Analyse von Längsschnitt-Daten zum Alltag US-amerikanischer Jugendlicher ein als »Smartphone-Knick« bezeichnetes Bild (Twenge 2017): Ungefähr zeitgleich mit der flächendeckenden Verbreitung von Smartphones etwa ab 2010 sinkt nach Selbstbericht der Befragten die Lebenszufriedenheit, während vermehrt von (u. a.) Einsamkeit und Depressionen berichtet wird.

11.2.2 Problemdimensionen Zeit, Inhalt und Funktion

Laut Studie des Deutschen Instituts für Vertrauen und Sicherheit im Internet (2018) mit dem Titel »Euphorie war gestern« haben in Deutschland rund ein Drittel der Befragten 14- bis 24-jährigen Angst, »internetsüchtig« zu sein, etwa 40 Prozent haben Angst vor einer weitgehend digitalisierten Zukunft. Die durchschnittlichen Bildschirmzeiten deutscher Kinder und Jugendlicher lagen bereits 2014 bei mehr als dem Doppelten der von Experten empfohlenen Maximalnutzung (Bitzer, Bleckmann, Mößle 2014). Im Lockdown haben sich die Bildschirmnutzungszeiten von Kindern und Jugendlichen, zumindest nach vorläufigen Studienergebnissen (Langmeyer, Guglhör-Rudan, Naab et al. 2020; Felschen 2020) nochmals um einen Faktor anderthalb bis eindreiviertel erhöht, so dass sie nun bei etwa dem Dreifachen des empfohlenen Maximums liegen dürften. Der Zuwachs ist in benachteiligten sozialen Schichten noch ausgeprägter. Zur hier erfassten Bildschirmmediennutzung in der Freizeit kommt noch die Nutzung für schulische Zwecke hinzu.

134 Bedeutet: Werkzeuge für menschliches Zusammenleben

Allerdings ist die Frage nach dem zeitlichen Ausmaß der Nutzung digitaler Bildschirmmedien nur eines von mindestens drei relevanten Kriterien, die zwischen einer lern- und entwicklungsförderlichen und einer entwicklungsbeeinträchtigenden Nutzung unterscheiden lassen. Wir erachten dabei die Abgrenzung von und Überschneidung zwischen den drei Problemdimensionen und zwei Nutzungsmodi als wichtig (Vgl. Bleckmann, Mößle 2014). Zu den Problemdimensionen gehören *Inhalt* (Was zeigt der Bildschirm?), *Zeit* (Wieviel Zeit wird vor dem Bildschirm verbracht?) und *Funktion* (Wird Langeweile bekämpft? Werden dysfunktionale Stimmungen unterdrückt? Wird der Bildschirm im Familiengefüge als Babysitter, Erziehungs-/Druckmittel, etc. eingesetzt? Werden Sozialkontakte verdrängt oder unterstützt?). Heute würden wir auch fragen: Welche Nutzerdaten werden gesammelt, welche Profile generiert (ggf. als Unterdimension von »Inhalt«)? Wie lang sind die ununterbrochenen Zeitfenster der »Muße« (ggf. als Unterdimension von »Zeit«)? Bei den Nutzungsmodi wird unterschieden zwischen »foreground media exposition« (der/die Lernende befasst sich selbst und direkt mit dem Medium), »background media exposition« (ein Gerät läuft in Anwesenheit eines/einer Lernenden) und »technoference« (eine Bezugsperson wie Elternteil oder Lehrkraft ist durch ein meist mobiles Gerät von der Kommunikation mit dem/der Lernenden abgelenkt[135].

11.2.3 Medienwirkungsforschung zwischen privater Freizeitnutzung und Nutzung für Bildungszwecke

Wichtig ist zudem die Unterscheidung zwischen Forschungsergebnissen für die außerschulische und schulische Bildschirmmediennutzung. Die außerschulische oder Freizeit-Nutzung wirkt in der Bilanz mit kleinem, aber signifikantem Effekt lernhemmend (Mößle, Bleckmann, Rehbein, Pfeiffer 2012). Die Nutzung in der Schule bzw. im Kontext schulischen Lernens wirkt sich sehr unterschiedlich aus, in der Bilanz bisher neutral mit inkonsistenten Befunden, mal lernförderlich, mal lernhemmend je nach Einsatzform (Balslev 2020, Zierer 2015). Zwischen Lernklima im Elternhaus und schulischer und außerschulischer Nutzung und Ausstattung von Kindern mit digitalen Bildschirmmedien besteht eine hochkomplexe Interdependenz (s. Abb.1)[136]. »Tablet/Laptop« (in der Mitte der Abbildung) sind die am häufigsten zum Einsatz kommenden Geräte, stehen hier aber stellvertretend für alle digitalen Bildschirmgeräte, die im Kontext der Bildungseinrichtung zum Einsatz kommen, also auch PC und Smartphones. Während der pandemiebedingten Schulschließungen 2020/21 ist der Ort der Nutzung vollständig nach Hause verlagert, so dass sowohl der Online-Unterricht, als auch die Nutzung digitaler Geräte für Hausaufgaben wie auch die »Freizeit-Nutzung« im privaten Umfeld stattfinden, was die Eingrenzung der Nutzung erschwert.

135 Vgl. auch Barr, Kirkorian, Radesky, 2020

136 Abbildung übernommen aus: Bleckmann, P., Allert, H., Amos, K., Czarnojan, I., Förschler, A., Hartong, S. Jornitz, S., Reinhard, M./Sander, I. https://unblackthebox.org/wp-content/uploads/2020/12/UBTB_Onepager_Gesundheitliche_Folgen.pdf.

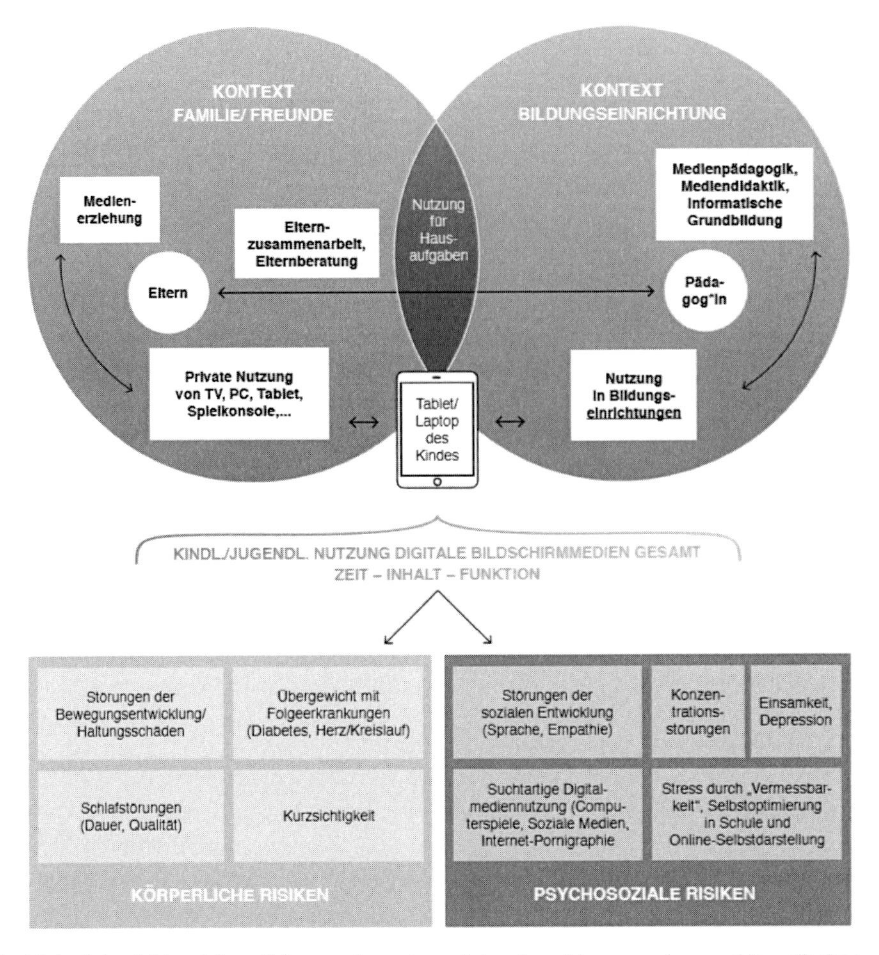

Abb. 11.1: Schaubild zu körperlichen und psychosozialen Auswirkungen einer problematischen Bildschirmmediennutzung von Kindern und Jugendlichen unter Berücksichtigung der Interdependenz zwischen Nutzung im privaten und bildungsbezogenen Kontext. (Übernommen aus: Bleckmann, Allert, Amos, Czarnojan, Förschler, Hartong, Jornitz, Reinhard, Sander 2020)

Einerseits verfügen Kinder aus benachteiligten sozialen Schichten in Deutschland im Schnitt über eine »bessere« Medienausstattung als ihre privilegierteren Altersgenossen. In Folge weisen sie aber deutlich höhere, im Schnitt im problematischen Bereich liegende Bildschirmzeiten und eine verstärkte Nutzung nicht für ihr Alter geeigneter Inhalte auf, die ihre signifikant schlechteren Schulleistungen zum Teil erklären können (Pfeiffer, Mößle, Kleimann, Rehbein 2008). Andererseits wird die Digitalisierung von Lernprozessen als Instrument zum Schließen der Bildungsschere und zur zielgenauen Förderung lernschwacher Schülerinnen und Schüler[137] propagiert. Das

137 Im weiteren Textverlauf verwenden wir die Abkürzung »SuS«.

Beispiel des rumänischen »Lern-PC-Gewinnspiels« sensibilisiert für die Ambivalenz der Verfügbarkeit von Digitalgeräten für die Nutzung durch sozial benachteiligte Kinder und Jugendliche, insbesondere außerhalb der Schule (Pop-Eleches, Malamud 2010). Per Losgewinn konnten benachteiligte Jugendliche kostenlos einen PC gewinnen. Sie sollten dadurch wie ihre privilegierteren Altersgenossen Zugang zu PC und Internet als Lernressource erhalten. Tatsächlich wurden die Geräte hauptsächlich für nicht-intendierte Zwecke genutzt, so dass sich im Längsschnitt die Bildschirmnutzungszeiten der »Gewinner« erhöhten und die Schulleistungen signifikant verschlechterten.

Laut Ergebnissen der Medienwirkungsforschung sind die kleinen, aber signifikant negativen Effekte von Bildschirmmedienkonsum umso ausgeprägter, je jünger die Nutzenden, je länger die Zeiten, je weniger erwachsene Bezugspersonen die Nutzung begleiten. Auswirkungen auf die körperliche (Schlafstörungen, Übergewicht, Verzögerungen der Bewegungsentwicklung), die psychosoziale (Empathieverlust, Konzentrationsstörungen, Verzögerungen der Sprachentwicklung) und die kognitive Entwicklung (gemessen an Schulleistungen) können als belegt gelten. Ein etwas älterer, aber in vergleichbarer Qualität aktuell nicht vorliegender Literatur-Review von über 200 Einzelstudien und ca. 40 Metaanalysen und Reviews fasst diese Ergebnisse übersichtlich zusammen (Mößle 2012). Darüber hinaus gibt es heute erste Studien zu den Auswirkungen von *background media exposition*, denen zufolge diese sich negativ auf die soziale Interaktion auswirkt (Radesky, Miller, Rosenblum et al. 2014; McDaniel, Radesky 2018), weswegen das Phänomen auch als »technoference« (von technology und interference) bezeichnet wird.

Dass es sich bei der oben beschriebenen verbreiteten Unzufriedenheit mit der Steuerung der eigenen Mediennutzung nicht nur um ein Jugendphänomen handelt, darauf weist der Freizeitmonitor 2018 hin: Mediale Freizeitaktivitäten belegen in der Realität bereits die Top 5 Plätze. Die Wünsche der befragten Erwachsenen gehen aber genau in die entgegengesetzte Richtung: Sie wünschen sich mehr »Real-Freizeit«: Mehr Zeit für Muße, mehr Zeit im direkten Kontakt mit Freunden und Familie, mehr Zeit für Schlaf (Reinhardt 2018). In der Wahrnehmung von pädagogischen Praktikern ist die Vorbeugung gegen problematische Bildschirmmediennutzung ein großes Thema. In einer Erhebung zu subjektiven Weiterbildungsbedarfen bei pädagogischen Fachkräften an Kindergärten und Grundschulen belegte sie sogar Platz 1 der abgefragten Themenbereiche (Kassel, Fröhlich-Gildhoff, Rauh 2017). Praktizierende Pädagoginnen und Pädagogen, die mit jüngeren Kindern arbeiten, sehen vorwiegend die Beeinträchtigungen der kindlichen Entwicklung, die zeitlich, inhaltlich und funktional problematischer Bildschirmmedienkonsum mitverursacht, und wünschen sich Weiterbildungen, um in der Elternzusammenarbeit und der Arbeit mit den Kindern gegenzusteuern. Für ältere Kinder und Jugendliche (deren Lehrkräfte in die Befragung nicht einbezogen waren) würden wir annehmen, dass nun in den Weiterbildungsbedarfen das Vorbeugen gegen Digital-Risiken und die Nutzung von Digital-Chancen für Lernprozesse gleichberechtigter nebeneinanderstehen würden. Die existierenden Weiterbildungsangebote greifen zwar inzwischen vermehrt auch das Thema der Digital-Risiken auf, jedoch meist nicht auf Ebene der Verringerung von Bildschirmmediennutzung in Elternhaus oder Bildungseinrichtung (Setting-Ansatz), sondern indem die SuS, beziehungsweise zum Teil auch Kinder ab dem Kindergartenalter, durch individuelle Kompetenzen befähigt werden sollen, sich selbst vor den Risiken zu schützen. Ähnlich, wie es Hanses für die Gesundheitsprävention im Vergleich zwischen setting- und individuumszentrierten Ansätzen kritisiert (Hanses 2010, S. 89–92), würden u. E. Ansätze, die nur am Individuum (häufig: SuS) ansetzen und Digital-Risiken-Vermeidungs-Kompetenzen trainieren möchten, *Gefahr laufen, den Umgang mit der Kontraproduktivität an den Einzelnen zu delegieren*, und ihr/ihm durch einen Zwang zur Selbstoptimierung angesichts ungünstiger Umgebungsbedingungen die Verantwortung für das eigene Scheitern zu übertragen. Damit werden nicht nur, aber ganz besonders jüngere Menschen überfordert. Auch hier dürfte ein soziales Gefälle verschärft werden, weil in vielen Familien die Ressourcen fehlen, um einerseits klare Regeln und andererseits Handlungsalternativen zur zeitlichen und inhaltlichen Begrenzung des Digitalmedienkonsums im Alltag umzusetzen. Die Brisanz dieser Dynamik verschärft sich in Zeiten des Lockdowns insbesondere auch durch den Wegfall von ausgleich- und gemeinschaftsfördernden Freizeitangeboten.

11.2.4 Disziplinäre Engführung im Diskurs um »Bildung und Digitalisierung«

Die Studiengruppe »Bildung und Digitalisierung« der VDW forderte in einem Positionspapier eine Technikfolgenabschätzung, die nicht nur inter-, sondern transdisziplinär ausgerichtet sein sollte und nennt stichwortartig mehrere Disziplinen, die bisher im Diskurs nicht oder nur unzureichend berücksichtigt wurden (Vereinigung Deutscher Wissenschaftler, 2019). Es würde den Rahmen dieses Kapitels bei weitem sprengen, auf jeden dieser bisher (weitgehend) vom politischen Diskurs ausgeschlossenen Themenkomplexe im Detail einzugehen. Auf einige der genannten Themen wurde oben bereits eingegangen, einige wenige weitere werden unten noch expliziert. Für alle anderen wurden exemplarische, keinen Anspruch auf vollständige Abbildung des jeweiligen Diskurses erhebende Quellen eingefügt, um ein Weiterverfolgen über die Stichworte hinaus zu ermöglichen. Darüber hinaus sei auf die »alternative Checkliste« für eine (selbst-)bewusste Digitalisierung von Bildungseinrichtungen der Transferinitiative »Unblack The Box« (Hartong, Bleckmann, Allert et al. 2020) hingewiesen, auf welcher zu 12 verschiedenen Themenkomplexen kurze Ausführungen und Verweise auf weitere Literatur zu finden sind.

Auffällig ist, dass die bisher stärker einbezogenen Disziplinen (linke Tabellenspalte) eher positive Aspekte von Digitalisierung im Bildungsbereich hervorheben, während rechts, bisher weniger berücksichtigt, eher kritische Aspekte der Bildungs-Digitalisierung und allgemeiner der Digitalmediennutzung durch Kinder und Jugendliche beleuchtet werden. Auch wenn dies als Tendenz beobachtbar ist, finden sich doch Einschränkungen und Ausnahmen: So wird der Aspekt des Umgangs mit personenbezogenen Daten vielfach in politischen Dokumenten thematisiert. »*Kritisch verhandelt wird im Gesamtzusammenhang allenfalls Datenschutz und Datensicherheit [...]*«, konstatieren entsprechend Altenrath und Kollegen (Altenrath, Helbig, Hofhues 2020, S. 584). So wird eine Stellungnahme, die fordert, anstelle des geplanten Einsatzes der Cloud-Software MS 365 an Schulen in Baden-Württemberg auf Open-Source-Lösungen zu setzen, von einem breiten Feld von 20 Organisationen, u. a. Lehrer-, Verbraucherschutz-, und Elternverbänden, aber auch von der Gesellschaft für Informatik (GI) mitgetragen.[138]

Tabelle 11.1: Dominanz einzelner Disziplinen im politischen Diskurs um »Bildung und Digitalisierung«

Disziplinen, die aktuell den Diskurs um »Digitale Bildung« dominieren	**Bisher vernachlässigte Disziplinen, die für eine transdisziplinäre Technikfolgenabschätzung berücksichtigt werden sollten**
• Mediendidaktik • Medienpädagogik • IT-Entwicklung (v.a. Anwendungen mit dem Ziel der Steigerung und standardisierten Erfassung von Lernergebnissen sowie der Bildungssteuerung) • Quantitativ orientierte empirische Bildungsforschung • In neuerer Zeit auch: (Juristische) Expertise im Bereich Datensicherheit und Datenverarbeitung	• Historische und philosophische Bildungsforschung (u.a. Hübner 2005) • Pädagogische Ungleichheitsforschung (u.a. Knowledge Gap, second and third level digital divide, u.a. Deursen, Helsper 2015) • Bildungssoziologie (u.a. Generierung sozialer Ungleichheit durch höhere Überwachungsdichte, »inequalities of dataveillance«: Hartong, Förschler, Dabisch 2019; kritische Bildungssoziologie, Hauser 2011) • Algorithmen, KI und Ungleichheit (Allert 2020) • Allgemeine Didaktik und Unterrichtsforschung (Zierer 2015, Hattie 2015) • Mediensuchtforschung (te Wildt 2015, Turkle 2011) • Public Health und Präventionswissenschaft (u.a. Bitzer, Bleckmann, Mößle 2014; Sigman 2017) • Bindungsforschung (u.a. Auswirkungen digitaler Abgelenktheit von Bezugspersonen kleiner Kinder: Radesky, Miller, Rosenblum et al. 2014; McDaniel, Radesky 2018) • Pädiatrische und entwicklungspsychologische Medienwirkungsforschung (Mößle 2012, Spitzer 2012) • Umweltmedizinische Wirkungsforschung (u.a. nichtionisierende elektromagnetische Strahlung, vgl. www.diagnose-funk.org) • Critical Data Studies (datenpolitische Bildung, Hartong 2016, Selwyn 2014) • Ökologie (Energie- und Ressourcenbilanzen der Herstellung und Nutzung von Digitalgeräten: Grunwald 2020; Brunnengräber, Zimmer 2020; Gotsch 2020; Held, Zimmer 2020; Sommer, Ibisch, Göpel 2020)

Eine zusätzliche Differenzierung bzw. Aufweichung erfährt die Zuordnung zu den Spalten, wenn zwischen dem Fachdiskurs einzelner Disziplinen und seiner Rezeption auf politischer Ebene unterschieden wird. So kritisieren Alternrath und Kollegen (2020) auf Grundlage der sorgfältigen und umfassenden Analyse von Förderrichtlinien und Programmatiken auf deutscher und europäischer Ebene zum Thema Bildung und Digitalisierung, dass durch die *»diskurs- und machtpolitisch hervorgerufenen Deutungshoheiten«* (Altenrath, Helbig, Hofhues 2020, S. 584) ein bestimmtes Verständnis von Zielen der »Bildung im digitalen Zeitalter« in den Vordergrund trete: *»Digitale Kompetenzen«*

138 Siehe https://unsere-digitale.schule/ [20.02.2021]

fokussieren letztlich technisch-instrumentelle Fähigkeiten in der Bedienung und Anwendung der Technologien sowie die Fähigkeit, Medien für das eigene Handeln zu nutzen.« (ebd. S. 584). Diese Engführung lasse sich mit dem deutlich weiter gefassten und eher auf »digitale Souveränitat«[139] abzielenden Zielverständnis vieler medienpädagogischer Autor*innen nicht vereinbaren.

11.3 »Mehrwert« und »Technologie-Akzeptanz« gestern und heute

11.3.1 Limitationen von Technologie-Akzeptanz-Konzepten

Rekus und Mikhail sehen die Lehrkraft als »das wichtigste ›Medium‹ für das Lernen der Schüler« (Rekus, Mikhail 2013, S. 236). Nach ihrem Begriffsverständnis hat es Medien im Unterricht schon immer gegeben. Medien in einem engeren Sinne kamen mit der Einführung des ersten Schulbuches durch Comenius in den Unterricht, gefolgt von heute nicht mehr gebräuchlichen Medien wie Diorama, Schulfunk, Schulfernsehen, Sprachlabore und Computerräume wurden in den entsprechenden Zeiten des 20. Jahrhunderts mit hohem finanziellem Aufwand in den Schulen eingerichtet mit immer wiederkehrenden Erwartungen an Verbesserungen u. a. im Bereich der Lerneffizienz, der Motivation und der individuellen Förderung (Hübner 2005, S. 274–293). Die Ergebnisse der Begleitforschung zu den »neuen Lernmedien« entsprachen jeweils nicht den hochgesteckten Erwartungen, so dass Hübner vom Drei-Phasen-Modell *Euphorie – Stagnation – Ernüchterung* ausgeht. Bezüglich des Einsatzes von Online-Medien im Unterricht befinden wir uns dem Modell zufolge (noch) in der Phase der Euphorie.

Eine niedrige Technologie-Akzeptanz auf Seiten der Lehrkräfte wurde von den Innovatoren, welche die jeweils neue Technologie im Unterricht vermehrt eingesetzt sehen wollten, im Zuge jedes dieser historischen Zyklen als problematisch, da innovations-hemmend, kritisiert. Im Nachhinein erwies sich die Skepsis der Lehrkräfte oft als gerechtfertigt. Die kritisierte niedrige »Technologie-Akzeptanz« konnte im Lichte der Evaluationsstudien, die in jedem der genannten Fälle Kosten-Nutzen-Bilanzen aufzeigten, die deutlich hinter den Erwartungen zurückblieben, sogar rückblickend als reflektiert und vorausschauend bezeichnet werden. Zum Teil hatte die Einführung der neuen Technologien sogar kontraproduktive Effekte im Sinne von Illich (1982): So zeigte sich in den meisten Fällen an Stelle der erhofften Abnahme von Bildungsungleichheiten nach Einführung der jeweiligen Unterrichtstechnologie eine Zunahme.

Wir halten daher die gängigen Modelle zur Erfassung von Technologie-Akzeptanz[140] für interessant, aber die in den Publikationen vorgenommene Deutung und Bewertung

139 Digitale Souveränität schließt auch die Fähigkeit zum Erkennen von Situationen/Aufgabenstellungen mit ein, bei denen der Nicht-Einsatz von digitalen Medien zu bevorzugen ist. Z. B. ein Einkaufszettel kann effizient mit Stift und Papier erstellt werden; auch eine Liebesbotschaft kommt u. U. handschriftlich verfasst beim Adressaten »besser« an.

140 Z. B. Technology Acceptance Model TAM (Nistor, Lerche, Weinberger et al. 2014) für praktizierende bzw. Anderson, Maninger 2007 für zukünftige Lehrkräfte.

(hohe Technologie-Akzeptanz ist gut, niedrige ist schlecht) für nicht haltbar. Sie führt zu dem von Balslev (2020) beschriebenen problematischen, aber in sich konsistenten kreisförmigen Immunisierungsprozess: Mehr Einsatz digitaler Medien in Schulen führe zu besseren Lernleistungen. Studien, die den bisherigen Einsatz in der real erfolgenden Form untersuchen, zeigen überwiegend keinen Zuwachs der Lernleistungen. Das liege daran, dass die Lehrkräfte für den Einsatz nicht ausreichend qualifiziert und motiviert seien. Maßnahmen, die nur qualifizieren, ohne die Technologie-Akzeptanz zu erhöhen, führten nicht zum Ziel, da nur beides zusammen zu einem kundigen Einsatz führe. Wenn die Fachkräfte beides erworben haben würden und die Technologie dann in Zukunft kundig einsetzten, werde der Einsatz digitaler Medien zu besseren Lernleistungen führen. Nach Rekus sind Unterrichtsmedien »unverzichtbare ›Mittel‹ zur Unterstützung des Lehrens und Lernens« und er unterscheidet bei diesen zwischen »Lehrmitteln« und »Lernmitteln« (Rekus, Mikhail 2013, S. 234).

Jedoch sei kein Objekt von sich aus immer schon ein »Medium«, sondern Objekte würden erst zu Medien durch ihren aufgabenbezogenen Einsatz in Lernprozessen gemacht:

> *»Auf der einen Seite sollen Medien dem Lehrer bei der Steuerung der Lernenden und der Präsentation des Lehrstoffes helfen, sodass er effektive Lernprozesse planen und organisieren kann. Auf der anderen Seite sollen Medien dazu beitragen, die Schüler bei ihrer selbsttätigen Auseinandersetzung mit den jeweiligen Aufgaben zu unterstützen, sodass sie ihre Lernprozesse motiviert beginnen, erfolgreich durchhalten und am Ende wertend überschauen können.«* (Ebd. S. 236)

Dazu benötigen sie jedoch ein breites Spektrum an Fähigkeiten, das umfassend mit dem TPACK Modell[141] beschrieben wird (Vgl. zusammenfassend Schmidt 2020, S. 74–84). Dem Modell lässt sich u. E. gut folgen, wenn man unter dem »T« nicht, wie es bei vielen Autoren geschieht, nur (digital) Technology versteht, sondern sowohl analoge wie digitale Medien. Er wäre dann treffender als MPACK Modell zu bezeichnen.

11.3.2 »Mehrwert« von Digitalmedieneinsatz im Unterricht: (In)Visible Learning?

Hattie (2015), auf den auch Zierer (2015) Bezug nimmt, hat in seiner Meta-Analyse der empirischen Bildungsforschung »Visible Learning« sechs Einflussfaktoren auf Lernerfolg (also quantifizierbare Lernleistungen in Form von Schulnoten) untersucht: die Lernenden, das Elternhaus, die Schule, die Lehrperson, das Unterrichten und die Curricula. Auch wenn alle sechs Faktoren wechselwirkend miteinander in Beziehung stehen, so komme doch der Rolle der Lehrperson eine zentrale Rolle zu, da beide Bereiche »Unterrichten« und »Lehrperson« von den Haltungen und Kompetenzen der Lehrperson abhingen (Hattie 2015, S. 280). Welche Charakteristik in diesem Zusammenhang quantifizierbare »Lernleistungen« aufweisen, und inwiefern diese mit einem humanistisch ausgerichteten Bildungsverständnis kompatibel ist, müsste aus Sicht der Autorinnen mitunter auch einer differenzierten Prüfung unterzogen werden und mit

141 Technological Pedagogical Content Knowledge, ursprünglich TPCK-Modell genannt

einfließen in die Klärung der Gretchenfrage nach der Art der Bildung, die wir den Heranwachsenden ermöglichen wollen. Den größten Einfluss auf die Lernenden haben laut Zierer und Hattie auch bei alleiniger Berücksichtigung dieser verkürzten Form der Feststellung von »Lern-Output« die leidenschaftlichen Lehrpersonen, bei denen es ein Zusammenspiel von Fachkompetenz, pädagogischer Kompetenz und didaktischer Kompetenz gebe: »Die erfolgreiche Lehrperson agiert wie ein Regisseur. Sie hat die Ziele der Unterrichtsstunde immer vor Augen, überprüft die ausgewählten Methoden und berücksichtigt die Voraussetzungen der Akteure«. (Zierer 2015, S. 91)

Speziell zum Unterrichten stellte Zierer (2015) fest, dass (neue) Medien nur eine sehr geringe Effektstärke erreichen und dies sogar ziemlich konstant über die letzten 20, 30 Jahre sei, auch bei einer Differenzierung zwischen computerunterstütztem und webbasiertem Lernen. Als ein Erklärungsmodell zieht Zierer das SAMR-Modell (Puentedura 2006) heran. Den Grund für geringe Auswirkungen auf den Lernerfolg der SuS sieht er darin, dass die Lehrkräfte die neuen Medien häufig nur als Ersatz (*Substitution*) oder Erweiterung (*Augmentation*) für die traditionellen Medien verwenden würden. Daher reiche das Anschaffen neuer Medien alleine nicht aus. Erst wenn es zu einer Änderung (*Modification*) oder Neubelegung (*Redefinition*) der Aufgaben käme[142], würde der Effekt der digitalen Medien positiver ausfallen (Zierer 2018, S. 73–81). Zierer geht auch der Frage nach, inwieweit das SAMR-Modell auf den Einsatz der o. g. klassischen Medien (ohne Bildschirm, nicht digital) übertragbar sein könnte. Interessanterweise lassen sich nach Zierer eben u. a. auch in der Erlebnispädagogik oder beim kooperativen Lernen positive Effekte auf den Lernerfolg messen, so dass er schlussfolgert, dass

> *»erfolgreiche Lehrpersonen sich als Veränderungsagenten [sehen] und Methoden nicht um der Methoden willen ein [setzen], sondern immer vor dem Hintergrund der Lernsituation. Digitalisierung im Unterricht bedeutet nicht, neue Medien einzusetzen, weil sie gerade en vogue sind. Digitalisierung im Unterricht bedeutet vielmehr, in Abwägung der Möglichkeiten und der Bedürfnisse auf Seiten der Lernenden, neue Medien nur dann und immer dann einzusetzen, wenn sie die beste Wahl sind«* (Zierer 2018, S. 107).

Man könnte in diesem Zusammenhang auch vom Lernziel *medienmündige Lehrkraft* sprechen, wenn die Definition von Medienmündigkeit (Bleckmann, 2012) auf die Bedürfnisse beider Personen, nämlich derer der Lehrkraft und der SuS erweitert wird. »Medienmündig kann nur sein, wer seine eigenen langfristigen Ziele und Bedürfnisse kennt, wer die unterschiedlichen Medien mit ihren Chancen und Risiken, mit ihrem Potential zur Befriedigung dieser Bedürfnisse einschätzen und diese Überlegungen und Erwägungen in Entscheidungen und Handlungen im Alltag umsetzen kann« (Bleckmann 2012, S. 34).

Das Abwägen der verschiedenen Alternativen wird als »Selektionskompetenz«[143] bezeichnet und ist eine Teildimension von Medienmündigkeit (Ebd. S. 103–108). Die

142 Und dementsprechend zu einer Neukonzeption von Aufgabenstellungen! [Anm. der Autorinnen]

143 Siehe dazu auch den Beitrag von Link, J. in diesem Band (Teil 1, Kap. 4, Pfadabhängigkeit). Selektionskompetenz, die auf der Wahrnehmung tatsächlicher Bedürfnisse und Optionen als wesentliches »Organ« in Entscheidungsprozessen fungiert, kann u. a. durch Pfadabhängigkeit beeinflusst werden. Es entsteht dann bei der jeweiligen entscheidenden Person der Eindruck einer eigenständigen Wahl, obwohl systemimmanente Vorgänge ihr diese durch (maßgeschneiderte) »Vorselektion« weitgehend

Aufgabe der Lehrkraft liegt also darin, eine sich je nach Entwicklungsstufe der SuS verändernde angemessene Balance zwischen Schutz vor Digital-Risiken und Befähigung zu deren mündiger Nutzung zu gewährleisten (Vgl. Bleckmann, Mößle, Siebeneich 2018). Diese Selektionskompetenz als sachkundiges und reflektiertes Abwägen der Alternativen, ist im Kern nichts Anderes als eine »Technikfolgenabschätzung im Kleinen«, also *TA in a nutshell* auf der Ebene einer einzelnen Lehrperson. Es bleibt dabei festzuhalten, dass Zierer bzw. Hattie in ihren Analysen eine Chancen-Orientierung, aber keine Risiko-Orientierung aufweisen. Sie fragen »Was bringt das für den Lernerfolg?«, aber nicht »Was schadet das an anderer Stelle?«. Die Autorinnen empfehlen klar, über das klassische Verständnis der Mediendidaktik, wie es Süss und Kollegen vertreten, einen deutlichen Schritt hinauszugehen, indem nicht nur die »Möglichkeiten der Medien im Kontext von Lehren und Lernen (sowohl formal als auch informell), unter Berücksichtigung der Voraussetzungen auf Seiten der Lernenden sowie der jeweils vorliegenden »Rahmenbedingungen« betrachtet werden, sondern zusätzlich auch die jeweiligen Risiken beim Einsatz der digitalen Medien im Vergleich zu analogen Medien im Sinne aller oben in der rechten Spalte der Tabelle 1 genannten Themenfelder mit einbezogen werden sollen (Vgl. Süss, Lampert, Trueltzsch-Wijnen 2013, S. 171). Diese empfohlene Erweiterung wird in den Analysen von Hattie nicht berücksichtigt, d. h. Risiken der Digitalisierung außerhalb des Risikos von geringeren Schulleistungen wurden nicht erfragt, so dass zu erwarten ist, dass diese zusätzliche Abwägung von Chancen und Risiken einen Einfluss auf Hatties abgeleitete Empfehlungen hätte.

11.4 Überzogene Dichotomien und asymmetrische Förderung in Wirtschaft und Politik erschweren TA im Großen und im Kleinen

Die Umsetzung kritisch-abwägender, medienmündiger Entscheidungen pro oder kontra Digitalmedieneinsatz in der Digitalen Bildungspolitik wie auch in der Praxis wird gegenwärtig durch verschiedene Faktoren erschwert.

11.4.1 Dichotomie hinterfragen: digital = modern = gut, analog = rückschrittlich = schlecht?

Eine Reihe aktueller Veröffentlichungen zu »Bildung im digitalen Zeitalter« nehmen eine ungünstige Vereinfachung vor, die wir in der untenstehenden Tabelle 2 fett markiert haben. Sehr plakativ unterscheidet Lisa Rosa (2017) zwischen zwei verschiedenen Denkmodellen, einem guten und einem schlechten: Den analogen Medien spricht sie die von

abgenommen haben. Online Systeme verstärken diese Effekte, da bei ständiger Verfügbarkeit »eines Experten« (Peer-Group, beste Freundin, Online-Lexikon, Wahl-Buttons, empfohlene Play-List etc.) unter Umständen das Abwägen der verschiedenen Alternativen als Teildimension von Medienmündigkeit reduziert oder »verlernt« wird.

Rekus geforderten Eigenschaften ab, wenn sie Schule und Lernen im Buchdruckzeitalter mit dem im digitalen Zeitalter vergleicht. Sie kommt zu der Schlussfolgerung, dass es im Buchdruckzeitalter um das (überholte) zentrale Denkmodell des »Büffelns« ging und im digitalen Zeitalter das (moderne) zentrale Denkmodell des »Rauskriegens« folgt. Dies entspricht auch in etwa dem Narrativ bei Dräger und Müller-Eiselt (2015).

Tabelle 11.2: Vier-Felder-Schema zum Büffeln vs. Rauskriegen, mit vs. ohne digitale Bildschirmmedien

	Altmodisch / traditionell Instruktivistisch »Büffeln«	**Neu / modern** (ko-)konstruktivistisch »Rauskriegen«
Mit digitalen Medien	Vorgegebene Lernwege und Lerninhalte +/- »Schein-Personalisierung«: Input, Outputkontrolle, individuelle Berechnung für neuen Input möglich. Beispiel: Lern-App, Lehrfilme	**Eigenständige Weltaneignung, einzeln oder in Gruppen, Recherche, Verarbeitung u/o Präsentation.** Beispiel: Schüler erstellen Erklär-Videos
Ohne digitale Medien	**Vorgegebene Lernwege und Lerninhalte, »Nürnberger Trichter«** Beispiel: Frontalunterricht mit Tafelanschrieb	*Eigenständige Weltaneignung, einzeln oder in Gruppen, Experimente, Recherche, Verarbeitung u/o Präsentation. Beispiel: Offene Unterrichtsformen (z.B.* Reinmann-Rothmeier/ Mandl, 2001), *Handlungs-/ Erlebnispädagogik, Montessori, u.a.*

Demgegenüber stellt Muuß-Meerholz (2019) zur Digitalisierung fest, dass mit dieser nicht

> »*automatisch mehr progressive Pädagogik Einzug in die Bildung hält. Im Moment sieht es eher nach dem Gegenteil aus: Mit neuen Medien werden alte Pädagogiken optimiert. Mehr Input, mehr Übung im traditionellen Sinne. Mehr Dekontextualisierung, mehr Lernen allein, mit festliegendem Ergebnis, mit vorgegebener Bedeutung. Wir optimieren und stärken das, was Lehren und Lernen im Buchdruckzeitalter ausgemacht hat.*«

Muuß-Meerholz ergänzt somit die gut-schlecht-Dichotomie von Rosa zu einem Vier-Felder-Schema, innerhalb dessen er jedoch auf das Feld unten rechts (modern, ohne digitale Medien) nur sehr knapp eingeht. Wir haben daher eigene Überlegungen in Kursivschrift in der Tabelle 2 ergänzt. Es entsteht u. E. oftmals der falsche Eindruck, die im SAMR-Modell beschriebenen Transformationen von Bildungsprozessen seien an den Einsatz digitaler Bildschirmmedien geknüpft. Durch offene Unterrichtsformen, durch handlungs-, erlebnis- und reformpädagogische Ansätze wird eigenständige Weltaneignung ohne Einsatz digitaler Medien unterstützt und damit Lernen grundlegend modifiziert (M) oder sogar redefiniert (R).

Sowohl beim Einsatz digitaler, als auch analoger Medien im Unterricht sind demnach »Büffeln«, also traditionelle Instruktionspädagogik, und »Rauskriegen«, d.h. (ko-)konstruktivistische Pädagogik, möglich. Darüber hinaus, und das haben wir in der Tabelle 2 durch eine gestrichelte Linie zwischen der rechten und linken Spalte angedeutet, berücksichtigt die »Büffeln«-»Rauskriegen«-Dichotomie nicht, dass lehrerzentrierter Unterricht (ob mit digitalen oder analogen Medien unterstützt) in sehr vielen verschiedenen Facetten vorkommt und durchaus nicht nur das Auswendiglernen für Prüfungen beinhaltet, das mit dem Begriff »Büffeln« verbunden wird, ebenso wenig gelingt (ko-)konstruktivistische Weltaneignung automatisch besser in Gruppen oder allein. »Rauskriegen« kann auch Ziel eines vordergründig lehrerzentrierten »Frontalunterrichts« sein[144]. Tatsächlich attestiert die Hattie-Studie (s. o.) dem lehrerzentrierten Unterricht im Vergleich zu offenen Lernformen einen positiven Effekt auf den Lernerfolg von SuS.

Es überrascht, dass trotz der offensichtlichen theoretischen Mängel, die von Rosa und Dräger gezeichneten Dichotomien nicht die erwartbare kritische Rezeption erfahren, sondern in der öffentlichen Debatte viel zitiert und positiv aufgegriffen werden. Nicht überraschend, aber besonders unverblümt geschieht dies in den Werbeaussagen von Medienkonzernen, und zwar nicht nur in der Werbung für einzelne Produkte, sondern auch in den übergeordneten Maßnahmen des »Public Perception Management« (Vgl. Linn 2005). Die skizzierte vereinfachende Argumentationslinie findet sich jedoch auch über Jahrzehnte hinweg immer wieder in internationalen bildungspolitischen Dokumenten: »Digital technologies *support new pedagogies that focus on learners as active participants*«. (Balslev 2020, S. 146) Zumindest teilweise ließe sich das durch den folgenden zweiten Punkt erklären, der medienmündige Entscheidungen von Lehrkräften weiter erschwert.

11.4.2 Asymmetrische Förderung in Wirtschaft und Politik

Im deutschen, aber auch im internationalen wirtschaftlichen, bildungs- und wissenschaftspolitischen Raum herrscht derzeit eine Asymmetrie, die analoge und digitale Lernwege nicht gleichbehandelt, sondern diejenige Praxis, Wissenschaft und Weiterbildung bevorzugt, bei deren Umsetzung digitale Bildschirmmedien zum Einsatz kommen. Lankau charakterisiert und kritisiert den wachsenden Einfluss, den große, meist internationale Wirtschaftsakteure aus dem Mediensektor ausüben, die aus einem zunehmenden Einsatz von Digitalmedien im Bildungsbereich einen finanziellen Nutzen ziehen (Lankau 2017, S. 20–36 u. S. 100–110). Förschler beschreibt zusätzlich detailliert die Herausbildung von großen intermediären Akteuren im Bildungssektor und ihren Einfluss auf den bildungspolitischen Diskurs. Diese vertreten Konzerninteressen nicht direkt, sondern die Konzerne, welche vertreten sind, steuern Entscheidungen und stellen große Teile der Finanzierung bereit, u. a. das »Bündnis für Bildung«. Diese intermediären Akteure üben wiederum mittelbar durch Politikberatung, und unmittelbar durch eigene Weiterbildungsangebote und die Förderung von Praxisprojekten Einfluss aus (Förschler 2018, S. 30–48).

Zusätzlich finden sich in den Bildungsplänen der Bundesländer vermehrt Vorgaben zum Einsatz digitaler Medien in der Schule. Die Ausschüttung von Millionenbeträgen für die Qualitätsoffensive Lehrerbildung im Bereich der Qualifizierung von pädagogischem Personal für Lehren im digitalen Zeitalter, das Hochschulforum Digitalisierung, der milliardenschwere Digitalpakt# und weitere große Initiativen tragen dazu bei, dass

144 Siehe auch genetisch-sokratisch exemplarisches Lehren bei Wagenschein 2008, S. 115–118

von Praktikern vielfach ein »Digitalisierungs-Zwang« erlebt wird. Das ist bedauerlich, da viele der genannten Initiativen gar nicht so eng gefasst sind: Das Fernziel der Initiativen ist es, junge Menschen »fit zu machen für Orientierung in der digitalen Welt« und nicht notwendigerweise dabei den Einsatz digitaler Medien zu forcieren[145]. Hierfür kann es analoge Alternativen geben. Balslev fragt: »Can we train programmers without the use, or with very limited use, of technology (footnote: csunplugged.org)? How would students perform in settings that focused on attaining the grammatical, mathematical, logical and social skills that often constitute the background factors for much of digital professionalism?« (Balslev 2020, S. 146). Umso erfreulicher, dass mit diesem Sammelband, viele weitere Beiträge eine Sichtweise vertreten, die der rechten Spalte in der nachfolgenden Tabelle 11.3 zugeordnet werden könnte. Wir haben darin stichwortartig für verschiedene Ebenen die wesentlichen Unterschiede zwischen einem von Praktikern erlebten (nicht notwendigerweise beabsichtigten) Digital-Zwang in Schule und Lehrkräftebildung und der von uns favorisierten Herangehensweise der Technikfolgenabschätzung zusammengefasst.

Tabelle 11.3: Digital-Zwang vs. Abwägung von lang-/kurzfristigen Chancen/Risiken für Planung des Einsatzes digitaler Bildschirmmedien in Schule und Lehrkräftebildung

Digital-Zwang	Abwägung von lang-/kurzfristigen Chancen/Risiken (TA)
Digital.	Digital oder analog?
Digital von klein auf.	Differenzierung nach Aneignungsniveau: »Analog«-Erfahrung der dinglichen Welt als Ausgangslage für das Digitale.
Chancen der Digitalisierung nutzen!	Chancen und Risiken abwägen!
Was lernen die SuS vom Medium?	Was lernen die SuS an der Beziehung zur Lehrkraft (Vorbild), was über das Medium? Wie setzen sich die SuS mit der Welt (auch zueinander) in Beziehung?
Was zeigt der Bildschirm (Inhalt?)	Was, wie lange, wozu? (3 Problemdimensionen: Inhalt, Zeit, Funktion)
Wie wirkt das kurzfristig (Tage und Monate)?	Auch: Wie wirkt das langfristig (Jahre und Jahrzehnte)?
Fokus auf Mehrwert des Erreichens eines spezifischen Lernziels im schulischen Kontext (oft individuelle Ausbildung von Fachkompetenz in einem Schulfach oder übergeordneter »Medienkompetenz« der SuS).	Fokus auf viele verschiedene Einflüsse (Mehrwert/Vorteil und »Wenigerwert«/Nachteil) auf Ebene von Fachkompetenz, Persönlichkeitsbildung und Gesundheit der SuS, Selbstbild, Gesundheit und Rolle der Lehrperson, sowie übergeordneter politischer Ebene).
Oft Unterschätzung der Kosten (nur Anschaffungs-, nicht Wartungskosten/ Personalschulung/Obsoleszenz).	Einbeziehung langfristiger Kosten.

145 Da lohnt sich ein Blick in die 24 Zielkompetenzen des Medienkompetenzrahmen NRW (S. 10/11), die Schülerinnen und Schüler bis zum Ende des 8. bzw. 10. Schuljahres erworben haben sollten (Medienberatung NRW 2019). Die unterrichtliche Bearbeitung ist für die meisten der 24 Zielkompetenzen ohne die Anschaffung und den Einsatz von Bildschirmmedien möglich, was allerdings die in der Broschüre verwendete Bildsprache nicht vermuten läßt.

11.5 Praxis differenziert beforschen und gesundheitsförderlich weiterentwickeln

11.5.1 Media Maturity Matrix: Welches Medium in welchem Alter für welchen Zweck?

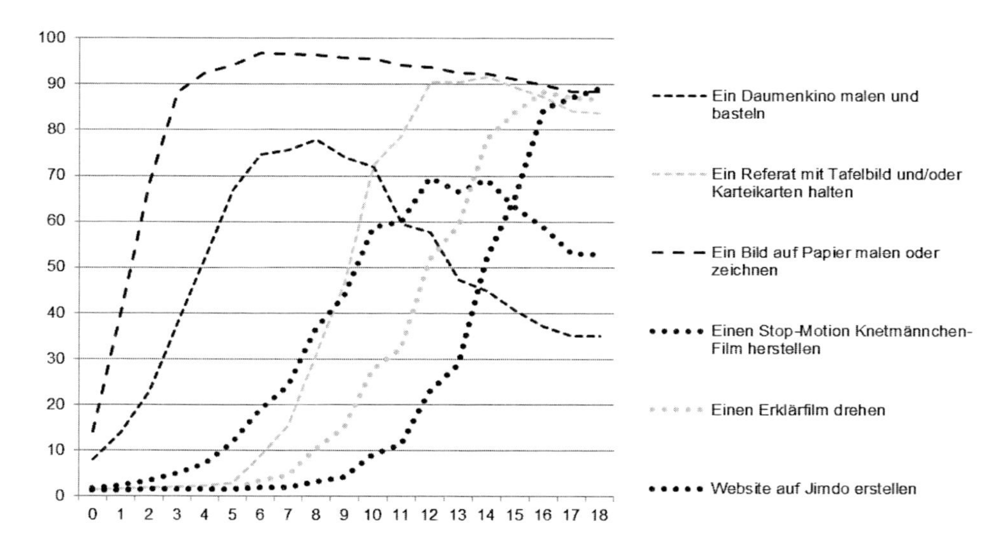

Abb. 11.2: Elternbefragung MünDig-Studie Bereich 1 von 10: Produzieren und Präsentieren: Sinnvolle medienpädagogische Aktivität nach Alter (in %); Fallzahlen: N= 2187–2402

In der MünDig-Studie wurden Fachkräfte, Eltern und ältere SuS mit einem weitgehend übereinstimmenden innovativen Online-Befragungsinstrument zu ihren Einstellungen im Themenfeld »Bildung im digitalen Zeitalter« befragt. Aufgrund qualitativer Vorstudien hatte sich ergeben, dass an reformpädagogischen Bildungseinrichtungen[146] die etablierten Befragungsinstrumente aufgrund mangelnder Differenziertheit schlecht angenommen würden. Für insgesamt 10 Bereiche (Lernziele/Zwecke) wurde abgefragt, in welcher Altersspanne welche konkreten Beispielaktivitäten mit Medien mit bzw. ohne Bildschirm von den Befragten als sinnvoll erachtet würden. In der Abbildung zeigt sich, dass Eltern bestimmte Aktivitäten im Bereich »Produzieren und Präsentieren« bereits im Kindergartenalter für sinnvoll halten, während sie andere erst klar jenseits des Grundschulalters als gewinnbringend erachten. Dabei fällt auf, dass die Aktivitäten zur Förderung der Medienkompetenz, die ohne Einsatz digitaler Bildschirmmedien auskommen alle ein niedrigeres durchschnittliches »sinnvolles Einstiegsalter« aus Sicht der Eltern aufweisen als die Aktivitäten, die an den Einsatz von Bildschirmmedien gebunden sind. Dies sind deskriptive Ergebnisse aus der MünDig-Elternbefragung

146 Die Befragung wurde an Montessori- und Waldorf-Schulen und -Kindergärten durchgeführt.

(Kernbach, Tetzlaff, Bleckmann et al.). Aus der Fachkräftebefragung liegen bisher nur die Ergebnisse zu den Weiterbildungsbedarfen vor. Daran lässt sich ein hoher Bedarf an Weiterbildungen ablesen, der einerseits im Bereich des Erwerbs technischer Anwendungskompetenzen für den Digitalmedieneinsatz im Unterricht, und in einigen weiteren Bereichen liegt und andererseits einen ebenso hohen Bedarf an Weiterbildung anzeigt zu Handlungsmöglichkeiten, die dazu beizutragen, dass Kinder ohne Einsatz von Bildschirmmedien »fit fürs digitale Zeitalter« werden.

11.5.2 Analog-Digidaktik

In diesem Zusammenhang gewinnt daher, und zwar nicht nur für reformpädagogische Bildungseinrichtungen, die Frage an Gewicht, nicht OB Kinder aktiv mit Medien gestalten, kommunizieren, recherchieren etc. sollten, sondern OB sie Grundlagen informationsverarbeitender Systeme durchschauen statt nur bloß bedienen lernen sollten. Das lässt sich klar mit ja beantworten. Dafür ist zentral wichtig, welches Medium bzw. welche methodisch-didaktische Herangehensweise für welches Alter besonders geeignet erscheint. Als besonders gut geeignet erachten wir eine Art von Didaktik, die weitestgehend ohne den Einsatz digitaler Bildschirmmedien auskommt und zum langfristigen Ziel hat, einen aktiven, kritisch-reflektierenden Umgang mit digitalen Medien anzubahnen, der auf einem grundlegenden Konzeptverständnis der Medienwelten fußt. Zusammengefasst skizzieren wir hier die didaktische Grundfeste der *Analog-Digidaktik*, die den Heranwachsenden unter Berücksichtigung der entwicklungsphasenabhängigen Lernvoraussetzungen ermöglichen soll auf sog. »analoge« Weise fit für das digitale Zeitalter zu werden. Die Analog-Digidaktik grenzt sich also klar von der Digidaktik ab, die gegenwärtig für das Lehren und Lernen unter Nutzung digitaler Bildschirmmedien steht.

Im Zuge der politischen Forderung nach »Digitaler Bildung« gilt zu bedenken, dass Digitale Bildung lange bevor Kinder und Jugendliche mit, über und an digitalen Medien arbeiten bereits beginnt. Die Grundlagen dafür werden mit dem Anbahnen von Fähigkeiten geschaffen, deren Erwerb durch »Lernen am Bildschirm« im Vergleich zum realen Leben deutlich erschwert ist. Im besten Fall handelt es sich um Lernerfahrungen, die einen hohen Grad an Entdeckungscharakter aufweisen, was zu einem Wissenserwerb führt, der auf Grundlage persönlich gemachter Erfahrungen und Einsichten beruht und in diesem Sinne nicht »gelehrt« werden kann (Vgl. Stiftung »Haus der kleinen Forscher« 2018, S. 73). Gerade im Bereich der informatischen Grundbildung mehren sich in neuerer Zeit die Ansätze, die eher die dem Programmieren und anderen für die Handhabung und Gestaltung informationsverarbeitender Systeme zugrundeliegenden strukturierten Denkfähigkeiten (computational thinking), Mathematik- und Sprachförderung in den Vordergrund stellen als die technischen Anwendungsfertigkeiten.[147]

147 Z. B. Curzon, Mc Owan 2018; Stiftung »Haus der kleinen Forscher« 2018; Köhler, Schmid, Weiß et al. o. D.; Best, Borowski, Büttner et al. 2019; Humbert, Magenheim, Schroeder et al. 2019; Hromkovič, Lacher 2019; Hauser, Hromkovič, Klingenstein et al. 2020; Initiative »CS unplugged – Computer Science without a computer«: https://csunplugged.org/de/ [15.02.2021].

Die im Forschungsprojekt »Konzeptionelle Weiterentwicklung des Präventionsprogramms ECHT DABEI[148] erstmals beschriebenen Beispiele der Analog-Digidaktik für die pädagogische Praxis in Kindergarten und Grundschule (Bleckmann, Pemberger, Stalter et al. 2021, S. 58–59 u. 86–91) fokussieren folgende Grundsätze:

- Analog vor digital: Prinzipien von Medienwelten zuerst an Medien ohne Bildschirm kennenlernen. Denn: »Die Medienerziehung muss auf der Medienevolution aufbauen« (te Wildt 2015, S. 308), die Bildschirmzeiten sollten nicht unnötig erhöht werden.
- Produzieren vor Konsumieren: Das aktive Gestalten der analogen und später auch der digitalen Medienwelten (nicht »Knöpfchen-Drücken« und »Maschinen-Bedienen«) in den Vordergrund stellen.
- Durchschaubarkeit vor »Black Box«: Mit Lehr- und Lernmaterialien arbeiten, die eine maximale Durchschaubarkeit der Funktionsweise(n) ermöglichen. Endgeräte wie z. B. Tablets sind also für Kinder nur sehr bedingt geeignet, weil sie Hunderte für den Nutzer nicht sichtbare interne Prozesse wie in einer »Black Box« aufweisen.

Praxisprojekte der Analog-Digidaktik[149] können sich für die Pädagogik und die Medienpädagogik als besonders wertvoll erweisen, weil sie sich unabhängig von der jeweiligen pädagogischen Ausrichtung an allen Bildungseinrichtungen realisieren lassen. Die Kinder und Jugendlichen erleben sich im Selbsttätigsein als aktiv gestaltend, was auf ihre Autonomie, ihre hochgradig individuelle Entwicklung stärkend wirkt (Vgl. Antonowsky 1997). Sämtliche Konzepte der bis heute beschriebenen Praxisprojekte der Analog-Digidaktik können im wahrsten Sinne des Wortes »be-griffen« werden. Im handlungsorientierten Erleben sammeln die Kinder gewissermaßen »nebenbei« Ideen für eine bildschirmfreie Freizeitgestaltung. Die Umsetzung der Praxisbeispiele erfordert weder eine teure Infrastruktur noch regelmäßige Updates mit neuen Softwareversionen. Die Durchschaubarkeit der verwendeten Lehr- und Lernmaterialien lädt dazu ein, der Frage »Wie funktioniert das?« auf den Grund zu gehen, um später im Jugend- und Erwachsenenalter neuen technologischen Entwicklungen kritisch begegnen zu können. Der Einsatz von durchschaubaren Medien, wie es z. B. eine mit (selbst komponierten) Lochstreifen gespeiste Musik-Spieluhr zum Begreifen grundlegender Prinzipien informationsverarbeitender (digitaler![150]) Systeme, bringt zudem den Vorteil, dass SuS

148 Lief vor der Umbenennung im Jahr 2015 unter dem Titel »Konzeptionelle Weiterentwicklung von MEDIA PROTECT« an der Alanus Hochschule Alfter innerhalb des HLCA-Konsortiums (Health Literacy in Childhood and Adolescence) in Zusammenarbeit mit der Pädagogischen Hochschule Freiburg. Förderung: Bundesministerium für Bildung und Forschung (BMBF).

149 Siehe auch das von 2021 bis 2023 von der Software AG – Stiftung und der Pädagogischen Forschungsstelle Waldorf geförderte Projekt »Analog-Digidaktik – Wie Kinder ohne Bildschirm fit fürs digitale Zeitalter werden«: https://www.alanus.edu/de/forschung-kunst/wissenschaftliche-kuenstlerische-projekte/detail/analog-digidaktik-wie-kinder-ohne-bildschirm-fit-fuers-digitale-zeitalter-werden [26.06.2021].

150 Siehe Kapitel 1.2: Von Gernler/Kratzer, deren fundierte Erörterung der in manchen Kreisen als heilsbringend beschworenen Digitaltechnologie auf das Bit als die kleinstmögliche Einheit von Informa-

lernen, dass Verstehen möglich ist (!): Die Durchschaubarkeit des dafür gewählten Mediums macht dies erst möglich – es werden keine Vorgänge hinter dem Schleier des Verborgenen einem grundsätzlichen Verstehen-Können entzogen.

Die Bilanz der Analog-Digidaktik ließe sich mit folgenden weiteren Qualitätsmerkmalen abrunden und bewerben: »mobil und ohne Strom drinnen wie draußen einsetzbar und umsetzbar; frei von Werbung und ungeeigneten Inhalten; inklusiv, gendergerecht und ökologisch nachhaltig.«[151] So ist es letztlich nicht überraschend, aber sehr erfreulich, wenn eine Fünftklässlerin in einer Gruppendiskussion im Anschluss an eine über mehrere Wochen durchgeführte Unterrichtsreihe »von der Keilschrift zum ASCII-Alphabet« ohne Computereinsatz[152], dafür mit ausgiebigem Einsatz einer binären Murmel-Addier-Maschine, der Binären MAMA, den Computer im besten Sinne »entzaubert« sieht:

»*Ich habe begriffen, dass Computer nicht denken, sondern nur rechnen können.*«

tion, als Träger der eindeutigen Antwort auf eine Ja/Nein-Frage (entspricht bei der Musik-Spieluhr der Frage nach Ton/Kein-Ton, die auf dem Lochstreifen als Loch/Kein-Loch codiert ist) zurückführt und aufzeigt, welche Relevanz die Kenntnis dieser Tatsache auch für Entscheidungsträger*innen auf höchster Ebene haben sollte. Die aus Sicht der Autoren naive Überantwortung von Prozessen in Wirtschaft, Gesellschaft, Politik und Privatsphäre sei an optimistische Annahmen gekoppelt, die bei näherer Betrachtung unhaltbar seien. Auch in diesem Zusammenhang scheint u. E. die Verbreitung der Analog-Digidaktik vielversprechend.

151 Letzteres müsste u. E. gemäß den Empfehlungen der demystifizierenden Lektüre des »Jahrbuch Ökologie. Die Ökologie der digitalen Gesellschaft«, herausgegeben von Maja Göpel und Kollegen (2020), in näherer Zukunft bei (bildungs)politischen Entscheidungen aus Gründen langfristiger Nachhaltigkeit deutlich stärker gewichtet werden.

152 Dieses Beispiel sei hier nur exemplarisch angeführt. Auch zur »analog-digidaktischen« unterrichtlichen Bearbeitung anderer Phänomene digitaler Medienwelten liegen Konzeptionen und Praxisberichte vor. Zur Rolle von social media für das soziale Klassengefüge führt die Informatikerin und Pädagogin Corinna Sümmchen seit einigen Jahren »social media unplugged« mit ihren Klassen durch; siehe Sümmchen 2019.

12. Kapitel
Wann trägt ›Digitalisierung‹ etwas bei zum UN-Nachhaltigkeitsziel 3 ›Gesundheit und Wohlergehen‹?

Johann Behrens

Einführung

Das Kapitel fasst Argumente des VDW-Bandes [153] »Digitale Heilsversprechen« (Korczak 2020, Behrens 2020) zusammen und ist in drei Abschnitte gegliedert: Der erste Abschnitt führt in die Nutzung der Begriffe (und Gerätschaften/Werkzeuge) digital und Digitalisierung im Gesundheitswesen ein und geht dabei besonders auf die anthropologische und technische Bedeutung von Prothesen, Diagnosen und Koordination ein. Der zweite Teil knüpft an vorherige Kapitel an und zeigt deutlich: Vieles, was der Technik der Digitalisierung zugeschrieben wird, ist nicht technikinhärent, sondern leitet sich aus den sozialen Organisationsformen ab, in denen digitale Technik genutzt wird. Die Digitalisierung wie eine Produktivkraft zu behandeln, die sich unabhängig von den Produktionsverhältnissen durchsetzt, verunklärt stark. Der dritte Teil geht kurz auf einige staatliche Regulierungs- und Einbettungsversuche der Digitalisierung ein und knüpft eng an das Hauptgutachten des Wissenschaftlichen Beirats der Bundesregierung Globale Umweltveränderungen (WBGU) 2019: »Unsere gemeinsame digitale Zukunft« an. (WBGU, 2019)

12.1 Was heißt im Gesundheitswesen ›digital‹? Prothesen, Training, Diagnosen und Koordination

Der in diesem Buch genutzte – modisch übliche, aber stark verengte – Begriff von ›Digitalisierung‹ meint den Gebrauch lernender Maschinen, neuronaler Vernetzung und des Deep Learning. Lernende Werkzeuge haben im Gesundheitswesen eine enorme Bedeutung, sowohl in der Prothetik als auch in der Diagnostik und der Koordination.

Wie auch das Kapitel 1.5 von Schmiedchen ausführt, sind **Prothesen** »ein künstlicher Ersatz für einen Körperteil« (Kluge 1999, S. 651) und seit über 400 Jahre im Gebrauch. In ihrer hohen Funktionalität, die Ergebnis hervorragender menschlicher Entwicklungsleistungen ist, zeigt sich weder in ihrer wenig digitalen Form (z. B. Brille) noch ihrer digitalen Form (z. B. Cochlea-Implantat) ihre künstliche Intelligenz, ihre Em-

[153] Die VDW-Studiengruppen ›Bildung‹ und ›Gesundheit als selbstbestimmte Teilhabe‹ waren zwei der drei VDW-Studiengruppen, die 2019 die VDW-Jahrestagung zur ›Ambivalenz des Digitalen‹ inhaltlich vorbereiteten. Im Nachgang veröffentlichten sie 2020, herausgegeben von Dieter Korczak, den VDW-Band »Digitale Heilsversprechen: Zur Ambivalenz von Gesundheit, Algorithmen und Big Data« (Korczak, 2020; Behrens 2020). Dieses Buch ist Grundlage dieses Kapitels.

pathie und Zärtlichkeit, ihre Klugheit und ihr Innewerden (= intellegere, Etymol. 2020, S. 585), sondern es zeigt sich allein die Intelligenz von Schuster, Schneider oder Software-Entwickler. Sehr viele kompensieren ihre begrenzte Fähigkeit zu rennen mit einem Fahrrad oder Automobil, nutzen Bohrmaschinen zum Bohren, Schreibmaschinen zum Schreiben oder Exo-Skelette zum Heben und Tragen. Schreibmaschinen sind neuerdings als Roboter so programmiert, dass sie die Muster unseres Wortschatzes erkennen und uns auf Fehler oder alternative Wörter aufmerksam machen. Querschnittsgelähmte Amputierte hoffen, dass sie in der Zukunft einmal durch einen Chip im Hirn allein durch ihre Gedanken ihre Handprothese dirigieren können und auf die unterbrochenen Nervenbahnen nicht mehr angewiesen sind. Chirurg*innen können heute schon mit Robotern viel genauer und fehlerfreier operieren. Dass eine Chirurgin noch bei mir sitzt, während ihr Roboter mich operiert, ist mir eine schöne beruhigende Vorstellung, auch wenn es vielleicht nicht nötig wäre. Sie kann ja dabei ihre Post erledigen oder ein gutes Buch lesen, wenn sie nur ab und zu nach mir und den Zeichen auf ihren Bildschirmen sieht, die die Operation steuern.

Seit Jahrzehnten nutzen Menschen **Trainingsautomaten**, die Rückmeldung geben. Beim Sprachenlernen gleichen Automaten die Aussprache eines Wortes mit einem Standard ab und geben automatisch Rückmeldung. Solche Programme schätzen nicht nur Studierende; in verfeinerter, individuelle Muster erkennender Form nutzen sie auch Rehabilitand*innen nach Schlaganfall, um sich verlorene Sprach- und andere Fähigkeiten wieder anzueignen. Einiges Aufsehen erregten Automaten, die nach einer in Gesprächspsychotherapien beliebten Art Aussagesätze einer Person in Frageform umformulieren können: »Sie meinen also, dass ...?« (Behrens 2019, 2020.) Hierdurch verwandeln sich solche Automaten aber nicht in Lehrende oder Psychotherapeut*innen. Es handelt sich vielmehr um technisch unterstützte Selbsttherapie und Selbstlernen.[154] Das Hinterfragen der eigenen Aussagen und Gefühle geht auch analog, z. B. mit Hilfe von Tagebuch, Selbstgespräch oder geistigem Training. Um zu funktionieren, brauchen Trainingsautomaten keinerlei Verständnis einer Sprache, eines Lehrgegenstands oder einer Person.

Tracker oder Wearables, die Vitalzeichen aufzeichnen (Korczak 2020, Behrens 2020) unterstützen digital die permanente **Selbstvermessung** und können so Krankheiten auslösen, die als Cyberchondrie bezeichnet werden (Heyen 2016, S. 13; WBGU 2019, S. 263, Behrens 2020). Diese von Bauberger und Schmiedchen in diesem Buch bereits skizzierte Unterhöhlung des menschlichen Selbstwertgefühls geht aber nicht auf die genutzten digitalen Gerätschaften zurück, sondern auf eine Kultur des Wettbewerbs, der oft auch funktional für den Herrschaftserhalt ist (genauer im zweiten Teil; siehe auch Behrens 2020). Auch die aus der de-facto erzwungenen »freiwilligen« Weitergabe der Tracker-Daten für individuelle Werbung (Big Nudging) ist kein technisches Problem. Ihre Ursache sind vielmehr wirtschaftliche Interessen und altgewohnte soziale Verhältnisse, die die Nutzung der digitalen Technik prägen (siehe 2. Teil). Der Einsatz digitaler

154 Die weit überwiegende Zahl von Behandlungen im Gesundheitswesen sind Selbstbehandlungen und Selbstpflege unter einer seit 2500 Jahren nicht abreißenden Flut von Ratgebern, vgl. Behrens 2019.)

Gerätschaften in Verbindung mit nur für die Werbung relevanten ökonomischen Maßnahmen erzwingt ein quantitatives Ausmaß von Transparenz, die die selbstbestimmte Teilhabe, Eigenart und Privatsphäre und damit die Würde des Menschen konkret bedrohen. Außerdem unterminieren sie schon heute die solidarische Finanzierung des Gesundheitswesens (WBGU 2019, Behrens 2019 und 2020).

Schwieriger ist die Gefahr der Vermenschlichung digitaler Automaten zu beurteilen. Zweifellos aktualisieren sie die Unsitte alter Homunculi-Gruselgeschichten, auf Roboter kindliche Kulleraugen zu malen ebenso wie der völlig irreführende Sprachgebrauch von angeblich ›lernenden‹ Maschinen und Netzen, die mit ›künstlicher Intelligenz‹ ausgestattet angeblich ›autonom‹ fahren und ›Entscheidungen‹ treffen. Für diesen in der Tat völlig irreführenden Sprachgebrauch (WBGU 2019, S. 72) sind ganz allein »Wissenschaftler*innen« verantwortlich. Sie treffen auf eine Situation, in der fast alle Menschen ohnehin ihre Maschinen (Autos, Waschmaschinen usw.) mit Flüchen, Beschimpfungen und Kosenamen traktieren, wie sie nicht für offene Maschinen-Systeme, sondern für eigenwillige Lebewesen angemessen wären.[155] In einer randomisierten kontrollierten Pilotstudie eines in Rehabilitation und Pflege viel eingesetzten behaarten und ›sprechenden‹ Computers in Form einer Robbe namens ›Pabo‹ bemühten wir uns, Wirkung und Akzeptanz dieses Feedback-Automaten zu klären (Karner et al. 2019). Die Wirkung und Akzeptanz entsprach etwa dem eines Plüschtieres, Betthäschens oder Schmusekissens, mit dem ja fast alle Menschen von Kindesbeinen an tröstliche Selbstgespräche führen.

Alle diese Prothesen und Werkzeuge, auch die besonders schnell und ausdauernd Informationen korrelierend zu Mustern verarbeitende ›lernenden‹ Maschinen haben gemeinsam, dass sie lediglich eingegebene Daten verarbeiten und ursprünglich vorgegebene Modelle und Algorithmen fortentwickeln. Auch wenn sie laufend Muster dokumentieren, die vorher noch nie ein Mensch gesehen hat, verarbeiten sie nur Informationen. Maschinen sind nicht intelligent im Sinne emotionaler und sozialer Intelligenz (Etymol. 2020, S. 585). Sie leben nicht und wollen nichts. Sie sind nicht neugierig und suchen auch keine Sexualpartner. Sie sind keine Homunculi, von denen die Literatur nicht erst seit der Renaissance und Hoffmanns Erzählungen voll ist. Alle ihre (Fehl-) Funktionen haben eine Ursache: Die Menschen, die sie ursprünglich einrichteten und in den Verkehr brachten und nun halten und nutzen. Bei ihnen liegt die Verantwortung, nicht bei den Maschinen. (Siehe dazu auch Bauberger und Spennemann in diesem Buch)

Diagnostik und informationsgestützte Koodination liegen selbstverständlich auch den beschriebenen Prothesen zu Grunde, aber nicht alle Diagnostik und Koordination führt zu Prothesen. Maschinen erleichtern nicht nur die Feststellung und Weitergabe

155 Behrens 2019 und 2020 versucht im Anschluss an Peirce (2009), Jakob v. Uexküll (1973) und Thure v. Uexküll (1990) dieses eigenartige Verhalten anthropologisch zu erklären. Seit 150 Jahren ist zumindest in der Wissenschaft der Gedanke, Lebewesen seien wie Maschinen (z. B. Uhren) als offene Systeme zu begreifen, empirisch falsifiziert worden. Gleichzeitig gingen die Naturwissenschaften allmählich zum geisteswissenschaftlichen Konstruktivismus über. Die biblische Vorstellung, sich die Erde als ein Objekt untertan zu machen, wurde bereits vor 2500 Jahren durch die Vorstellung von Wechselwirkungen ersetzt.

von Vitalzeichen enorm und ihre Reaktion auf sie (vgl. VDW 2020, Korczak 2020, Behrens 2020). Sie weisen vor allem in der Dokumentation von Mustern (›Korrelationen‹) Zusammenhänge aus, auf die die Einrichter dieser Maschinen nie gekommen waren. Was wir heute ›Digitalisierung‹ nennen, also die Mustererkennung lernender Maschinen und Netzwerke in Big Data, verdankt sich dem Gesundheitswesen. Sie war, nach Anfängen bei den Wanderheilern der Insel Kos im 5. Jhd. V.u.Z. (vgl. Behrens 2019), spätestens voll entwickelt bei den ›Vitalstatistikern‹ des 17. Jahrhunderts. Diese nutzten prozessproduzierte und bei Bedarf selbsterhobene Daten, um Muster, also Korrelationen, zu erkennen, die vorher nicht bewusst waren, ja, die niemand vermutet und nach denen niemand gefragt hatte. John Graunt schrieb 1665 den Klassiker ›Observations‹ voller vorher nicht beachteter, also unsichtbarer, Regelmäßigkeiten in der Bevölkerungsentwicklung. Quetelet (1869 und 1870) fasste solche Korrelationen, die nur durch Vitalstatistik sichtbar werden konnten, in der Konstruktion von average-men, eines homme moyen, zusammen, der als lebende Person gar nicht vorkommen muss und doch viel über gesellschaftliche Muster sagt. (Siehe hierzu auch Kapitel 1.1)

Solche Korrelationen aller möglichen Merkmale sind es, die entsprechend eingerichtete Maschinen heute in kürzester Zeit in ungeheurer Zahl errechnen können. Da die Eingeber der ›Daten‹ und die Erfinder der ursprünglichen, dann durch die Maschinen weiterentwickelten Algorithmen von vielen dieser Korrelationen vorher keine Ahnung hatten und von den erzeugten Formeln und Modellen nun überrascht sind, erscheinen die Maschinen als kreativ, autonom oder sogar intelligent. Dabei handelt es sich lediglich um Werkzeuge der Vitalstatistik, die von der Güte der eingegebenen Daten bis heute abhängig bleiben und die der Interpretation bedürfen. Ein früher Triumph der Vital- oder Sozialstatistik war der Sieg über Pest und Cholera in London durch die vitalstatistische Entdeckung einer Korrelation zwischen bestimmten Brunnen und der Zahl der Seuchenopfer in ihrer Nähe. Viele Generationen, bevor Ärzte zellbiologisch die Seuche begriffen und Pharmaka gegen sie entwickelten, führte die sozialstatistische Entdeckung zur versuchsweisen Reinigung der Brunnen und damit zu einem Rückgang der Seuche. Es erstaunt nicht, dass die jüngere empirische Soziologie sich außer auf Aristoteles besonders gern auf diese Vertreter der Vitalstatistik und der Politischen Arithmetik zurückführt – ja, der Soziologe Nassehi rechnet auf sie nicht nur sein Fach, sondern gleich die moderne Gesellschaft als eine im Kern digitale Gesellschaft zurück (Nassehi, 2019). An diesem Londoner Fall lassen sich drei Tatsachen erörtern, um die es bei der Digitalisierung geht.

- Die erste Tatsache ist ganz trivial: Daten, die man korrelieren kann, sind Konstrukte. Es sind konventionelle soziale Indikatoren. Diagnosen diktiert uns nicht die Natur, sondern sie sind unsere ständig novellierten, versuchsweisen klassifikatorischen Konstrukte (derzeit ICD zehnte (!) Version oder ICF). Dass bei der Analyse von Sekundärdaten, wie sie typisch sind für Big Data Analysen, die Nutzenden einen Aufwand der ethnologischen Datenklärung betreiben müssen (wie Ethnologen bei einem fremden Stamm) erläuterten 1996 schon v. Ferber

und Behrens. Analysen können nie besser sein als die Qualität der Daten, die in sie eingehen.
- Die zweite Tatsache ist für die Diskussion der Digitalisierung noch spannender: Das Muster, also die Assoziation oder Korrelation, erklärt noch gar nichts und kann Handeln nicht leiten. Erst die versuchsweise Intervention, also die Reinigung der Brunnen in zunächst einigen Vierteln, belegte, dass das Wasser kausal als Ursache der Erkrankung zu interpretieren (!) war.
- Die dritte Tatsache, die man am Londoner Fall über Big Data Analyse lernen kann, ist die wichtigste. Die »Durchschnitts-Person« ist das statistische Konstrukt der Zusammenfassungen der Verteilungen in Gruppen und nur selten mit tatsächlichen Menschen und Gruppen gleichsetzen. Und so gut wie nie lässt sich aus der Häufigkeit eines Merkmals in einer Gruppe auf ein einzelnes Individuum dieser Gruppe schließen. Bei Interventionen, die auf Bevölkerungen zielen, ist das hinnehmbar. Aber im Gesundheitswesen interessiere ich mich typischerweise dafür, welchen Nutzen eine Behandlung für mich persönlich hat, nicht welchen Nutzen sie für den Durchschnitt aller Anderen bewirkt. Die Heilserwartung an digitalisierte Mustererkennung, diese interne Evidenz aus der Kombination der massenhaften Daten einer Person automatisch erschließen zu können, ist unerfüllbar (Behrens/Langer 2004, 2021, Behrens 2019, Korczak et. al. 2020, WBGU 2019[156]).

An der Qualität der Daten hängt auch die andere große Leistung, die von digitaler Technik für die Koordination im Gesundheitswesen erwartet wird. Digitale Technik erlaubt die Weitergabe und Verarbeitung von Daten, Mustererkennung und Musterbildung, Auswertung der externen Evidenz der Erfahrungen anderer fast ohne Zeitverlust (Behrens und Langer, 2004 und 2022). Sie erleichtert dadurch nicht nur die Dokumentation und erhöht damit die Zeit für ›sprechende‹ Pflege und Medizin in der persönlichen Begegnung zum Aufbau interner Evidenz. Sie ermöglicht auch den telemedizinischen Einbezug von Spezialist*innen und verbessert die Koordinationschancen zwischen den unterschiedlichen Gesundheitseinrichtungen.

Transparenz im Gesundheitswesen scheint Vielen jene Behandlungen verbessern zu können, die bisher durch Versorgungsabbrüche und mangelnde Koordination unterschiedlicher Behandlungseinrichtungen gekennzeichnet sind. Menschen fielen und fallen in die Lücken zwischen den Gesundheitseinrichtungen, die jeweils nur für Teilaspekte verantwortlich sind. Das ist besonders für Ältere, für weniger Sprachgewandte sowie für Ärmere äußerst bedrohlich, oft lebensbedrohlich (vgl. die Ergebnisse des DFG-SFB 580 in Behrens und Zimmermann 2017). Deswegen erscheint vielen eine Patientenkarte zur Verbesserung der Informationsflüsse erstrebenswert. Die Hoffnung

156 Der WBGU unterstützt faktisch die Notwendigkeit des Aufbaus interner Evidenz: »Aus dieser Betrachtungsweise heraus sind etwa Big-Data-Analysen, bei denen Rückschlüsse auf einzelne Individuen getroffen werden, in vielen Fällen als unzulässige Formen des Objektifizierens zu bezeichnen.«(WBGU, 2019, S. 45)

auf die elektronische Patientenakte, die alle Patient*innen von Gesundheitseinrichtung zu Gesundheitseinrichtung mitbringen können und die die enorme Gefährdung durch Versorgungsunterbrechungen und die Verschwendung durch Doppeluntersuchungen verringert, stand in den 1960er und 1970er Jahren am Anfang der Hoffnung auf Digitalisierung im Gesundheitswesen. Niemand der beteiligten Forscher*innen der staatlich geförderten Großprojekte hätte sich vorstellen können, dass mehr als ein halbes Jahrhundert später ein DFG-Sonderforschungsbereich dieselben Versorgungsabbrüche im Gesundheitswesen feststellen würde (vgl. Behrens und Zimmermann 2017) und nach 50 Jahren immer noch über die elektronische Gesundheitskarte diskutiert würde. Was damals ausgeblendet wurde, war, dass nicht die Entwicklung der Technik die sogenannte ›Konnektivität‹ ermöglicht. Es wurde die Stärke der Anbieter unterschätzt, für die gerade die Verhinderung der Konnektivität im eigenen wirtschaftlichen Interesse liegt. Mit anderen Worten, die Forscher*innen verließen sich auf die Entwicklung der ›Produktivkräfte‹ und hatten zu wenig im Blick, dass die ›Produktionsverhältnisse‹ die Nutzung und Entwicklung der ›Produktivkräfte‹ prägen.

Das ist das Thema des zweiten Teils. Hier verweise ich aber auf die eben ausgeführte Tatsache, dass keine Digitalisierung die Schwächen der Daten kompensieren kann, die als Trainingsdaten oder zu verarbeitende Daten in die so genannten lernenden Maschinen, die neuronalen Netze und in Deep Learning eingegeben werden. Außerdem setzt transparente Koordination ein Vertrauen der Patienten in ärztlich, therapeutisch und pflegerische Behandelnde voraus, das weder verordnet werden kann, noch immer schon gegeben ist. Hierfür ein Beispiel: Viele Menschen mit Behinderungen haben es aufgegeben, Ärzte zu suchen, denen sie vertrauen, und stattdessen gelernt, sich ihre eigene Medikation zusammenzustellen und die für sie helfenden Komponenten bei verschiedenen Ärzte je nach deren Vorlieben für verschiedene alternative Methoden zu besorgen. Transparenz gefährdet diese Strategie. (Vgl. Behrens 2019).

12.2 Fördert ›Digitalisierung‹ Gesundheit? Die Verwechslung von Technikfolgen mit den Folgen altbekannter Produktionsverhältnisse

Nach Darstellung der Potentiale digitaler Technologien für Prothese, Diagnostik und Koordination stellt sich die Frage, ob diese theoretischen Potentiale für die Gesundheitsförderung auch tatsächlich genutzt werden? Als Maßstab, was »Gesundheit« bedeutet, beziehen sich die nachfolgende Argumentation auf die Definition im § 1 Sozialgesetzbuch IX, unter Bezugnahme auf die UN-Erklärung der Menschenrechte und das Grundgesetz: Ziel aller präventiven und rehabilitativen Maßnahmen sind Selbstbestimmung und Teilhabe aller Menschen am Leben der Gesellschaft. Es sind also Selbstbestimmung und Teilhabe, die ›*Gesundheit*‹ ausmachen und die nach § 1 SGB IX und der ICF der Weltgesundheitsorganisation durch rehabilitative und präventive Behandlungen und Unterstützungen erreicht werden soll (Behrens 1982, 2019, Behrens und Zimmermann 2017, auch WBGU 2019, S. 39 schließt sich dem an). Gesundheit bezeichnet somit wesentlich mehr als die Funktionsfähigkeit des menschlichen Körpers.

Dabei beinhaltet Teilhabe am Leben der Gesellschaft immer erstens Nachhaltigkeit. Denn ein Leben ist unabhängig von seinen natürlichen und sozialen Grundlagen (so auch der WBGU 2020, Ziele 2 und 5 bis 8) gar nicht möglich. Zweitens beinhaltet Teilhabe, dass die Institutionen, an denen teilzuhaben oder gerade nicht teilzunehmen ich selbstbestimmt entscheide (z. B. eine Kita), für mich auch tatsächlich erreichbar sind. Teilhabe kann es also immer nur im Sozialraum einer Person geben (vgl. WBGU-Charta, Ziel 3, 2019, S. 398). Drittens erkennt man auf den ersten Blick die Überlappung von Gesundheit und Bildung: Selbstbestimmung und Teilhabe am Leben der Gesellschaft sind ebenso Ziel der Gesundheitsförderung wie der Bildung.

Was die Koordinationserleichterung durch digitale Technik angeht, so beginnt der WBGU sein Gutachten über ›Unsere gemeinsame digitale Zukunft‹:

> »Das künftige Schicksal der planetarischen Umwelt hängt massiv vom Fortgang der digitalen Revolution ab. ... Nur wenn es gelingt, die digitalen Umbrüche in Richtung Nachhaltigkeit auszurichten, kann die Wende hin zu einer nachhaltigen Welt gelingen. Digitalisierung droht ansonsten als Brandbeschleuniger von Wachstumsmustern, die die planetarischen Leitplanken durchbrechen.«

Ohne die Koordinationserleichterung und Feinsteuerung mit Hilfe digitaler Technik ist Nachhaltigkeit gar nicht mehr vorstellbar. Aber wie der nächste Abschnitt zeigt, es wäre völlig falsch, sich auf die Entwicklung digitaler Technik zu verlassen.

Eine Antwort auf die Frage, ob Digitalisierung Gesundheit fördert, ist nicht möglich, da schon die Frage vor allem auf Technik orientiert und so fälschlich als Folge der Digitalisierung erscheint, was in Wirklichkeit Folge viel älterer sozialer Organisationsformen und Verhältnisse ist. Auch der Begriff ›Technikfolgenabschätzung‹ fördert dieses Missverständnis. Was als Folge der Digitalisierung erscheint, ist gar nicht Folge einer Technik. Das ist die zentrale These dieses Kapitels: Wir wissen ebenso wenig über Digitalisierung, wenn wir mustererkennende Maschinen, neuronale Netze und Deep Learning konstruieren können, wie wir den Kapitalismus begriffen haben, sobald wir Dampfmaschinen verstanden haben. Nicht die »Technik« der Digitalisierung, sondern ihre Nutzung in altvertrauten sozioökonomischen Verhältnissen sind in ihren Folgen abzuschätzen. Der Begriff der »Technikfolgenabschätzung« behindert geradezu die Aufmerksamkeit für diese Verhältnisse. Vernetzungen durch lernende, also Informationen verarbeitende Automaten (die nichtlineare und lineare Algebra für die Mustererkennung nutzen), können zu den genannten Gesundheitszielen einen enormen Beitrag leisten; als Werkzeuge der leichteren Koordination in sozialräumlich kommunaler und globaler Verantwortung, schnelleren Diagnostik, besseren Prothetik (z. B. Exo-Skeletten, Herzschrittmachern) und zu zeitlichen und ressourcensparenden Entlastungen zugunsten besserer und nachhaltigerer menschlichen Begegnungen.

Allerdings ist keineswegs ausgemacht, dass diese technisch vorstellbaren Potentiale tatsächlich gehoben werden. Grund dafür ist, dass vernetzte lernende Maschinen Probleme der gesellschaftlichen Organisation, die seit langem bestehen, augenscheinlich verstärken. Gerade, weil Gesellschaften diese hochproblematischen Entwicklungen seit langem kennen und sich an sie gewöhnten, reagieren sie eher hilflos, wenn sie sich mit der spezifischen Nutzung digitaler Techniken verschärfen. Dabei sind die humanethischen

Fragen der Digitalisierung seit der Diskussion um Automatisierung vor 70 Jahren weitgehend diskutiert (vgl. nur Hannah Arendt ›Vita Aktiva‹ (2002), Hans Jonas ›Prinzip Verantwortung‹ (2003), Jürgen Habermas ›kommunikatives Handeln‹ (2015 und 2019).

Bedrohlich sind dagegen die verschärfenden sozialen Problembereiche, an die sich Gesellschaften zu sehr gewöhnten:

a) **Monopolistische Enteignung**: Obwohl die Technik öffentlich entwickelt und finanziert wurde, werden Algorithmen, Quellcodes und vor allem die persönlichen Daten der Nutzer*innen, ohne die ein neuronales Netz aussagelos wäre, zum Privateigentum und Betriebsgeheimnis von Monopolen, deren Profite zunehmend Monopolrenten sind (Behrens et al 1974, 2019). Mit Verantwortung für einen nachhaltigen Umgang mit der Natur einschließlich der menschlichen Natur hat das wenig zu tun. Der Verbraucherschutz versucht seit langem, das Recht auf Transparenz und Selbstkontrolle gegen monopolisierte Betriebsgeheimnisse durchzusetzen (WBGU Ziele 12 und 17).
b) **Werbende Bevormundung**: Die alte kirchliche Tradition individualisierter Werbung (der vatikanische Begriff dafür ist »Propaganda«) im Zusammenhang vergleichender individueller Selbst-Beobachtung (»Beichtspiegel«) wird fortgesetzt und verstärkt in der nicht nachhaltigen Konsum-Werbung für Selbst-Optimierung einschließlich der Optimierung der eigenen Kinder (Habermas). Selbstoptimierung kann krank und einsam machen und Solidarität unterminieren (vgl. auch WBGU Ziele 4, 10 und vor allem 13).
c) **Spaltung und Diskriminierung**: Je mehr (Schein)-Korrelationen in Massendaten automatisch entdeckt werden, umso risikobehafteter erscheinen viele sich selbst vergeblich optimierende Menschen. ›At risk in the welfare state‹ zu leben führt schnell am Arbeits-, Kredit- und Wohnungsmarkt zu sich verstärkenden Spiralen (diskriminierenden) Ausschlusses (Vgl. auch WBGU Ziele 4, 13, 12). Es ist die Schwäche vieler soziologischer Arbeiten, die die Mustererkennung in prozessproduzierten Routinedaten manchmal geradezu als Kern einer ›Theorie der digitalen Gesellschaft‹ erkennen (Nassehi 2019), dass sie nicht wahrhaben wollen, wie sehr die meisten gefundenen Muster auf sogenannten Scheinkorrelationen beruhen. Solche ökologischen Fehlschlüsse sind weit davon entfernt, bloße Irrtümer zu sein. Sie entfalten gewaltige Wirkung, weil auf ihrer Basis diskriminierende Entscheidungen in Arbeits-, Kredit- und Wohnungsmärkten gefällt werden.
d) **An der Entwicklung automatischer, verschleiernd ›autonom‹ genannter digitaler Waffensysteme** beteiligt sich Deutschland führend, obwohl Bundespräsident und Außenminister ihre zutreffende Kritik an diesen Waffensystemen in ein nationales Moratorium dieser Waffenentwicklung münden lassen könnten.
e) **Die soziale Ungleichheit** entsteht also nicht nur im ungleichen Zugang zur digitalen Technologie (vgl. globaler Norden-globaler Süden – WBGU Ziel 3). Sie entsteht auch unter ihren Nutzer*innen (siehe Teil 3). Das einfache von Hans Jonas formulierte ethische Prinzip, Politik müsse sich an den Interessen der Ver-

letzlichsten ausrichten, wird mit der Subventionierung kapitalorientierter Digitalisierung nicht gefördert. Im Gegenteil droht sich mit der Digitalisierung soziale Ungleichheit zu vertiefen bis hin zur digitalen Spaltung.

f) **Statt digitale Potentiale zur Integration bisher fraktionierter gesundheitlicher Versorgungsbereiche** zu heben, wiederholen nebeneinander bestehende und nach Berufsgruppen getrennte digitale und papierene Health Information Technology (HIT-) Systeme die Fraktionierungen und gefährden damit manifest die Sicherheit von Patientinnen und Patienten (ZEFQ Juni 2019). Daran wird einmal mehr deutlich, dass Digitalisierung als zeitdiagnostischer Begriff ebenso verkürzt – wenn nicht verschleiernd ist, wie die Rede von Industriegesellschaft statt von kapitalistischer Gesellschaft. Selbst der WBGU übersieht (oder tut zumindest so), dass die Verhinderung der Konnektivität prozessproduzierter Daten keinem technischen Problem geschuldet ist, sondern vielmehr den wirtschaftlichen Interessen von Oligopolen und Monopolen an abgeschotteten Marktnischen. Für sie ist die Behinderung der Konnektivität kurzfristig rational.

g) **Welche Berufstätigkeiten Maschinen daher besser können** als Menschen, und wann Menschen ethisch einen Anspruch haben auf Nutzung dieser Maschinen: Während die Maschinen der industriellen Revolution Muskeln entlasteten, entlasten die vernetzten Computer einige Leistungen des ›Gehirns‹. Es gibt zurzeit viele sehr gut bezahlte ›geistige‹ Berufe, in denen es auf Übersicht, Gründlichkeit, Konsequenz und Kombinationsgabe ankommt. Während bei den bisherigen Maschinen einfache Handarbeiter um ihre Jobs fürchten müssen, müssen es nun Menschen, die mit Börsen, Steuern, Buchhaltung, Makeln, Bauplanung, Statik, Röntgen, Unternehmensführung und vielem anderen viel Geld verdienen. Das erhöht keineswegs automatisch die Arbeitslosigkeit, weil z. B. in der Altenpflege dringend fähige Leute gesucht werden. Aber es ist keine allmähliche, sondern disruptive Entwicklung. Während die industrielle Entwicklung Muskelkraft in vielen Bereichen ersetzte, ersetzt maschinelles Lernen die früher sogenannte geistige Arbeit. Das trifft disruptiv und ohne Vorlauf die 10 % bestverdienenden ›Eliten‹. Statt Hilfsarbeitern sind nun Finanzberater und andere hochspezialisierte Akademiker betroffen, die – wenigstens z. T. – alles versuchen werden, um nicht in die Altenpflege wechseln zu müssen, wo Menschen doch dringend benötigt werden. Vielleicht werden sie versuchen, den Gebrauch lernender Maschinen in ihren Herrschaftsbereichen zu verbieten und sich dennoch heimlich ihrer bedienen. Zwar braucht man für das Füttern der Maschinen mit geprüften Daten wie bisher sicher noch weiterhin einfache Sachbearbeiter*innen. Allerdings: diese Sachbearbeiter-Tätigkeiten haben die 10 % Bestverdienenden noch nie ausgeübt. Aber auch die Altenpflege – hier genannt als Beispiel für alle Tätigkeiten, in denen Maschinen Menschen kaum ersetzen können – ist vor Veränderungen mit Hilfe digitaler Technik nicht gefeit. Die Münchner Arbeitsrechtler Giesen und Kersten (2017, S. 50) sehen erst mit der digital koordinierten Arbeit verwirklicht, was Karl Marx schon für seine Zeit sah: »›Im modernen

Fabriksystem ist der Automat selbst das Subjekt, und die Arbeiter sind nur als bewusste Organe seinen bewusstlosen Organen beigeordnet und der zentralen Bewegungskraft untergeordnet ... als lebendige Anhängsel.‹ ... Wer arbeitet [in der Plattformökonomie] selbständig, wer abhängig? Wer instrumentalisiert hier wen? Menschen die Maschinen oder die Maschinen die Menschen?« (Giesen und Kersten 2017, S. 50).

In der Tat: Digitale Technik erlaubt Koordination und Kontrolle der einzelnen Fachpflegenden und Ärzt*innen wie Therapeut*innen bei ihren pflegerischen und therapeutischen Hausbesuchen, stellt bei Verspätungen Wege- und Arbeitspläne um, bestellt Hilfsmittel, nimmt Beschwerden auf, erlaubt den »telemedizinischen« Austausch über die Befunderhebungen mit weit entfernten Spezialisten. Wie bei Uber und Lieferando können pflegerisch, ärztlich und therapeutisch Tätige einmal mit dem eigenen Auto oder Fahrrad und auf eigene Rechnung ihre Hausbesuche als formal Selbständige gestalten, für die derzeit keine Sozialabgaben fällig werden. Aber auch das Beispiel Hausbesuche zeigt: alles kommt darauf an, wer die digitale Technik wie nutzt: Ob sie die pflegerisch und therapeutisch Tätigen zu ihrer besseren Vernetzung mit Kolleg*innen und pflegebedürftigen Auftraggeber*innen nutzen oder ob die Plattformen oder Firmenleitungen sie nutzen, um formal Selbständige gegeneinander auszuspielen, die Hausbesuche zu verkürzen und die Zigarettenpausen und kleineren Einkäufe zwischen den Hausbesuchen zu minimieren. Was schon für die Diagnostik gesagt wurde, gilt auch für die Koordination: Lernende Maschinen, neuronale Netze und Deep Learning können nie besser sein als die Daten, die sie verarbeiten, und die Algorithmen, mit denen sie es tun. Maschinen sind keine Subjekte. Auch wenn digitale Technik den nervenden Vorgesetzten des mittleren Managements durch eine stets ruhige Maschinenstimme ersetzt und Herrschaft anonymisiert, es sind Menschen, die die Maschinen in Verkehr brachten.

Ähnliches gilt in der Medizin sicher für die Organdiagnostik. Schon heute sind Labor-Maschinen in der Diagnostik von Körperflüssigkeiten überlegen, und für bildgebende Verfahren sind Muster-erkennende Maschinen sicher ideal. Unterlegen sind lernende Maschinen, wenn es um den Aufbau interner Evidence zusammen mit Patient*innen geht, zur Klärung von deren eigenen Teilhabezielen und Ressourcen. Das findet aber in der ärztlichen Diagnostik ohnehin derzeit nicht häufig statt. Auch, was Rezepte auf der Basis organmedizinischer Diagnosen angeht, sind Muster-erkennende Maschinen wohl hilfreich. Was fachärztliche Behandlungen angeht, hat mich Ende des vorigen Jahrtausends die Habilitation eines Chirurgen tief beeindruckt. Er wies nach, bei bestimmten komplizierten chirurgischen Operationen, z. B. bei Verbrennungen, sei ein Roboter mit einem Scanner einem menschlichen Chirurgen überlegen und daher aus ethischen Gründen einzusetzen. Wenn dem so ist, gilt für mich für die Chirurgie ebenso wie für das Gericht: Der Ausschluss lernender Roboter, falls sie aus den angeführten Gründen Menschen überlegen sind, ist aus ethischen Gründen keinesfalls hinzunehmen. Patient*innen und Mandant*innen haben ein Recht auf eine Behandlung und Rechtsprechung, die durch lernende Maschinen unterstützt wird. Die Tätigkeiten der Therapie und der Fachpflege können dagegen durch lernende Maschinen nur begrenzt unterstützt bzw. ersetzt werden. Wo sie durch lernende Maschinen unterstützt werden können, wäre es unethisch, sie nicht zu nutzen: Nach Schlaganfall konnte eine Verkürzung des Feedback-Trainings zur Wiedererlangung sprachlicher und anderer Fähigkeiten von 300 Stunden auf 5 Minuten erreicht werden, wenn eine Daten zu Mustern verarbeitende Maschine zur individuellen Codierung und zum Feedback eingesetzt wurde (Quelle: Klaus Robert Müller, bbaw, 30.6.2018). Welche Ethik würde es Physiotherapierenden erlauben, diese Leid verringernde lernende Maschine prinzipiell nicht einzusetzen?

h) **Die Abkehr vom Humanen** zeigt sich deutlich in der Benennung vernetzt lernender Maschinen als »Künstliche Intelligenz« oder der Rede von »autonomen« Maschinen statt von Automaten (vgl. WBGU 20I9, S. 94). Die Rede von künstlicher Intelligenz und vor allem die Rede von auto-nomen statt auto-mobilen Maschinen verunklärt bereits gefährlich die Verantwortung: Selbstverständlich ist ein auto-mobil fahrendes Automobil nicht ›schuld‹ an einem Unfall, ebenso wenig wie ein chirurgischer Operationsroboter an einem OP-Fehler oder eine Blut oder Stuhl analysierende Labormaschine an einer Fehldiagnose. Verantwortlich für den Fehler ist die natürliche oder juristische Person, die die Maschine in den Verkehr brachte, und die Person, die sie als Halterin oder Nutzerin einsetzte – ob fahrlässig oder schuldhaft (vgl. Kapitel 7). So schwer zu verstehen ist das nicht. Jede Gebrauchsanweisung eines Reinigungsgeräts informiert darüber, und alle jugendlichen Fahrschüler*innen konnten in der Fahrprüfung ihre Verantwortung als Käufer*in, Halter*in und Fahrer*in aufsagen.

Leider wird dieser klare und eigentlich einfache Sachverhalt schon durch die Rede von ›Künstlicher Intelligenz‹ verunklart. Selbst der WBGU schreibt 2018, S. 4, bisher sei »›Intelligenz‹ ein ›Alleinstellungsmerkmal‹ von Menschen und Grundlage menschlicher Zivilisation. Nun lassen wir technische Systeme Intelligenz nachahmen. Daraus ergeben sich grundsätzliche Fragen zur Ethik und zur Würde des Menschen«. Dem möchte ich als jahrzehntelanger Beauftragter des Senats für Menschen mit Behinderungen entschieden widersprechen. Sogenannte lernende Maschinen, neuronale Netzwerke und Deep Learning sind in Wirklichkeit Prothesen bzw. Hilfsmittel wie Brillen und Hörgeräte, gespendete Organe und assistierende Technologien, nicht Konkurrenten des Menschen im Kampf um Menschenrechte. Da die Würde des Menschen nicht von seinem Intelligenzquotienten abhängt, können lernende Maschinen auch nicht, wie der WBGU schreibt, die Würde des Menschen ethisch in Frage stellen.

Diese acht Tendenzen weg von einer Nutzung der gegebenen Potentiale der Digitalisierung für Selbstbestimmung und Teilhabe am Leben der Gesellschaft sind verbreitet bekannt. Es ist nahezu wohlfeil, auf sie mit dem Ruf nach gesellschaftlicher nachhaltiger ›Regulierung‹ – besser wäre ›Gestaltung‹ – zu antworten, wie es Politik und Zivilgesellschaft tun.

12.3 Aktuell diskutierte staatliche Gestaltungsstrategien: Wirkungschance?

Angesichts dieser Gefahren der Digitalisierung – die offenbar viel weniger von digitaler Technik ausgehen als von den sozialen Verhältnissen, in denen digitale Techniken genutzt werden – diskutierten Staaten und ihre Berater*innen Gestaltungsstrategien. Auf ausgewählte dieser Strategien und ihrer offensichtlichen Grenzen gehen wir im folgenden dritten Teil ein.

Das Internet hat sich vom militärischen über ein freies wissenschafts- und Kommunikationsnetz zu einem intransparenten Ausspäh- und Werbeinstrument in der Hand riesiger Konzerne und autoritärer Staaten entwickelt. Um diese Verkehrung zu kontrollieren, haben Staaten unterschiedliche Regulierungen zum Schutz der Selbstbestimmung diskutiert bzw. bereits entwickelt. Sie sind alle für die Gesundheit als selbstbestimmte Teilhabe im Sinne des § 1 SGB IX hoch relevant. Auf acht davon ist kurz eizugehen:

12.3.1 Reicht es, Datennutzung von schriftlicher Zustimmung der Datenurheber*innen abhängig zu machen?

Die erste Schutzstrategie ist die Auflage, dass jede Person der Weitergabe ihrer Daten persönlich und schriftlich zustimmen muss. Ihre Wirksamkeit ist fraglich. Wie im bereits zitierten VDW-Buch (Korczak et al. 2020) berichtete Untersuchungen zeigen, wird diese Zustimmung allerdings überwiegend erteilt, ohne überhaupt die Nutzungserklärungen aufzurufen und gründlich zu lesen. Die Auflage der ›selbstbestimmten Zustimmung‹ ist deshalb vermutlich unwirksam, weil die Zustimmung zur Weitergabe der eigenen persönlichen Daten zwingend für die Nutzung eines Dienstes oder Gerätes gemacht wird. Die ›selbstbestimmte Zustimmung‹ wird durch eine Situation erlangt, die für viele Konsumenten Elemente einer Nötigung aufweist. Dabei ist die Weitergabe persönlicher Daten für die Erbringung des jeweiligen Dienstes gar nicht erforderlich. Selbst die Tracker (Wearables) für Gesundheitsdaten, die Millionen von Personen zu Weihnachten mit ihrer Zustimmung zur Datenweitergabe kauften, brauchen gar keine Informationen aus persönlichen nicht anonymisierten Datensätzen, wenn der Konsument wissen will, wo er im Vergleich zu anderen steht. Die Vergleichsdaten sind öffentlich aus Surveys mit anonymisierten Daten zugänglich. Auch der Wissenschaft genügen in der Regel anonymisierte Daten. Persönliche Daten braucht sie kaum. Das beweisen alle sozioökonomischen Panels. Daher ist der Vorschlag zu prüfen, die Koppelung der Nutzung eines Dienstes oder Gerätes an die ›selbstbestimmte Zustimmung‹ zur Verwendung persönlicher Daten zu verbieten.

Auch die Forderung der Bezahlung der Datenurheber*innen für die Weitergabe ihrer Daten schützt Selbstbestimmung nicht wirksam, weil die Datenurheber*innen in den Augen der Konzerne schon längst bezahlt werden. Die Konzerne verkaufen ihnen schon zurzeit die Nutzung der Dienste gegen ihre persönlichen Daten als Bezahlung. Die Hergabe persönlicher Daten für Werbe- und ähnliche Manipulationszwecke ist der Preis der Nutzung, dem die Datenurheber*innen schriftlich zustimmten.

Selbstverständlich ist es eine Einschränkung der Vertragsfreiheit, wenn Bürger*innen daran gehindert werden, für eine App oder einen sonstigen Service mit ihren persönlichsten Daten für Werbe- und andere Zwecke zu zahlen, weil sie anders diese Dienstleistung nicht bekämen. Allerdings ist eine solche Einschränkung der Vertragsfreiheit in allen demokratischen Staaten durchaus üblich. So reicht die freiwillige Zustimmung zu Nutzungsbedingungen bei vielen Gütern und Diensten nicht aus. Es reicht z. B. nicht, dass ich mich bei Nutzung eines Autos damit einverstanden erkläre, für alle Schäden aufzukommen, die mit dem Auto angerichtet werden können. Im Gegenteil: der TÜV und die Polizei, nicht ich, schreiben vor und kontrollieren, welche Autos überhaupt genutzt werden dürfen. Das dient meinem Schutz und dem Schutz Dritter. Ähnliches gilt bei Medikamenten und Medizinprodukten. Das ist auch für alle digitalen Produkte und Dienste zu fordern.

12.3.2 Gesundheitsförderungs-Apps wie Impfstoffe in Interventionsstudien prüfen

Während für die freiwillige Präventionsmaßnahme ›Impfen‹ umfangreiche Interventionsstudien auf Risiken, Nebenwirkungen und Nutzen vorgeschrieben sind, gilt das für die ebenfalls auf freiwillige Prävention zielenden, in personalisierter Werbung angebotenen Gesundheitsförderungs-Apps nicht. Dabei sind die Risiken, psychischen und physischen Nebenwirkungen und der oft fragliche Nutzen dieser Apps mindestens so brisant wie bei Impfungen (für Belege siehe Korczak 2020, Behrens 2019 und 2020). Nicht ohne Grund fordern Bewegungs- und Ernährungsanleitungen notorisch dazu auf, mit ›dem eigenen Arzt‹ die Eignung der Bewegungen und Ernährung für einen selbst zu klären. Falls das überhaupt stattfindet, auf welcher Erkenntnis-Basis, wenn es keine Interventionsstudien zum Aufbau externer Evidenz und Praktiken des Aufbaus interner Evidenz gibt? Wie im zweiten Teil des Kapitels gezeigt, reichen Korrelationen dazu nicht, es bedarf der Interventionsstudien. Spätestens seit der Erfindung des Buchdrucks wurden die Märkte, Schulen und Kanzeln mit gebieterischen Ratschlägen zur Gesundheitsförderung überschwemmt (siehe Behrens 2019). 90 % aller Illustrierten am Kiosk enthalten solche Ratschläge. Mit dem Internet steigert sich das auf Adressaten zugeschnittene Angebot enorm. Da die Anbieter im Internet Werbung personalisieren, also Informationen gezielt hintenanstellen und damit für die Umworbenen weniger erreichbar machen, sind beigegebene öffentliche Prüfberichte erforderlich. Gesundheitsförderungs-Apps sind also keineswegs harmlos.

12.3.3 Pseudofreiwillige Hergabe von Daten verhindern, von denen jemand vermutet, dass es sie gibt

Selbstverständlich kommen in Demokratien Unternehmen und Versicherungen legal nicht an persönliche Daten heran, Hacken ist eine Straftat. Aber was ist, wenn der Anbieter einer Arbeitsstelle oder einer günstigen privaten Versicherung die Gesundheits-Daten des Fitness-Armbands oder sonstiger elektronischer Unterlagen erbitten, bevor sie einen Vertrag abschließen? Die Erfüllung der Bitte ist formal vollkommen freiwillig, also selbstbestimmt. Auch der Abschluss eines Vertrages ist vollkommen freiwillig. Selbstverständlich kann kein privater Arbeitgeber gezwungen werden, einen Arbeitsvertrag zu unterschreiben. Und nur gesetzliche Kranken- und Rentenversicherungen stehen unter Kontraktionszwang, dürfen also keine Bewerber*in ablehnen. Privaten Versicherungen steht es völlig frei, wen sie versichern und wen nicht.

Das Problem ist am Arbeitsmarkt bekannt und schon lange für vergleichbare Fälle beispielhaft geregelt: Wenn eine schwangere Frau von einem möglichen Arbeitgeber gefragt wird, ob sie schwanger sei, darf sie bewusst lügen, ohne dass diese Lüge, diese bewusste Täuschung nach der Einstellung ein Kündigungsgrund sein kann. Die Arbeitsgerichte sind so realistisch, nicht auf ein Verbot dieser Frage in einem Bewerbungsgespräch zu vertrauen. Nur die Lüge erscheint ihnen realistisch. Entsprechend dürfte man auf die Bitte nach Fitness-Daten oder ähnliche Dateien gefälschte Dateien abgeben. Für Versicherungen gibt es keine entsprechenden Regelungen.

12.3.4 Screening-Muster offenlegen statt als Geschäftsgeheimnis zu schützen

Die Bevölkerung hat sich in Europa über Jahrzehnte offenbar ziemlich daran gewöhnt, dass die Kriterien der Auskunfteien (z. B. Schufa, vgl. Korczak und Wilken 2008) intransparent sind, nach denen ihnen ein Handy oder eine Waschmaschine gegen monatliche Teilzahlung verkauft wird oder nicht, eine Wohnung vermietet wird oder nicht. Diese seit langem verbreitete Hinnahme ist ein typisches Beispiel für die These dieses Beitrages, dass nicht die Digitalisierung, sondern die vorhergehenden Praktiken wehrlos gegen die vermeintlichen Folgen der Digitalisierung machten. Die Forderung vieler Ökonom*innen und Psycholog*innen leuchtet daher ein, die Erstellung und den Inhalt der Screening-Muster nicht als Geschäftsgeheimnisse schützen zu lassen, sondern offenlegen zu müssen und diskutierbar zu machen. Nur das beugt der statistischen Diskriminierung aufgrund von Scheinkorrelationen (siehe 2. Abschnitt) vor. Im Gesundheitswesen ist eine Behandlung, die nur nach der externen Evidenz und nicht nach der internen Evidenz entschieden wird (vgl. Behrens 2019), ein Behandlungsfehler.

Unter Patentschutz oder unterm Schutz des Geschäftsgeheimnisses für die Screening-Ergebnisse lernender Maschinen (einschließlich neuronaler Netze) veröffentlichen die Wirtschaftsunternehmen ihre Screening-Wege nicht. Sonst könnte sie ja auch die Konkurrenz benutzen. Die als Betriebsgeheimnisse gehüteten Prozesse sind ein entscheidender Schritt zur Monopolisierung, die jedes Unternehmen anstrebt und die Investoren einen Return on Investment verspricht. Die Konsequenz ist bekannt: Die Menschen werden als Kunden immer gläserner. Die Firmen, die Daten sammeln, kombinieren und auswerten, bleiben hingegen eine Black Box und werden immer intransparenter. So kommen sie an Werbeaufträge. Für die Interessen der Kunden sollte es genau umgekehrt sein: Die Firmen, die Big Data halten, sollten gläsern sein, die Kunden hingegen eine Black Box bleiben. So entspricht es dem Grundgesetz.

12.3.5 Versorgungsabbrüche durch Informationsflüsse (Konnektivität) verhindern

Transparenz im Gesundheitswesen scheint vielen die Behandlungen verbessern zu können, die bisher durch Versorgungsabbrüche und mangelnde Koordination gekennzeichnet sind. Menschen fielen und fallen in die Lücken zwischen den Gesundheitseinrichtungen, die jeweils nur für Teilaspekte verantwortlich sind. Das ist für Ältere, für weniger Sprachgewandte und Gebildete sowie Ärmere lebensbedrohlich (vgl. die Ergebnisse des DFG-SFB 580 in Behrens und Zimmermann 2017). Deswegen erscheint vielen eine Patientenkarte zur Verbesserung der Informationsflüsse segensreich. Allerdings spricht für viele Menschen mit Behinderungen – wie bereits dargestellt – einiges gegen Transparenz (vgl. Behrens 2020).

12.3.6 Arbeitsplätze sichern

Die Absehbarkeit der eigenen Erwerbsarbeit ist zweifellos gesundheitlich hochrelevant. Denn diese Absehbarkeit ist von großer Bedeutung für den Eindruck, Kontrolle über das eigene Leben zu haben (locus of control, Behrens 1999). Selbst Besserverdienende in Forschung und Lehre, die zu den 9 % bestverdienenden Deutschen gehören, sehen sich wegen der Befristung ihrer Stellen als ›prekär Beschäftigte‹ an, weil ihre Beschäftigung im Anschluss an die derzeitige gut bezahlte Stelle unsicher ist. Familiengründungen z. B. scheinen ihnen unter den Bedingungen zwar gut bezahlter, aber befristeter und daher prekärer Beschäftigung noch nicht realisierbar und werden aufgeschoben. Zweifellos ist das gesundheitlicher Distress.

Die sogenannte Digitalisierung hat für die Arbeitsplätze z. T. die ambivalenten Folgen, die schon bei der Automatisierung, deren Unterfall sie ist, erörtert wurden: Einerseits erleichtert und verbessert sie menschliche Arbeit. Insbesondere Professionen, die die Interessen ihrer Klienten an die erste Stelle zu setzen behaupten, können es sich aus berufsethischen Gründen kaum leisten, auf digital ermöglichte Qualitätsverbesserungen durch präzisere und vollständigere Überblicke zu verzichten – nur um ihre Arbeitsplätze zu erhalten. Andererseits macht die digital gestützte Automatisierung viele Arbeitsplätze digital ersetzbar, und zwar absehbar plötzlich. Diese Arbeitsplätze sind zum Teil die bestbezahlten. Die Freigesetzten sehen sich glücklicherweise einer enormen Nachfrage nach Arbeitskräften in der Pflege gegenüber.

12.3.7 Oligopole und Monopole kartellrechtlich zerschlagen

So wichtig die kartellrechtliche Zerschlagung von Fast-Monopolen in vielen Hinsichten ist, so wenig schützt sie allein bereits vorm Ausspähen und vorm Missbrauch persönlicher Daten zu Zwecken der Kontrolle und Manipulation. Wenn es drei statt ein marktbeherrschendes Unternehmen im Markt gibt, was sollte bewirken, dass diese nicht denselben Umgang mit persönlichen Daten pflegen wie die derzeitigen Monopolisten? Daher ist die Einschränkung dessen, wozu überhaupt zugestimmt werden kann, der direktere Weg. Er schränkt zwar die Vertragsfreiheit an einer Stelle ein, schützt aber damit wirkungsvoll die Rechte der Verbraucher*innen. Die Wettbewerbssicherung auf digitalen Märkten hat mindestens zwei triviale Herausforderungen zu bewältigen:

1) Unternehmen sind seit der Globalisierung nicht mehr an Regionen gebunden, was ihre Regulierung erschwert.
2) Zusätzliche Nutzer sind für die Anbieter fast grenzkostenfrei in Netzwerken zu versorgen. Fast grenzkostenfrei heißt, zusätzliche Kunden verursachen den Anbietern fast keine zusätzlichen Kosten. Das begünstigt das Prinzip »the-winner-takes-it-all« und befördert Zentralisierungs- und Monopolisierungstendenzen.

Die Kombination aus 1) und 2) wirft dringend die Frage auf, die der WBGU so formuliert »Wie sähe ein weltweit vernetztes Wettbewerbsrecht zur Einhegung ökonomischer Macht im digitalen Zeitalter aus?« (WBGU 2018).

Allerdings liegt das Problem nicht in der Übermacht der kapitalistischen Oligopole und Monopole, sondern mindestens ebenso sehr in der Konkurrenz der Nationalstaaten. Denn alle Oligopole und Monopole sind jeden Tag entscheidend darauf angewiesen, dass Staaten sie schützen und subventionieren, sonst könnten sie keinen Tag überleben. Wenn die konkurrierenden Staaten zunächst auf das Wirtschaftswachstum ihrer Oligo- und Monopole setzen, ist für sie ein ›weltweit vernetztes Wettbewerbsrecht‹ sekundär. Es handelt sich also sowohl um Staatsversagen als auch um Marktversagen. Oligo- und Monopole finden also in der Konkurrenz der demokratisch gewählten Staatsregierungen einen willigen Helfer, die ein weltweites Wettbewerbsrecht verhindert.

12.3.8 Mit eigener Digitalisierungsindustrie zur Weltspitze aufschließen, um das Volk zu schützen

Deutschland und die EU müssten angeblich wirtschaftlich und technisch zur Weltspitze Chinas und des Silicon Valleys aufschließen, um die Herrschaft über die Daten nicht China und den USA zu überlassen; das ist ein verbreitetes Argument. Es ist aus meiner Sicht falsch. Wenn es stimmte, würden über 160 Staaten ausgeliefert und handlungsunfähig sein. Denn es können nicht alle Staaten der Erde in diese Weltspitze hineinwachsen! Könnten sie nur so ihr Volk schützen, wäre die Lage hoffnungslos. Der Schutz der Bürger muss durch nationale Regulierungen gesichert sein, die auch in internationale, wirksame Abkommen (»mit Zähnen«) münden, an die sich alle Staaten halten, seien sie nun an der wirtschaftlich-technischen Weltspitze oder nicht.

12.4 Fazit

Dieser Überblick hat im ersten Teil Potentiale für Gesundheitsförderung in Prognostik, Training, Diagnostik, Koordination und ihre technischen Voraussetzungen aufgeführt, die auf mathematische und informationstechnische Entdeckungen zurückgehen, welche fälschlich als lernende Maschinen, Deep Learning, neuronale Netze, künstliche Intelligenz und autonome Maschinen bezeichnet werden. (siehe WBGU 2019 S. 72: Es gibt keine Maschinen, die ›lernen‹, sondern nur solche, die nach entsprechenden Ureingaben automatisch Muster modellieren, klassifizieren, berechnen und optimieren). Für Prognostik, Training, Diagnostik und Koordination sind die erwähnten Techniken, die für einen nachhaltigen Umgang mit der Erde unverzichtbar sind, zumindest so nützlich, dass ein Verzicht auf sie ethisch unverantwortlich erscheint. Der Verzicht auf sie verletzt bereits den hippokratischen Eid. Allerdings sind die Muster und Handlungsvorschläge, die die Maschinen korrelierend errechnen, in einem extremen Maß von der Qualität und Aussagefähigkeit der Daten abhängig, die in sie als Trainingsdaten eingegeben werden. Daher werden in absehbarer Zukunft die maschinell korrelierenden Mustererkennungen die klassischen Interventionsstudien im Gesundheitswesen nicht ersetzen können, wenn es um Behandlungen geht. Big Data-Muster können Interventionsstudien bestenfalls anregen. Das ist schon viel.

Im zweiten Teil habe ich versucht zu zeigen, dass als Risiken digitaler Technik Risiken aufgeführt werden, die in Wirklichkeit gar keine Technikfolgen sind, sondern aus viel älteren sozioökonomischen Verhältnissen hervorgehen. Schon das Wort ›Technikfolgenforschung‹ führt in die Irre. Was z. B. der WBGU (2019) auf S. 340 als ausgewählte Risiken den von ihm aufgeführten ausgewählten (technischen) Potentialen gegenüberstellt, sind weit überwiegend gar keine technischen Risiken, sondern altgewohnte soziale Verhältnisse. Dass sie in Wirtschaft, Schule, Kirche, Verwaltung und Werbung so altgewohnt sind, macht kritische Untersuchungen zur ›Digitalisierung‹ etwas hilflos gegenüber der Nutzung neuer digitaler Techniken durch diese alten Institutionen. Neue digitale Techniken können die Folgen der altgewohnten Verhältnisse erheblich verschlimmern. Im Begriff der ›Technikfolgenforschung‹ drückt sich noch das frühere Vertrauen in die Entwicklung der Produktivkräfte aus, die sich irgendwie gegen Produktionsverhältnisse durchsetzen.

Tatsächlich bestimmen Produktionsverhältnisse in Wechselwirkung Produktivkräfte. Die mangelnde Aufmerksamkeit für die bestehenden Produktionsverhältnisse ist dabei im Kapitalismus funktional! Es ist daher nicht davon auszugehen, dass regionale Verbünde von Nationalstaaten die Interessen der Weltbevölkerung gegen ihre eigenen regionalen Firmen vertreten wollen, sofern es hierzu keinen effektiven politischen Druck durch entsprechende Gegenmachtbildung gibt. Im dritten Teil werden einige verbreitete staatliche Gestaltungsstrategien knapp aufgeführt, die hierfür Ansatzpunkte bieten.

Am Ende ist der wichtige Punkt festzuhalten: Der Fachbegriff der *autonomen* Maschinen, die *lernen* und mit *künstlicher Intelligenz* operiert, verschleiert das für die

Würde des Menschen wichtigste Thema der Digitalisierung – die Verantwortung. Wer Maschinen ›autonom‹, sich also ihre Gesetze selbst gebend, nennt und behauptet, Maschinen träfen autonom Entscheidungen statt lediglich automatisch Muster und Ergebnisse auszurechnen und anzuwenden, untergräbt die Verantwortung und die Würde des Menschen. Er versteckt sich hinter dem breiten Rücken von ihm selbst geschaffener Roboter und anderer Maschinen.

13. Kapitel

Reduktionistische Versuchungen: Künstliche Intelligenz und Nachhaltigkeit

Reinhard Messerschmidt

13.1 Forschungsstand, aktueller Diskurs und Status Quo

Im Einklang mit dem Titel dieses Beitrags wird zunächst davon ausgegangen, dass Überlegungen zu Potenzialen und Risiken von Künstlicher Intelligenz (KI) für Nachhaltigkeit eigentlich das Thema Digitalisierung und Nachhaltigkeit adressieren. Soziotechnische Systeme wie KI lassen sich kaum abgelöst von unmittelbar damit zusammenhängenden technischen Themen (wie etwa Big Data und fehlerhafter bzw. verzerrter Trainingsdaten oder Erklärbarkeit und Vertrauenswürdigkeit von KI) und gesellschaftspolitischen Rahmenbedingungen (z. B. Geschäftsmodelle, Werte, Gesetzgebung) sinnvoll diskutieren. Bevor das zweite Teilkapitel Nachhaltigkeit als Leitbild genauer erläutert, um anschließend Elemente eines Paradigmenwechsels hin zu nachhaltiger Entwicklung soziotechnischer KI-Systeme darzustellen, erfolgt hier zunächst ein kompakter Überblick zur gegenwärtigen Ausgangslage vom Stand der Forschung und des aktuellen Diskurses bis hin zum Status Quo in der Anwendung von KI im eingangs beschriebenen Kontext.

Noch vor wenigen Jahren existierten kaum belastbare wissenschaftliche Quellen zum Thema, dafür jedoch bereits eine Vielzahl unterschiedlicher Veröffentlichungen mit politischen Handlungs- und Forschungsempfehlungen. Eine für das WBGU-Hauptgutachten »Unsere gemeinsame digitale Zukunft« (WBGU, 2019) auf Basis von 111 deutsch- und englischsprachigen Texten durchgeführte Recherche (Messerschmidt, 2020) zeigt nicht nur eine bereits in den Jahren 2017 und 2018 erhebliche Bandbreite an Empfehlungen, sondern auch, dass dort jenseits vielfältiger technischer und gesellschaftlicher Aspekte bei den reinen Worthäufigkeiten trotz des damals bereits großen Hypes nicht KI, sondern Daten im Zentrum stehen, wie die folgende Wordcloud-Darstellung verdeutlicht (Abb. 13.1).

Nicht zuletzt durch die Publikationen des WBGU, also das bereits erwähnte Hauptgutachten (WBGU, 2019) sowie Politikpapiere (WBGU, 2019a, 2019b) und Factsheets (WBGU, 2018, 2019c), hat sich die Situation inzwischen geändert. Deren Kernnarrativ, jenseits möglicher Potenziale der Digitalisierung für Nachhaltigkeit zu verhindern, dass diese als »Brandbeschleuniger« von Wachstumsmustern wirkt, welche die planetarischen Leitplanken durchbrechen hat den aktuellen wissenschaftlichen, öffentlichen und politischen Diskurs maßgeblich mitgeprägt. Zumindest in einigen bundespolitischen Ressorts und den einschlägigen Communities werden Digitalisierung und Nachhaltigkeit inzwischen verstärkt zusammengedacht. Dies ver-

Abb. 13.1: In Software zu qualitativer Textanalyse (MaxQDA) erstellte Wordcloud zu Worthäufigkeiten im untersuchten Textkorpus – notwendigerweise ein Ausschnitt ohne jeglichen Anspruch auf Repräsentativität für den bereits damals nur schwer eingrenzbaren Diskurs. (Quelle: Messerschmidt, 2020: S. 2)

deutlicht z. B. der Aktionsplan des Bundesministeriums für Bildung und Forschung »Natürlich. Digital. Nachhaltig.« (BMBF, 2019) oder die »Umweltpolitische Digitalagenda« des Bundesministeriums für Umwelt, Naturschutz und nukleare Sicherheit (BMU, 2020). Parallel dazu sind in den letzten Jahren in verschiedenen wissenschaftlichen Disziplinen an der Schnittstelle von Digitalisierung und Nachhaltigkeit einschlägige Communities entstanden und das wachsende Interesse am Thema schlägt sich in einer zunehmenden Zahl von Veröffentlichungen nieder, wozu nachfolgend ein exemplarischer Überblick erfolgt.

So haben etwa Lange und Santarius (2018) in ihrer Monografie »Smarte grüne Welt?« Digitalisierung zwischen Überwachung, Konsum und Nachhaltigkeit hinterfragt und der im Nachgang zur im November 2018 an der TU Berlin mit regem Interesse durchgeführten Konferenz »Bits & Bäume« veröffentlichte Sammelband »Was Bits und Bäume verbindet« (Höfner und Frick, 2019) regt mit zahlreichen Beiträgen zur nachhaltigen Gestaltung der Digitalisierung an. Weiterhin wurde das Thema in mehreren Artikeln der Zeitschrift »FIfF-Kommunikation« des FIfF – Forum InformatikerInnen für Frieden und Gesellschaftliche Verantwortung e. V. thematisiert. Die dritte Ausgabe des Jahres 2020 behandelt unter dem Schwerpunkt »Technologie und Ökologie« zahlreiche hochrelevante Aspekte beispielsweise von den Umweltwirkungen entsprechender Geräte und Dienstleistungen (Gröger, 2020), bzw. entsprechend umweltgerechter, lebenszyklusbasierte Produktgestaltung (Schischke, 2020) über Software und Nachhaltigkeit (Betz, 2020; Hilty, 2020; Köhn, 2020) bis hin zu Nachhaltigkeitszielen für Betrieb und Entwicklung von IT (Boedicker, 2020) und auch in vorigen Ausgaben wurde das Thema mehrfach adressiert (z. B. Abshagen und Grotefendt, 2020).

Auch in der Öffentlichkeit erzeugt das Thema zunehmend Resonanz jenseits einschlägiger Portale wie netzpolitik.org oder heise.de. So wurde beispielsweise im Gastbeitrag des Direktors des Potsdamer Hasso-Plattner-Instituts (Meinel, 2020) unter dem Titel »Nur nachhaltige Digitalisierung kann das Klima retten« darauf hingewiesen, dass es auch technologische Antworten auf die Klimakrise geben könne, »sofern nicht die IT mit ihrem enormen Energieverbrauch alles noch schlimmer macht«, was »vor allem für künstliche Intelligenz« gelte. Allerdings ist das Thema ressortübergreifend, gesamtgesellschaftlich und im Mainstream der für das Produktdesign relevanten Fachwissenschaften noch bei Weitem nicht ausreichend verankert. In der Gesellschaft für Informatik wird es jedoch bereits seit 2019 vermehrt auf Fachtagungen diskutiert und die 51. Jahrestagung INFORMATIK 2021 (https://informatik2021.gi.de/) steht »ganz im Zeichen der Nachhaltigkeit« und behandelt Themen »wie Green IT, Ressourcenschutz, Einsatz intelligenter Technologien und Optimierung von Systemen« in vier Handlungsfeldern der Disziplin (»ökologisch, ökonomisch, sozial und technologisch«) angeleitet von den 17 UN-Nachhaltigkeitszielen der Agenda 2030. Diese Stoßrichtung zeigt sich auch in den beiden Förderlinien »KI-Leuchttürme für Umwelt, Klima, Natur und Ressourcen« des BMU und 26 bereits geförderten Projekten, welche das breite Spektrum möglicher Einsatzfelder für KI illustrieren (Tab. 13.1).

Tab. 13.1: Projektstreckbriefe aktuell geförderter Projekte der Initiative »KI-Leuchttürme für Umwelt, Klima, Natur und Ressourcen«. (Quelle: https://www.z-u-g.org/aufgaben/ki-leuchttuerme/)

Titel/ Akronym	**Kurzbeschreibung laut Projektträger-Homepage**
Förderlinie 1 »KI für den Umweltschutz«	
AIR	AI-basierter Recommender für nachhaltigen Tourismus
AISUM	Detailausarbeitung zur Umsetzung einer Plattform für KI-gesteuerte nachhaltige urbane Mobilität (AI Empowered Sustainable Urban Mobility) in der Großstadt Berlin
AQUA-KI	Intelligente optische Verfahren zur effektiven Erfassung von Mikroorganismen in Gewässern
AuSeSol	Autarke und selbstoptimierende solare Energieerzeugung mit integrierter Speicherkapazität
Cognitive Weeding	Entwicklung eines Detailkonzepts für ein an die Kulturart über Anbauperioden hinweg angepasstes Unkraut- und Beikrautmanagement mit Hilfe künstlicher Intelligenz
DC-HEAT	Beim Vorhaben »Data Center Heat Exchange with AI-Technologies« soll mit Unterstützung von Künstlicher Intelligenz im Raum Frankfurt die Planung und der Betrieb von Rechenzentren künftig so gestaltet werden, dass sich die negativen Auswirklungen auf die Umwelt reduzieren lassen und Abwärme bestmöglich genutzt wird.
FutureForst	Entwicklung eines Detailkonzepts für den KI-Einsatz bei Waldzustandsanalyse und Entscheidungsvorbereitung zum klimaangepassten Waldumbau

KI4NK	Entwicklung eines innovativen Ideenkonzepts für die Förderung KI-gestützten nachhaltigen (Online-)Konsumverhaltens unter Berücksichtigung von Anbieter- und Verbraucherperspektiven
PlasticObs	Plastikmüll im Meer aus der Luft aufspüren: Das Vorhaben will Quellen und Verbreitungswege von Plastikmüll mit Fluggeräten und KI identifizieren.
PRIA-WIND	Plattform zur Sicherstellung des Artenschutzes bei Windkraftvorhaben
Smart Recycling	SmartRecycling – KI und Robotik für eine nachhaltige Kreislaufwirtschaft
Unlikely Allies	Das Projekt vernetzt Expertinnen und Experten aus Umweltschutz und KI.
WindGISKI	Entwicklung eines KI-basierten Geoinformationssystems zur sozialverträglichen Auswahl von Windenergiepotenzialflächen im Spannungsfeld von Arten-, Umwelt- und Klimaschutz
Förderlinie 2 »Anwendungsorientierung und Fundierung«	
AI4Grids	Mittels KI-basierter Planung und Betriebsführung von Verteilnetzen und Microgrids soll eine optimale Integration regenerativer Erzeuger und fluktuierender Lasten im Rahmen der Energiewende erzielt werden.
CO:DINA	Erstellung einer Transformationsroadmap für Digitalisierung und Nachhaltigkeit, um die Digitalisierung für die sozial-ökologische Transformation zu nutzen.
CRTX	Mit KI-unterstützter Spektroskopie und Bildanalyse soll im Projekt »Circular Textile Intelligence« (CRTX) eine spezifischere Sortierung für die Secondhand-Nutzung und das Faser-zu-Faser Recycling erzielt werden, um einen durchgängigen Stoffkreislauf zu ermöglichen.
GCA	Der »Green Consumption Assistant« soll dabei helfen nachhaltiger zu konsumieren. Dazu wird er bei der Produktsuche in der Suchmaschine Ecosia die konkreten Auswirkungen von Konsumentscheidungen anzeigen und über nachhaltigere Alternativen informieren.
I4C	Intelligence for Cities: KI-basierte Anpassung von Städten an den Klimawandel – von Daten über Vorhersagen zu Entscheidungen
IsoSens	Entwicklung eines KI-basierten Sensors zur Bestimmung der isotopologischen Zusammensetzung von Treibhausgasen für die Erforschung klimatischer Prozesse
KI am Zug	Nutzung von Methoden Künstlicher Intelligenz für den optimierten Bahnbetrieb der Zukunft
KInsekt	Um Insekten zu schützen, ist ein systematisches Monitoring über einen langen Zeitraum notwendig. Das Open-Source-Projekt möchte das Monitoring digitalisieren und mithilfe von KI in großem Umfang nutzbar machen.
KISTE	Eine KI Strategie für Erdsystemdaten, um Umweltveränderungen zu analysieren, aufzubereiten und bereitzustellen.
Natura Incognita	eine Workflow-Plattform zur KI-basierten Artbestimmung
NiMo	Das Projekt »Nitrat-Monitoring 4.0« nutzt intelligente Systeme zur nachhaltigen Reduzierung von Nitrat im Grundwasser.
ReCircE	Beim Projekt »Digital Lifecycle Record for the Circular Economy« werden Stoffkreisläufe transparent gestaltet und die Abfallsortierung mithilfe von Künstlicher Intelligenz optimiert
SustAIn	Das Projekt systematisiert und erhebt beispielhaft die Auswirkungen von verschiedenen KI-basierten Verfahren auf die Nachhaltigkeit.

Im Rahmen des bereits 2016 durch das Bundesministerium für Wirtschaft und Energie (BMWi) gestarteten Förderprogramms SINTEG »Schaufenster Intelligente Energie – Digitale Agenda für die Energiewende« wurden zudem intelligente IKT-basierte Netze (Smart Grids) in fünf Modellregionen erforscht. Das Ende 2020 abgeschlossene

Verbundprojekt ENERA beinhaltete dabei einen Feldtest zur Erprobung so genannter Software-Agenten für die Selbstorganisation von Energiespeichern und deren Stromeinspeisung ins Netz unter Nutzung von »Distributed Artificial Intelligence« (https://idw-online.de/de/news766468). Auch im Bereich der Landnutzung, wozu der WBGU (2020) ein weiteres Hauptgutachten vorgelegt hat, wird KI bereits zur Förderung von Nachhaltigkeit eingesetzt – für verbessertes Monitoring etwa durch Auswertung von Satellitendaten oder für neue Paradigmen kleinräumiger Landwirtschaft unter innovativer Nutzung von KI und Robotik wie »Pixel Cropping« in den Niederlanden (https://wur.nl/en/project/Pixel-cropping.htm).

Sowohl für die Dezentralisierung des Energiesystems als auch in der Landwirtschaft gilt jedoch im Sinne des eingangs dargestellten »Brandbeschleuniger«-Narrativs (WBGU, 2019), dass derartige Potenziale oft erst gehoben werden können, wenn zusätzliche technische oder politische Rahmenbedingungen gegeben sind. Ohne rechtskonforme, interoperable Smart-Meter und eine breit verbreitete Infrastruktur zu Sektorkopplung (z. B. durch bi-direktional ladefähige E-Autos und Wärmepumpen in Gebäuden) bringt der Einsatz von KI zur Optimierung des Stromnetzes vergleichsweise wenig. In den 14 durch das BMEL (2020) geförderten Projekten als »Digitale Experimentierfelder in der Landwirtschaft« ist kein fundamentaler Paradigmenwechsel wie im zuvor erwähnten Horizon 2020-Projekt »Pixel Cropping« der Universität Wageningen erkennbar, sondern der Fokus bleibt Effizienzsteigerung und letztlich Intensivierung der gegenwärtigen industriellen Form. Insofern ist KI mit Blick auf Nachhaltigkeit keine einfache Lösung für komplexe Probleme, sondern kann bestenfalls nach der Lösung anderer Probleme überhaupt sinnvoll genutzt werden. Schlimmstenfalls können jedoch auch neue geschaffen oder bestehende verschärft werden. Aller zweifelsohne existierenden positiven Dynamik zum Trotz, tendieren Digitalisierung im Allgemeinen und KI-Nutzung im besonderen grosso modo bislang zum Letzteren.

Es wäre demenentsprechend naiv, zu glauben, große IT-Konzerne hätten in jüngster Zeit das »Prinzip Verantwortung« (Jonas, 1979) entdeckt und würden dieses zeitgemäß als verantwortungsbewusste Technikgestaltung (ÖFIT, 2021; Spiekermann, 2016) im Sinne »digitaler Ethik« (Spiekermann, 2019) implementieren. Verantwortung existiert bislang leider eher als PR-Worthülse, auch – da bestehende Anreizsysteme und die Konzentrationsprozesse der Plattformökonomie hierfür wenig Raum lassen. Der IT-Sicherheitsexperte und Blogger Felix von Leitner kommentierte die aktuelle Lage recht pointiert: »Wenn irgendwo responsible draufsteht, ist das vergiftet. Einen klareren Indikator für ›ist vergiftet‹ gibt es gar nicht. Das ist jedenfalls nie responsible und schon gar nicht zu eurem Nutzen.« (https://blog.fefe.de/?ts=a15f7340). Dementsprechend wären die in seinem Blogpost verlinkten Positionierungen führender Unternehmensberatungen und Big-Tech-Konzerne lediglich eine Patina für unverändert nicht-nachhaltige Praxis – momentan spricht die Faktenlage für diese Auffassung.

Die im »Überwachungskapitalismus« (Zuboff, 2018) charakteristische permanente Erhebung und in weiten Teilen KI-basierte Auswertung von Verhaltensdaten für die Optimierung werbefinanzierter Geschäftsmodelle hat nicht nur im Hinblick auf Privatsphäre, Gemeinwohl und Demokratie erhebliche Schattenseiten (Nemitz und Pfeffer, 2020). Zwar wird der Energieverbrauch von maschinellem Lernen in den letzten beiden Jahren in der Forschung und Öffentlichkeit vermehrt thematisiert. Jedoch ist der damit einhergehende CO_2-Ausstoß im Bewusstsein von Entwickler*innen und Entscheider*innen auf Unternehmensebene oder in der Politik und Öffentlichkeit bislang ebenso wenig verankert, wie die Nutzung für intensivere Ausbeutung fossiler Ressourcen. Allen Beteuerungen von Big-Tech zum Trotz, innerhalb nächsten Dekaden CO_2-Neutralität erreichen zu wollen, erschient hier erhebliche Skepsis geboten. Dies gilt zunächst für die offensichtlich nicht-nachhaltige Anwendung in Betätigungsfeldern wie der Förderung fossiler Ressourcen, die seit inzwischen zwei Jahren bekannt ist – entgegen aller »Öko«-Rhetorik der Konzerne:

> »›100 Prozent erneuerbar ist nur der Anfang‹, heißt es auf einer Webseite von Google. So stellt sich der IT-Konzern gerne dar. 2017 habe man zum ersten Mal seinen kompletten Strombedarf aus erneuerbaren Energien gedeckt. Rechenzentren neben Windkraftanlagen gehören zum Selbstbild des Suchmaschinenkonzerns. Auch Amazon und Microsoft verweisen auf ihr entsprechendes Öko-Engagement. […] Doch eine Recherche von Gizmodo kratzt heftig am Öko-Image der Sillicon-Valley-Konzerne. Demnach haben die großen IT-Konzerne in den letzten Jahren unzählige Partnerschaften mit Ölkonzernen aufgebaut und ganze Abteilungen gegründet, die nur darauf abzielen, Dienstleistungen für die fossile Industrie bereitzustellen. Der Strombezug der Rechenzentren dürfte da im Vergleich kaum ins Gewicht fallen.«[157]

An dieser Situation dürfte sich zwischenzeitlich wenig geändert haben, außer, dass der Strombezug von KI-Rechenzentren angesichts sowohl angesichts etwas besserer Informations- und Datenlage, als auch mit Blick auf die weiterhin stark zunehmende Nutzung energiehungrigen maschinellen Lernens verstärkt ins Gewicht fällt. Dies umso mehr, da dank der zwar zu langsam, aber dennoch global stattfindenden Energiewende die zukünftige Erdölförderung wie -nachfrage einem gegenläufigen Trend folgt.[158] Insofern sind die zur Anwendung von KI nötigen Daten im doppelten Sinn nicht »das neue Öl«, da sie erstens keine der Natur abzuringende, endliche und sich bei der Nutzung verbrauchende Ressource sind und zweitens, da Erdöl mit Blick auf Nachhaltigkeit definitiv keine Zukunft hat.

Grundsätzlich gilt also für das Verhältnis von Nachhaltigkeit und Digitalisierung im weiten bzw. KI im engeren Sinn nach wie vor die Kernbotschaft des WBGU-Hauptgutachtens »Unsere gemeinsame digitale Zukunft« (WBGU, 2019), nämlich zu vermeiden, dass letztere zum Brandbeschleuniger nicht nachhaltiger Wachstumsmuster werden, bevor sich überhaupt Potenziale für Nachhaltigkeit heben lassen. Dies liegt zum einen am Energiehunger von Deep Learning, was seit ca. anderthalb Jahren in Presse und Forschung vermehrt, aber immer noch viel zu wenig diskutiert wird (z. B. Strubell et al., 2019; Dhar, 2020) – hier besteht großer Forschungs-, Kommunikations- und Handlungsbedarf. Ein erster Schritt wäre z. B. die systematische Reflexion, Erhebung und Op-

157 https://www.golem.de/news/oelfoerderung-wie-google-amazon-und-microsoft-das-klima-anheizen-1902-139655.html

158 https://edition.cnn.com/2021/02/11/business/shell-oil-production-peak/index.html

timierung des CO_2-Abdrucks maschinellen Lernens in der Anwendung zu verankern. In einem aktuellen Working Paper der Stanford University (Henderson et al., 2020: S. 15f.) wurde nicht nur thematisiert, dass der Ort des Rechenzentrums mit Blick auf die Speisung aus erneuerbaren Energien einen Unterschied um das 30-fache bedeuten kann, sondern auch erste Handlungsempfehlungen an verschiedene Stakeholderkreise vorgeschlagen. Diesen zufolge sollte/n als systemische Veränderungen in der Forschung:

- cloudbasierte KI-Anwendungen grundsätzlich nur auf Rechenzentren in Regionen mit niedrigen CO_2-Emissionen, d.h. einem hohen Anteil an erneuerbaren Energien durchgeführt werden
- Reporting auf Basis standardisierter Metriken für möglichst energieeffiziente Konfigurationen breit zugänglich gemacht werden
- energieeffiziente Systeme weiter erforscht und sog. »Energy Effiency Leaderboards« zur Online-Dissemination von best-practices eingeführt werden
- Quellcode und Modelle immer veröffentlicht werden, sofern es aus Sicherheitsgründen vertretbar ist
- mittels sog. »Green Defaults« energieeffiziente Konfigurationen als Standard in den üblichen Plattformen und Tools verankert werden
- Klimafreundliche Initiativen auf Konferenzen gefördert werden

in der Wirtschaft:

- Training für maschinelles Lernen sofort in Regionen mit niedrigen CO_2-Emissionen (s.o.) verlagert und entsprechend dokumentiert werden (incl. sog. »default launch configurations«)
- robustere Tools für Energieverbrauch/CO_2-Ausstoß eingeführt werden
- energieeffiziente Operationen als »default« in bestehende Frameworks integriert werden
- Quellcode und Modelle (ggf. nur intern) immer veröffentlicht werden, sofern es aus Sicherheitsgründen vertretbar ist
- energiebasierte Kosten-Nutzen-Rechnungen den Gewinnen durch Entwicklung und Training neuer Modelle gegenübergestellt werden
- Reporting modellspezifischer Energiemetriken eingeführt werden.

Zwar ist diese Liste keineswegs vollständig und z. B. potenziell zusätzlich nötiger Ausbau erneuerbarer Energien in Regionen mit niedrigen CO_2-Emissionen nicht adressiert, kann aber durchaus als ein erster Schritt aus der Community selbst in Richtung mehr ökologischer Nachhaltigkeit gelten – sofern diesem weitere und vor allem ein Mainstreaming in die tägliche Praxis der Big-Tech »Hyperscaler« erfolgt. So könnte zumindest die bislang oft verheerende Energiebilanz besser werden, freilich ist damit die Ressourcenfrage (Messerschmidt und Ullrich, 2020) noch ausgeblendet. Zudem besteht nicht nur auf technischer, sondern auch juristischer Ebene Handlungsbedarf. Bietti und Vatanparast (2020) haben kürzlich darauf hingewiesen, dass ironischerweise ein Unternehmen, das den Namen des größten tropischen Regenwalds der Welt trägt, signifikant zu Umweltzerstörung beiträgt -ungeachtet dessen, dass Amazon die Absicht verkündete, bis 2040 CO_2-neutral zu werden. Zusätzlich trägt es ebenso auf indirektem Weg dazu bei – nicht nur durch die bereits zu Beginn des Texts angesprochene Unterstützung der Öl- und Gas-Industrie, sondern auch durch die Unterstützung politischer Kandidat*innen, die den Klimawandel leugnen. Selbstverständlich gilt diese Verbindung nicht nur für Amazon allein – der Firmenname diente den Harvard-Autorinnen lediglich als Aufhänger. Sie betonen daher, dass Amazons Praktiken nur ein Beispiel für die ökologischen Folgen datengetriebener Technologien darstellen und mit Blick auf deren Anteil am globalen CO_2-Ausstoß laut THE SHIFT PROJECT (2019) von 4 % eine Verdoppelung bis 2025 zu erwarten sei. Während relativ viel juristische Forschung die Folgen von KI für Datenschutz und Privatsphäre thematisiere, seien die ökologischen Folgen vergleichsweise unterbelichtet.

Dieser Befund ist zweifellos zutreffend. Trotzdem ist mit Blick auf Nachhaltigkeit klar, dass beide Probleme miteinander verknüpft sind – nicht nur mit Blick auf den Energieverbrauch durch die exzessive Datenverarbeitung im »Überwachungskapitalismus«, sondern auch auf ein breites Nachhaltigkeitsverständnis, aus dem heraus eine Trennung von ökologischer und gesellschaftlicher Zukunftsfähigkeit nicht praktikabel ist.

13.2 Nachhaltigkeit als Leitbild – auch für KI

Für ein breiteres Verständnis von KI und Nachhaltigkeit soll zunächst knapp umrissen werden, was sich hinter dem facettenreichen Begriff verbirgt, der sich spätestens mit den 17 Zielen der Agenda 2030 (SDGs) vermehrt in Alltagssprache und gesellschaftlichem Bewusstsein verankert hat. Ungeachtet der aus der Technikfolgenabschätzung bekannten Ambivalenz von Innovationen, lässt sich zumindest retrospektiv davon ausgehen, dass wirklicher technologischer »Fortschritt« durch Wertebewusstsein entsteht und damit menschengerechter Fortschritt in soziotechnischen Systemen der Digitalisierung – wie KI – nicht ohne Ethik sinnvoll gedacht werden kann (Spiekermann, 2019: S. 29ff.). Normative Grundlagen und klare Ziele in der Technikgestaltung (ÖFIT, 2021) sind dabei ebenso zentral, wie ein erweitertes Werteverständnis, bei dem das Gemeinwohl im Zentrum steht und »nicht die Rendite oder irgendein Automatisierungsindex« (Spiekermann, 2019: S. 65). Dies muss keinesfalls mit nachhaltigen, also zukunftstauglichen unternehmerischen Interessen kollidieren, denn »[w]er ›durchdigitalisiert‹, zerstört sein eigenes Ökosystem an Unternehmenswerten«, dessen Basis ebenso Menschen sind, wie natürliche Lebensgrundlagen – ohne beides bliebe allenfalls Raum für posthumanistische (Alp-)Träume (wie im 5. Kapitel von Frank Schmiedchen ausgeführt). Insofern kommt auch mit Blick auf KI neben einem menschzentrierten Zugang der Sicherung stabiler ökologischer Lebensgrundlagen innerhalb der vielen Aspekte von Nachhaltigkeit ein besonderer Stellenwert zu, da stabile Umweltbedingungen die Basis aller gesellschaftlichen und ökonomischen Aktivitäten sind. Die Biosphäre ist somit als *primus inter pares* Grundlage aller Nachhaltigkeitsziele – auch und gerade mit Blick auf Digitalisierung und KI (Abb. 2).

Abb. 13.2: Digitalisierung und Nachhaltigkeitsziele visualisiert als »Wedding-Cake«-Modell (WBGU, 2019c)

Angesichts gesicherter wissenschaftlicher Erkenntnisse über planetare Grenzen des Erdsystems und seiner für die menschliche Existenz erforderlichen Funktionen, welche zum Teil bereits überschritten sind, ist die Diskussion und Einhaltung von Leitplanken unabdingbar. Die Wissenschaft kann hier zwar begründete Vorschläge vorlegen, die politische Entscheidung über die Setzung von Leitplanken sollte aber einem demokratischen Prozess unterliegen (WBGU, 2019: S. 38). Da dazu nötige Grenzziehungen wissenschaftlichen Unsicherheiten unterliegen, ist das gesellschaftlich akzeptable Risiko politisch abzuwägen. Hier gilt »Nur der demokratische Rechtsstaat ist in der Lage, die entsprechende Abwägung im Rahmen von demokratischen Verfahren herbeizuführen und legitimerweise allgemeinverbindlich festzulegen« (SRU, 2019: S. 104). Auch die SDGs verdeutlichen in diesem Sinn, »dass eine auf die Einhaltung der planetaren Belastungsgrenzen ausgerichtete Politik die Regulierung der Stoffströme unserer Wirtschafts- und Gesellschaftssysteme notwendig macht« (SRU, 2019: S. 107). Dies ist jedoch kein Nullsummenspiel, in dem fundamentale Dimensionen auf Kosten anderer realisiert werden könnten (Abb. 13.2).

Nachhaltigkeit ist im Sinne menschlicher Würde nur durch das Zusammenwirken von Erhaltung der natürlichen Lebensgrundlagen sowie menschlicher Teilhabe und Eigenart sinnvoll (WBGU, 2019: S. 42). Dies bedeutet sowohl 1) planetarische Leitplanken einzuhalten sowie lokale Umweltprobleme zu vermeiden bzw. zu lösen, als auch 2) universelle Mindeststandards für substanzielle, politische und ökonomische Teilhabe zu gewährleisten sowie 3) den Wert von Vielfalt als Ressource für eine gelingende Transformation sowie Bedingung für Wohlbefinden und Lebensqualität anzuerkennen. Dieses Leitbild ist bereits auf nationaler Ebene in der Nachhaltigkeitsstrategie verankert (Abb. 13.3), die jedoch tagespolitisch bislang zu wenig Wirksamkeit entfaltet.

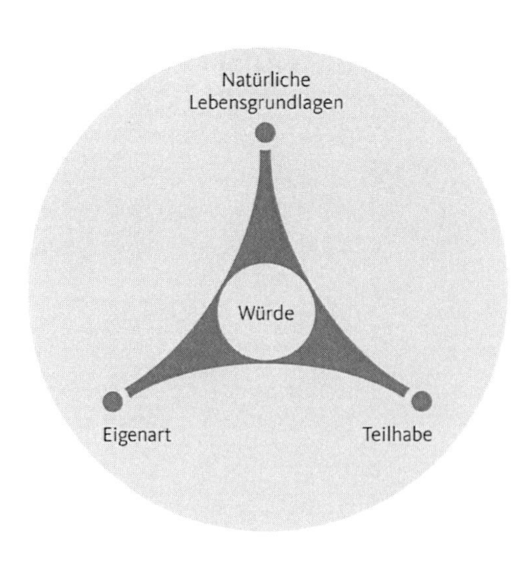

Abb. 13.3: »Normativer Kompass« des WBGU (2019: S. 42).

Die bisherige Entwicklung von Digitalisierung und KI scheint diesem Leitbild, wie eingangs gezeigt wurde, bislang jedoch teils fundamental entgegenzustehen. Hier wie in der gesamten F&I-Politik besteht die zentrale Herausforderung darin, »Politik so zu gestalten, dass Trends verhindert werden, die die ökologischen Grundlagen der Menschheit untergraben. Gleichzeitig muss eine gesellschaftliche und wirtschaftliche Entwicklung in Richtung Nachhaltigkeit gefördert werden« (SRU, 2019: S. 107). Für KI bedeutet dies nicht weniger, als einen fundamentalen Paradigmenwechsel – auf sozialer wie auf technischer Ebene.

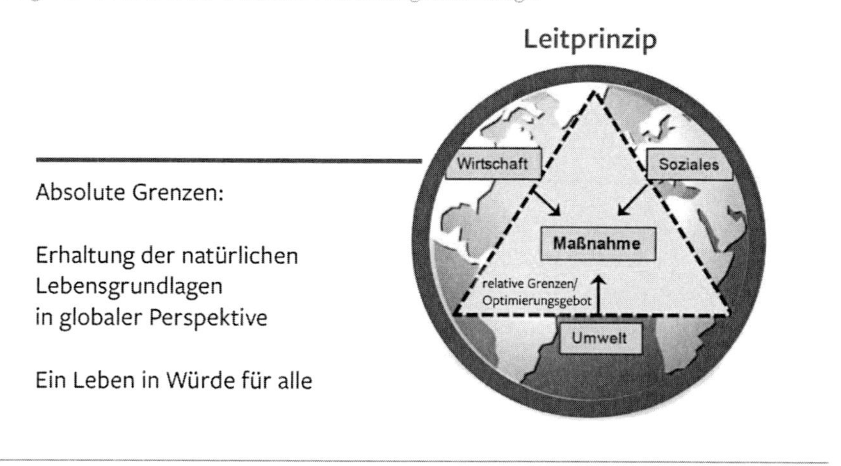

Abb.13.4: Nachhaltigkeitsverständnis der Nachhaltigkeitsstrategie (Quelle:SRU, 2019: S. 107)

13.3 Paradigmenwechsel zu nachhaltiger Entwicklung und Anwendung soziotechnischer KI-Systeme

Hinter der zuvor in diesem Text aufgegriffenen Formulierung »Data Waste« (Bietti und Vattanparast, 2020) und den dargestellten Problematiken im Bereich KI und Nachhaltigkeit steht eine fundamentale soziotechnische Kontroverse. Solutionistische Visionen, denen zu Folge technologische Lösungen soziale und politische Probleme ohne gesellschaftliches und politisches Engagement adressieren können, erweisen sich auch hier als fundamental verfehlt. Letztendlich folgen sie der gleichen unreflektierten Fortschrittslogik, wie ihre Vorgänger, welche die Probleme geschaffen haben, die sie nun vorgeblich lösen sollen. Insofern ist »Data Waste« nicht allein durch mehr nachhaltige oder »grüne« IKT zu vermeiden, denn im Kern handelt es sich um ein Demokratie- und Verteilungsproblem, das somit nicht nur durch Expert*innen und Politik, sondern auch die demokratische Öffentlichkeit adressiert werden sollte.

Somit wäre auch über andere Eigentums-, Produktions- und Verteilungsmodelle in einem breiten Nachhaltigkeitsverständnis nachzudenken – kurz: der (politischen) Frage danach, wie »Unsere gemeinsame digitale Zukunft« (WBGU, 2019) aussehen sollte. Diese hängt, ebenso wie die Zukunft der Menschheit als solche »von unserer Fähigkeit ab, die Gesellschaft zu verstehen und zu verändern um die Folgen des Klimawandels zu minimieren; Schäden durch soziale Ungleichheit zu stoppen und zu revidieren; [...] den Nutzen neuer Technologien zu maximieren, während ihre Schäden minimiert werden« (Ito, 2018: S. 229 [Übersetzung d. Verf.]). Um dies mit Blick auf soziotechnische Systeme wie KI leisten zu können, ist nach Joichi Ito, dem ehemaligen Leiter des MIT Media Lab, ein systemisches Verständnis einschließlich möglicher Hebelpunkte zur Intervention auf der Ebene von Gesetzen, Märkten, Technologiearchitektur und Normen (Lessig, 2009) ebenso nötig, wie Veränderungen auf paradigmatischer Ebene (Meadows, 1999). Entgegen gegenwärtig oftmals geweckten Hoffnungen gilt mit Ito (2018, S. 72): »More computation does not make us more ›intelligent‹, only more computationally powerful.« – dies gilt insbesondere mit Blick auf KI, denn aller PR-Rhetorik von »smart« zum Trotz, verfügt keines der heutigen Verfahren über Intelligenz im menschlichen Sinn.

Allerdings ist menschliche Intelligenz durch sie doppelt gefordert – einerseits, um die zunehmende Rechenleistung auch mit Blick auf ihre ökologischen und sozialen Kosten sinnvoll einzusetzen und andererseits, um die epistemologischen Grenzen aktueller Verfahren immer mitzudenken. Dies gilt insbesondere für Deep Learning, nicht nur angesichts von durchschnittlich 3 % falsch gelabelten Trainingsdaten (Northcutt et al., 2021), sondern auch, da dieses Verfahren bislang zu häufig dazu neigt, auf Basis falscher Prämissen zur »richtigen« Konklusion zu kommen. Ob es sich nun bei der Bilderkennung um Schienen als Indikator für die Erkennung von Zügen, Wellen im Wasser für Schiffe oder Image-Tags für vermeintliche Pferde handelt – die aktuelle Forschung zur Erklärbarkeit von KI macht deutlich, dass übliche Evaluationsmetriken für derartige Umgehungsstrategien blind sind, weshalb »die gegenwärtige breite und manchmal ziemlich unreflektierte Anwendung maschinellen Lernens in allen industriellen und wissenschaftlichen Domänen« fundamental zu hinterfragen sei (Lapuschkin et al., 2019: 7 [Übersetzung d. Verf.]). Die prominenten Verheißungen autonomen Fahrens oder von KI, welche in der Lage sei, Forschungsfragen zu beantworten erscheinen aus einer solchen Perspektive wie naive und zugleich überbordende Quantifizierung einer komplexen Welt, die sich einem solchen methodisch noch recht unausgereiften Verfahren nur bis zu einem gewissen Grad erschließt. Cathy O'Neill hat das mit »Weapons of math destruction« (2017) treffend auf den Punkt gebracht. Die Grenzen eines dergestalt reduktionistischen KI-Verständnisses werden nicht erst dann problematisch, wenn vermeintlich autonome Fahrzeuge mit tödlichem Ausgang Hindernisse »übersehen«, sondern auch, wenn sie einschließlich aller Verzerrungen in den Daten die soziale Welt bis hin zu biometrischer Totalüberwachung so massiv durchdringen, wie es heute bereits der Fall ist.

Selbst wenn wir Computern im Rahmen einer Minimaldefinition Intelligenz zubilligen, gilt auch heute die nach Weizenbaum (1978: 300) »wichtigste Grundeinsicht [...], dass wir derzeit Zeit keine Möglichkeit kennen, Computer auch klug zu machen, und wir deshalb im Augenblick Computern keine Aufgaben übertragen sollten, deren Lösung Klugheit erfordert«. Im gegenwärtigen Digitalisierungsdiskurs wird häufig (insbesondere bzgl. Big Data und KI) das Modell der Realität mit der Realität des Modells verwechselt, was schon bei mangelhafter Reflexivität in der Anwendung von Statistik problematisch war und ist (Bourdieu, 2004). Die damit einhergehende kurzfristige Überschätzung von Potenzialen und Risiken könnte zur paradoxen Situation führen, dass der KI-Hype den Blick auf Big-Data als »Elefant im Raum« mit allen Nachhaltigkeitsrisiken im Überwachungskapitalismus (Zuboff, 2018) verstellt. Dies betrifft sowohl die soziale Sphäre etwa durch die Krise digitaler Öffentlichkeiten (Nemitz und Pfeffer, 2020) oder Diskriminierung durch verzerrte Daten und methodische Intransparenz

(z. B. Wachter und Mittelstadt, 2018), als auch die ökologische Sphäre durch die gegenwärtig überwiegend angewandten daten- und damit ressourcen- wie energieintensiven Verfahren von maschinellen Lernens. Zudem erscheinen verhaltensdatenbasierte werbefinanzierte Geschäftsmodelle, in denen es letztlich im die aufmerksamkeitsökonomische Maximierung von »time on device« aller Nutzer*innen geht, grundsätzlich als nicht nachhaltig (Daum, 2019).

Insofern erscheint es plausibel, dass Marcus und Davies (2019) auf technisch-paradigmatischer Ebene für einen »Neustart« von KI plädieren, da sich gegenwärtiges Deep Learning allen Fortschritten der letzten Jahre (die im Wesentlichen auf der Zunahme an Rechenleistung und Daten basieren) zu Trotz als Sackgasse erweisen könnte. Der »Datenhunger« gegenwärtiger Verfahren erweist sich dabei als ebenso limitierend, wie ihr Mangel an Vertrauenswürdigkeit, Transparenz und Erklärbarkeit sowie einer Differenzierung zwischen Kausalität und Korrelation, die schlechte Integration bereits vorhandener Wissensbestände und Reaktion auf unvorhergesehene Ereignisse in dynamischen, komplexen Umgebungen (Marcus, 2018: S. 6ff.). Dies bedeutet jedoch mitnichten, das »Kind« KI mit dem Bade auszuschütten, sondern künftig robustere Verfahren zu entwickeln, die aufgrund der Beseitigung der beschriebenen Mängel auch im breiten Sinn nachhaltiger und zukunftstauglicher sind. Für die nächste Dekade robusterer KI-Verfahren schlägt Marcus (2020) daher einen hybriden, wissensbasierten Ansatz auf Basis kognitiver Modelle vor – ob und inwieweit dieser Weg zielführend ist, mag die Fachcommunity klären und wird letztlich die Zeit zeigen.

Neben derartigen technischen Fragen bleibt die ethisch hochrelevante nach Zielen der Anwendung von KI und den Werten auf denen diese basieren (Spiekermann, 2019) mindestens ebenso relevant und auch hier Bedarf es angesichts der beschriebenen negativen Effekte eines veränderten Paradigmas. Auch wenn auf europäischer Ebene mit Blick auf Digitalisierung und KI oftmals »europäische Werte« propagiert werden, bleibt die Praxis in Ermangelung einer konsequenten Umsetzung, etwa mit Blick auf die Regulierung von KI und Gesichtserkennung oder ihre Anwendung im militärischen Bereich bislang hinter diesen zurück. Dies gilt auch jenseits von KI für Tracking von Verhaltensdaten mit Blick auf die verschleppte E-Privacy-Verordnung. Ebenso bleibt bislang eine gemeinwohldienliche Adaption der Mechanismen der Plattformökonomie einschließlich der Verringerung bestehender Konzentration von Marktmacht und Datenbeständen und die Neukonzipierung des demokratischen Staats als Plattform (ÖFIT, 2020) oder einer »European Public Sphere« zur »Gestaltung der digitalen Souveränität Europas« (acatech, 2020) primär visionär. Bei der Realisierung eines weiteren, zunächst visionär erscheinenden Konzepts eines offenen Ökosystems für mehr digitale Souveränität im ökonomischen Bereich – Gaia-X – erscheint angesichts inkonsequenter Abgrenzung von überwachungskapitalistisch agierenden BigTech-Konzernen mittlerweile ein »Kentern unausweichlich«, wie das Editorial einer führenden IT-Zeitschrift titelte (https://www.heise.de/select/ct/2021/3/2028614113239018944).

Insofern teilt dieser Artikel die Konklusion von Bietti und Vatanparast (2020, S. 11), allerdings ausgehend von einem breiten Verständnis von Nachhaltigkeit, denn um zu verhindern, dass KI bei den dargestellten Problemen im Wesentlichen weiterhin »Brandbeschleuniger« bleibt, gilt es zu hinterfragen »whether we want technology companies, data-driven infrastructures, and the people behind them to have the power to shape the social and ecological conditions for our futures, and if not, who ought to be exercising such power, and what role law and public political engagement can play in shaping alternatives«. Mit Blick auf die ökologische Dimension und die angesichts der dargestellten Situation unzureichenden Nachhaltigkeitsbekenntnisse großer Techkonzerne gilt dagegen die Zuspitzung einer Keynote von James Mickens: »Optimistic facial expressions do not absorb carbon emissions« (Mickens, 2020 – https://www.youtube.com/watch?v=tCMs6XqY-rc). Ein nachhaltigeres Paradigma der Entwicklung und Anwendung von KI kann nur durch die Einbettung in die »große Transformation zur Nachhaltigkeit« (WBGU, 2011; Schneidewind, 2018) gelingen. Für die Gestaltung unserer gemeinsamen, digitalen Zukunft in all ihrer Komplexität mit heutigen und künftigen Maschinen gilt somit:

> »While we can and should continue to work at every layer of the system to create a more resilient world, I believe the cultural layer is the layer with the most potential for a fundamental correction away from the self-destructive path that we are currently on […]: a turn away from greed to a world where ›more than enough is too much,‹ and we can flourish in harmony with Nature rather than through the control of it«.

Oder kurz gesagt: »resisting reduction« und »humility over control« (dito, 2018a).

14. Kapitel

Produktion und Handel im Zeitalter von Digitalisierung, Vernetzung und künstlicher Intelligenz

Rainer Engels

Einleitung

Nachdem in diesem dritten Teil des Buches bisher die Folgen der Digitalisierung auf zwei wesentliche Dimensionen des sogenannten kulturellen Überbaus (Gesundheit und Bildung) sowie der Zusammenhang mit der von der Weltgemeinschaft angestrebten Nachhaltigkeit betrachtet wurden, soll es in diesem und den beiden folgenden Kapiteln um den ökonomischen Kern gehen. Der umfassende Prozess der aktuellen Stufe von Digitalisierung, Vernetzung und Entwicklung Künstlicher Intelligenz wird auch als vierte industrielle Revolution bezeichnet. Diese hat vor ungefähr zehn Jahren weitgehend unsichtbar begonnen und rückte seit 2015 zunehmend in die Wahrnehmung von Wissenschaft, Politik und Öffentlichkeit.

Die vierte industrielle Revolution wird in den am weitesten entwickelten Industrieländern bis 2035 im Wesentlichen abgeschlossen sein. Laut Fortschrittsbericht der Plattform Industrie 4.0 (2020) nutzen bereits 59 Prozent der deutschen Industrieunternehmen mit mehr als 100 Beschäftigten Industrie 4.0-Anwendungen. 73 Prozent der Unternehmen würden im Zuge von Industrie 4.0 nicht nur einzelne Abläufe verändern, sondern ganze Geschäftsmodelle. Das COVID-19-Virus werde, so die Studie, diese Entwicklung nicht bremsen, sondern beschleunigen – denn die Digitalisierung erlaube es uns, besser mit der Krise umzugehen und schneller wieder aus ihr herauszukommen. Dies ist nicht nur ein deutsches Phänomen: Anders als der Begriff »Industrie 4.0«, der eine deutsche Erfindung ist, haben alle anderen großen Industrienationen vergleichbare Konzepte entwickelt und kooperieren intensiv mit der deutschen Plattform Industrie 4.0, wenn auch jeweils unter anderen Namen. Die vierte industrielle Revolution ist gekennzeichnet durch eine umfassende Digitalisierung und Vernetzung aller Produktionsstufen (Maschinen, Sensoren, Zwischen- und Endprodukte) über den gesamten Lebenszyklus bis hin zur selbstlernenden Selbstorganisation in einem Unternehmen (Maschinenlernen, Künstliche Intelligenz, Internet of Things). Auch wenn dies in diesem Buch nun schon mehrfach erfolgt ist, hier eine Definition: Künstliche Intelligenz ist der Versuch, rationale bzw. kognitive menschliche Intelligenz auf Maschinen zu simulieren. Gegenüber den Mustern bisheriger Produktionsgestaltung ist die Veränderung überwiegend disruptiv und nicht nur dem Namen nach revolutionär, wenn auch aufbauend auf seinen Vorläufern Elektronik und Automation. Die Wirkung wird tiefgreifend und weitreichend sein und hat das Potential, die Art und Weise grundlegend zu verändern, wie in vielen Regionen der Erde Produktion und Konsum von

Gütern und Dienstleistungen über die gesamte Wertschöpfungskette und den gesamten Produktlebenszyklus ökonomisch, sozial und kulturell gestaltet werden.

Derzeit sind Unternehmen und Forschungsinstitutionen in der Europäischen Union, (v.a. Deutschland und Frankreich, Dänemark, Finnland bei E-Health), USA, China, Kanada, Schweiz, Vereinigtes Königreich, Japan, Südkorea, Singapur (im Bereich Smart Cities) und Israel in den unterschiedlichen Bereichen der vierten industriellen Revolution technologisch führend.

Das Institut für Arbeitsmarkt- und Berufsforschung (IAB) erwartet in seinem Forschungsbericht von 2016 für Deutschland den Verlust von rund 1.500.000 Arbeitsplätzen bis 2025, dem aber die erwartete Schaffung von ebenfalls rund 1.500.000 neuen Arbeitsplätzen gegenübersteht. Die Beschäftigten, die ihre Arbeit verlieren, sind aber nur teilweise für einen der neu entstehenden Arbeitsplätze qualifiziert. Somit erfordert der disruptive Wandel selbst in einem volkswirtschaftlich erfolgreichen Industriestaat enorme Anpassungsanstrengungen.

Dem stehen Länder und Weltregionen gegenüber, die weder über die entsprechende technologische Basis, Bildungs- und Hochschulstrukturen (v.a. in den MINT-Fächern), erforderliches Investitionskapital oder Eingebundenheit in Netzwerke für Forschung und Entwicklung verfügen. Dies gilt insbesondere für Sub-Sahara Afrika, aber in letzter Konsequenz für nahezu alle Entwicklungs- und Schwellenländer. Auch für die meisten Schwellenländer (z.B. Brasilien, Indonesien, Südafrika, Ägypten) ist es erkennbar geworden, dass sie kaum mithalten können und, nach einer Phase aufholender Entwicklung, wieder stärker abgehängt werden. Überall dort können die Folgen der Entwicklung zu (sich weiter verschärfenden) existentiellen Krisen führen.

Der disruptive technologische Wandel findet in einem globalen Umfeld und mit zeitgleich stattfindenden Megatrends statt. Hierzu zählen vor allem der Klimawandel und die demographische Entwicklung.

Der Klimawandel ist nach der überwältigenden, nahezu einstimmigen Mehrheit aller Klimaforscher und ohne jede Ausnahme aller Klimaforschungsinstitute menschgemacht und nicht mehr rückgängig zu machen, wenn der CO_2-Anstieg so weitergeht, wie bisher (vgl. Deutscher Bundestag, 2019).

Dies lässt sich nur verhindern, wenn der Temperaturanstieg 1,5°C nicht überschreitet. Die dafür nötigen radikalen Veränderungen von Wirtschaft und Gesellschaft (Dekarbonisierung und Abkehr vom Wachstumspfad), die in der Geschichte ohne Beispiel sind, müssen in den nächsten 10 Jahren ergriffen werden, soll ein Anstieg des Meeresspiegels um mehrere Meter ebenso vermieden werden, wie die deutliche Zunahme von lebensbedrohlichen Klimaextremen, was beides mit hoher Wahrscheinlichkeit Millionen Menschen das Leben kosten würde.

Ein anderer zentraler Megatrend ist die Bevölkerungsentwicklung. Während die demographische Entwicklung in den wirtschaftlich starken und technologisch entwickelten Ländern bis zu einem gewissen Grad die sozialen Kosten des Strukturwandels abmildert, verstärkt die demographische Entwicklung in vielen Entwicklungs- und Schwellenländern den Problemdruck zum Teil drastisch. Vor allem in den Ländern

Sub-Sahara Afrikas und Südasiens ist das massive Wachsen der Bevölkerung, gekennzeichnet durch eine sich nur leicht abschwächende Geburtenrate und die tendenzielle Erhöhung der Lebenserwartung, in seinen Folgen dramatisch. Während beispielsweise die Bevölkerung Afrikas von 1950 bis 2015 (also in 65 Jahren) von über 228 Millionen Menschen um knapp eine Milliarde auf 1,2 Mrd. Menschen gestiegen ist, gehen die Vereinten Nationen für 2050 von rund 2,5 Mrd. Menschen aus. Das bedeutet eine Verdopplung der Bevölkerung in 35 Jahren. Diese Entwicklung isoliert betrachtet stellt bereits eine Herausforderung für jeden sozio-ökonomischen Fortschritt dar. Darüber hinaus ergeben sich indirekt aus dem massiven Bevölkerungswachstum destabilisierende Wirkungen. So erzeugt bereits heute die starke Jugendarbeitslosigkeit soziale Spannungen und Migrationsdruck. Vor einem solchen Hintergrund kann der anstehende wirtschaftliche und gesellschaftliche Strukturwandel der vierten industriellen Revolution enorme negative Auswirkungen haben, die nur durch eine kluge Wirtschaftspolitik und gemeinsame Anstrengungen aller Akteure positiv gewendet werden kann. Die potentielle Innovationskraft so vieler junger Menschen bietet dafür eine Chance.

Hauptursache sozialer Desintegration ist aber nicht das Bevölkerungswachstum, sondern die ungleiche Verteilung von Einkommen und Vermögen (innerhalb von und zwischen Nationen), die Unterdrückung von Frauen, der fehlende flächendeckende Zugang zu Verhütungsmitteln und fehlende Bildung, die wiederum eine Hauptursache für die hohen Geburtenraten sind. Das Wachstum von Mittelschichten und soziale Inklusion führten in der Vergangenheit in allen Staaten zu einem sich verringernden Bevölkerungswachstum.

Die weltweite Verstädterung schreitet mit ungebremster Dynamik voran. Bereits heute leben 50–60 % der weltweiten Bevölkerung in urbanen Konglomerationen[159]. Mit gleichbleibend hoher Dynamik wachsen die Städte und städtischen Ballungszentren und es entstehen neue Städte. Diese Tendenz, kombiniert mit dem Bevölkerungswachstum in Entwicklungs- und Schwellenländern, führt zu einem starken Bevölkerungsdruck urbaner Räume und erfordert große Investitionen in Infrastruktur und erhebliche soziale Umschichtungen. Die starke Urbanisierung kann aber auch positive Wirkungen entfalten: Investitionen in eine effiziente Infrastruktur und das Einleiten von Konzepten zu übergreifender Raumordnung können nachhaltiges Stadtleben fördern, das dann die Voraussetzungen für Investitionen in den Auf- und Ausbau digital vernetzter Produktion und die Entwicklung lokaler Wirtschaft auch durch eine »leapfrog«-Entwicklung (d. h. Überspringen von Entwicklungsstufen) oder sogar »moonshot«-Entwicklung (d. h. durch visionäre Großprojekte) verbessern kann. Durch das enge Zusammenleben von Millionen Menschen werden kritische Mindestgrenzen für effektive Nachfrage erstmals überschritten und interessante Märkte können bei vorausschauender staatlicher

159 Hier muss unterschieden werden zwischen den politischen Grenzen von Städten und der tatsächlichen Ausbreitung urbaner Konglomerationen, die meistens diese Grenzen erheblich überschreiten. Die dort lebenden Menschen werden in den offiziellen Statistiken dann nicht mitgerechnet. Daher leben wesentlich mehr Menschen in urbanen Zentren als dies Statistiken ausweisen.

Wirtschafts-, Bildungs-, Sozial- und Infrastrukturpolitik entstehen. Dabei spielt eine an nationalen und regionalen Interessen orientierte Innovations- und Industriepolitik eine zentrale Rolle.

Klimawandel, Bevölkerungsentwicklung und Verstädterung sind die großen Megatrends, die den Rahmen setzen für die Digitalisierung der Wirtschaft und Chancen und Risiken bieten, die sich durch die Digitalisierung nutzen bzw. vermeiden lassen.

14.1 Wirtschaften allgemein

Ein geläufiges Ziel der Wirtschaft ist es, die gesellschaftliche Wohlfahrt zu maximieren und dabei niemanden in Armut zurückzulassen. Ursache für Armut ist schon seit längerem kein absoluter Ressourcenmangel, sondern ungerechte Verteilung innerhalb und zwischen Staaten. Aus der völkerrechtlichen Verbindlichkeit der Agenda 2030 leiten sich nationale und internationale Verpflichtungen für alle Regierungen zur Umverteilung ab.

Damit eine Umverteilung zu den Armen gerecht und demokratisch legitimiert erfolgen kann, bedarf es der genauen Erfassung von Vermögensdaten. Anders als Einkommensdaten oder Warenumsätze oder Warenhandelsströme werden diese Daten in den meisten Ländern und für die meisten Vermögenskategorien nicht erfasst, was eine politische Entscheidung ist, die völkerrechtlich bedenklich ist. Parlamente, Steuerbehörden und Statistikämter müssen die umfassende Verfügbarkeit von Vermögensdaten, insbesondere Finanzkapital, gewährleisten. Dies ist technologisch problemlos möglich. Natürlich ist die Verfügbarkeit von Daten nur eine der Voraussetzungen für eine Umverteilung zu den Armen, aber dies ist der Teil des politischen Prozesses, der durch die Digitalisierung erheblich erleichtert wird. Noch einmal: das Völkerrecht in Form der Agenda 2030 fordert die Staatengemeinschaft auf, Armut zu beenden. Das ist ein starkes Argument. Nebenbei bemerkt bleibt die Agenda 2030 allerdings ideologisch dem alten Wachstumsmodell verhaftet, was wirkliche Nachhaltigkeit unmöglich macht (siehe auch das vorherige Kapitel von Reinhard Messerschmidt).

Autoritäre Regierungen nutzen Daten zur Unterdrückung ihrer Bevölkerungen. Auch Wirtschaftsdaten werden zu verschiedenen Zwecken missbraucht. Zugleich bedarf eine globalisierte Wirtschaft des – in festen Regeln – freien Datenaustausches. Cybersecurity zum Schutz persönlicher und wirtschaftlicher Daten ist daher unabdingbar und kann auch den Ausschluss von Firmen bestimmter Länder bedeuten (siehe das Beispiel Huawei). Zu den rechtlichen Rahmenbedingungen für die Digitalisierung der Wirtschaft verweise ich auf die Kapitel von Christoph Spennemann.

Wirtschaftlich relevante und gesellschaftlich gewollte digitale Steuerungsaufgaben, bei denen die menschliche Gesundheit, individuelle Freiheitsrechte und Wahlmöglichkeiten und das Leben betroffen sind, dürfen nicht allein von einer Künstlichen Intelligenz (KI) entschieden werden. Das letzte Wort muss immer ein Mensch haben, KIs dürfen nur unterstützen. Beispiele sind Triage-Entscheidungen im Katastrophenfall, Personalauswahl, Bewertungen der Kreditwürdigkeit (SCHUFA), Zuteilung von Fördermitteln. Beim autonomen Fahren gilt dies nach heutigem Stand der Technik ebenfalls.

Unser derzeitiges Wirtschaftssystem überschreitet mehrere planetare Belastungsgrenzen gleichzeitig. Die »neue«, digitale Denkweise kann bei falscher Anwendung, wie jede Technologie, hier mit ursächlich sein, etwa durch beschleunigtes Wachstum aufgrund erhöhter Effizienz, sie sollte aber stattdessen bei der Lösung dieser realen Probleme helfen (siehe Kapitel 13). Unter anderem bedarf es der Entkopplung von Wirtschaftswachstum und Energieverbrauch. Ein Beispiel ist die Steuerung von flexiblen Stromnetzen (smart grid), die ohne Digitalisierung und Vernetzung nicht denkbar wäre. Für die Entkopplung könnte durch massive politische Intervention eine Pfadabhängigkeit erzeugt und in positivem und konstruktivem Sinne genutzt werden (siehe Kapitel 3). In der heute vorherrschenden Digitalisierungseuphorie, die selbst die periphersten Winkel des Planeten erfasst, wird gerade dem Methodenarsenal der KI jede denkbare – und undenkbare – Wunderleistung zugetraut. In der Tat handelt es sich dabei möglicherweise um die mächtigsten Werkzeuge, die jemals von unserer Zivilisation angefertigt wurden. Digitalisierung und KI können tatsächlich substantiell dazu beitragen, um eine menschen- und umweltgerechtere Welt zu schaffen. Ein erster Schritt wäre allerdings, die Entkopplung von Wachstum und Ressourcenverbrauch gerade bei der Digitalisierung selbst anzugehen. Es gibt Evidenz, dass die Informations- und Kommunikations-Technologie alleine für 2030 bis zu 20 % Reduzierung der globalen CO_2-Emissionen vom Niveau 2015 erreichen kann (GeSI and Accenture Strategy 2015, zitiert in WB 2020). Natürlich sollte hier auch keine Augenwischerei bezüglich der CO_2-Bilanz der Digitalisierung erfolgen: Nicht unerhebliche Anteile des CO_2-Ausstoßes entstehen erst durch die Digitalisierung und ihr exponentielles Wachstum. Das klassische Prinzip der Internalisierung externer Kosten ist auch hier bisher nicht zur Anwendung gekommen. Darüber hinaus bleibt die Frage zu beantworten, wohin wir eigentlich wachsen wollen, wie wir also Fortschritt zukünftig definieren?

Was läge also näher, als diese Werkzeuge schleunigst und im großen Stil auf die drängendsten Herausforderungen anzuwenden, mit denen diese Zivilisation jemals konfrontiert war? Dies wird im 13. Kapitel umfassend ausgeführt. Die Notwendigkeit der Nutzung der Digitalisierung für eine zukunftsfähige Klimapolitik sieht auch die Weltbank: sie fordert eine digitale Transformation, um die transformative Kraft der digitalen Technologien freizusetzen, sowohl für Emissions-Senkung und Resilienz über alle Sektoren hinweg als auch, um die großen und wachsenden Emissionen des Digitalsektors selbst zu reduzieren.

Mehr Mitbestimmung in der Wirtschaft führt zu geringerer Ungleichheit, was wiederum volkswirtschaftlich erfolgreicher ist als das angelsächsische Modell. Zur Sicherung der Gemeinwohlorientierung und der Resilienz der Wirtschaft bedarf es geeigneter Eigentumsmodelle am Produktivvermögen. Öffentliches Eigentum hat für viele Wirtschaftsbetriebe erkennbare Vorteile (etwa Sparkassen, städtische Energie-, Versorgungs- und Entsorgungsbetriebe und Öffentlicher Nahverkehr sowie grundlegende Infrastruktur, aber auch z. B. Schulwesen und Gesundheitswesen (COVID-19 hat dies wieder nur zu deutlich gemacht)). Mit dem Zusammenbruch des Rates für gegenseitige Wirtschaftshilfe (RGW oder COMECON) unter Führung der Sowjetunion ist das Instrument der Verstaatlichung gründlich diskreditiert. Das geht aber vielfach am Kern vorbei: Entscheidend ist, dass die Beschäftigten in ihren Unternehmen ein substanzielles Mitspracherecht haben, um Gegenmacht zu bilden. Hier ist das deutsche Mitbestimmungsrecht (v. a. wenn die Regeln der Montan-Mitbestimmung auch flächendeckend angewendet würden) ein großer Schritt, daneben gibt es verschiedene Modelle gemischter Wirtschaftssysteme (Genossenschafts-, öffentliche und private Eigentümermodelle) die hier auch weiterführen, auch mit Blick auf die Armutsminderung. Die Digitalisierung steht jedenfalls unterschiedlichen Kombinationen von marktorientierten und gemeinwohlorientierten Instrumenten nicht entgegen, wie die jüngere Vergangenheit zeigt (Renaissance von Industriepolitik, 110 Länder haben laut UNCTAD eine Industriepolitik (UNCTAD 2019)). Sie kann Prozesse fazilitieren, etwa durch Stakeholderforen wie die deutsche Plattform Industie 4.0, oder durch E-Governance-Ansätze.

14.2 Rohstoffgewinnung/Bergbau

Automation und Robotik erleichtern die Gewinnung von Rohstoffen ohne harte körperliche Arbeit. Gleichzeitig erlaubt die Digitalisierung eine lückenlose Rückverfolgbarkeit und Erfassung von Rohstoffen. Daher ist es für Hersteller von Technologiegütern mit entsprechenden Rohstoffen zumutbar und erwartbar, dass sie individuelle und WSK-Menschenrechte[160] uneingeschränkt einhalten, insbesondere die Kernarbeitsnormen.

In der Vergangenheit hat Rohstoffreichtum nicht zu einer Verbesserung der Lebensbedingungen der lokalen Bevölkerung geführt. Dies liegt nicht primär an den Arbeitsbedingungen, sondern vor allem an den politischen Systemen und Profitdynamiken, in denen internationale Großkonzerne in Verbindung mit lokalen Eliten durch Rohstoffexporte reich werden und Bevölkerung und Umwelt ausgebeutet werden. In rohstoffexportierenden Ländern Afrikas sind beispielsweise durchschnittlich 3 % mehr Menschen Analphabeten und haben eine 4,5 Jahre geringere Lebenserwartung als in nicht primär rohstoffexportierenden Staaten Afrikas. Auch sind Frauen und Kinder schlechter ernährt. Am Beispiel der Kobalt- und Coltanproduktion im Kongo zeigt sich, wie schwierig Lösungen auch im digitalen Zeitalter zu finden sind, bei denen menschenrechtliche Standards eingehalten werden. Automation führt im Rohstoffextraktionssektor bereits heute einerseits zu Arbeitserleichterung und andererseits zu Arbeitsplatzverlusten. Eine große Chance stellt die vereinfachte Rückverfolgbarkeit von Rohstoffen dar: Wenn nur noch zertifizierte Rohstoffe mit gesicherter Herkunft vermarktet werden dürfen, könnte dies zumindest einem Großteil der übelsten Praktiken Einhalt gebieten. Ein Einsatz in kleinen, informellen Minen könnte auch zu einer Verringerung von Kinderarbeit und Sklaverei führen. Hierfür setzen sich die Vereinten Nationen und die internationale Entwicklungszusammenarbeit (z. B. die GIZ) ein.

Die Integration von Automatisierung und Technologie, bei gleichzeitiger Umsetzung der Transformationsagenda, könnte sich bei entsprechender Politikgestaltung positiv

160 Wirtschaftlich, sozial, kulturell.

für die rohstoffproduzierenden Länder auswirken. Politikgestaltung hießt hier, die Partnerregierungen uneigennützig in einer entwicklungsverträglicheren Ausgestaltung ihrer Wirtschaftspolitik, insbesondere aber der Rohstoffpolitik des Landes zu beraten, aber auch in öffentlich-privaten Dialogen und gesetzliche Rahmenbedingungen (analog zum Lieferkettengesetz) die Privatwirtschaft in die Pflicht nehmen. Notwendige Voraussetzung hierfür ist aber, dass es gelingt, die Rohstoffrenditen effektiv für nationale Entwicklungsprozesse zu nutzen. Dabei spielen zukünftig noch stärker Investitionen in die Menschen vor Ort eine entscheidende Rolle.

Insbesondere energetische fossile Rohstoffe, aber auch andere knappe Rohstoffe stehen vor der Entscheidung, zumindest teilweise in der Erde gelassen zu werden, um die Kapazitäten nicht überzustrapazieren und den Klimawandel zu bremsen. Die Künstliche Intelligenz sollte hier für Optimierungsstrategien genutzt werden, v.a. im Zusammenwirken mit neuen Investitionsmustern institutioneller Anleger (Bsp. (Rück-) Versicherer, Pensions- oder Staatsfonds). Schwer vorhersagbar ist, in welcher technologischen Geschwindigkeit der »Peak« (Fördermaximum) wichtiger Ressourcen auf der Erde zu einer Substitution durch weniger knappe oder erneuerbare Ressourcen führen wird.

Klar ist demgegenüber, dass der nach wie vor wachsende Energie- und Rohstoffverbrauch (v.a. durch das Wachstum in den Schwellenländern), mit Hilfe von Digitalisierung und Künstlicher Intelligenz die Umsetzung von Konzepten zur Ressourcen- und Energieeinsparung (einschließlich Recycling und Nebenstoffstromnutzung) betriebs- und volkswirtschaftlich effizienter gestaltet werden kann. Noch viel Forschungsbedarf besteht bei der Frage, wie genau die für die Digitalisierung, Automatisierung und Robotik nötigen Rohstoffe in die »Rechnung« mit einbezogen werden können. Hinzu kommt, dass es Gebiete gibt, bei denen man erst durch Automation/Robotik oder KI den Zugang zum Abbau weiterer Ressourcen schafft (z.B. beim »Fracking«). Dies müsste auch in eine »Nachhaltigkeitsbilanz« mit einfließen, die damit weniger positiv ausfällt.

14.3 Güterproduktion

Überall, wo komplexe Produktionsprozesse vorherrschen, wird sich die durch Vernetzung und Künstliche Intelligenz zu Industrie 4.0 weiterentwickelte Digitalisierung durchsetzen. Das gilt in abgeschwächtem Maße auch für Dienstleistungen. Laut OECD betrug der Effizienzzuwachs in den acht Jahren von 2009 bis 2016 bei Industrien mit hoher digitaler Intensität 20% gegenüber 5% bei Industrien mit niedriger digitaler Intensität.

Die industrielle Automatisierung ist einer der weltweit dynamischsten Wachstumsmärkte. So sind bereits heute ca. 30% der deutschen Maschinenbauprodukte Software oder Automatisierungstechnik. Im Mittelpunkt dieses Technologieschubs stehen die Automatisierung von immer komplexeren Arbeitsaufgaben und neue intelligente Produktionsverfahren, die miteinander vernetzt sind, Informationen austauschen und teilweise lernfähig sind (Internet der Dinge in Kombination mit Künstlicher Intelligenz). Insbesondere in Deutschland wird diese Sicht in der Wirtschaft allgemein geteilt. Dieses Wirtschaftswachstum ist aber bisher kaum an Nachhaltigkeitszielen orientiert.

Dies ist keine evolutionäre Weiterentwicklung von Computerisierung und Automation, sondern eine revolutionäre, disruptive Entwicklung. Durch die exponentiell zunehmende Anzahl von Sensoren, die Digitalisierung potentiell aller Dinge und ihre Vernetzung untereinander und mit Menschen wird erstmalig die Steuerung des gesamten Wirtschaftsprozesses inklusive der menschlichen Abläufe über die gesamte Wertschöpfungskette und damit vernetzter Dienstleistungen von Forschung & Entwicklung über Produktdesign und Marketing über die Produktion bis hin zu Recycling und Entsorgung ermöglicht.

Ein sehr wichtiger Faktor ist in diesem Zusammenhang die Frage, inwieweit sich die Digitalisierung und Vernetzung der Produktion auf die weltweiten Standorte auswirkt. Investitionen in Robotik z. B. haben aus entwicklungspolitischer Sicht einen negativen Effekt auf Häufigkeit und Tempo von Auslandsverlagerungen (Jäger at al., 2015; De Backer et al., 2018). Neue Technologien können aber sehr unterschiedlich wirken: Kommunikationstechnologien könnten globale Wertschöpfungsketten befördern, Informationstechnologien Wertschöpfungsketten verkürzen (De Backer und Flaig, 2017). Die digitale Vernetzung der Produktion (Industrie 4.0) scheint aufgrund ihrer Produktivitäts- und Flexibilitätseffekte Anreize zu schaffen, Produktion wieder zurück ins Heimatland zu verlagern (Kinkel, 2019). Trotz der wachsenden Relevanz von KI ist bislang nur sehr wenig über die Auswirkungen auf die internationale Ausrichtung von Unternehmen bekannt (De Backer und Flaig, 2017). Manchanda, Kaleem und Schlorke (2020) strukturieren die Bedeutung von KI für die Wirtschaft wie folgt:

1. Produkt-Komplexität: KI ermögliche Firmen, effizienter anspruchsvolle Produkte wie z. B. Automobile herzustellen, die eine große Zahl komplexer Teile und Komponenten beinhalten, die alle separat hergestellt werden und am Ende zusammengebaut werden zu einer Einheit.
2. Prozess-Komplexität: Hersteller nutzten heute KI, indem sie große Daten-Volumina mit Rechenleistung kombinieren, um menschliche, kognitive Fähigkeiten wie Argumentieren, Sprache, Wahrnehmung, Vorausschau und räumliches Verarbeiten zu simulieren. KI werde genutzt für vorausschauende Wartung, Produktionslinien-Inspektion und andere Aufgaben, die vom Alltäglichen bis zur vordersten Front reichen.
3. Wertschöpfungsketten-Komplexität: Die Vorteile in der realen Welt seien in einer World Economic Forum Befragung von Unternehmensführern hervorgehoben worden, die während der COVID-19-Krise durchgeführt wurde. Die Manager sagten, »die getätigten Investitionen in neue Technologien zahlten sich nun aus«. Sie hätten z. B. hervorgehoben, wie Big-Data, Internetplattformen und das Internet of Things (IoT) ihnen ermöglicht hätten, schnell große Mengen an Informationen zusammenzutragen, die ihnen geholfen hätten, Störungen der

> Wertschöpfungsketten vorherzusagen, die die Produktion sonst betroffen hätten. KI habe ihnen geholfen, einen ständigen Blick in die Wertschöpfungskette zu werfen und ihnen erlaubt, schneller anzupassen, was einigen Herstellern möglicherweise das Überleben gesichert habe.

Steffen Kinkel (2020) hat 655 Unternehmen des verarbeitenden Gewerbes aus 16 führenden Industrienationen befragt, wie sie zu Rückverlagerungen stehen. Er fand heraus, dass das Niveau der Rückverlagerungen in Relation zu Verlagerungen (18/21 %) bemerkenswert hoch ist. Dabei fand er mit der Unternehmensgröße steigende (Rück-) Verlagerungsaktivitäten und wies nach, dass die Rückverlagerungsintensität und Nutzung digitaler Technologien jeweils mit der Unternehmensgröße steigen. Dabei neigen laut Kinkel (2020) forschungsintensive Unternehmen stärker dazu, Produktionsaktivitäten (wieder) in die Nähe ihrer inländischen F&E-Abteilungen zu bringen. Ebenfalls zeige die Nutzung von I4.0- und KI-Technologien signifikant positive Effekte auf die Rückverlagerungsneigung.

Die OECD analysiert, KI könnte einen echten Sprung in der globalen Produktivität bewirken – eine Säule der 4. Industriellen Revolution – mit erheblichen Auswirkungen auf die Menschheit und den Planeten, ähnlich bedeutsam wie Wasserdampf und Elektrizität. Es bestehe ein großes Potential, gesellschaftlichen Nutzen für die menschliche Wohlfahrt hervorzubringen, aber die Risiken von Schäden seien ebenfalls hoch. Im schlimmsten Fall könne sie für schändliche und zerstörerische Zwecke eingesetzt werden. Welcher Pfad genommen wird, hänge stark von politischen Entscheidungen ab.

Dies führt jedenfalls bereits jetzt zu enorm beschleunigter Produktentwicklung, individueller Anpassung an Kundenwünsche und zu der theoretischen Möglichkeit einer umfassenden Steuerung der gesamten Wirtschaft, egal ob die Akteure staatlich oder privatwirtschaftlich organisiert sind. Ohne wirksame demokratische Kontrolle ist dies eine hochgefährliche Entwicklung. Es ist keine neue Entwicklung, erfolgt aber über die breite Nutzung personalisierter Daten auf einem völlig neuen Niveau. Die Unternehmen sind herausgefordert, neue Geschäftsmodelle zu entwickeln, um wettbewerbsfähig zu bleiben.

Digitalisierung, Vernetzung und künstliche Intelligenz führen für viele zu schlechter abgesicherten und schlechter bezahlten und auch zu inhaltlich weniger attraktiven Jobs (insbesondere bei den Plattformökonomien in Industrieändern, in Entwicklungsländern sind Plattform-Jobs teilweise auch überdurchschnittlich bezahlt) und bewirken durch eine Erhöhung der Gesamtproduktivität, insbesondere aber der Arbeitsproduktivität, eine massive Veränderung der Jobbeschreibungen. Einfache Arbeiten, zunehmend aber auch komplexere und kreativere Arbeitsabläufe, werden durch Maschinen erledigt. Beschäftigten in digitalen Branchen steht es natürlich frei, sich zu organisieren oder GIG-Worker-Verträge abzulehnen, die enorme Marktmacht erfordert hier allerdings besondere Anstrengungen, um dem ein funktionierendes Gewerkschaftssystem entgegenzusetzen (dies zeigen viele prominente Beispiele US-amerikanischer Tech-Konzerne). Staatliche Mindestnormen müssen auch in den digitalen Branchen durchgesetzt werden und es bedarf im konkreten Fall auch neuer Regulierungen. Gleichzeitig entstehen aber auch neue, technisch anspruchsvollere, abwechslungsreiche und sehr gut bezahlte Jobs, allerdings in der Regel nicht in der gleichen Anzahl. Anders als beim Übergang von der Agrargesellschaft zur Industriegesellschaft und beim Übergang in die Dienstleistungsgesellschaft betrifft der digitale Wandel alle drei Sektoren gleichermaßen, so dass – wenn politisch nicht gegengesteuert wird – netto in den meisten Staaten mehr Jobs verloren gehen. Nach den überzogenen Prognosen durch Frey & Osborne 2013 gibt es in jüngerer Zeit viele differenziertere Stimmen, die zumindest für Industrieländer kurz- und mittelfristig Entwarnung geben. Die Arbeit mit Szenarien gibt dabei die Möglichkeit, offener mit möglichen Entwicklungen umzugehen.

Für Schwellen- und Entwicklungsländer sieht die Situation düster aus und mittelfristig werden eine relevante Zahl der bisher vielversprechenden Schwellenländer besonders leiden. Banga und te Velde schauen in diesem Zusammenhang exemplarisch auf den Zusammenhang von KI und Robotern. Im Kontext des [durch moderne Technologien erzielten] Produktivitätseffektes sei es wichtig festzuhalten, dass der Fortschritt bei KI zur Entwicklung von modernen Robotern geführt habe, die in der Lage seien, Strukturen zu erkennen, was ihnen erlaube, Arbeit in einem breiteren Aufgabengebiet zu ersetzen, einschließlich komplexerer und kognitiver Aufgaben. Es gebe bereits Evidenz, dass Jobs mit mittlerem Ausbildungsniveau (Bachelor-Level) ausgehöhlt und ein bedeutender Anteil von Routine-Aufgaben ersetzt würden. Des Weiteren, so Banga und te Velde, würden, obwohl geringere Produktionskosten neue Nachfrage und neue Stellen schaffen könnten, Gewinne in dieselben Technologien reinvestiert, was dazu führe, dass die Rate der Stellenschaffung niedriger werde. Und zu guter Letzt würden Jobs in anderen Sektoren, die durch Spillovers geschaffen worden seien, ebenfalls Gefahr laufen, durch Automation ersetzt zu werden – eine klare Pfadabhängigkeit, wie im dritten Kapitel des Buches beschrieben. Umschichtungen von Arbeit aus einem Sektor in einen anderen sind vor allem in Arbeitsmärkten von Schwellen- und Entwicklungsländern sehr schwierig, wie auch das Beispiel des gut entwickelten Indien zeigt, das massive Arbeitsmarkt-Störungen gewärtigt.

Graham, Hjorth und Lehdonvirta (2017) schlagen vier Strategien zum Schutz von Plattform-Arbeitern vor: Zertifizierungs-Systeme, gewerkschaftliche Organisation von digitalen Arbeiten, regulatorische Strategien und demokratische Kontrolle von Online-Arbeits-Plattformen. Wie realistisch das ist, wenn die Arbeitsabläufe KI-überwacht und selbst die menschlichen Kommunikations- und Interaktionsprozesse KI-optimiert sind, bleibt offen. Ein vielversprechender Ansatz ist die Unterstützung von Technologiekooperationen zu KI mit Entwicklungsländern. Das vom BMZ geförderte Projekt »FAIR Forward – Artificial Intelligence for All« arbeitet mit KI-Start-Ups in 5 Partnerländern: Ghana, Ruanda, Südafrika, Uganda und Indien. Hier wird versucht, eine strategische Partnerschaft zwischen Afrika und Europa zu stärken, in Abgrenzung zu den Mitbewerbern, USA und China.

Der laufende Prozess hat das Potential, der bestehenden Globalisierung entgegenzuwirken oder sie zu verstärken. Das hängt sehr stark davon ab, wie sich die drei wichtigen Wirtschaftsnationen (China, USA und EU) entscheiden. Unter normalen wirtschaftlichen Rahmenbedingungen ist die internationale Arbeitsteilung die effizienteste Produktionsweise, vorausgesetzt, alle Produktionsfaktoren sind mobil. Das trifft für den Faktor Arbeit aber schon in normalen Zeiten nicht zu und COVID-19 hat gezeigt, dass die Resilienz der Wirtschaft in Krisen auch von der Sicherheit der Lieferfähigkeit und der Offenheit der Handelswege abhängt, so dass ein gewisses Maß an Regionalisierung und sogar Re-Nationalisierung (zumindest vordergründig) rational sein kann. Die Digitalisierung kann dies unterstützen. McKinsey schätzt diesen Effekt (nach COVID-19) so ein, dass – wenn man industrielle Wirtschaftsentscheidungen und nationale Politikprioritäten berücksichtigt – 16 bis 26 % der globalen Warenexporte im Wert von 2,9 Trillionen bis 4,6 Trillionen US$ in den nächsten 5 Jahren das Produktionsland wechseln, falls Firmen ihre Liefernetzwerke restrukturieren. Das ist zwar noch recht ungenau, aber mitten in der COVID-19-Pandemie ist das kaum anders zu erwarten. Die Größenordnung übersteigt aber die Exporte aus Entwicklungsländern und wird für diese hochrelevant werden. Eine weitere Zahl verstärkt diesen Eindruck: 93 % der CEOs von Leitfirmen globaler Wertschöpfungsketten planen, die Resilienz zu erhöhen. Eine ähnliche Analyse vollziehen Zahn et al. (2020), die eine drastische Transformation globaler Wertschöpfungsketten im nächsten Jahrzehnt prognostizieren.

Die Wettbewerbsfähigkeit von Produktionsstandorten ändert sich weltweit erneut erheblich. Produktion in Industrieländern wird wieder wettbewerbsfähig, da der Standortfaktor Arbeitskosten an Bedeutung verliert und Faktoren wie politische und Energiesicherheit sowie insbesondere Markt-/Kundennähe relativ an Bedeutung gewinnen. Dabei richten sich Investoren oft nach der aktuellen Kaufkraft und stellen sie den Risiken gegenüber, die in vielen Schwellen- und Entwicklungsländern wegen fehlender Rechtssicherheit und demokratischer Stabilität immer noch hoch sind. Die Verlagerung von Produktion in Schwellen- und Entwicklungsländer wird damit zumindest zum Teil rückgängig gemacht werden (reshoring), da Lohnveredelung tendenziell an Bedeutung verliert. Kurze Lieferwege (insbesondere für Produkte mit vergleichsweise hohen Transportkosten und für Produkte mit kurzer »Lebensdauer« wegen schnell wechselnder Moden und Qualitäts- und Sicherheitsüberlegungen werden wichtiger als sich reduzierende Kostenvorteile, bei gleichbleibenden Risiken vor allem in den ärmeren Entwicklungsländern.

Diese Tendenz wird durch die Anforderungen der Transformationsagenda (Agenda 2030) und der damit verbundenen Entkopplung von Energieinput und Warenoutput noch verstärkt. Wie sich ein verstärktes kritisches Kaufverhalten und Unternehmensverantwortung in westlichen Industrieländern auswirken werden, ist noch offen und hängt auch vom Einsatz digitaler Technologien zur Rückverfolgbarkeit von Lieferketten ab, da nur so die Erfüllung von menschenrechtlichen, sozialen und ökologischen Standards und gleichzeitig Kundenwünschen transparent, überprüfbar und letztendlich justitiabel gesichert werden kann.

Individualisierte Produktion und Automatisierung können aber auch regionalere Produktion effizienter machen, so dass diese sich an Standorten in der Nähe zahlungskräftiger Kunden, auch in wichtigen, urbanen Zentren von Entwicklungs- und Schwellenländern (v. a. küstennahen) rentieren könnte.

Auch laut UNCTAD (2017) ist noch nicht klar, wie sich die fortgeschrittene Digitalisierung auf Wertschöpfungsketten auswirken wird, und ob diese Auswirkungen immer gleich aussehen. Einerseits könnte zunehmende Digitalisierung weniger Präsenz des Investors im Zielland erforderlich machen. Andererseits könnte das Unternehmen mehr kundenorientierte Produkte & Dienstleistungen in Kundennähe produzieren (z. B. durch 3D-Druck). Es entstehen auf jeden Fall neue Akteure, die nicht mehr Produkte verkaufen, sondern Dienstleistungen erbringen, die lizenziert werden. Die Einbindung lokaler Unternehmen ist also möglich, aber nicht zwingend – ein Ausschluss Vieler durch höhere Qualitätsanforderungen möglich.

Ebenfalls noch unerforscht ist, ob neue Geschäftsmodelle, die von einmaligem Produktverkauf zu dauernder Dienstleistung am Produkt führen, zu mehr Integration außenstehender Akteure in Wertschöpfungsketten führen, oder eher zu firmeninterner Produktion und Handel innerhalb derselben Firma. Auf jeden Fall geht die Tendenz weg von Produkten hin zu Fähigkeiten, Dienstleistungen und Technologien, deren zu Grunde liegende geistige Eigentumsrechte geschützt sind.

Die seit Jahren zu beobachtende Zunahme traditioneller philosophischer oder religiöser Deutungsmuster in der westlichen und islamischen Welt, aber auch in der V. R. China, und damit verbundene Selbstbild- und Sinnfragen haben in unerwarteter Koinzidenz mit der Umweltbewegung zu wachsenden Zweifeln an Wachstumsideologie und Globalisierung geführt. Diese Haltung könnte auf Grund der o. g. Tendenzen von Unternehmen als betriebswirtschaftlich nützlich angesehen werden und zu entsprechenden unternehmerischen Entscheidungen führen, die den Prozess des Reshoring und der Re-Regionalisierung über das produktivitätsinduzierte Maß hinaus intensivieren. Der Strukturwandel korreliert darüber hinaus damit, dass einige führende Handelsnationen ihre weltweiten Handelsverflechtungen überdenken.

Auch wenn die digitale Teilhabe von Nutzern aus dem globalen Süden vor allem im gewerblichen Bereich noch gering ist und z. B. der Einsatz von Robotern in Entwicklungs- und Schwellenländern erst bei rund 3 % der Arbeitsplätze liegt, ist die Wachstumsdynamik auch in Entwicklungsländern enorm und die mittelbaren Folgen schwerwiegend. Künstliche Intelligenz und Vernetzung, das Zusammenwachsen von Technologien und von Mensch und Maschine können die zukünftige Entwicklung weltweit entweder direkt (z. B. für urbane Mittel- und Oberschichten) oder indirekt stark definieren. Trotzdem fallen auch Schwellenländer im Prozess der Digitalisierung wieder zurück, die hohen Anforderungen an die Technik und die Daten können sogar nur wenige Industrieländer wettbewerbsfähig erfüllen.

Ein Beispiel ist die Halbleiter-Industrie. Auch diese Wertschöpfungskette wird dominiert von Ostasien, USA und Europa. Kleinhans & Baisakova (2020) argumentieren, diese Wertschöpfungskette sei charakterisiert durch tiefe wechselseitige Abhängigkeiten, eine weitgehende Arbeitsteilung zwischen den genannten Ländern und enge Zusammenarbeit durch den gesamten Produktionsprozess. Die Halbleiter-Wertschöpfungskette sei hochgradig innovativ und effizient, aber nicht resilient gegen externe Schocks. Eine derart komplexe, und durch wechselseitige Abhängigkeiten geprägte Wertschöpfungskette schaffe drei Herausforderungen an politische Entscheider, führen Kleinhans & Baisakova weiter aus: Erstens, wie sichert man den Zugang zu ausländischen Technologie-Anbietern? Da alle der oben genannten Länder die Wertschöpfungskette durch Exportkontroll-Maßnahmen stören könnten, spiele Außen- und Handelspolitik eine zentrale Rolle dabei. Zweitens, wie schafft man eine Hebelwirkung durch die Stärkung heimischer Firmen durch strategische Industriepolitik? Da keine Region in der Lage sein werde, die gesamte Produktionskette im eigenen Land zu haben, sollten Regierungen die einheimische Halbleiterindustrie unterstützen, um Schlüsselpositionen innerhalb der Wertschöpfungskette aufrecht zu erhalten. Drittens, wie stärkt man eine resilientere Wertschöpfungskette? Bestimmte Teile der Kette, etwa Vertragsherstellung von Chips, seien hochgradig konzentriert und bedürften der Diversifizierung hin zu geringeren geographischen und geopolitischen Risiken.

Hallward-Driemeier und Nayyar (2018) sehen neue Technologien wie KI und sich ändernde Eigenschaften der Globalisierung als einen erheblichen Negativfaktor für eine industrielle, exportorientierte Entwicklung in Schwellen- und Entwicklungsländern. Insbesondere die Kombination aus Produktivitätswachstum und Beschäftigungsförderung werde ihre Versprechen nicht halten können.

Der Prozess des digitalen Wandels umfasst sowohl die Produktion im engeren Sinne als auch Logistik und industrienahe Dienstleistungen. Die steigende Komplexität der Wertschöpfungs- und Logistikkette, vereinfachtes Schnittstellenmanagement, intelligente Infrastruktur sowie die IT-unterstützte Zusammenführung von Verkehrs- und Warenströmen werden eine Substitution der Produktionsmobilität durch Digitalisierung und neue Logistikkonzepte zur Folge haben und Investitionskonzepte (z. B. just-in-time-Produktion) des 20. Jahrhunderts zunehmend unwirtschaftlich erscheinen lassen. Die COVID-19 Pandemie hat dies noch einmal deutlich werden lassen.

Der digitale Handel nimmt einen immer größeren Anteil der gesamten Handelsströme ein, 2021 4,5 Trillionen US$ gegenüber 19 Trillionen US$ Gesamt-Handelsvolumen, also bereits fast 25 %. Dies spielt eine bedeutende Rolle, da der digitale Handel es Verbraucher/-innen und Produzent/-innen erleichtert, zueinander zu finden und oft dazu beiträgt, die Transaktionskosten zu senken. Dies eröffnet insbesondere kleinen und mittleren Unternehmen (KMU) zusätzliche Geschäftsmöglichkeiten. Auch die Weltmarkteinbindung wird so erleichtert. Die Bedingungen für die Einbindung breiter Teile der Bevölkerung in die Produktion digitaler Dienstleistungen wird zumindest nicht erschwert.

Für eine klimaneutrale Entwicklung ist der Mobilitätssektor der vom bisherigen CO_2-Ausstoß her wichtigste und am wenigsten transformierte Sektor, obwohl die Technologien vorhanden sind. KI können hier erhebliche Effizienzgewinne erzielen, bei der Verkehrslenkung ebenso wie bei der energetischen Integration des elektro-mobilen Fahrzeugparkes in die Stromnetze als kurzzeitige Speichermedien zur Abpufferung der Netzkapazitäten. Wir haben aktuell einen klimapolitisch bedingten Umstieg auf elektrische Antriebe sowohl im Individualverkehr als auch im Öffentlichen Personen-Nah- und -Fernverkehr. Zugleich führt die Pandemie zu einer Verschiebung vom öffentlichen Verkehr zu Fahrrad/Pedelec, PKW und anderem Individualverkehr. In der Summe ist der CO_2-Aussstoß enorm zurückgegangen, aber wie sich das nach der Pandemie auswirkt, ist noch nicht belegt und wird davon abhängen, wie jedes einzelne Land in die »*Recovery*« reingeht (*green* oder *business as usual*). Die Digitalwirtschaft im engeren Sinn deckt immer noch weniger als 10% der Volkswirtschaften ab. Der Großteil der disruptiven Veränderungen findest also in anderen Branchen statt.

Jedes Jahr gehen den Staaten allein durch Steuervermeidung von multinationalen Unternehmen Milliarden US-Dollar verloren. Dieses Geld fehlt für eine nachhaltige ökonomische und soziale Entwicklung. Ein wichtiges Element in der Regulierung dieses Missstandes ist die Schaffung eines gemeinsamen Rahmenwerks zur Messung der Digitalwirtschaft, wie es die G20 anstrebt. Da sich aber auch Markteintrittsbarrieren verringern, Geschäftsmodelle zum Teil dramatisch verändern und Digitalisierung zu wachsender Innovationsbereitschaft von Gesellschaften führt, ist es auch wahrscheinlich, dass die Innovationsleistung in zumindest einigen ärmeren Entwicklungsländern wächst, und völlig neue Geschäftsmodelle und/oder zum Teil ganze Märkte entstehen. Während Branchen durch zunehmende Innovationsgeschwindigkeit und Technologiewechsel immer schneller in disruptive Umbruchsphasen kommen und bestehende Geschäftsmodelle verschwinden, werden neue entstehen und unterschiedliche Branchen zusammenwachsen. Zumindest zum Teil wird die Startup- und Betakultur zum Vorbild vieler Unternehmen in Entwicklungsländern werden und ist es in ersten Ansätzen auch schon geworden (z. B. Kenia). Die Globalisierung von Konsumtrends, insbesondere die weiterhin wachsende Nachfrage nach Lifestyle-/Luxus-/Statuswaren, wird sich durch E-Commerce und Plattformökonomien tendenziell fortsetzen und Mono-/Oligopole (manchmal Superstars genannt), die u.a. mit neuen Verkaufs- und Werbekonzepten erfolgreich gegen wachsende Marktsättigung agieren, fördern.

Auf Grund der weiterhin geringen Anzahl zahlungskräftiger Kund/-innen in den ärmeren Entwicklungsländern werden diese aber kurzfristig nur wenig davon profitieren, dass die Befriedigung der Nachfrage zukünftig wieder konsumentennäher erfolgt.

Die Digitalisierung und Automatisierung in der Wirtschaft zeigt also, insbesondere, wenn man über den deutschen/europäischen Tellerrand hinausschaut, erhebliche negative Nebenwirkungen und erfordert eine sehr konsequente und durchdachte politische Steuerung, wenn die Potentiale ausgeschöpft werden sollen, die die Digitalisierung bei der klimafreundlichen Umgestaltung der Wirtschaft und der Schaffung eines gerechteren Wirtschaftssystems, insbesondere ohne Armut, anzubieten hat.

15. Kapitel
Zukunft der digitalen Arbeitsgesellschaft
Christian Kellermann

Einleitung

Die Digitalisierung beschleunigt den Wandel der Arbeit. Auch wenn Arbeit immer Veränderungen unterworfen ist, gibt es bestimmte Phasen, in denen die Veränderung schneller verläuft. Meist spielt die Einführung neuer Technologien dabei eine wichtige Rolle, immer im Kontext von und in Wechselwirkung mit anderen gesellschaftlichen und kulturellen Veränderungen und Gegebenheiten. Auch die Digitalisierung muss im Kontext von Erfahrungen mit der Globalisierung, demografischen Entwicklungen, Veränderungen in der Bildung und nicht zuletzt einem Wertewandel bei den arbeitenden Menschen gesehen werden.[161]

Unter dem *Label* Künstliche Intelligenz (KI) findet mit der Einführung von bestimmten digitalen Techniken im Arbeitskontext und in der Gesellschaft ein qualitativ neuer technologischer Schritt statt. Definitionsgemäß ist KI ein Sammelbegriff für Algorithmen, die große Datenmengen verarbeiten können, bedingt lernfähig sowie in der Lage sind, selbständig komplexe Lösungen zu finden. KI verfügt über die Fähigkeit zur Selbstoptimierung und zeichnet sich durch eine immanente Komplexität und intransparente Lösungswege aus (»*Black Box*«). Das unterscheidet sie von bisher genutzten, auch digitalen Werkzeugen. Auf der betrieblichen Ebene können KI-Systeme Arbeit organisieren, steuern und kontrollieren. Sie können auch eine sich selbst organisierende und optimierende Struktur von Geschäfts- und Arbeitsbeziehungen schaffen, wie dies beispielsweise auf Arbeitsplattformen erfolgt. Damit führt der Einsatz von KI-Systemen im Arbeitskontext zu qualitativen und quantitativen Veränderungen, die eine Anpassung des regulativen Rahmens und in den Arbeitsbeziehungen erfordern.

Insbesondere auf der gesamtökonomischen, überbetrieblichen Ebene stellt sich neben der Frage nach der neuen Qualität von Arbeit die Frage nach quantitativen Beschäftigungseffekten, die sich daraus ergeben, dass KI und andere digitale Technologien immer stärker Einzug in die Betriebe halten. Die Debatte über mögliche Auswirkungen auf die Gesamtbeschäftigung ist jedoch nicht nur in Deutschland, sondern in vielen Ländern sehr uneinheitlich. Die Prognosen über Beschäftigungswirkungen variieren stark, was mit der jeweiligen Perspektive auf den Einsatz von KI und deren Potenzial zusammenhängt.

Kommt es durch das Automatisierungspotenzial zu technologischer Arbeitslosigkeit oder bringt die KI Wachstum und Beschäftigung für alle auf einem höheren Niveau

161 Das Kapitel entwickelt einen Artikel weiter, der in Zusammenarbeit mit Thorben Albrecht entstanden und bei der Hans-Böckler-Stiftung erschienen ist (Albrecht / Kellermann 2020).

– oder verschärft sich die Polarisierung, die bereits in den ersten Wellen der Automatisierung und Digitalisierung begann?

15.1 KI und die Grenzen ihrer betrieblichen Anwendbarkeit

Methoden Künstlicher Intelligenz sind aus der Verbindung von hochleistungsfähiger Hardware, großen Datensätzen (*Big Data*) und maschinellen Lernverfahren (basierend auf Algorithmen) möglich geworden. Wie im zweiten Kapitel des Buches ausgeführt, markieren die Entwicklungen in den Bereichen Speichertechnik, Rechenkapazität und -geschwindigkeit einen *qualitativen* Schritt von der vormals überwiegend theoretischen hin zur anwendungsorientierten KI. Trotzdem stößt KI nach wie vor an Grenzen der Berechenbarkeit, nicht zuletzt aufgrund einer unvollständigen Informationslage. Damit verbunden ist eine begrenzte Einsetzbarkeit einzelner KI-Systeme in der Praxis.

Jede Prognose, wie sich KI weiterentwickeln wird, ist von Unsicherheit geprägt, was einige nicht daran hindert, KI sehr viel Potenzial in der Arbeitswelt »blanko« zu bescheinigen. Dem heutigen Stand der Dinge nach sind weltweit betrachtet, genuine KI-Anwendungen in den allermeisten Betrieben entweder sehr eingegrenzt oder noch Zukunftsprojektionen bzw. finden erst in seltenen, zum Teil experimentellen Fällen Anwendung. Gerade in Deutschland sind viele KMU zögerlich und beginnen erst allmählich, Ideen für komplexere KI-Anwendungen zu entwickeln. Zweifellos hat die COVID-19 Pandemie diese Entwicklung beschleunigt. Aber auch das Programm »Mittelstand Digital« und die »Zukunftszentren KI« der Bundesregierung unterstützen konkret die KI-basierte Modernisierung des Mittelstands.

In diesem Beitrag interessieren deshalb zunächst die Entwicklung konkreter Anwendungsfelder der KI in den letzten Jahren, um das aktuell praktische Technikpotenzial eingrenzen zu können. Ein bereits relativ reifes, wesentliches Feld für den Einsatz von KI in verschiedensten Produktionsbereichen ist das maschinelle Lernen. Mithilfe des maschinellen Lernens werden zwei Querschnittsaufgaben in Unternehmen mittels KI beherrschbarer: (1) das Erkennen von Aktionen auf höherer Ebene und somit abstrakteres Erkennen von vergleichbaren Situationen (Mustererkennung) und (2) der Umgang mit extrem großen Datenmengen. Dies bedeutet, dass maschinelles Lernen dazu beiträgt, anders als beispielsweise Auswendiglernen (gleich Speichern), Schlussfolgerungen und Generalisierungen aus Beispielen und Beobachtungen zu ziehen und Lösungsvorschläge zwischen verschiedenen Situationen übertragen zu können. Typische praktische Anwendungsbereiche sind zielgenaue Werbung und Marketing, die Logistik, *Predictive Maintenance* ebenso wie das *Customer Relationship Management* und *People Analytics*. Beispielsweise aus Nutzerdaten wie dem Kauf- oder Suchverhalten auf Plattformen werden ähnliche Angebote automatisch erstellt. Die Vertriebsphase der Wertschöpfungskette (Werbung, Internet, Customer Relations) und das maschinelle Lernen stehen somit (nicht nur) aus diesem Grund in einem interdependenten Verhältnis.

In vielen anderen Kontexten markieren aber Methoden der KI derzeit die technologische Grenze der Digitalisierung der Betriebs- und Arbeitswelt. Zwischen der

Potenzialzuschreibung der Technologie und dem konkreten KI-Einsatz am Arbeitsplatz klafft momentan noch eine große Lücke. Trotzdem ist es absehbar, dass KI und mit ihr auch weniger »intelligente« Entwicklungen der Digitalisierung die Arbeitswelt in absehbarer Zeit zunehmend und grundlegend verändern werden (bzw. dies teilweise bereits tun). Das Entwicklungs- und Anwendungspotenzial zunehmender Berechenbarkeit von Prozessen in Arbeitszusammenhängen von Produktion, Dienstleistungen, Verwaltung oder Landwirtschaft ist offensichtlich. Der Präzisionsgrad leidet jedoch vor allem darunter, dass sowohl KI als solche schwer erfassbar und somit messbar ist, als auch, dass viele Betriebs- und Arbeitsprozesse, in denen KI potenziell integriert werden kann, ähnlich wenig erfass- und messbar – und somit formalisierbar – sind.

Trotz der regen Debatte über die Potenziale von KI, unsere Gesellschaft und Arbeitswelt grundlegend zu verändern, sind die konkreten Auswirkungen von KI auf die Arbeitswelt noch untererforscht, und der Diskurs darüber verläuft häufig anekdotenhaft. Getrieben werden so einige Anekdoten vom Ziel einiger KI-Entwickler, die menschliche Intelligenz vollständig zu mechanisieren – was für den einen ein ambitioniertes, erstrebenswertes Ziel, für die andere aber ein ambivalentes, dystopisches erscheint. Der KI- und Robotik-Pionier Nils Nilsson drückte dieses Ziel so aus: »Die vollständige Automatisierung ökonomisch wichtiger Arbeit« (Nilsson 2005: 69). Mittels eines »*Employment Test*«, schlug er vor, könne bemessen werden, welchen Anteil von menschlicher Arbeit ein KI-System akzeptabel ausführen könne. Man müsse somit KI-Systeme nur die gleichen Qualifikationstests durchlaufen, wie sie von Menschen für eine spezielle Tätigkeit verlangt werden. Aktuelle Versionen solcher Tests kommen zum Ergebnis, dass KI den Wissensberufen immer mehr Konkurrenz macht und entsprechend immer vertikaler in Betrieben ausgreift (Webb 2019; Muro et al. 2019).

Diese und andere Tests leiden aber unter einer ganzen Reihe methodischer Beschränkungen, durch die ihre Aussagekraft stark reduziert werden. Vor allem werden häufig die Tätigkeiten selbst nur schlagwortartig erfasst und dann in der Kontrastierung mit den angeblichen Fertigkeiten der KI vorschnell für redundant erklärt. Dazu kommt, dass nicht alles betrieblich umgesetzt wird, weil es technisch möglich ist. Die Einführung technischer Innovationen in der Arbeitspraxis, auch im Bereich der KI-Technologie, unterliegt besonderen Bedenken und realen Beschränkungen.

15.2 Technik-Einsatz im Spannungsverhältnis aus Rentabilität und Regulierung

Ob und in welchem Umfang KI im einzelnen Unternehmen tatsächlich eingesetzt wird, hängt von mehreren Faktoren ab. Was kann KI technisch leisten, ist der erste. Was darf KI, also welchen regulatorischen Rahmenbedingungen und damit die Frage, unter welchen Bedingungen und für welche Aufgaben bzw. mit welchen Auflagen KI eingesetzt werden darf, ist der zweite. Zu dieser zweiten Frage zählen nicht nur ethische und regulatorische Beschränkungen, sondern auch der Aspekt, inwiefern sich KI überhaupt in den Produktions- und Arbeitsprozessen integrieren lässt, also ihre »Integrationsfähigkeit«. Diese beiden Faktoren bilden den Rahmen für die betriebswirtschaftliche Entscheidung, ob sich eine Investition in KI im Einzelfall tatsächlich lohnt. Dieser dritte Faktor, bzw. die Frage wie die betriebswirtschaftliche Berechnung von Kosten und Ertrag im Einzelfall aussieht, ist im Falle von KI besonders schwer anzustellen. Die Entscheidung über den tatsächlichen Einsatz von KI im Unternehmen hängt also davon ab, was KI kann, was KI darf, und was sie dem Unternehmen konkret bringt.

Auch ungeachtet der Rahmensetzung ist in vielen betrieblichen Kontexten schwer abzuschätzen, was Investitionen in KI tatsächlich für den Produktions- und Arbeitsprozess bedeuten und ob sie die erstrebten Produktivitätsfortschritte erzielen. Vor dem Hintergrund der Tatsache, dass sich die Technologie selbst sowie ihren Einsatz verändert, dürften diese Entscheidungen vielen Unternehmen schwerfallen. Die Geschwindigkeit sowie das Ausmaß der Weiterentwicklung der KI in den kommenden Jahren, ist offen. Auch bei einzelnen Anwendungen lässt sich teilweise nur schwer einschätzen, wie schnell sich die betriebliche Anpassung an den KI-Einsatz einstellen wird und wie lange sie trägt. Darüber hinaus ist der regulative Rahmen eine schnell veränderliche Größe, da sie in vielen Bereichen erst am Anfang steht. Schließlich ist schwer einzuschätzen, ob die Technologie erfolgreich in die Arbeitsorganisation eines Unternehmens integriert werden kann und damit die Gesamtabläufe der Produktion oder Dienstleistungserbringung tatsächlich verbessert werden. Denn dies hängt stark von »weichen« Faktoren ab, nämlich davon, ob die Interaktion der KI mit dem Menschen (Mitarbeiter, Kunden etc.) gelingt und produktiv genug ist. Misslingt dies, sind auch negative Effekte nicht auszuschließen.

Es ist dieses Spannungsverhältnis aus technologisch beweglichen Grenzen, unklarem regulativen Rahmen und betrieblicher Funktionalität, die eine betriebswirtschaftliche Investitionsentscheidung mit vielen Unsicherheiten prägt. Wird eine positive Entscheidung trotzdem getroffen und eine KI-Investition getätigt, dann vielleicht eher getrieben von einem allgemeinen technologischen Optimismus, einem Wunsch, sich als »*Front-Runner*« darzustellen oder schlicht durch die Ratschläge der die technische Zukunft häufig überzeichnenden Beratungsinstitute. Somit sind auch teure Investitionsruinen nicht ausgeschlossen (wie in den 1970er/1980er bereits erlebt im Fall der sog. »CIM Ruinen«: *Computer Integrated Manufacturing*). Im Umkehrschluss kann es eben passieren, dass produktive Potenziale von KI aufgrund von Unsicherheit und genereller Skepsis gar nicht genutzt werden. In beiden Fällen könnten eine fundierte Debatte bzw. Folgenabschätzung der KI-Technologie helfen, die Unsicherheiten der betrieblichen Entscheidungen zu reduzieren.

Was sind zu erwartende Auswirkungen von KI-Anwendungen in der Arbeitswelt oder direkt am Arbeitsplatz? In welchen Bereichen spielt KI oder könnte KI eine Rolle spielen? Diese Fragen sind nicht zuletzt relevant, wenn man beachtet, dass der Einsatz von KI sowohl die betriebliche Funktionalität, die »Funktionalität der Arbeit«, sowie die qualitativen Bedingungen und die Machtverhältnisse am Arbeitsmarkt und im Unternehmen verschieben (kann).

Aus der jetzigen (qualitativen) Potenzialanalyse ist zu erwarten, dass ein KI-Einsatz vor allem Auswirkungen auf kognitive Routinetätigkeiten haben wird, wobei »Routine« bei fortschreitenden KI-Fähigkeiten weit gefasst werden muss (mehr dazu im nächsten Abschnitt). Sie umfasst z. B. schon heute die Bearbeitung von Standardfällen, beispielsweise im Finanz- und Versicherungsbereich, im medizinischen- und Gesundheitssystem sowie in vielen juristischen Bereichen. Hier spielt KI aber auch nicht mehr nur eine Rolle für Datenauswertungen, Diagnosen und Prognosen, sondern auch in der Forschung. Gerade in der Diskussion um Mustererkennung im Bereich der Medizin hat es sich aber gezeigt, dass ein vollständiger Ersatz menschlicher Entscheidungen (noch) nicht möglich ist, sondern viel dafür spricht, dass KI – zumindest in sensiblen und Grenzbereichen – eher als Assistenzsystem eingesetzt werden wird (vgl. hierzu und zum nächsten Absatz Kapitel 12).

Ein anderes Feld des KI-Einsatzes, das auch zugleich dessen Grenzen zeigt, sind betreuende und umsorgende Dienstleistungen am Menschen. Roboter, häufig verstanden als physische Agenten der KI, sind nicht selten der Gradmesser für die Automatisierung in einem Betrieb oder einer Dienstleistung in Folge der Digitalisierung und den damit verbundenen Effekten für Arbeit und Beschäftigung (z. B. Dauth et al. 2017; Bessen 2018). KI kann zwar ein Robotiksystem steuern, dass theoretisch alle möglichen Tätigkeiten in einem Unternehmen oder einem Haushalt ausführen kann. Bilderkennung, Sensoren, Aktoren (also antriebstechnische Baueinheiten) sind somit zunehmend in der Lage, diverse Aufgaben zu erfüllen. Trotzdem wird vor allem im persönlichen Dienstleistungsbereich immer deutlicher, dass sensible Entscheidungen und emotionale Aufgaben zu einem hohen Grad weiterhin von Menschen ausgeübt werden. Zum einen, weil KI keine menschlichen Emotionen entwickeln kann (Simulationen sind möglich, aber bislang qualitativ nur sehr begrenzt mit menschlichen Emotionsausdrücken zu vergleichen). Zum anderen, weil der Mensch als emotionales Wesen sensible Informationen über sich selbst vor allem von Menschen akzeptieren dürfte, nicht alleine von einer Maschine. Beispielsweise im Versicherungsbereich, in dem die Bewertung der Versicherungsfälle vollautomatisiert abläuft, wird die Kommunikation bei abschlägig entschiedenen Entscheidungen in der Regel weiterhin von Menschen gemacht. Insgesamt müssen wir davon ausgehen, dass Tätigkeiten, die emotionale Intelligenz und Empathie voraussetzen, sowie jene, die ethische Entscheidungen erfordern, noch lange allein oder überwiegend den Menschen vorbehalten bleiben.

Eine zentrale Frage ist also, bei welchen Arbeitsplätzen KI in Ergänzung menschlicher Tätigkeiten genutzt wird und bei welchen sie Menschen möglicherweise wegrationalisiert. Je nachdem, welche konkreten Entscheidungen hierzu im Betrieb und am Arbeitsplatz tatsächlich getroffen werden, beeinflusst das auch die möglichen quantitativen Auswirkungen auf Beschäftigung in einem Betrieb, einer Branche, einem Sektor und schließlich gesamtwirtschaftlich (die globalen ökonomischen Folgewirkungen sind Gegenstand des vorangegangenen Kapitels)

15.3 Verschärfte Polarisierung am Arbeitsmarkt

Die Debatte über quantitative Beschäftigungseffekte des Einsatzes digitaler Technologien läuft bereits seit einigen Jahren. Etliche namhafte Studien sind zum Ergebnis gekommen, dass die Digitalisierung der Arbeitswelt zu massiven Verwerfungen in Form von Arbeitsplatzverlusten führen wird. Dies gilt auch – und gerade – für KI und den vermehrten Einsatz von maschinellen Lernsystemen.

Methodologisch steht hinter solchen Ergebnissen meistens ein Abgleich von Berufsprofilen in Arbeitsmarktstatistiken und einer Schätzung des Technikpotenzials durch KI-Entwickler oder durch das Erfassen von Patentanmeldungen. So wurde argumentiert, dass bis zur Hälfte aller Jobs in den nächsten zwei Jahrzehnten durch die Digitalisierung, vor allem aber durch die KI, wegrationalisiert werden könnten. Besonders gefährdet seien Berufe in Transport, Logistik und Produktion, aber auch im Dienstleistungssektor. Niedrige und mittlere Einkommensgruppen stehen im Fokus des Arbeitsplatzabbaus, weshalb die digitalisierungsgetriebene technologische Arbeitslosigkeit auch die Polarisierung vorantreiben würde. Allerdings könnten maschinelles Lernen und mobile (Leichtbau-) Robotik nicht nur manuelle Routine-Tätigkeiten, sondern auch kognitive Aufgaben ohne feste Vorgaben erledigen und auch am mittleren und oberen Ende der Skala für Verwerfungen sorgen (Frey/Osborne 2013; 2017; Muro et al. 2019).

Im Prinzip ist Konsens, dass ein Substitutionspotenzial von Arbeit durch die Digitalisierung besteht. Die Frage ist nur, wie groß ist dieses Potenzial und welche Gegenkräfte wirken gegebenenfalls? Den Unterschied zwischen direkten Verwerfungen auf dem Arbeitsmarkt und abmildernden Effekten macht in der Regel eine »Nettokalkulation« für die Gesamtgesellschaft (Arntz et al. 2017; Arntz et al. 2018; Dauth et al. 2017; Fuchs et al. 2018). Beschäftigung oder Tätigkeiten, die bedingt durch die Digitalisierung an der einen Stelle wegfallen, steht neue Beschäftigung in anderen Bereichen gegenüber. Steigende Produktivität in Folge der Digitalisierung zieht zudem gesamtwirtschaftliche Wettbewerbs-, Wertschöpfungs- und letztlich auch Beschäftigungseffekte nach sich (McKinsey Global Institute 2018; World Economic Forum 2018).

Eine gängige Annahme des Szenarios technologischer Arbeitslosigkeit ist, dass vor allem einfache Tätigkeiten automatisierbar sind. Je höher der Routineanteil einer Tätigkeit ist, desto größer ist ihr Substitutionspotenzial. Vertiefte Forschung hat aber deutlich gezeigt, dass Routine nicht gleich Routine ist, denn auch einfachste Routinetätigkeiten sind in Arbeitsprozesse und Arbeitsorganisationen eingegliedert, die nicht ohne weiteres aufgebrochen und neu strukturiert werden können. Und selbst viele einfache Routinetätigkeiten sind deshalb so wertvoll, weil dafür schwer übertragbares und formalisierbares Erfahrungswissen gebraucht wird – etwas, das die KI bislang in vielen Fällen nicht hinreichend abbilden kann. Routinearbeit statisch, also isoliert und isolierbar zu begreifen, wird den Tätigkeiten deswegen häufig nicht gerecht und überzeichnet im Gegenzug das realistische Vermögen der KI. Menschliches Arbeitsvermögen dagegen ist vor allem qualitativ und kontextabhängig erfassbar und umfasst ein breites Spektrum (Pfeiffer/Suphan 2015). Wissen, das nicht formalisiert ist, das »stillschweigend« ist (Autor 2015) geht über die formale Qualifikation hinaus und umfasst alle menschlichen Sinne wie Intuition, Bauchgefühl und Emotion – und es besteht aus Allgemeinwissen, also *Common Sense*, also genau dem Level des Verstehens, von dem KI und maschinelles Lernen (noch) sehr weit entfernt sind (vgl. Kapitel 2). Misst man das Arbeitsvermögen in diesem Verständnis (soweit das eben möglich ist), wird schnell klar, dass das Pendel noch nicht auf die Seite der KI geschwungen ist und auch noch eine lange Strecke vor sich hat, um selbst an einfache informelle Fähigkeiten eines Menschen im Arbeitskontext heranzukommen.

Die binäre Gegenüberstellung von Routine- und Nicht-Routine-Tätigkeiten greift also zu kurz und überhöht die digitalen Technologien einschließlich des Werkzeugs KI zum Ersatzmenschen. Offensichtlich gibt es aber die Effizienzsteigerungen bestehender Prozesse und von Arbeitsorganisationen. Fahrerlose Transportsysteme, Mensch-Roboter-Kollaboration (*Cobots*), Datenbrillen (*Smart Glasses*), 3D-Druck und additive Fertigung, digitale Assistenzsysteme, *Enterprise Resource Planning*, digitale Zwillinge und vieles mehr sind zunehmend Teil der betrieblichen oder auch überbetrieblichen Arbeitsteilung. Dies hat weitreichende Auswirkungen auf einzelne Arbeitsplätze, mit der in vielen Fällen eine Verdichtung von Arbeitsabläufen und Arbeitsbelastung einhergeht (Dispan/Schwarz-Kocher 2018). Neben den qualitativen Aspekten dieser Veränderungen für die Arbeit, führt das auch zu *möglichen* quantitativen Veränderungen. Aber daraus direkt auf konkrete (negative) quantitative Beschäftigungseffekte Schlussfolgerungen ziehen zu wollen, wird der Komplexität auch von Routinetätigkeiten nicht gerecht.

Mit dem Substitutionspotenzial gehen auch positive quantitative Beschäftigungserwartungen einher. Denn mit der Verdichtung von Arbeit ist – auf jeden Fall maximal bis zur individuellen »*Burn-out*-Grenze« – ein Produktivitätszuwachs verbunden. Digitalisierung und der Einsatz von KI bedeuten Investitionen und Investitionen können entweder mehr oder weniger Beschäftigung bedeuten. Im optimistischen Szenario führt der digitale Technikeinsatz zu einem technologischen *Upgrade* und verändert die Kapitalzusammensetzung in einem Betrieb. Die steigende Gesamtbeschäftigung ist dann eine Folge der gestiegenen Nachfrage nach einem bestimmten Kapitaltyp. Der Anstieg der Produktnachfrage für Branchen, welche die *Inputs* für diesen Kapitaltyp bereitstellen, führt zu steigender Beschäftigung in der Wirtschaft als Ganzes.

Darüber hinaus verändern die Investitionen in Digitalisierungstechniken die Kostenstruktur und damit die relative Wettbewerbsfähigkeit eines Unternehmens. Betriebe, die durch Digitalisierung ihre Kosten senken, können ihre Preise senken und die Nachfrage nach ihren Produkten und Dienstleistungen entsprechend steigern (vorausgesetzt ist dabei eine konstante Nachfrage aus anderen Teilen der Wirtschaft) (Arntz et al. 2018). In der Folge steigt der *Output* des investierenden Unternehmens und es entsteht in diesen Unternehmen neues Einkommen in Form von Löhnen, Gewinnen und Kapitaleinkommen. Wesentlich für dieses Szenario ist der Wettbewerbseffekt sowie die Aufteilung des Ertrags in Kapital- und Arbeitseinkommen. Die steigende Produktivität senkt die Produktionskosten automatisierter Tätigkeiten, was entweder zu Wachstum der Gewinne und/oder einer gesteigerten Nachfrage nach Arbeit nicht-automatisierter Tätigkeiten führen kann. In entsprechenden Simulationen kommt es demnach häufig zu einer langfristig steigenden Nachfrage nach Arbeitskräften in der Gesamtwirtschaft (Fuchs et al. 2018).

Betrachtet man diese und ähnliche Berechnungen näher, beruhen sie stark auf den *Spill-over*-Effekten von einem Sektor zum anderen. Dieser ist aber tatsächlich voraussetzungsvoller, als das häufig angenommen wird. Mehrere Probleme tun sich auf: Steigt die Produktivität von Kapital relativ zu Arbeit, ist technologische Innovation im Grundsatz arbeitseinsparend und es ist eher unwahrscheinlich, dass steigende Produktivität zu steigenden Durchschnittslöhnen führt. Und falls Arbeit schneller durch Technik ersetzt als Neue geschaffen wird, ersetzt Technik Arbeit, ohne dass es zu steigender Arbeitsnachfrage in anderen Sektoren kommen muss. Digitalisierungsentscheidungen sind am Ende des Tages für das einzelne Unternehmen eine Folge der Kalkulation von relativen Faktorpreisen, also der relativen Preise *aller* notwendigen Produktionsfaktoren. Somit ist es nicht unwahrscheinlich, dass Digitalisierung eher mit sinkenden Durchschnittslöhnen einhergeht, weil der Substitutionseffekt zur sinkenden Nachfrage nach Arbeit führt (Acemoglu/Restrepo 2018). Im Ergebnis entsteht dann zunächst einmal wachsende Ungleichheit am Arbeitsmarkt und in der Gesamtwirtschaft (Korinek/Stiglitz 2017). In diesem Kontext wird auch der Bedarf nach neuer Regulierung oder Umverteilung von Innovationsgewinnen deutlich, weil sonst das Gesamtergebnis technologischer Innovation schlechter für die Gesellschaft als Ganzes sein kann, als die Situation vor der Innovation (Acemoglu 2019).

Selbst wenn höhere Löhne in Folge der Digitalisierung in einer Branche oder der Gesamtwirtschaft Realität werden, heißt das noch nicht, dass sich die *potenzielle* Kaufkraft in neuen *tatsächlichen* Kaufaktivitäten – in demselben oder anderen Wirtschaftsbereichen – realisiert. Viel hängt von anderen Faktoren ab, z. B. wie die Digitalisierung die Nachfrage neu strukturiert (durch neue Kaufmuster etc.), ob Hoch- oder Geringverdiener davon profitieren oder welche Sparquote eine Volkswirtschaft aktuell prägt. Bis heute ist empirisch beobachtbar, dass höher qualifizierte Arbeit von der Digitalisierung profitiert, wobei die menschliche Tätigkeit überwiegend komplementär ergänzt wird. Hier gibt es eine *elastische* Nachfrage für die entsprechenden Produkte und Dienstleistungen dieser Arbeitskräfte; es gibt aber ein *unelastisches* Arbeitskräfteangebot in diesen Bereichen (Fachkräftemangel). Anders sieht das Bild bei Tätigkeiten mit niedrigeren Qualifikationsprofilen aus. Gerade die Nachfrage nach manuellen Tätigkeiten ist relativ preisunelastisch: Fällt der Preis manueller Tätigkeiten durch Digitalisierung, steigt ihre Nachfrage nicht in gleichem Maße. Wir erleben also bereits die Vorstufe der »Polarisierung 4.0« (vgl. Autor et al. 2017; Autor/Salomons 2017).

Der von Seiten etlicher Akteure unterstellte Automatismus zwischen Digitalisierung, Produktivitätssteigerungen und einer steigenden (gesamtwirtschaftlichen) Nachfrage nach Arbeit erweist sich somit als zweifelhaft. Ob die Digitalisierung und der zunehmende Einsatz von KI zu positiven oder negativen Effekten für Arbeit und Beschäftigung führen wird, bleibt weitgehend offen. Viel hängt von den Weichenstellungen und dem Regulierungsrahmen ab. Eine Laissez-faire-Politik wäre demnach kein nachhaltiger Weg in die digitalisierte Arbeitsgesellschaft. Im Gegenteil: Eine unkontrollierte Digitalisierung mit KI an der Spitze birgt das Potenzial, unsere Arbeitsgesellschaft aus dem »Gleichgewicht«, in dem sie sich befindet, zu bringen, mit dem Ergebnis (zu) weniger Gewinner und (zu) vieler Verlierer.

15.4 Konturierung der digitalen Arbeitsgesellschaft

Es stellt sich auf absehbare Zeit nicht die grundsätzliche Frage, ob in Zukunft noch gearbeitet werden muss oder soll. Technologische Arbeitslosigkeit als potenziell umfassendes und dauerhaftes Szenario ist vor allem ein Szenario, das aus der Technikentwicklung selbst stammt, ebenso wie das eines neues *Pareto Optimum* bei Arbeit und Beschäftigung.

Um eine sozial, ökonomisch und ökologisch ausgewogene Konturierung der Arbeitsgesellschaft in einem hochdynamischen Prozess wie der Digitalisierung erreichen zu wollen, reicht es aber nicht aus, nur den Technologieeinsatz zu bewerten und entsprechende Maßnahmen regulativ fein zu justieren. Denn tatsächlich verlangt die schnelle Weiterentwicklung der digitalen Kerntechnologien, mit KI und maschinellem Lernen an der aktuellen Technikgrenze, nach einer *kontinuierlichen und ganzheitlichen* Betrachtung von Arbeit und der sozio-ökonomischen Dimensionen der Technik (Kellermann/Obermauer 2020).

Es gilt die technologische Entwicklung kontinuierlich und sehr genau unter (gesellschaftlicher) Beobachtung zu halten. Eine öffentliche, unabhängige, auf den einzelnen Anwendungsfall wie auch auf gesellschaftliche Effekte ausgerichtete Technikfolgenabschätzung ist insofern eine wesentliche Grundvoraussetzung, das Technikpotenzial sowie mögliche gesellschaftliche Effekte konkret zu bewerten. Hierfür ist z. B. das KI-Observatorium des deutschen Bundesministeriums für Arbeit und Soziales ein wichtiger Schritt in die richtige Richtung.[162]

Neben den technologischen Fortschritten müssen die laufenden Transformationen von Arbeit, Branchen und einzelnen Arbeitsplätzen und -kontexten kontinuierlich erfasst werden. Repräsentative Auswertungen des KI-Einsatzes im Arbeitskontext sind bisher noch Mangelware, sowohl in Deutschland als auch im europäischen Ausland. Eine Ausnahme ist das gemeinsam von dem amerikanischen IT-Unternehmen IBM und der deutschen Dienstleistungsgewerkschaft Ver.di in Auftrag gegebene Forschungsprojekt zum Einsatz von Watson-KI bei IBM Kunden (IBM 2019). In diesem Projekt wird konkret der Frage nachgegangen, welche Effekte für Dienstleistungstätigkeiten der KI-Einsatz nach sich zieht.

Für eine breit angelegte, arbeitsfokussierte Technikfolgenabschätzung ist es notwendig, die verschiedenen Einsatzformen von KI im Arbeitskontext zu kategorisieren und kontinuierlich zu erfassen. Dabei kommt es nicht primär auf die technischen Unterschiede zwischen verschiedenen KI-Systemen oder deren technischen Reifegrad an, sondern auf die Rolle, die die KI im Unternehmen spielt oder spielen soll. Je nach Rolle ergeben sich unterschiedliche Anforderungen an die Regulierung und Transparenz von KI sowie an die Rahmenbedingungen für die Beteiligung und Befähigung von Mitarbeitern und ihren Vertretungen in einem Betrieb.

Es müssen Institutionen und Regelwerke geschaffen werden, mit denen der Einsatz der neuen Technologien auf die gesellschaftlichen Normen und Bedarfe abstimmt

162 Vgl. https://www.denkfabrik-bmas.de/die-denkfabrik/ki-observatorium

werden kann, sowohl am einzelnen Arbeitsplatz als auch im Hinblick auf die Rolle der Arbeit in der Arbeitsgesellschaft insgesamt. Dafür sind zunächst vier Handlungsebenen von besonderer Bedeutung: es braucht

(1) einen geeigneten politisch-regulativen Rahmen,
(2) Transparenz über Ziele und Funktionsweise des KI- oder Technologie-Einsatzes im konkreten Anwendungsfall,
(3) die Beteiligung der Beschäftigten beim Einsatz und der Nutzung der Technologien und
(4) die Befähigung der Beschäftigten, mit KI konstruktiv-kritisch umzugehen.

Diese vier Handlungsebenen tragen zu einem neuen gesellschaftlichen Rahmen bei, der die disruptiv-dynamische Technologieentwicklung in einem vorhersehbaren und transparenten institutionellen Kontext verankern kann. Gesellschaftliches Ziel ist es, durch einen solchen institutionellen und regulativen Rahmen, die Kontrolle über die Technik nicht zu verlieren, bzw. der KI und der Digitalisierung den notwendigen Entwicklungs- und Anwendungsspielraum zu geben aber gleichzeitig die Auswirkungen der Technologie am einzelnen Arbeitsplatz, auf betroffene Berufsgruppen und auf die Gesamtwirtschaft kalkulieren zu können und verlässliche Überprüfungsmechanismen auf verschiedenen Ebenen zu etablieren. Sonst droht die Gefahr einer verschärften Polarisierung in der Arbeitsgesellschaft, der Einkommen und damit auch eine verstärkte Polarisierung der Gesellschaft als Ganze. Schaffen wir es nicht, zu regulieren, ob und wie die »intelligente« Maschine für und mit den Menschen arbeiten soll, hat das letztlich auch fatale Folgen für die normative Frage, wie, womit und warum wir arbeitsteilig füreinander weiterarbeiten wollen.

16. Kapitel

Neue soziale Frage und Zukunft der sozialen Sicherung

Heinz Stapf-Finé

16.1 Wandel der Arbeitswelt und Folgen für die soziale Sicherung

Die Digitalisierung und Ausbreitung von Maschinenlernen (»Künstliche Intelligenz«) stellen die soziale Sicherung vor große Herausforderungen, ebenso wie weitere Megatrends (vgl. BMAS 2017, 18–39), die damit einhergehen, insbesondere wachsende soziale Ungleichheit, Flucht und Migration, der Wandel der Lebens- und Familienformen und der demografische Wandel. (Vgl. hierzu auch das 14.Kapitel)

Eng verbunden mit der Digitalisierung ist die Globalisierung.[163] Dabei ist ein weltumspannendes Informations- und Kommunikationsnetz zugleich einer der Motoren der Globalisierung und gleichzeitig schreitet der Ausbau und die Modernisierung des Netzes mit zunehmender wirtschaftlicher Verflechtung voran. Insbesondere mit dem Ende des West-Ost-Konflikts gewann die neoliberale Globalisierung (vgl. Giegold 2006, 106–107), politisch getrieben vom sogenannten Washington-Konsensus (vgl. Stiglitz, 2006), durch eine Ausweitung der freien Bewegung von Waren, Kapital, Dienstleistungen und Arbeitskräften an Fahrt.

Bereits die Verteilungswirkungen der Globalisierung haben bestehende Lösungsansätze der Sozialpolitik vor große Herausforderungen gestellt. Zwar führte das zusätzliche Wirtschaftswachstum in Folge der Globalisierung in vielen Ländern Asiens und auch in anderen Regionen des globalen Südens in Einzelfällen zu einer gewissen Reduzierung von Armut. Da der Wachstumseffekt in den Industrieländern lange Jahre schwächer ausgeprägt war als in den nachholenden Ökonomien Asiens, kam es also teilweise zu einer Abnahme der Ungleichheit zwischen Ländern. Innerhalb aller Länder nahm die Ungleichheit dagegen zu, weil vom Einkommenszuwachs überwiegend die ökonomisch besser gestellten Schichten profitieren und die Einkommen der armen Menschen nicht wesentlich ansteigen. Dieser Effekt wäre zu vermeiden gewesen, wären die Austauschbedingungen zwischen Rohstoffen und Fertigprodukten gerechter.

Weitere Herausforderungen sind die Auswirkungen des entgrenzten Wirtschaftens auf Umwelt, Klima und Arbeitsbedingungen. Spannungen und Konflikte nehmen zu, welche zu einer großen Flucht- und Migrationsbewegung geführt haben. Das UNHCR berichtet: »Die Zahl der Menschen, die vor Krieg, Konflikten und Verfolgung fliehen, war noch nie so hoch wie heute. Ende 2018 lag die Zahl der Menschen, die weltweit auf der Flucht waren, bei 70,8 Millionen. Im Vergleich dazu waren es Ende 2016 65,6

163 Verstanden als zunehmende Bedeutung und Liberalisierung von grenzüberschreitenden Wirtschaftsströmen (Lang / Mendes 2018, 38).

Millionen Menschen.« (UNO-Flüchtlingshilfe 2020).

Mit zunehmender weltweiter Verflechtung und der Ausbreitung westlicher Konsum- und Lebensmuster hat sich eine Individualisierung und Pluralisierung der Lebensmodelle entwickelt. Augenfällig wird es am Wandel der Geschlechterrollen und der zunehmenden Erwerbsbeteiligung von Frauen. Zwar gibt es noch traditionelle Einverdiener-Haushalte, aber mittlerweile überwiegt das Familienmodell mit dem Mann in Vollzeit- und der Frau in Teilzeit-Beschäftigung. Aber auch berufstätige Alleinerziehende gewinnen an Bedeutung (vgl. BMAS 2017, 32–33).

Eng mit diesem Wandel der Familienformen verknüpft ist der demografische Wandel aufgrund des Geburtenrückgangs. Bislang konnte dieser durch eine steigende Erwerbsbeteiligung von Frauen und älteren Menschen ausgeglichen werden. Aber bald werden die geburtenstarken Jahrgänge in Rente gehen mit entsprechenden Anforderungen an die Systeme sozialer Sicherung. Häufig wird auch der Fachkräftemangel in einem Atemzug mit der demografischen Entwicklung genannt. Dabei wird jedoch außer Acht gelassen, dass dieser viel mit unzureichenden Ausbildungsanstrengungen auf Arbeitgeberseite und mit häufig nicht besonders attraktiven Arbeits- und Entlohnungsbedingungen zu tun hat.

16.1.1 Effekte von Digitalisierung oder Künstlicher Intelligenz auf den Arbeitsmarkt

Die Sozialpolitik steht vor einer Reihe von Herausforderungen, welche nicht allein auf die vierte industrielle Revolution, gekennzeichnet durch Digitalisierung, Robotik, Maschinenlernen, Vernetzung und Internet der Dinge, zurückzuführen sind. Einigkeit besteht in der Literatur über die Tatsache, dass Digitalisierung, Big Data und Maschinenlernen zu einem weiteren Strukturwandel in der Arbeitswelt führen werden. Das hat Christian Kellermann im vorangegangenen Kapitel ausführlich analysiert. Über die Stärke des Einflusses gehen die Meinungen allerdings auseinander: In individuellen Befragungen wird der Einfluss von Digitalisierung auf die Beschäftigung eher hoch eingeschätzt: Laut einer Umfrage der HDI-Versicherung (2019) befürchten 60 % der Befragten Jobverluste durch die Digitalisierung in Deutschland. Jedoch halten 72 % den eigenen Arbeitsplatz für ungefährdet. Eine Prognose des ifo-Instituts im Auftrag der IHK für München und Oberbayern kommt zu dem Schluss, dass sich in Deutschland die Gesamtbeschäftigung zwischen -4,8 und +5,5 % bewegen wird, je nach Szenario. Allerdings sei in den letzten Jahren eine Arbeitsmarktpolarisierung zu beobachten: In Berufen mit geringem und hohem Qualifikationsniveau habe ein höheres Beschäftigungswachstum stattgefunden im Vergleich mit Berufen mit mittlerem Qualifikationsniveau (vgl. IHK für München und Oberbayern 2018, 2). Das Institut für Arbeitsmarkt- und Berufsforschung (2015) untersucht das Substituierbarkeitspotenzial für Berufe, also den Anteil der Tätigkeiten, die heute schon von Computern oder computergesteuerten Maschinen erledigt werden könnten. Das höchste Potential findet sich in den Fertigungsberufen und liegt bei 70 %. In allen anderen Berufssegmenten liegt das Potential der Substituierbarkeit bei unter 50 %. Am wenigsten substituierbar sind Tätigkeiten in den sozialen und kulturellen Dienstleistungsberufen. Die Auswirkungen auf die sozialversicherungspflichtige Beschäftigung werden sich nach Einschätzung des IAB in Grenzen halten. Etwa15 % der Beschäftigten sind mit einem hohen Potenzial an Substituierbarkeit konfrontiert, gegenüber von 45 % mit mittlerem und 40 % mit niedrigem Potenzial. Das Autorenteam hält sogar positive Effekte auf die Beschäftigung für möglich: »Die computergesteuerten Maschinen müssen entwickelt und gebaut werden. Es werden Fachkräfte gebraucht, um die Maschinen zu steuern, zu kontrollieren und zu warten. Fachkräfte, die mit der neuen Technik umgehen können, müssen geschult werden.« (IAB 2015, 7)

Möglicherweise sind Projektionen im Hinblick auf die Entwicklung der Beschäftigung aufgrund von Digitalisierung zu unpräzise. Muro, Whiton und Maxim (2019) schlagen vor, die Effekte von Robotik und Software auf der einen und Künstlicher Intelligenz auf der anderen Seite zu betrachten. Denn routine- oder regelbasierte Verfahren würden eher die niedrig bzw. mittel bezahlten Beschäftigungen betreffen, während die Möglichkeiten von Künstlicher Intelligenz eher die besser bezahlten Beschäftigungen betreffen würden. Dafür würden auch Bilder wie Robo-Anwalt oder Dr. Watson passen, welche juristische Tätigkeiten oder medizinische Diagnosen in kurzer Zeit und präzise erledigen (vgl. Ramge 2018). Bei einer Gegenüberstellung von Berufsbeschreibungen und KI-Patenten, die übrigens mit Hilfe von KI angefertigt worden ist, ergibt sich, dass Bachelor-Absolventen stärker von KI betroffen sein werden im Vergleich zu Gruppen mit geringer bewerteter Bildung. Allerdings können noch keine genauen Angaben über den Grad der Betroffenheit der einzelnen Berufsgruppen (Ersetzung oder Ergänzung durch KI oder Schaffung neuer Arbeitsplätze) gemacht werden, so dass die Auswirkungen auf die Beschäftigung schwer abschätzbar sind (Muro, Whiton und Maxim 2019, 23).

Die Robotik bzw. Automatisierung ist der Schwerpunkt einer Untersuchung von Oxford Economics (2019). Für die USA haben sie auf der Basis von Längsschnittdaten herausgefunden, dass in der Vergangenheit Industriearbeiter hauptsächlich in die Sektoren Transport, Bau und Wartung und Büro und Verwaltungsarbeit abgewandert sind, als ihre Jobs wegfielen. Ausgerechnet dies sind nach dem verwendeten ökonometrischen Modell diejenigen Branchen, die in Zukunft durch weitere Automatisierung betroffen sein werden.

Realistisch kann angenommen werden, dass ein Trend, der in der Vergangenheit eingesetzt hat, sich auch in Zukunft fortsetzen wird: die Verringerung der Lebensarbeitszeit, vor allem aufgrund von Fortschritten in der Produktivität. Während 1800 insgesamt 153.000 Stunden eines Lebens aus Arbeitszeit bestand, waren es 1900 noch 132.000 Stunden. Im Jahr 2010 war die Erwerbsarbeit auf 48.000 Stunden abgesenkt. Eine Schätzung für 2100 geht von 35.000 Stunden durchschnittlicher Lebensarbeitszeit aus, die Zeiten für Aus- und Weiterbildung werden dabei weiter an Bedeutung gewinnen (vgl. IGZA 2018, 48–49). Durch eine Verkürzung der Wochenarbeitszeit könnte erreicht werden, dass der Gewinn an Lebensqualität gerecht verteilt wird.

16.1.2 Arbeitsbedingungen: Plattformarbeit und hybrid Arbeitende

Einen Vorgeschmack auf die Zukunft der Arbeit gibt der Bereich der Plattformarbeit, in dem Online-Plattformen als Intermediär zwischen Anbietenden und Nachfragenden vermitteln. Grob lassen sich die Tätigkeiten in Cloudwork und Gigwork unterscheiden. Bei Cloudwork kann die Arbeit ortsunabhängig, also vollständig über das Internet abgewickelt werden, wenn es zusätzlich noch egal ist, wer die Arbeit ausführt, spricht man von Crowdwork. Bei Gigwork muss die Arbeit vor Ort von einer bestimmten Person erledigt werden, wie bspw. bei onlinevermittelten Fahrdiensten oder Essenslieferanten (vgl. Schmidt 2016, 5). Mittlerweile ist davon auszugehen, dass die Grenzen zwischen diesen Formen fließend sind: »Heute dienen Plattformen im Netz immer mehr dazu, Aufträge im Offlinebereich zu generieren. Es muss also vielmehr crossmedial gedacht werden. Die Grenzen zwischen rein offline und rein online sind fließend.« (Bertelsmann-Stiftung 2019, 5). Die Plattformarbeitenden gelten für die einen als digitales Proletariat: »Die neuen Geschäftsmodelle sind angewiesen auf ein millionenstarkes Heer mehr oder weniger prekär Beschäftigter, die man je nach Auftragslage in kürzester Zeit anheuern und feuern kann. Die Plattformbetreiber setzen also auf Soloselbstständige und Privatpersonen, die nebenbei als Zuverdienst Jobs erledigen.« (Schmidt 2016, 3) Für die anderen eher als privilegierte Arbeitnehmerinnen und Arbeitnehmer: »Der Plattformarbeiter in Deutschland ist eher überdurchschnittlich qualifiziert und finanziell bessergestellt.« (Bertelsmann-Stiftung 2019, 6). Was es schwer macht, die Interessen der Plattformarbeitenden zu organisieren ist die Tatsache, dass sie an ihrer Arbeit die Flexibilität und Freiheit der Gestaltung schätzen und es sich bei den meisten um eine Nebenerwerbstätigkeit handelt. Handlungsbedarf besteht jedoch, da die meisten von ihnen mangelnde soziale Absicherung und fehlende Schutzrechte bemängeln (vgl. ebd.).

16.1.3 Folgen für den sozialen Zusammenhalt

Bereits in der Vergangenheit gab es einen Trend zu einer wachsenden Ungleichverteilung des Einkommens. Und zwar in einem solchen Ausmaß, dass die OECD (2014) sich besorgt zeigte, die Ungleichheit könne das wirtschaftliche Wachstum hemmen, weil ökonomisch schlechter gestellte Bevölkerungsgruppen zu wenig in ihre Bildung investierten, weil sie sich davon kaum Rendite versprechen würden. Das Weißbuch des BMAS (2017, 178–179) setzt sich im Zusammenhang mit der Digitalisierung mit einer »neuen sozialen Frage« auseinander, welche bereits bestehende Ungleichheiten verstärken könnte aufgrund einer steigenden Ungleichverteilung von Einkommen und Vermögen, der Ausbreitung des Armutsrisikos, des Verlusts von sozialversicherungspflichtiger Arbeit und der unzureichenden Absicherung bestimmter Gruppen von Beschäftigten.

Hinzu kommen die Effekte von Automatisierung und KI auf die Entwicklung regionaler Disparitäten. Während Muro u. a. für die Vereinigten Staaten im Hinblick auf die Auswirkungen von Künstlicher Intelligenz erwarten, dass kleinere rurale Gemeinden weniger anfällig sind für disruptive technologische Entwicklungen, kommt die Oxford-

Studie angesichts der Automatisierung zu der Auffassung, ländliche Regionen seien verletzlicher. Für Deutschland ermittelt die Studie, dass Chemnitz, Thüringen, Oberfranken, Oberpfalz und Freiburg zu den am stärksten vulnerablen Regionen gehören. Als am wenigsten betroffen werden ermittelt: Hamburg, Darmstadt, Oberbayern, Köln und Berlin. Dies sind große Herausforderungen für den sozialen Zusammenhalt, um den die Menschen in Deutschland bereits jetzt besorgt sind. Einer der wichtigsten Gründe für die Besorgnis ist, dass der technische Fortschritt als Bedrohung wahrgenommen wird (vgl. Wintermantel 2017, 3–7). Es wird also entscheidend darauf ankommen, die zu erwartende Digitalisierungsdividende aufgrund steigender Produktivität gleichmäßiger zu verteilen (vgl. Oxford Economics 2019, 7; BMAS 2017, 180).

16.2 Entwicklungspfade der sozialen Sicherung

Überlegungen hinsichtlich der künftigen Entwicklung sozialer Sicherung müssen ausgehen von einer Betrachtung des bisherigen Entwicklungspfades, denn es kann nicht davon ausgegangen werden, dass radikale Systemwechsel politisch durchsetzbar sind. Zudem ist es möglich, dass bisherige Entwicklungslinien in die richtige Richtung weisen, wie nachfolgend gezeigt werden soll.

16.2.1 Von der kategorialen Sicherung zur Erwerbstätigenversicherung

Die Einführung von Sozialversicherung war die Antwort auf die soziale Frage in Folge der Industrialisierung. Die Ende des 19. Jahrhunderts in Deutschland eingeführten Systeme der Kranken-, Unfall- und Rentenversicherung (ursprünglich: Invaliditäts- und Altersversicherung) hatten einen ausgeprägten kategorialen Charakter und versicherten zunächst Arbeiter, später auch Angestellte. In den zwanziger Jahren des 20. Jahrhunderts kamen aufgrund hoher Arbeitslosigkeit die Arbeitslosenversicherung hinzu. 1995 wurde mit der Pflegeversicherung die fünfte Säule hinzugefügt, was zeigt, dass das vielfach totgesagte System der Sozialversicherung überaus lebendig und auch zukunftsfähig ist.

Wie das IGZA-Autorenteam bei einer Betrachtung der Sozialversicherungssysteme von Österreich, Dänemark, Deutschland, Frankreich, Italien, Schweden und des Vereinigten Königreichs nachweisen konnte, sind die ursprünglich kategorialen Systeme auf immer weitere Kreise der Bevölkerung ausgedehnt worden. Ende der 30er Jahre des 20. Jahrhunderts waren erstmals mehr als 50 % und Mitte der 70er Jahre 80 % der Erwerbspersonen gesetzlich gegen Alter, Krankheit und Arbeitsunfälle versichert. Traditionell haben die Versicherungen gegen Arbeitslosigkeit eine geringere Reichweite. »Im Jahr 2017 gehörten nahezu alle Erwerbspersonen in Westeuropa zum Versichertenkreis der Krankenversicherung, etwa 90 % waren in der Rentenversicherung, 87 % in der Unfallversicherung und schätzungsweise 75 % in der Arbeitslosenversicherung versichert.« (IGZA-Autorenteam 2018, 14)

Neben der Ausweitung des versicherten Personenkreises besteht ein weiterer europaweiter Trend darin, dass im Laufe der Zeit die Leistungen ausgeweitet worden sind.

Wenn auch dieser Prozess mittlerweile Rückschläge erlitten hat und seit Mitte der 90er Jahre eine Tendenz in Richtung Leistungskürzungen und Privatisierung von Leistungen eingesetzt hat. Darüber hinaus gewann die Einführung und Ausdehnung von Leistungen zu einer Verbesserung der Vereinbarkeit von Arbeit und Familie an Momentum. Es ist also zusammenfassend ein historischer Trend in Richtung der Ausweitung der Sozialversicherungen zu einer Versicherung für alle Erwerbstätigen festzustellen. In Zukunft müsste dieser Trend fortgesetzt werden auf neue Beschäftigungsformen und den damit einhergehenden Risiken von Phasen der Nichtbeschäftigung im Zusammenhang mit der Digitalisierung.

16.2.2 Bedingungsloses Grundeinkommen als Antwort auf alle Fragen?

Häufig wird im Zusammenhang mit der Diskussion um Auswirkungen der Digitalisierung auf die Arbeitswelt die Forderung nach einem bedingungslosen Grundeinkommen erhoben, wobei die Diskussion häufig recht oberflächlich bleibt. Auf absehbare Zeit ist das Grundeinkommen keine wirkliche Alternative, nicht zuletzt, weil die gesellschaftliche Akzeptanz für einen so grundlegenden Systemwechsel fehlt (vgl. Wintermantel 2017, 6; BMAS 2017, 180), für den der finanzielle Aufwand so hoch sein würde, dass damit etablierte soziale Systeme in Gefahr geraten könnten. Einer der Hauptgründe, der gegen ein Grundeinkommen spricht, dass »one size fits for all« nicht der Vielfalt sozialer Bedürfnisse gerecht werden kann. Gegenüber einem für alle gleichen Grundeinkommensbetrag sind gegliederte Systeme sozialer Sicherung viel zielgenauer und bieten passgenaue Lösungen für bestimmte Zielgruppen an. Zudem könnte die Idee, ein Grundeinkommen könne den Arbeitsbegriff weiter fassen und eine inklusive Arbeitsgesellschaft schaffen ins Gegenteil umschlagen und die bestehende soziale Spaltung vertiefen: ein Grundeinkommen für viele und eine privilegierte Position in der Arbeitswelt für wenige (vgl. BMAS 2017, 180–181). Möglicherweise könnte das Grundeinkommen sogar zu einer Subventionierung für die Arbeitgeberseite im Bereich niedriger Löhne führen, die durch ein Grundeinkommen aufgestockt würden.

Dennoch ist die Debatte um ein Grundeinkommen sinnvoll, denn sie gibt viele Anregungen, wie das bestehende System der sozialen Sicherung zukunftsfähig gemacht werden kann. Beispielsweise im Hinblick auf einen diskriminierungsfreien Zugang zu Formen der Grund- und Mindestsicherung und eine bessere Verteilung der Produktivitätsgewinne der Digitalisierung, so dass eine finanziell besser ausgestattete Grundsicherung eine wirkliche Teilhabe am gesellschaftlichen Leben ermöglicht.

Außerdem könnte der Gedanke eines Grundeinkommens in Modelle von Lebensarbeitszeitkonten eingebaut werden, um Phasen von gesellschaftlich gewollten Auszeiten für bspw. Bildung absichern zu können. In Abschnitt 16.3.4 wird auf entsprechende Modelle des IZGA eingegangen.

16.3 Sozialpolitik der Zukunft

Bereits in der Vergangenheit hat es also Anpassungen des Systems der sozialen Sicherung gegeben, doch nach wie vor besteht Reformbedarf, besonders im Hinblick auf folgende Veränderungen der Erwerbs- und Lebensformen, wie:

- Wechsel zwischen den verschiedenen Erwerbsformen von abhängiger Beschäftigung, Selbständigkeit und Beamtenverhältnis
- Wechsel zwischen Erwerbs- und Familien- und/oder Pflegearbeit
- Benachteiligung von Frauen und Alleinerziehenden
- Prekäre Situation von Soloselbständigen und kleinen Gewerbetreibenden

16.3.1 Erwerbstätigenversicherung

Die Gesellschaft für Versicherungswissenschaft und –gestaltung weist im Positionspapier zum Grünbuch »Arbeit 4.0« darauf hin, dass sich die Zahl der Solo-Selbständigen seit dem Jahr 2000 um rund 27 % auf über zwei Millionen im Jahr 2014 erhöht hat, auch wenn der Trend seit 2012 wieder rückläufig ist. Crowdworking sei ein Tätigkeitsfeld, in dem Solo-Selbstständigkeit weit verbreitet sei. Die GVG problematisiert: »Durch den Wechsel von Phasen der abhängigen Beschäftigung und Phasen der Solo-Selbständigkeit können unter Umständen soziale Sicherungslücken entstehen.« (GVG 2015, 10).

Daher bedarf es einer Weiterentwicklung der Gesetzlichen Rentenversicherung zu einer Erwerbstätigenversicherung, welche alle Erwerbsformen absichert, die im Laufe eines Lebens durchlaufen werden und somit ein Instrument ist für eine würdige Absicherung im Alter (vgl. Bäcker/ Kistler/ Stapf-Finé 2011). Möglicherweise bringt die Digitalisierung in Zukunft die Chance auf eine stärkere Anpassung von Erwerbsverläufen an unterschiedliche Präferenzen. Auch dies erfordert eine soziale Absicherung aller Erwerbsformen unter einem Dach in einer Versicherung für alle Erwerbstätigen.

Bestimmte Formen von Familien- und Pflegearbeit (Freiwilliges Soziales bzw. Ökologisches Jahr, Bundesfreiwilligendienst) sollten durch staatliche Beitragszahlungen aus Steuermitteln unterstützt werden, ebenso wie Phasen von Ausbildung oder Arbeitslosigkeit. Der solidarische Ausgleich kann also mit Hilfe von Steuermitteln erfolgen. Im Falle der Rentenversicherung ist eine Ausweitung der Finanzierung auf alle Einkommensarten nicht erforderlich, im Alter soll nur der Wegfall des Erwerbseinkommens ersetzt werden.

Anders sieht dies im Bereich der Gesetzlichen Krankenversicherung und der Sozialen Pflegeversicherung aus. Neben der Ausweitung der Absicherung auf alle Erwerbsformen und somit der Abschaffung der privaten Krankenversicherung als Vollversicherung sollten alle Einkunftsarten verbeitragt werden und somit jede und jeder gemäß der wirtschaftlichen Leistungsfähigkeit zur solidarischen Finanzierung beitragen. Dies würde einen Zustand beenden der dazu geführt hat, dass gute Risiken (gutverdienende, gesunde, in der Regel alleinlebende Menschen) sich zunehmend der solidarischen Finanzierung entziehen konnten durch die Wirkung von Beitragsbemessungsgrenzen und durch Sondersysteme für bestimmte Berufsgruppen wie Beamte, Architekten etc. Entsprechende Vorschläge liegen schon länger auf dem Tisch (vgl. Pfaff/ Stapf-Finé 2004) und haben die finanzielle Machbarkeit und die Konformität mit dem Rechtsrahmen nachgewiesen. Wie der Rückblick auf die Geschichte der sozialen Sicherung gezeigt hat, würde es sich um die Vollendung einer bereits eingeschlagenen Entwicklung handeln.

Ein weiterer Ausbau der sozialen Sicherung ist auch wichtig im Sinne der Stärkung der sogenannten »automatischen Stabilisatoren«, die bereits in der Vergangenheit in Phasen wirtschaftlicher Krisen zu einer Aufrechterhaltung der Kaufkraft und damit zu einer kurzfristigen Stabilisierung der Wirtschaft beigetragen haben.

16.3.2 Digitale soziale Sicherung

Die Erwerbstätigenversicherung Rente und die Bürgerversicherung Gesundheit und Pflege ließe sich einfach mit einem Modell digitaler sozialer Sicherung verknüpfen (vgl. Weber 2019). Grundgedanke ist, dass Plattformarbeitende vom Auftraggeber einen bestimmten Prozentsatz des vereinbarten Verdienstes auf ein persönliches Konto der digitalen sozialen Sicherung überwiesen bekommen. Das Kontensystem könnte entweder von einer internationalen Organisation wie der Internationalen Arbeitsorganisation (ILO) der Vereinten Nationen oder der Weltbank verwaltet und an die nationalen Sicherungssysteme transferiert werden. Alternativ wäre auch eine direkte Abführung an ein nationales System sozialer Sicherung möglich, vergleichbar der Abführung von Umsatzsteuer. In der Renten- und der Arbeitslosenversicherung könnten daraus Ansprüche generiert werden, welche der Höhe der eingezahlten (Mindest-)Beiträge entsprechen ggf. angehoben um steuerfinanzierte Zuschüsse zur Gewährleistung von mindestsichernden Leistungen (falls es gelingt, die Plattformen und Internetkonzerne einer gerechten Besteuerung zu unterziehen). Leistungen zur Kranken- und Pflegeversicherung könnten ebenfalls aus Mindestbeiträgen generiert werden ggf. durch Mittel aus Steuerzuschüssen ergänzt. Der Vorschlag sieht auch vor, dass Plattformen, welche diese Regelungen umgehen wollen, um Sozialdumping zu betreiben, auf dem Hoheitsgebiet des Landes in ihrem Angebot eingeschränkt würden.

16.3.3 Mindestsicherung

Traditionell ist das deutsche System der sozialen Sicherung stark auf den Erhalt des Lebensunterhalts bezogen und weniger auf Armutsvermeidung. Allerdings hat sich im Zuge der Einführung von Hartz IV die Angst vor Statusverlust verbreitet, da Arbeitnehmerinnen und Arbeitnehmer in der Regel bereits nach einem Jahr Arbeitslosigkeit auf die Grundsicherung verwiesen werden und jede Arbeit annehmen müssen unabhängig von deren Niveau und Qualität. In der Folge hat sich eine Diskussion um eine angemessene Mindestsicherung entwickelt, in deren Verlauf es zur Einführung des gesetzlichen Mindestlohns und später der Grundrente kam. Bei der Grundrente handelt es sich eher um die Anerkennung der Lebensleistung von langjährigen Versicherten mit geringen

Einkommen als um eine Mindestrente, welche der Armutsvermeidung dient. Dennoch wurde der Einstieg in eine Mindestrente vollzogen. Bei künftigen Reformen sollten die Systeme der Mindestsicherung im Arbeitsleben (Mindestlohn), bei Arbeitslosigkeit (Grundsicherung) und im Alter (Grundrente) besser aufeinander abgestimmt werden, so dass der Bezug der Mindestleistungen im Erwerbsleben und bei Arbeitslosigkeit auch zu einer Mindestrente qualifiziert.

Künftige Reformen der Grundsicherung in Deutschland sollten inspiriert durch die Debatte um das bedingungslose Grundeinkommen der Frage nachgehen, ob die Leistung in der Höhe tatsächlich dem soziokulturellen Minimum entspricht und somit eine Teilhabe am gesellschaftlichen Leben ermöglicht. Gegebenenfalls müssen Abstriche am Ziel einer Arbeit um jeden Preis gemacht werden zugunsten von guter Arbeit. Zudem sollte im Zuge einer Vereinfachung für die Leistungsbeziehenden der Weg eingeschlagen werden, Transferleistungen, die häufig zusammen bezogen werden wie Wohngeld, Kinderzuschlag und Maßnahmen der Arbeitsförderung in einer Leistung zu bündeln. Darüber hinaus sollte es den Leistungsbeziehenden möglich sein, durch Arbeit etwas hinzuzuverdienen, ohne gleich mit einem zu starken Entzug der Leistungen bedroht zu werden. Dies würde die Situation von Menschen im unteren Einkommensbereich erheblich entlasten (vgl. Bruckmeier/ Konle-Seidl 2019).

16.3.4 Lebensphasenorientierung und Arbeitsversicherung, flexible Übergänge in den Ruhestand

Wenn in Zukunft die Automatisierung menschliche Arbeitskraft erleichtert und zum Teil ersetzt, sollten die Zeitgewinne durch Automatisierung gerecht verteilt werden. Zum einen erfordert dies eine weitere Reduktion der wöchentlichen Arbeitszeit, welche unter Beibehaltung des bisherigen Wohlstandsniveaus möglich sein sollte. Zudem ist aufgrund einer stärkeren Hybridisierung von Lebensphasen eine stärkere Lebensphasenorientierung der sozialen Sicherung nötig.

Ein Ansatz könnten Arbeitszeitkonten in unterschiedlichen Varianten sein. Auf diesen Konten könnten Arbeitszeitgutschriften angespart werden, die für Unterbrechungen des Erwerbslebens verwendet werden können. Das IGZA (2018, 66–73) diskutiert drei Varianten: Individuelle Arbeitszeitkonten, auf denen Gutschriften angesammelt werden, die auch beim Wechsel des Arbeitgebers erhalten bleiben. Die zweite Möglichkeit wären solidarisch finanzierte Modelle, in welche Automatisierungsgewinne einfließen könnten. Eine weitere Variante sähe Startguthaben vor, die zu Beginn des Erwerbslebens in Anspruch genommen werden könnten. Möglich wäre auch die Verknüpfung mit einem Grundeinkommen, welches das Entgelt aus der durchschnittlichen Wochenarbeitszeit für das ganze Erwerbsleben garantieren könnte.

In eine ähnliche Richtung gehen Vorschläge zur Weiterentwicklung der Arbeitslosenversicherung zu einer Arbeitsversicherung. Es geht jedoch nicht um die Absicherung von Auszeiten, sondern von Zeiten der Fort- und Weiterbildung, welche mit zunehmender Digitalisierung noch häufiger als bisher in Anspruch genommen werden dürften. Ein Modell, das derzeit diskutiert wird, sieht die Einführung eines Weiterbildungsbudgets in Höhe von 26.500 Euro für jede anspruchsberechtigte Person über das gesamte Erwerbsleben hinweg vor. Zum versicherungspflichtigen Personenkreis gehören: Versicherungspflichtige aus der Arbeitslosenversicherung, Solo-Selbstständige, geringfügig entlohnte Beschäftigte, Leistungsempfänger_innen im SGB II oder SGB III sowie Nichterwerbstätige mit erwartetem Erwerbseintritt. Die Finanzierung würde über Steuermittel und Beiträge erfolgen und bezahlt werden würden Weiterbildungen mit anerkannten und qualifizierenden Abschlüssen. Neben Weiterbildungen könnten auch Lohnersatzleistungen in der Zeit der Weiterbildung gezahlt werden. Die Modellrechnung von Hans u. a. (2017) zeigen, dass die Einführung ohne zusätzliche Steuern, Ausgabenkürzungen oder höhere Schulden möglich wäre, weil den zu erwartenden Ausgaben Steuermehreinnahmen, Mehreinahmen in der Sozialversicherung und Minderausgaben aufgrund der Verminderung bestehender oder künftiger Arbeitslosigkeit gegenüberstehen.

Die bisherige Politik der Anhebung des gesetzlichen Renteneintrittsalters hat zu einer Prekarisierung des Renteneintritts geführt. Menschen, die früher in die Rente gehen wollen oder müssen, tun dies unter Inkaufnahme von deutlichen Abschlägen auf die Rentenleistung. Oder die Menschen, die es gesundheitlich nicht mehr bis zum Renteneintrittsalter schaffen, werden auf die Erwerbsminderungsrente verwiesen. Es gilt, folgendem Trend entgegenzuwirken: »Die Flexibilisierung und Deregulierung der Beschäftigungsverhältnisse hat im Zusammenhang mit anderen gesellschaftlichen Entwicklungen wie Individualisierungsprozessen, oder der Auflösung traditioneller Geschlechter- und Familienarrangements zu einer Destandardisierung der Erwerbsverläufe, zu einer Zunahme »atypischer« und prekärer Beschäftigungsverhältnisse sowie zu einer Verbreitung unstetiger Erwerbsbiografien geführt.« (Fröhler u.a. 2013, 592) Eine Flexibilisierung des Altersübergangs könnte ein wesentlicher Beitrag sein, flexible Erwerbsverläufe im Alter besser abzusichern. Eine ganze Palette von Maßnahmen kommt infrage (vgl. ebd., 595–634), die es teilweise schon gibt, die aber leichter zugänglich sein müssten:

Durch Zahlung von zusätzlichen Beiträgen für die Rentenversicherung, um Rentenabschläge besser ausgleichen zu können Teilrenten, welche nach der Reform des Teilrentenrechts 2017 flexibler als bisher bezogen werden können. Somit ist ein Teilrentenbezug neben einer Teilzeitbeschäftigung im Alter möglich.

Nicht zu verwechseln mit Altersteilzeit: Es handelt sich um ein Modell der Arbeitszeitverkürzung vor der Rente. Die verbleibende Arbeitszeit bis zur Rente wird halbiert und der Arbeitgeber stockt das reduzierte Gehalt auf und zahlt zusätzliche Beiträge zur Rente. Es gibt keinen gesetzlichen Anspruch, das Modell begünstigt eher besser gestellte Arbeitskräfte. Die weiter oben diskutierten Lebensarbeitszeitkonten könnten ebenfalls für den Altersübergang verwendet werden.

Bisher nur als Modell in der Diskussion sind flexible Anwartschaften: jeder Versicherte erhält zusätzliche Entgeltpunkte alle vier (alternativ fünf oder sechs) Beitragsjahre zugeschrieben. Ein Entgeltpunkt entspricht dabei einer Rentenanwartschaft, die aus einem durchschnittlichen Arbeitsverdienst erzielt wird. Mit den zusätzlichen Anwartschaften könnten Beitragslücken gefüllt, Zeiten mit unterdurchschnittlichem Verdienst ausgeglichen oder Rentenabschläge bei früherem Renteneintritt ausgeglichen werden.

Wer in den Genuss einer betrieblichen Altersversorgung kommt, hat die besten Chancen, den Rentenübergang finanziell abzusichern. Denn der Bezug einer vorgezogenen betrieblichen Altersrente ist günstiger im Vergleich zur Zahlung von Zusatzbeiträgen um Rentenabschläge bei der gesetzlichen Rente auszugleichen. Allerdings hängt die Übertragbarkeit bei Arbeitsplatzwechsel von einigen Voraussetzungen ab, so bspw. von der Art der Umsetzung der Betriebsrente. Ein weiteres Problem ist, dass es keine gesetzliche Verpflichtung auf betriebliche Altersversorgung gibt, obwohl es in der Vergangenheit Einschnitte in das Versorgungsniveau der gesetzlichen Altersrente gab, so dass diese nur noch einen wesentlichen Beitrag zur Erhaltung des Lebensstandards bietet. Künftige Reformen müssen daher eine befriedigende Antwort hinsichtlich eines Obligatoriums finden.

16.3.5 Alters- und alternsgerechtes Arbeiten

Um alternde Belegschaften bei steigenden Anforderungen im Hinblick auf die Anpassungsfähigkeit länger im Arbeitsleben halten zu können, ist eine breite Palette von korrektiven (betriebliche Mängel werden nach Identifizierung abgestellt), präventiven (Konzepte des Arbeits- und Gesundheitsschutzes werden bei der Arbeitsgestaltung berücksichtigt) und prospektiven Maßnahmen (bei der Planung und Überarbeitung von Arbeitsstrukturen werden Konzepte des Arbeits- und Gesundheitsschutzes herangezogen) nötig (vgl. BAUA 2017, 14).

Die Beschäftigten wünschen sich deutlich mehr Anstrengungen in Handlungsfeldern wie ergonomische Gestaltung des Arbeitsumfeldes, die Einbeziehung in betriebliche Weiterbildungsangebote, altersgemischte Teams, Angebote zur Gesundheitsvorsorge, die Beteiligung an betrieblichen Entwicklungs- und Veränderungsprozessen sowie Lebensarbeitszeitkonten. Zudem wünschen sie einen gezielten Einsatz von Älteren als Ausbilder und Berater im Unternehmen sowie Teilzeitangebote. Ein gutes Drittel wünscht sich zudem die Möglichkeit zu einem innerbetrieblichen Stellenwechsel. Allerdings bleiben Personalverantwortliche in den Unternehmen zum Teil weit hinter diesen Erwartungen zurück und äußern deutlich weniger Handlungsbedarf (vgl. BMAS 2013, 9).

Viele Betriebe kommen nicht einmal der gesetzlichen Verpflichtung zur Erstellung einer Gefährdungsbeurteilung nach, um zu ermitteln welche Maßnahmen zum Arbeitsschutz nötig sind. 2011 gaben 50,9 % der Betriebe an, Gefährdungsbeurteilungen durchzuführen, 2015 waren es 52,4 % (vgl. Sommer u. a. 2018, 4).

Für den Bereich von kleinen und mittleren Unternehmen und die Kreativwirtschaft hat sich gezeigt, dass besondere Beratungs- und Unterstützungsangebote für Erwerbstätige, die prekär abgesichert sind, hilfreich sein können. Daher sind betriebsübergreifende Angebote zur betrieblichen Gesundheitsförderung auszubauen, das könnte auch Beschäftigte in der Digitalwirtschaft unterstützen (vgl. Simon u. a.2011).

16.3.6 Digitale Dividende besser verteilen

»In dem Maße, wie die Automatisierung in Industrie und Dienstleistung, zur Folge hat, dass Menschen durch Maschinen und Software ersetzt werden, stellt sich vor allem die Frage, wie die dadurch entstehenden Produktivitätsgewinne verteilt werden.« (BMAS 2015, 44) Dass die »Roboter-Dividende« (Oxford Economics 2019, 6–7) besser verteilt werden muss, darüber besteht Einigkeit. Doch der Weg ist mühsam. Der Versuch der EU-Kommission eine Steuer auf die Geschäfte von Internet-Unternehmen zu erheben, ist gescheitert, auch aus Angst, die USA könnten mit Gegenmaßnahmen reagieren (vgl. Handelsblatt 6.3.2019). Bislang hat Frankreich im Alleingang die GAFA-Steuer (Google, Amazon, Facebook, Apple) eingeführt, die insgesamt rund 30 Digitalkonzerne betrifft, darunter Airbnb, Uber, Instagram, Ebay, Microsoft, Twitter und Wish (vgl. Handelsblatt, 11.7.2019).

Neben einer Besteuerung von Datenflüssen wäre auch eine veränderte Bemessung der Sozialversicherungsbeiträge denkbar, wie bspw. im Konzept der Bürgerversicherung vorgesehen, in dem alle Einkommen zur Verbeitragung herangezogen werden. Etwas weiter geht der Vorschlag einer Wertschöpfungsabgabe, die als Grundlage für die Beiträge zur Sozialversicherung von Unternehmen nicht die Löhne, sondern die gesamte Wertschöpfung und damit auch Kapitalgewinne berücksichtigt. Weitere Vorschläge sind die Veränderung der Eigentumsverhältnisse in der Digitalwirtschaft, indem die Menschen zu Eigentümer ihrer Daten erklärt werden für deren Nutzung ein Entgelt entrichtet werden müsse. Zudem gibt es Vorschläge die Mitarbeitenden in der Digitalwirtschaft an den Unternehmen zu beteiligen, was die Diskussion um eine Demokratisierung der Wirtschaft wiederaufleben lassen könnte. Es gibt an dieser Stelle nicht den Königsweg, aber es wäre wichtig, eine gesellschaftliche Debatte anzustoßen, wie eine gerechtere Verteilung der digitalen Dividende erreicht werden könnte, damit alle davon profitieren und nicht nur eine Handvoll Internetgiganten.

16.4 Ausblick: Für eine europäische Sozialpolitik

Eine Diskussion um die Zukunft der sozialen Sicherung kommt nicht an der Frage einer stärkeren Europäisierung derselben aus. Die Entscheidung, eine gemeinsame Währung einzuführen ohne die Wirtschafts- und Sozialpolitik zu harmonisieren, hat bislang zu sozialen Verwerfungen geführt. Länder im europäischen Süden können ihre Währungen nicht mehr durch Abwertungen verbilligen, die einzige Chance die sie haben, um wettbewerbsfähig zu bleiben ist, Dumping bei Löhnen und Sozialleistungen zu betreiben.

Aber bislang ist die Sozialpolitik größtenteils weiterhin in der Verantwortung der jeweiligen Mitgliedsstaaten und die Neigung dies zu ändern, ist nicht besonders groß. Das zeigt auch die Diskussion um eine europäische Arbeitslosenversicherung. Der Vorschlag sieht vor, dass die Beschäftigten der Mitgliedsstaaten einen Teil des Arbeitslohns in eine gemeinsame Sozialversicherung zahlen und im Falle von konjunkturbedingter, kurzer Arbeitslosigkeit eine Leistung erhalten, die vom jeweiligen Land entsprechend ergänzt und aufgestockt werden könnte (vgl. DIW 2014). Ein solches Instrument hätte nicht nur eine sozialpolitische, sondern auch und vor allem eine konjunkturpolitische Wirkung, da Wirtschaftsabschwünge abgedämpft werden können (vgl. Dullien 2014, 4). Kaum hatte der scheidende Kommissionspräsident Anfang 2019 die Forderung nach einer europäischen Arbeitslosenversicherung erhoben, sah sich die Kommission zu einer Klarstellung genötigt (vgl. Europäische Kommission 2019). Das böse Wort von der »Transferunion« machte wieder die Runde.

Globalisierung, Digitalisierung, Klimawandel und starke Flüchtlingsbewegungen machen nicht an Landesgrenzen halt. Deshalb bedarf soziale Sicherung der grenzüberschreitenden Solidarität. Es ist an der Zeit, gemeinsame Standards für Beschäftigte in Europa zu formulieren, um den Wettbewerb um niedrige Löhne und Sozialstandards zu beenden. Zudem müssen die Maßnahmen zu einer Koordinierung der sozialen Sicherungssysteme modernisiert werden und zwar im Sinne einer Verbesserung gemeinsamer sozialer Standards. Zu verbessern ist auch die grenzüberschreitende Mobilität und es bedarf einer gemeinsamen europäischen Antwort im Hinblick auf die Folgen der Digitalisierung für den Arbeitsschutz (vgl. BMAS 2017, 182–184). Auch Investitionen in Bildung könnten als erweiterte Sozialpolitik angesehen werden; die Corona-Krise hat wie ein Brennglas gezeigt, wie hoch der Nachholbedarf im Hinblick auf mehr Bildungsgerechtigkeit ist; auch hier wären gemeinsame europäische Initiativen denkbar. Ein in diesem Sinne wirklich soziales Europa wird auch in der Lage sein, geschwundenes Vertrauen in der Bevölkerung wieder zu erwecken.

Teil IV

Verantwortung der Wissenschaft

Klaus Peter Kratzer, Jasmin S. A. Link,
Frank Schmiedchen, Heinz Stapf-Finé

Der Gründungsimpuls der Vereinigung Deutscher Wissenschaftler e. V. (VDW) war der Appell an alle Wissenschaftler*innen der Welt, sich ihrer Verantwortung in Forschung und Lehre, vor allem aber der aus ihren Forschungsergebnissen resultierenden Anwendungen bewusst zu sein. Das Gründungsmotiv der Technikfolgenabschätzung bezog sich 1957 primär auf die Anwendung von Atomwaffen und wurde im Laufe der Jahrzehnte um weitere relevante Wissenschaftsfelder erweitert. Neben der Friedens- und Sicherheitspolitik waren es vor allem Forschungsarbeiten und internationale Verhandlungen zu Energie, Klima, biologische Vielfalt und Biotechnologie, in denen die VDW aktiv war und ist.

Seit 2017 ist der große Bereich der Digitalisierung hinzugekommen. Heute wenden wir uns als VDW mit diesem Kompendium an Sie, um gemeinsam mit Ihnen über mögliche Risiken der weiteren Digitalisierung nachzudenken. Das Buch hat zahlreiche fundierte Gründe zusammengetragen, die unsere Forderung nach umfassenden Technikfolgenabschätzungen der weiteren Digitalisierung, Vernetzung und Entwicklung Künstlicher Intelligenz wissenschaftlich untermauern.

In Wiederholung der Grundaussage der VDW stellen wir fest, dass wissenschaftliche oder technische Machbarkeit nicht automatisch Sinnhaftigkeit implizieren. Wie wir heute und in Zukunft leben wollen, haben wir damit natürlich nicht abschließend klären können. Vielmehr ist dieses Kompendium ein wissenschaftliches Werkzeug für Lehre, Eigenstudium und weitere Diskussionen. Die vorliegende kompakte Gesamtschau unterschiedlicher Forschungsergebnisse und Forschungsfragen liefert umfassend Argumente für weitere Überlegungen. Die verschiedenen fachspezifischen Blickwinkel bereichern gemeinsam in ihrer Transdisziplinarität die laufende gesellschaftliche Diskussion zu möglichen gesellschaftlichen Folgen des wachsenden digitalen Technologieeinsatzes und können dazu beitragen, neues Denken zu begründen. So können erstrebenswerte Entwicklungen möglicherweise befördert und gesellschaftlich weniger wünschenswerte Szenarien umschifft werden. Entsprechend laden wir Sie ein, miteinander und mit uns – der VDW – darüber zu diskutieren.

Jetzt wollen wir die Vielzahl an Perspektiven, die das Buch bietet, miteinander verzahnen und eine Argumentationskette von Kapitel zu Kapitel verdichten.

Wir haben gezeigt, dass die Erfassung und Nutzbarmachung von Daten für begründete, politische und wirtschaftliche Entscheidungen geschichtlich nichts Neues ist (1. Kapitel). Aber schon die Frage, welche Daten wie, von wem und zu welchem Zweck erhoben und in einen Zusammenhang gebracht werden, hat uns einen ersten Fingerzeig gebracht, dass die zum Teil bewusst geschaffenen und zum Teil indirekt vorhandenen Abhängigkeiten (3. Kapitel) sich ohne korrigierende Eingriffe immer weiter verfestigen und tendenziell zu einer Verringerung möglicher Zukunftsalternativen führen.

Technikphilosophisch müssen wir das weiterdenken: Auch, wenn für einen abstrakten Algorithmus keine normengebundene Bewertung vorgesehen ist, ist der Einsatz von Technologien nicht wertfrei. Der Einsatzkontext entsteht u. a. durch die Einbettung in gesellschaftliche und ökonomische Zusammenhänge und deren Werte und Normen (4. Kapitel). Diese müssen aber das Resultat gesellschaftlicher Auseinandersetzungen sein und nicht das zufällige Ergebnis numerischer oder logischer Algorithmen.

Zwar zeigt unsere Darstellung der technischen Grundlagen (2. Kapitel), dass die überschwänglich-euphorischen Interpretationen des heutigen Forschungsstands zu KI im Hinblick auf die Erzeugung einer Singularität alles andere als zwingend sind, aber die innovationsgeschichtliche Entwicklung der letzten 600 Jahre lehrt uns, das heute kaum möglich Scheinende als Alltagsroutine von morgen zu begreifen. Dies umso mehr, berücksichtigt man, welche Protagonisten mit welchen finanziellen und intellektuellen Ressourcen und ethisch fragwürdigen Geschäftsmodellen diese Entwicklung derzeit massiv betreiben, einschließlich derer, die sich in die Unsterblichkeit eines in die Cloud hochgeladenen Bewusstseins träumen (5. Kapitel). Spätestens wenn posthumanistische Vorstellungen vorangetrieben werden, die im Sinne der Pfadabhängigkeit (3. Kapitel) schleichend dazu führen die Menschlichkeit zu verdrängen (4. Kapitel), diese durch eine Technikeuphorie und Technikabhängigkeit zu ersetzen und in letzter Konsequenz die schleichende Abschaffung der Menschheit aus Überzeugung oder eine Vernichtung der Menschheit durch eine Singularität zumindest billigend in Kauf nehmen (5. Kapitel), wird es Zeit, dass Politik und kritische Öffentlichkeit aktiv gegensteuern.

Unsere Ausführungen zu Maschinenrechten (6. Kapitel) zeigen, dass es bereits erste Versuche im politischen Raum gibt, Maschinen mit KI-Algorithmen einen Rechtsstatus zuzusprechen. Hinsichtlich der Frage, ob Maschinen natürliche Personen sein können, können wir in Ruhe den Prozess um »Commander Data« abwarten und Jean-Luc Picards Plädoyer in einer fernen Zukunft lauschen (Snodgrass, 1989). Bis dahin lautet unsere Antwort: Nein! Hinsichtlich der Frage, ob Maschinen theoretisch eine juristische Person sein können, ist die Antwort hingegen: Ja! Aber die sich sofort anschließenden Fragen lauten: Ist das auch klug? Welche Konsequenzen hat es vor allem für Verantwortungs- und Haftungsfragen? Wenn eine Maschine zukünftig für »Entscheidungen« haftbar (7. Kapitel) gemacht werden soll, kann dies nur dann der Fall sein, wenn sie zuvor einen Rechtstatus bekommen hat, mit dem dann die Haftung verknüpft werden kann. Gleichzeitig würde ein entsprechender Rechtsrahmen die Unternehmen, die die Maschinen gebaut haben, oder die Personen, die die Maschinen einsetzen, formal aus der Haftung entlassen. Die Konsequenzen aus solchen Maschinenrechten müssen sowohl juristisch als auch technikphilosophisch frühzeitig untersucht werden (4. und 7. Kapitel).

Dies macht vor allem das Beispiel militärischer Anwendungen deutlich (10. Kapitel). Spätestens seit Marc-Uwe Kling haben wir eine leichte Ahnung davon, was es bedeuten könnte, wenn in kriegerischen Auseinandersetzungen zwischen völlig autonomen tödlichen Waffensystemen ein Trigger einen Trigger triggert (Kling, 2020): 50 Millionen Tote!

Deshalb ist es so wichtig, Maschinen auch weiterhin rechtlich als Werkzeuge des Menschen einzuordnen, damit zumindest die Chance auf ein Gewissen und Menschlichkeit, also ethisches Handeln der Situationsbewertung und anschließenden Handlung zugrunde liegt (4. und 6. Kapitel).

Damit das Risiko, dass Maschinen oder Algorithmen Schäden verursachen, minimiert wird, werden auch für Prozesse und Produkte der Digitalisierung und Vernetzung und KI technische Standards und Normen entwickelt (8. Kapitel). Diese freiwillige Selbstregulierung der Wirtschaft legt Routinen und Kontrollen fest und etabliert einen gemeinsamen technischen Handlungsrahmen. Damit werden existierende Normen notiert und eine Vereinheitlichung von Standards an Schnittstellen moderiert. Normensetzende Organisationen fördern die Einführung und teilweise sogar indirekt die Entwicklung von digitalen Produkten und Technologien und ebnen ihnen einen reibungsarmen Weg in die Märkte. Das klingt einerseits sehr effizient, denn einmal etablierte unterschiedliche Standards anzugleichen, ist gesellschaftlich viel schwieriger und ökonomisch viel teurer als von vornherein gemeinsame Standards zu entwickeln und anzuwenden. Jedoch gibt es durch die beschleunigten Normungsprozesse im Zusammenhang mit der Digitalisierung Tendenzen, dass die gesellschaftskonformen privaten bottom-up-Normungen eine wirtschaftspolitische top-down-Wirkung entfalten (siehe 8. Kapitel).

Wie im 8. Kapitel verdeutlicht, werden durch abseits der Öffentlichkeit stattfindende »technische« Verhandlungen zwar Kompromisse zwischen den beteiligten Wirtschaftsakteuren gefördert, aber auch eine offene gesellschaftliche Auseinandersetzung mit den Themen umgangen. Das bedeutet im Ergebnis: Normensetzende Organisationen legen heute fest, was morgen unreflektierter Alltag ist. Noch problematischer ist es, wenn ein Unternehmen mit quasi Monopolstellung faktisch einseitig festgelegte Standards und Schnittstellen am Markt durchsetzen kann. Das führt bei vielen Menschen zu Gefühlen der Alternativlosigkeit gegenüber bestimmten digitalen Angeboten.

Die disruptiven Veränderungen, die die vierte industrielle Revolution in den Sphären Wirtschaft, Arbeit und Soziales auslöst (14., 15. und 16. Kapitel) zeigen einerseits die »normalen« Verwerfungen eines grundlegenden Strukturwandels. Zum anderen aber löst dieser Strukturwandel epochale Verschiebungen im geostrategischen Status Quo aus. Die technologisch führenden Regionen der Erde erhöhen ihren wirtschaftlichen Vorsprung drastisch gegenüber den Schwellen- und Entwicklungsländern. Das zu erwartende, umfangreiche Reshoring wird gewaltige Verwerfungen in den internationalen Wertschöpfungsketten (und damit Lieferketten) verursachen. Die Konzentration der Produktion auf die drei Großregionen Nordamerika, Ost-/Südostasien und Europa wird mit großer Wahrscheinlichkeit zu einer drastischen Umverteilung des Wohlstands aus den Entwicklungsländern und den meisten Schwellenländern in die drei Regionen der Technologie-Champions führen (14. Kapitel). Ungeklärt ist, ob und inwieweit damit eine Verdrängung kleiner und mittlerer Unternehmen einhergeht.

Die Reregionalisierung der Produktion hat aber auch das Potenzial, umweltfreundlichere Produktionsmuster hervorzubringen und könnte den gesellschaftlichen

Zusammenhalt in den Industrieländern fördern (13. Kapitel). Dafür ist aber eine am Gemeinwohl orientierte Wirtschafts- und Sozialpolitik erforderlich, die die Weiterentwicklung und Anpassung von Institutionen, ihren Strukturen und Prozessen erfordert. Das wirft politisch äußerst relevante Fragen auf:

- Wie können Monopole und Oligopole verhindert und eine resiliente, wettbewerbsorientierte Wirtschaftsstruktur, bestehend aus privaten Unternehmen unterschiedlicher Betriebsgröße, öffentlichen Unternehmen, traditionellen und neuartigen Genossenschaften sowie anderen innovativen Unternehmensformen gesichert und weiterentwickelt werden?
- Wie können Digitaldividenden abgeschöpft und wie gesellschaftlich sinnvoll verwendet werden?
- Wie kann die noch erforderliche menschliche Arbeit so organisiert werden, dass sie individuellen Stress gegenüber heutigen Arbeitsverhältnissen verringert, die Vereinbarkeit von individueller (auch psychologischer und spiritueller) Entwicklung, Familie, gesellschaftlichem Engagement, Weiterbildung und Kreativität mit einem fordernden Berufsleben in Einklang bringt?
- Wie sieht in einer solchen Wirtschafts- und Arbeitswelt ein gerechtes, effektives und effizientes Sozialsystem aus?
- Wie kann der trotz wachsender Energieeffizienz schnell zunehmende Energiehunger digitaler Systeme (v. a. blockchain, streaming, data mining und Training von KI-Systemen) gestoppt werden?
- Wie können digitale Wirtschaftsketten und -kreisläufe resilient gegenüber hacking und transparent und sicher gestaltet werden?

Entgegen den progressiven Möglichkeiten besteht ein begründeter Verdacht, dass in den vernetzten, digitalen Produktionsabläufen der Mensch zum peripheren Hilfsmittel eines effizienten maschinenorientierten Systems wird (14. Kapitel) und bereits angelaufene Rationalisierungswellen nicht automatisch kompensiert werden. Im Gegensatz zu früheren Rationalisierungswellen trifft diese in erster Linie Menschen mit mittlerem Bildungsabschluss und Büroarbeit im weitesten Sinne (15. Kapitel). Damit werden erstmals seit Mitte des 19. Jahrhunderts vor allem Arbeitsplätze wegrationalisiert, die überwiegend von Frauen besetzt werden.

Im Ergebnis ist es also zu erwarten, dass ohne vernünftige, politische Steuerung, aufgrund der fortschreitenden Digitalisierung, Vernetzung und KI soziale Ungleichheiten national tendenziell und international mit sehr hoher Wahrscheinlichkeit wachsen werden, wodurch sich verstärkte oder neue gesellschaftliche Spannungen und soziale Konflikte ergeben können.

Eine weitere Herausforderung ist der Mangel an Transparenz bei KI-gestützten Systemen. Auch und gerade Führungskräfte verlieren die Möglichkeit, zu überprüfen, auf Grundlage welcher Berechnungen, die KI agiert. Das Werkzeug entspricht also einer Blackbox, die sich einer Analyse ihrer Entscheidungsprinzipien vollkommen entzieht. Die für das Trainieren der KI verwendeten Trainingsdaten können theoretisch noch ermittelt werden. Der diese Daten verarbeitende Quellcode dürfte aber in den wenigsten Fällen offengelegt werden. Es entfällt die Kontrollmöglichkeit, ob die einzelnen Schritte der KI den Anforderungen und Absichten des Anwenders entsprechen.

Da also weder der Anwender der KI, noch der programmierende Informatiker die Schritte des Algorithmus vollständig verstehen, ist die Wahrscheinlichkeit sogar äußerst gering, dass die KI in allen denkbaren Situationen den Anforderungen oder Absichten des Anwenders entspricht. Schöner formuliert kann das als explorative Vorgehensweise beschrieben werden: Man nimmt einen Datensatz und lässt einen Algorithmus, dessen Funktionsweise nicht vollständig nachvollzogen werden kann, mit dem Datensatz arbeiten und schaut, ob das, was dabei herauskommt, brauchbar ist oder nicht. So wurde zum Beispiel festgestellt, dass solche Algorithmen, wenn sie mit genügend Datenmaterial versorgt wurden, Ähnlichkeiten in Datensätzen feststellen können. Jeder weitere Datensatz kann dann eingeordnet werden. Und Ähnlichkeiten zu den bisherigen Datensätzen können aufgezeigt werden.

Wie kann also z. B. die Anwendung einer KI in der Radiologie bewertet werden? Sollten Mediziner verpflichtet werden, alle ihnen möglichen Werkzeuge, darunter auch ein Einsatz von KI-Anwendungen zu nutzen, da die KI in kürzerer Zeit und wesentlich präziser und komplexer eine neue Bildgebung mit sämtlichen vorher eingelesenen Daten vergleichen kann? Leitet sich hieraus für Patienten ein ethischer Anspruch auf die Verwendung einer KI ab, um im Zusammenwirken mit anderen neuen Verfahren (z. B. mRNA-Technologie) maßgeschneiderte Therapiepläne zu entwickeln? (12. Kapitel)

Das Problem daran ist, dass auch KIs Fehler machen, die nachträglich durch Menschen korrigierbar sein müssen. Menschen müssen die Fehler erkennen und ausgleichen, einen Einsatz von KI als Werkzeug – wenn notwendig – nachjustieren oder umprogrammieren, so dass die Qualität am Ende gleichbleibend zufriedenstellend ist. Solange kein Mensch »versteht«, wie die konkrete KI funktioniert, ist ein erfolgreiches Nachjustieren unmöglich.

Mit besonderem Druck wird seit Ausbruch der Covid19-Pandemie an der Digitalisierung im Bildungsbereich gearbeitet (11. Kapitel). Dabei wird offenbar nicht vorher hinterfragt, ob dies den pädagogischen Erfahrungen zur kindlichen Entwicklung entspricht oder gar widerspricht, also beispielsweise, ab welcher Altersstufe und wann genau die Nutzung digitaler Medien im Unterricht sinnvoll ist, an welcher Stelle es hierzu (effektivere oder möglicherweise auch kostengünstigere) Alternativen gäbe und wo eine quantitative Erhöhung digitaler Nutzung an Schulen zu messbar schlechterem Lernerfolg und vor allem zur Gesundheitsschädigung bei Kindern führt! Eine oktroyierte Digitalisierung der Schulen ohne die Beantwortung der im 11. Kapitel aufgeworfenen Fragen und ohne vorherigen Aufbau von Medienkompetenzen bei Eltern und Schülern wird den Kindern nach vorliegenden Erfahrungen mehr Schaden zufügen als nützen.

Damit verbunden ist ein Problem, das auch bei Jugendlichen und Erwachsenen auftreten kann: Bereits erlernte Fähigkeiten, Fertigkeiten und Kenntnisse, die durch digitale Geräte und Programme ersetzt werden, können dadurch verlernt werden. Es ist sogar an Veränderungen im Gehirn erkennbar, dass zum Beispiel durch eine intensive

Nutzung eines Navigationssystems, die eigene Fähigkeit zur räumlichen Orientierung abgebaut wird (vgl. McKinley, 2016, S. 573ff.). Auf das Beispiel des Radiologen angewendet bedeutet dies, dass die regelhafte Verwendung von KIs in der Bilderkennung die Fähigkeiten der Mediziner reduzieren, auf einem medizinischen Bild z. B. einen Tumor zu erkennen. Im Ergebnis wird riskiert, dass durch den Einsatz einer fehleranfälligen Technologie die Fähigkeiten kompetenter Mediziner abgebaut werden. Wenn eine robuste Technikfolgenabschätzung zu einem solchen Ergebnis käme, müsste man dann nicht aus ethischen Gründen (und Kostengründen) diesen spezifischen Einsatz einer KI verbieten?

Hier ist der Punkt erreicht, an dem das Vorsorgeprinzip (precautionary principle) greift. Wenn die Funktionsweise einer KI nicht nachvollziehbar ist und ihre Programmierung oder Nutzung mit einer nicht bestimmbaren Wahrscheinlichkeit zu in Art oder Umfang nicht vorhersagbar Gefahren führen kann, dann ist ihre Programmierung oder Nutzung so lange zu untersagen, bis belastbares Wissen über ihr Risikopotential verfügbar ist.

Betrachtet man zum Beispiel die Entwicklung von automatisierten Waffensystemen (10. Kapitel), dann muss die nicht verhinderbare Fehleranfälligkeit z. B. von KI-gesteuerten, bewaffneten Kleindrohnenschwärmen mit Bezug auf die Einhaltung des Völkerrechts dazu führen, die weitere Entwicklung solcher Waffen zu verbieten und sie als Massenvernichtungswaffe einzustufen.

Technikfolgen und Sicherheitsfragen adressierende Grundlagenforschung, vor allem im Hinblick auf die Maschine-Maschine-Interaktion im Speziellen und die Maschine-Umwelt-Interaktion im Allgemeinen, gibt es bisher nur in Ansätzen. Es besteht jedoch ein erheblicher öffentlicher Forschungsbedarf, der mit den erforderlichen finanziellen Mitteln ausgestattet werden muss. Forschungsprozesse müssen hinsichtlich Risikofolgeabschätzung, gesellschaftlichen Interdependenzen und zukünftigen Entwicklungsschritten anwendungsorientiert und begleitend zur technischen Entwicklung gestaltet und intensiv vorangetrieben werden.

Die hierfür benötigte Forschungsförderung muss inter- und transdisziplinäre Grundlagenforschung vor allem hinsichtlich möglicher technischer Designs sowohl spezifisch als auch übergreifend auflegen. Ziel muss auch sein, für den technischen Designprozess konkrete Disziplin-übergreifende Richtlinien, inkl. der Programmierung und Technik, zu entwickeln. Kooperationen und formalisierte, transdisziplinäre wissenschaftliche Kommunikationsprozesse in Forschung und Lehre können dabei eine rasche Durchdringung, gegenseitige Befruchtung und öffentliche Verbreitung des gewonnenen Wissens befördern.

Entscheidungsträger und Multiplikatoren müssen mit relevanten, wissenschaftlich fundierten Informationen zu möglichen Folgen neuer digitaler Techniken vertraut gemacht werden. Es bedarf erheblicher Anstrengungen, um die erforderlichen Informationen aufzuarbeiten und in den einschlägigen Foren zu diskutieren. Entscheidungsträger müssen in die Lage versetzt werden, informierte Entscheidungen zu treffen. Wir wollen dazu beitragen, die notwendigen Diskussionen und Verhandlungen anzustoßen, um denkbare Gefahren der fortschreitenden Digitalisierung, Vernetzung und KI effektiv zu verhindern, oder wo das nicht möglich (nötig) ist, weitestgehend zu minimieren. Dabei ist zu berücksichtigen, dass ein Großteil der F&E-Aktivitäten nicht unter staatlicher Kontrolle und in einem globalen Wettbewerb stattfinden und auch militärisch orientierte Forschung zumindest nur begrenzt demokratischer Kontrolle unterliegt.

Wie für alle Felder von Forschung und Entwicklung gilt auch für die weitere Entwicklung der Digitalisierung, vor allem von KI, dass sie, ebenso wie wir Menschen, normativen Prinzipien (ethischen und rechtlichen) folgen muss. Es bedarf daher kodifizierter Regeln, die alle einschlägigen rechtlichen Aspekte auf allen einschlägigen Rechtsebenen umfassen (freiwillige Selbstverpflichtung, Verwaltungsvorschriften, Gesetze, Verfassungsartikel, multilaterale Abkommen mit Durchsetzungsmechanismen), einschließlich Verboten oder Moratorien. Normungen müssen einerseits innerhalb der jeweiligen Anwendungskontexte, anderseits darüber hinaus gesamtgesellschaftlich erfolgen. Das beinhaltet auch die Forderung, das Vorsorgeprinzip dort rechtlich weiterzuentwickeln, wo dies im Sinne einer umfassenden Gefahrenabwehr erforderlich ist. Da die Ausarbeitung international gültiger und mit Durchsetzungsinstrumenten ausgestatteter Rechtssysteme eher Jahrzehnte denn Jahre braucht, müssen Arbeiten hierzu unverzüglich begonnen werden.

Es bedarf effektiver staatlicher (und multilateraler) Strukturen und Sanktionsmechanismen, um sicherzustellen, dass digitale Produkte und Prozesse jederzeit kontrollierbar sind. Dies gilt für alle Phasen von Forschung, Entwicklung und Anwendung. Vor allem Markteinführungen dürfen erst nach Abschluss hinreichender Sicherheitsbewertungen erfolgen. Hierbei sind beispielsweise umfangreiche Prüfungen in lebensnahen Szenarien notwendig. Technische Expertise ist dabei unterstützend erforderlich, darf aber ebenso wenig wie betriebswirtschaftliche Interessen maßgeblichen Einfluss in Regulierungsfragen haben. Auch bedarf es einer technisch informierten, umfassenden, weltweit funktionierenden, demokratischen Kontrolle von Forschung und Entwicklung in diesem Bereich. Darüber hinaus sind ergänzend ethische Selbstverpflichtungen in Forschung, Entwicklung und Anwendung erforderlich.

Für Entwicklung und Einsatz jeglicher KI gilt darüber hinaus: Grundvoraussetzung ist die unwiderrufliche Programmierung ethischer Prinzipien, die in allen vorstellbaren Operationsmodi funktional bleiben. In Situationen, in denen dies dennoch nicht (mehr) gewährleistet ist und menschliches Eingreifen erforderlich ist, um Schaden zu verhindern, müssen alle erforderlichen Aktionen jederzeit zeitgerecht und möglichst vorbeugend möglich sein. Diese Forderung kann durchaus dazu führen, dass bestimmte Methoden der KI nicht oder nur bedingt zum Einsatz kommen können und demgemäß bewusst auf sie verzichtet wird.

Die wichtigste Leitlinie muss dabei sein, dass KI unter keinen vorstellbaren Umständen einem Menschen Schaden zufügen kann. Dies entspricht den Robotergesetzen von Isaac Asimov und ist unbedingte Voraussetzung für »Nützlichkeit« der KI. Asimov selbst charakterisiert seine Gesetze als notwendig aber nicht hinreichend. Ethische Prinzipien für Algorithmen sind auch deshalb zumindest problematisch, da diese keine

»Ich-Persönlichkeit« haben, die die Erfahrung von Geburt, Freude, Schmerz, Krankheit und Tod haben kann. Sollte dies eines Tages doch geschehen, würden wir ganz anderen Herausforderungen gegenüberstehen.

Die vor uns liegenden Aufgaben lassen sich nur gemeinsam bewältigen. Wir bieten deshalb allen unsere Unterstützung an, die bereit sind, die Chancen und Möglichkeiten der Digitalisierung nur so weit und in der Art und Weise zu nutzen, wie es nicht menschliche Gesundheit, Leben oder die Umwelt gefährdet oder dem Gemeinwohl schadet. Unterhalb der Schwelle existentieller Risiken wird es berechtigterweise eine intensive, gesellschaftliche und politische Auseinandersetzung darüber geben müssen, was dem Gemeinwohl nutzt, was ihm zumindest nicht schadet und was als schädlich anzusehen ist.

Wir freuen uns auf die gemeinsame Arbeit!

Literaturverzeichnis

Einleitung: Wer handeln will, muss Grundlagen und Zusammenhänge verstehen

Barrat, James (2013): Our Final Invention. New York

Becker, Philipp von (2015): Der neue Glaube an die Unsterblichkeit. Transhumanismus, Biotechnik und digitaler Kapitalismus. Wien

Fourest, Carone (2020): Generation Beleidigt. Von der Sprachpolizei zur Gedankenpolizei. Berlin

Hamilton, Isabel Asher (2019): Inside the science behind Elon Musk's crazy plan to put chips in people's brains and create human-AI hybrids. Verfügbar unter: https://www.businessinsider.de/international/we-spoke-to-2-neuroscientists-about-how-exciting-elon-musks-neuralink-really-is-2019-9/?r=US&IR=T (zuletzt 12.6.2021)

Kastner, Jens/Susemichel, Lea (2020): Identitätspolitiken: Konzepte und Kritiken in Geschichte und Gegenwart der Linken. Münster

Kelly, Grace (2021): Elon Musks Neuralink plant noch in diesem Jahr die Implantation von Chips beim Menschen. Verfügbar unter: https://www.msn.com/de-de/finanzen/top-stories/elon-musks-neuralink-plant-noch-in-diesem-jahr-die-implantation-von-chips-beim-menschen/ar-BB1fK6Dp

Musk, Elon (2021): https://www.youtube.com/watch?v=rsCul1sp4hQ und https://twitter.com/elonmusk/status/1380313600187719682?ref_src=twsrc%5Etfw%7Ctwcamp%5Etweetembed%7Ctwterm%5E1380336699847233537%7Ctwgr%5E%7Ctwcon%5Es2_&ref_url=https%3A%2F%2Fwww.businessinsider.com%2Felon-musk-predicts-neuralink-chip-human-brain-trials-possible-2021-2021-2 (zuletzt 12.6.2021)

Puschmann, Cornelius/Fischer, Sarah (2020): Wie Deutschland über Algorithmen schreibt – Eine Analyse des Mediendiskurses über Algorithmen und Künstliche Intelligenz (2005–2020). Gütersloh

Schwab, Klaus und Mallert, Thiery (2020): The Great Reset. World Economic Forum. Köln/Genf

Wagenknecht, Sahra (2021): Die Selbstgerechten – Mein Gegenprogramm – für Gemeinsinn und Zusammenhalt. Frankfurt/Main

Kapitel 1: Datafizierung, Disziplinierung, Demystifizierung

Bentham, Jeremy. (2013): Panoptikum Oder Das Kontrollhaus. Orig. 1791. Berlin.

Bernoulli, Christoph (1841): Handbuch der Populationistik. Stettin.

Bourne, Charles (1963): Methods of Information Handling. New York.

BVerfG (Bundesverfassungsgericht) (1983): Volkzählungsurteil vom 15.12.1983 — 1 BvR 209/83, 1 BvR 269/83, 1 BvR 362/83, 1 BvR 420/83, 1 BvR 440/83, 1 BvR 484/83.

CCC (Chaos Computer Club) (1998): Hackerethik. http://dasalte.ccc.de/hackerethics?language=de. (1.4.2021)

Coy, Wolfgang et al., Hrsg. (1992): Sichtweisen Der Informatik. Braunschweig/Wiesbaden.

Criado-Perez, Caroline (2020): Unsichtbare Frauen. Wie eine von Daten beherrschte Welt die Hälfte der Bevölkerung ignoriert. München.

EUCOM (Europäische Kommission) (2020a): Proposal for a Regulation of the European Parliament and of the Council on European data governance (Data Governance Act), COM/2020/767 final, 25.

November 2020. https://eur-lex.europa.eu/legal-content/EN/ALL/?uri=CELEX:52020PC0767 (01.04.2021)

EUCOM (Europäische Kommission) (2020b): Impact Assessment Report Accompanying the Document Proposal for a Regulation of the European Parliament and of the Council on European data governance (Data Governance Act), COM/2020/767 final, 25. November 2020. https://ec.europa.eu/newsroom/dae/document.cfm?doc_id=71225. (1.4.2021)

Foucault, Michel (1975): Surveiller et punir. Naissance de la prison. Paris.

Klein, Jürgen/Giglioni, Guido (2020): »Francis Bacon«, In: The Stanford Encyclopedia of Philosophy (Fall 2020 Edition), Edward N. Zalta (ed.). https://plato.stanford.edu/archives/fall2020/entries/francis-bacon/. (1.4.2021)

Knaut, Andrea (2017): Fehler von Fingerabdruckerkennungssystemen Im Kontext. Disssertation an der Humboldt-Universität zu Berlin. https://edoc.hu-berlin.de/handle/18452/19001 (1.4.2021)

Leibniz, Gottfried Wilhelm (1685): Entwurf gewisser Staatstafeln. In: Politische Schriften I, hrsg. v. Hans Heinz Holz, Frankfurt am Main, 1966, S. 80–89.

Michie, Donald (1961): Trial and Error. In: Barnett, S.A., & McLaren, A.: Science Survey, Part 2, 129–145. Harmondsworth.

Rosling, Hans (2006): Debunking myths about the »third world«. TED Talk, Monterey. https://www.gapminder.org/videos/hans-rosling-ted-2006-debunking-myths-about-the-third-world/

Ullrich, Stefan (2019a): Algorithmen, Daten und Ethik. In: Bendel, Oliver (Hrsg.), Handbuch Maschinenethik. Wiesbaden. S. 119–144.

Ullrich, Stefan (2019b): Boulevard Digital, Berlin. 2019.

Ullrich, Stefan/Messerschmidt, Reinhard/Hilbig, Romy/Butollo, Florian/Serbanescu, Diana (2019c): Entzauberung von IT-Systemen. In: Anja Höfner, Vivian Frick (Hrsg.), Was Bits und Bäume verbindet. Digitalisierung nachhaltig gestalten. München, S. 62.63.

Warren/Brandeis (1890): The Right to Privacy, 4 HARV. L. REV. 193.

Weizenbaum, Joseph (1978): Die Macht der Computer und die Ohnmacht der Vernunft. München.

Kapitel 2: Technische Grundlagen und mathematisch-physikalische Grenzen

Asimov, Isaac. 1991. *Foundation*. New York: Bantam Spectra.

Assion, Simon. 2014. »Was sagt die Rechtssprechung zu Chilling Effects?« https://www.telemedicus.info/was-sagt-die-rechtsprechung-zu-chilling-effects/.

BBC. n. d. »BMW cars found to contain more than a dozen flaws.« https://www.bbc.com/news/technology-44224794.

Bengio, Yoshua, Yann LeCun, and Geoffrey Hinton. 2015. »Deep Learning.« *Nature* 521 (7553): 436–44.

Bentham, Jeremy. 1995. »Panopticon, or, the Inspection-House.« In *The Panopticon Writings*, edited by Miran Božovič, 31–95. London/New York.

Statista 2020. »Bitcoin Network Average Energy Consumption Per Transaction Compared to VISA Network as of 2020.« https://www.statista.com/statistics/881541/bitcoin-energy-consumption-transaction-comparison-visa/. Zuletzt: 6.5.21

Everling, Oliver. 2020. *Social Credit Rating: Reputation Und Vertrauen Beurteilen*. Springer Gabler, Wiesbaden.

Gallagher, Ryan, and Ludovica Jona. 2019. »We Tested Europe's New Lie Detector For Travellers – And Immediately Triggered A False Positive.« The Intercept. https://theintercept.com/2019/07/26/europe-border-control-ai-lie-detector/.

Geisberger, Eva, and Manfred Broy. 2012. *agendaCPS – Integrierte Forschungsagenda Cyber-Physical Systems*. acatech STUDIE.

Gibson, William. 1984. *Neuromancer*. New York.

Hofstadter, Douglas R. 1999. *Gödel, Escher, Bach: An Eternal Golden Braid*. Basic Books, Inc.

Hunt, Elle 2016. Tay, Microsoft's AI Chatbot, Gets a Crash Course in Racism from Twitter. https://www.theguardian.com/technology/2016/mar/24/tay-microsofts-ai-chatbot-gets-a-crash-course-in-racism-from-twitter. Zuletzt: 6.5.21

Huffman, David A. 1952. »A Method for the Construction of Minimum-Redundancy Codes.« In *Proceedings of the i.r.e.*, 1098.

EU KOM 2020. »Intelligent Parkinson eaRly detectiOn Guiding NOvel Supportive InterventionS.« 2020. https://cordis.europa.eu/article/id/421509-can-mobile-selfies-predict-early-parkinson-s-disease/de. Zuletzt: 6.5.21

King, and Hope. 2016. »This Startup Uses Battery Life to Determine Credit Scores.« CNN Business News. https://money.cnn.com/2016/08/24/technology/lenddo-smartphone-battery-loan/index.html.

Kratzer, Klaus Peter. 1994. *Neuronale Netze: Grundlagen Und Anwendungen*. München: Hanser.

Langer, Markus, Cornelius J. König, and Vivien Busch. 2020. »Changing the Means of Managerial Work: Effects of Automated Decision Support Systems on Personnel Selection Tasks.« *Journal of Business and Psychology*. https://doi.org/10.1007/s10869-020-09711-6.

Lanier, Jaron. 2018. *Ten Arguments for Deleting Your Social Media Accounts Right Now*. Macmillan, New York.

Leeb, Markus R., and Daniel Steinlechner. 2014. »Das Kevin-Komplott.« NEWS.at. https://www.news.at/a/kreditwuerdigkeit-namen-kevin-komplott.

Minsky, Marvin. 1974. »A Framework for Representing Knowledge.« 306. Cambridge, MA: MIT-AI Laboratory Memo.

Newman, Matthew, Carla Groom, Lori Handelman, and James Pennebaker. 2008. »Gender Differences in Language Use: An Analysis of 14,000 Text Samples.« *Discourse Processes* 45: 211–36.

Parnas, David L. 1985. »Software Aspects of Strategic Defense Systems.« *Communications of the ACM* 28 (12).

Shannon, Claude E. 1948. »A Mathematical Theory of Communication.« In *The Bell System Technical Journal*. Vol. 27.

Tanenbaum, Andrew S. 2012. *Computernetzwerke*. München: Pearson Studium.

Turing, Alan. 1950. »Computing Machinery and Intelligence.«

UN News 2020: Bias, Racism and Lies: Facing up to the Unwanted Consequences of AI. https://news.un.org/en/story/2020/12/1080192.

BMU 2020: Bundesministerium für Umwelt, Naturschutz und nukleare Sicherheit: »Video-Streaming: Art Der Datenübertragung Entscheidend Für Klimabilanz.« 2020. https://www.bmu.de/pressemitteilung/video-streaming-art-der-datenuebertragung-entscheidend-fuer-klimabilanz/. Zuletzt 6.5.2021

Vigen, Tyler. n. d. »Spurious Correlations.« https://tylervigen.com/spurious-correlations.

Weizenbaum, Joseph. 1966. »ELIZA a Computer Program for the Study of Natural Language Communication Between Man and Machine.« *Communications of the ACM* 9 (6).

Kapitel 3: Pfadabhängigkeit und Lock-in

Arthur, W Brian. (1989). Competing technologies, increasing returns, and lock-in by historical events. The Economic Journal, 99(394), 116–131.

Arthur, W Brian. (1994). Increasing returns and path dependence in the economy. Ann Arbor, MI: University of Michigan Press.

Arthur, W Brian. (2013). Comment on Neil Kay's paper – ›Rerun the tape of history and QWERTY always wins‹. Research Policy, 6(42), 1186–1187.

BBC. (2016). EU Referendum – Results in full. Retrieved from https://www.bbc.com/news/politics/eu_referendum

Beyer, Jürgen. (2005). Pfadabhängigkeit ist nicht gleich Pfadabhängigkeit! Wider den impliziten Konservatismus eines gängigen Konzepts/Not All Path Dependence Is Alike—A Critique of the »Implicit Conservatism« of a Common Concept. Zeitschrift für Soziologie, 34(1), 5–21.

Bluedot. (2020). Anticipate outbreaks. Mitigate risk. Build resilience. Retrieved from http://bluedot.global

Brunnermeier, Markus K. (2009). Deciphering the liquidity and credit crunch 2007–2008. Journal of Economic Perspectives, 23(1), 77–100.

Clarke, Harold D, Goodwin, Matthew, & Whiteley, Paul. (2017). Why Britain voted for Brexit: an individual-level analysis of the 2016 referendum vote. Parliamentary Affairs, 70(3), 439–464.

Collier, Ruth Berins, & Collier, David. (1991). Shaping the political arena: Critical junctures, the labor movement, and regime dynamics in Latin America. Princeton, MA: Princeton University Press.

David, Paul A. (1985). Clio and the Economics of QWERTY. The American economic review, 75(2), 332–337.

David, Paul A. (1997). Path dependence and the quest for historical economics: one more chorus of the ballad of QWERTY (Vol. 20): Nuffield College Oxford.

David, Paul A. (2001). Path dependence, its critics and the quest for ›historical economics‹. Evolution and path dependence in economic ideas: Past and present, 15, 40.

David, Paul A. (2007). Path dependence: a foundational concept for historical social science. Cliometrica, 1(2), 91–114.

Garud, Raghu, & Karnøe, Peter. (2001). Path creation as a process of mindful deviation. Path dependence and creation, 138.

Giddens, Anthony. (1984). The constitution of society: Outline of the theory of structuration: Univ of California Press.

Hänska Ahy, Maximillian. (2016). Networked communication and the Arab Spring: Linking broadcast and social media. New Media & Society, 18(1), 99–116.

Kahnemann, Daniel. (2011). Schnelles Denken, Langsames Denken: Penguin-Verlag.

Kominek, Jasmin. (2012). Global Climate Policy Reinforces Local Social Path-Dependent Structures: More Conflict in the World? In Climate change, human security and violent conflict (pp. 133–147): Springer.

Kominek, Jasmin, & Scheffran, Jürgen. (2012). Cascading processes and path dependency in social networks. In Transnationale Vergesellschaftungen (pp. 1288 auf CD-ROM): Springer VS.

Liebowitz, Stan, & Margolis, Stephen E. (2014). Path Dependence and Lock-In: Edward Elgar Publishing.

Link, Jasmin S.A. (2018). Induced Social Behavior: Can Path Dependence or Climate Change induce Conflict? (Doktorarbeit Ph.D. Thesis). Universität Hamburg, Hamburg. Retrieved from https://ediss.sub.uni-hamburg.de/handle/ediss/6264

Mahoney, James. (2000). Path dependence in historical sociology. Theory and society, 29(4), 507–548.

Niiler, Eric. (2020). An AI Epidemiologist Sent the First Warnings of the Wuhan Virus. Retrieved from https://www.wired.com/story/ai-epidemiologist-wuhan-public-health-warnings/

North, Douglass C. (1990). Institutions, institutional change and economic performance: Cambridge university press.

Pierson, Paul. (2000). Increasing returns, path dependence, and the study of politics. American Political Science Review, 94(02), 251–267.

Stein, Mark. (2011). A culture of mania: A psychoanalytic view of the incubation of the 2008 credit crisis. Organization, 18(2), 173–186.

Sydow, Jörg, Schreyögg, Georg, & Koch, Jochen. (2005). Organizational paths: Path dependency and beyond.

Sydow, Jörg, Schreyögg, Georg, & Koch, Jochen. (2009). Organizational path dependence: Opening the black box. Academy of management review, 34(4), 689–709.

Tagesschau. (2020). Sorgten TikTok-User für die leeren Ränge? Retrieved from www.tagesschau.de/ausland/usa-wahlkampf-trump-tulsa-tiktok-101.html

Torevell, Terri. (2020). Anxiety UK study finds technology can increase anxiety. Retrieved from https://www.anxietyuk.org.uk/for-some-with-anxiety-technology-can-increase-anxiety/

Tufekci, Zeynep. (2018). How social media took us from Tahrir Square to Donald Trump. MIT Technology Review, 14, 18.

Usherwood, Bob. (2017). The BBC, Brexit and the Bias against Understanding. Retrieved from https://www.vlv.org.uk/issues-policies/blogs/the-bbc-brexit-and-the-bias-against-understanding/

Vergne, Jean-Philippe, & Durand, Rodolphe. (2010). The missing link between the theory and empirics of path dependence: conceptual clarification, testability issue, and methodological implications. Journal of Management Studies, 47(4), 736–759.

Wikipedia. (2020). Landtagswahl in Baden-Württemberg 2011. Retrieved from https://de.wikipedia.org/wiki/Landtagswahl_in_Baden-W%C3%BCrttemberg_2011

Zuckerberg, Mark. (2017, February 16, 2017). Building Global Community. Retrieved from https://www.facebook.com/notes/mark-zuckerberg/building-global-community/10154544292806634

Kapitel 4: Technikphilosophische Fragen

Anders, Günther (1957/1980): Die Antiquiertheit des Menschen, Band I und II. München

Floridi, Luciano (2015): Die 4. Revolution – Wie die Infosphäre unser Leben verändert. Berlin

Hacking, Ian (1996): Einführung in die Philosophie der Naturwissenschaften. Stuttgart

Janich, Peter (1997): Kleine Philosophie der Naturwissenschaften. München

Kapp, Ernst (1877): Grundlinien einer Philosophie der Technik. Braunschweig

Mitcham, Carl (1994): Thinking through Techology. Chicago

Nordmann, Alfred (2008): Technikphilosophie. Hamburg

Weizenbaum, Joseph (1977): Die Macht der Computer und die Ohnmacht der Vernunft. Frankfurt

Wiegerling, Klaus (2011): Philosophie intelligenter Welten. Paderborn

Kapitel 5: Digitale Erweiterungen des Menschen, Transhumanismus und technologischer Posthumanismus

Anders, Günther (1956/1980): Die Antiquiertheit des Menschen. Über die Seele im Zeitalter der zweiten industriellen Revolution. 5.Auflage. München

Barrat, James (2013): Our Final Invention. New York

Bauberger, Stefan / Schmiedchen, Frank (2019): Menschenbild und künstliche Intelligenz. Inputpapier der VDW Studiengruppe Technikfolgenabschätzung der Digitalisierung zur VDW Jahrestagung 2019. https://vdw-ev.de/wp-content/uploads/2019/10/Inputpapier-VDW-Jahrestagung-2019-Menschenbild-und-KI.pdf. (zuletzt 12.6.2021)

Becker, Philipp von (2015): Der neue Glaube an die Unsterblichkeit. Transhumanismus, Biotechnik und digitaler Kapitalismus. Wien

Birnbacher, Dieter (2013): Utilitarismus. In: Grunwald (2013), S. 153–158

Blumentritt, Siegmar / Milde, Lothar (2008): Exoprothetik. In: Wintermantel, Erich / Suk-Woo Ha: Medizintechnik, 4. Auflage, Luxemburg, S. 1753–1805

Boström, Nick (2002): Existential Risks – Analyzing Human Extinction Scenarios and Related Hazards. In: Journal of Evolution and Technology, Vol. 9, No. 1 (2002). https://www.nickbostrom.com/existential/risks.html. (zuletzt 12.6.2021)

Boström, Nick (2003): Human Genetic Enhancements: A Transhumanist Perspective. In: Journal of Value Inquiry, Vol. 37, No. 4, pp. 493–506. https://www.nickbostrom.com/ethics/genetic.html. (2.3.2021)

Boström, Nick (2008): Why I Want To Be a Posthuman When I Grow Up. In: Gordijn / Chadwick, S. 107–137

Braidotti, Rosi (2014): Posthumanismus – Leben jenseits des Menschen. Frankfurt/New York

Case, Anne / Deaton, Angus (2017): Mortality and Morbidity in the 21st Century. https://www.brookings.edu/wp-content/uploads/2017/08/casetextsp17bpea.pdf. (02.3.2021)

Clausen, Jens (2006): Ethische Aspekte von Gehirn-Computer-Schnittstellen in motorischen Neuroprothesen. In: International Review of Information Ethics, 09/2006 (Vol. 5), S. 25–32. https://www.researchgate.net/publication/257948245_Ethische_Aspekte_von_Gehirn-Computer-Schnittstellen_in_motorischen_Neuroprothesen/link/00b7d526783a33e59b000000/download (zuletzt 26.8.2021)

Clausen, Jens (2011): Technik im Gehirn. Ethische, theoretische und historische Aspekte moderner Neurotechnologie. Medizin-Ethik 23 – Jahrbuch des Arbeitskreises Medizinischer Ethik-Kommissionen in der Bundesrepublik Deutschland. Köln

Clausen, Jens / Levy, Neil (Hrsg.) (2015): Handbook of Neuroethics. Dordrecht, Heidelberg, New York, London

Coekelbergh, Mark (2013): Human Beings @ Risk – Enhancement, Technology, and the Evaluation of Vulnerability Transformations. Dordrecht

Coeckelbergh, Mark (2018): Transzendenzmaschinen: Der Transhumanismus und seine(technisch-) religiösen Quellen.In: Göcke, Benedikt P. / Meier-Hamidi, Frank (Hrsg.) (2018): Designobjekt Mensch: Die Agenda des Transhumanismus auf dem Prüfstand. Freiburg, S. 81–93.

Erdmann, Martin (2005): Extropianismus – Die Utopie der technologischen Freiheit. https://www.bucer.de/fileadmin/_migrated/tx_org/mbstexte035.pdf. (03.01.2021)

Fenner, Dagmar (2019): Selbstoptimierung und Enhancement. Ein ethischer Grundriss.Tübingen

Flessner, Bernd (2018): Die Rückkehr der Magier. In: Spreen, dierk u. a. (2018), S. 63–106

Friesinger, Günther / Schossböck, Judith (Hrg.) (2014): The next Cyborg. Wien

Fuller, Steve (2020): Nietzschean Meditations. Untimely Thoughts at The Dawn of The Transhuman Era. Basel

Gordijn, Bert, Chadwick, Ruth (Hrsg.) (2008): Medical Enhancement and Posthumanity. Dordrecht, Heidelberg, New York, London

Grunwald, Armin (Hrsg.) (2013): Handbuch Technikethik. Stuttgart/Weimar

Gunz, Philipp (2017): Der Homo sapiens ist älter als gedacht. https://www.mpg.de/11322546/homo-sapiens-ist-aelter-als-gedacht. (2.3.2021)

Hansmann, Otto (2015): Transhumanismus – Vision und Wirklichkeit. Berlin

Hansmann, Otto (2016): Zwischen Kontrolle und Freiheit: Die vierte industrielle Revolution und ihre Gesellschaft. Berlin

Harari, Yuval Noah (2017): Homo Deus. Eine Geschichte von Morgen. München

Hayes, Shaun (2014): Transhumanism. In: https://www.britannica.com/topic/transhumanism. (1.3.2021)

Heinrichs, Jan-Hendrik (2019): Neuroethik. Eine Einführung. Berlin

Herder, Johann Gottfried (1769): Abhandlung über den Ursprung der Sprache.https://www.projekt-gutenberg.org/herder/sprache/sprach01.html. (2.2.2021)

Jansen, Markus (2015): Digitale Herrschaft. Stuttgart

Kai-Fu, Lee (2019): AI Super Powers. Frankfurt/New York

Koops, Bert-Jaap et al (Hrsg.) (2013): Engineering the Human – Human Enhancement Between Fiction and Fascination. Heidelberg/New York/Dordrecht/London

Krüger, Oliver (2019): Virtualität und Unsterblichkeit. Freiburg/Breisgau/Wien/Berlin

Kurthen, Martin (2009): White and Black Posthumanism – After Consciousness and the Unconscious. Wien/New York

Kurzweil, Raymond (2014): Menschheit 2.0. Berlin.

Loh, Janina (2018): Trans- und Posthumanismus zur Einführung. Hamburg

Lüthy, Christoph (2013): Historical and Philosophical Reflections on Natural, enhanced and Artificial Men and women. In: Koops u.a., S. 11–28

Moravec, Hans (1990): Mind Children. Der Wettlauf zwischen menschlicher und künstlicher Intelligenz. Hamburg

More, Max (2013): The Philosophy of Transhumanism. Unter: https://media.johnwiley.com.au/product_data/excerpt/10/11183343/1118334310-109.pdf. (2.3.2021)

Mulder, Theo (2013): Changing the Body Through the Centuries. In Koops u.a., S. 29–44

Müller, Oliver / Clausen, Jens / Maio, Giovanni (2009): Der technische Zugriff auf das menschliche Gehirn. In: Das technisierte Gehirn – Neurotechnologien als Herausforderung für Ethik und Anthropologie. Paderborn

Nida-Rümelin, Julian / Weidenfeld, Nathalie (2018): Digitaler Humanismus- Eine Ethik für das Zeitalter der Künstlichen Intelligenz. München

Ohly, Lukas (2019): Ethik der Robotik und der Künstlichen Intelligenz. Berlin

Rössl, Philipp (2014): Ethische Dimensionen der Neuroprothetik, S. 15. In: Friesinger / Schossböck (2014), S. 15–35

Samuelson, Norbert / Tirosh-Samuelson, Hava (2012): Jewish Perspectives on Transhumanism. in: Samuelson / Mossmann, S. 105–132

Samuelson, Hava Tirosh / Mossmann, Kenneth L. (Hrsg.) (2012) Building Better Humans? Refocussing the Debate on Transhumanism. Frankfurt/M.

Schmiedchen, Frank et al (2018): Stellungnahme zu den Asilomar-Prinzipien zu künstlicher Intelligenz. Stellungnahme der Studiengruppe Technikfolgenabschätzung der Digitalisierung der VDW. Berlin. https://vdw-ev.de/wp-content/uploads/2018/05/Stellungnahme-SG-TA-Digitalisierung-der-VDW_April-2018.pdf. (1.3.2021)

Schwab, Klaus (2019): Die Zukunft der Vierten Industriellen Revolution. München

Sorgner, Stefan Lorenz (2018): Schöner neuer Mensch. Berlin

Spreen, Dierk u.a. (2018): Kritik des Transhumanismus. Über eine Ideologie der Optimierungsgesellschaft. Bielefeld

Wagner, Thomas (2015): Robokratie. Google, das Silicon Valley und der Mensch als Auslaufmodell. Köln.

Weizenbaum Joseph / Pörksen, Bernhard (2000): Das Menschenbild der Künstlichen Intelligenz. Ein Gespräch.https://www.nomos-elibrary.de/10.5771/0010-3497-2000-1-4.pdf?download_full_pdf=1. (1.3.2021)

Wiegerling, Klaus (2014): Die Veränderung des Gesundheitsverständnisses in Zeiten der technischen Aufrüstung des menschlichen Körpers und seine Auswirkungen auf das leibliche Selbstverständnis. In: Friesinger/Schossböck, S. 35–51

WBGU (Wissenschaftlicher Beirat der Bundesregierung globale Umweltveränderungen) (2019): Hauptgutachten 2019 – Unsere gemeinsame digitale Zukunft. Berlin

Kapitel 6: Maschinenrechte

Bauberger, Stefan (2020): Welche KI? München.

Bayern, Shawn J. (2015): The Implications of Modern Business-Entity Law for the Regulation of Autonomous Systems (Octobert 31, 2015). 19 Stanford Technology Law Review 93 (2015); FSU College of Law, Public Law Research Paper No. 797; FSU College of Law, Law, Business & Economics Paper No. 797. Verfügbar bei SSRN: https://ssrn.com/abstract=2758222 (zuletzt 13.5.2021).

Bayern, Shawn J. and Burri, Thomas and Grant, Thomas D. and Häusermann, Daniel Markus and Möslein, Florian and Williams, Richard (2017): Company Law and Autonomous Systems: A Blueprint for Lawyers, Entrepreneurs, and Regulators (October 10, 2016). 9 Hastings Science and Technology Law Journal 2 (Summer 2017) 135–162. Verfügbar bei SSRN: https://ssrn.com/abstract=2850514 (zuletzt abgerufen am 13.5.2021).

Burri, Thomas (2018): The EU is right to refuse legal personality for Artificial Intelligence. Verfügbar unter https://www.euractiv.com/section/digital/opinion/the-eu-is-right-to-refuse-legal-personality-for-artificial-intelligence/ (zuletzt 13.5.2021).

Bostrom, Nick (2016): Superintelligenz. Berlin.

Collins, Harry (2018): Artifictional Intelligence. Cambridge.

Darling, Kate (2016): Extending legal protection to social robots: The effects of anthropomorphism, empathy, and violent behavior toward robotic objects. In Robot Law, ed. Ryan Calo, A. Michael Froomkin, and Ian Kerr, S. 213–231. Northampton, MA: Edward Elgar.

European Parliament (2017): European Parliament resolution of 16 February 2017 with recommendations to the Commission on Civil Law Rules on Robotics (2015/2103(INL)). Vorhanden unter: https://www.europarl.europa.eu/doceo/document/TA-8-2017-0051_EN.html (zuletzt 13.5.2021).

Görz, Günther und Schmid, Ute und Braun, Tanya (Hrsg.) (2021): Handbuch der künstlichen Intelligenz. Oldenburg, 6. Auflage.

Gunkel, David (2018): Robot Rights. Cambridge 2018.

Janich, Peter (2006): Was ist Information? Frankfurt.

Kant, Immanuel (2014): Grundlegung zur Metaphysik der Sitten, hrsg. v. T. Valentiner u. eingel. v. H. Ebeling.

Kant, Immanuel (2012): Grundlegung zur Metaphysik der Sitten. Hamburg.

Kaplan, Jerry (2017): Künstliche Intelligenz. Eine Einführung. Frechen.

Kurzweil, Raymond (2015): Menschheit 2.0. Berlin.

Moravec, Hans (1999): Computer übernehmen die Macht: Vom Siegeszug der künstlichen Intelligenz. Hamburg 1999.

Nagel, Thomas (1974): What Is it Like to Be a Bat? Philosophical Review. LXXXIII (4): 435–450. Oktober 1974.

Nevejans, Nathalie et. al. (2018): OPEN LETTER TO THE EUROPEAN COMMISSIONARTIFICIAL INTELLIGENCE AND ROBOTICS, 05/04/2018, Vorhanden unter: https://g8fip1kplyr33r3krz5b97d1-wpengine.netdna-ssl.com/wp-content/uploads/2018/04/RoboticsOpenLetter.pdf (zuletzt 13.5.2021).

Tegmark, Max (2017): Leben 3.0. Berlin.

Kapitel 7: Haftungsfragen

Bundesministerium für Wirtschaft und Energie (BMWi), April 2019: »Künstliche Intelligenz und Recht im Kontext von Industrie 4.0.« Vorhanden unter https://www.plattform-i40.de/PI40/Redaktion/DE/Downloads/Publikation/kuenstliche-intelligenz-und-recht.pdf?__blob=publicationFile&v=6 (zuletzt 18.4.2021)

Europäische Kommission, Bericht der Kommission an das Europäische Parliament, den Rat und den Europäischen Wirtschafts- und Sozialausschuss (COM (2020) 64 final), 19.2.2020: »Bericht über die Auswirkungen künstlicher Intelligenz, des Internets der Dinge und der Robotik auf Sicherheit und Haftung«. Vorhanden unter https://ec.europa.eu/info/sites/info/files/report-safety-liability-artificial-intelligence-feb2020_de.pdf (zuletzt 18.4.2021)

Europäische Kommission, Directorate-General for Justice and Consumers, (2019): »Liability for Artificial Intelligence and other emerging digital technologies.« *Report from the Expert Group on Liability and New Technologies – New Technologies Formation.* Abrufbar unter https://op.europa.eu/en/publication-detail/-/publication/1c5e30be-1197-11ea-8c1f-01aa75ed71a1/language-en/format-PDF (zuletzt 18.4.2021)

Kapitel 8

8 A: Normen und Standards für Digitalisierung

Blind, K. (o. J.), Jungmittag, A., Mangelsdorf, A.: Der gesamtwirtschaftliche Nutzen der Normung. Eine Aktualisierung der DIN-Studie aus dem Jahre 2000, DIN-Berlin

Hawkins, R. (1995), Mansell, R., Skea, J. (Eds.): Standards, Innovations and Competitiveness. The Politics and Economics of Standards in Natural and Technical Environments, Aldershot, UK

Hesser, W. (2006) Feilzer, A., de Vries, H. (Eds.): Standardisation in Companies and Markets, Helmut Schmidt University Germany, Erasmus University of Rotterdam Netherlands

Czaya, A. (2008): Das Europäische Nomungssystem aus der Perspektive der Neuen Institutionenökonomik, Diss. Hamburger Universität der Bundeswehr, Schriften zur Wurtschaftstheorie und Wirtschaftspolitik, Frankfurt/M. u. a.

DIN, 2018: Digitalisierung gelingt nur mit Normen und Standards. 18-02-din-positionspapier-digitalisierung-gelingt-nur-mit-normen-und-standards-data.pdf (zuletzt 15.6.2021)

DIN/DKE (2020): Deutsche Normungsroadmap Industrie 4.0, Berlin Frankfurt/M.

Sabautzki, W. (2020): Wer beherrscht die »Nationale Plattform Zukunft der Mobilität«?, in: ISW sozial-ökologische Wirtschaftsforschung e.V., München 10.1.2020, file:///Users/eberhardseifert/Desktop/Nat.%20Plattform%20%20Mobilita%CC%88t/Wer%20beherrscht%20die%20%E2%80%9ENationale%20Plattform%20Zukunft%20der%20Mobilita%CC%88t%E2%80%9C%3F%20%E2%80%93%20isw%20Mu%CC%88nchen.html

DIN/DKE/VDE (o. J.) : Whitepaper Ethik und Künstliche Intelligenz: Was können technische Normen und Standards leisten?, Berlin/Frankfurt/M., gefördert durch das BMWi aufgrund eines Beschlusses des Deutschen Bundestags

ISO-survey (2019): Certification & Conformity (https://www.iso.org/the-iso-survey.html)

Gayko, J. (2021, 29.4.): Überblick Normung und Standardisierung zur Industrie 4.0 , Standardization Council Industry 4.0, Frankfurt, Germany (www.sci40.com),

Deussen, P. (2020, 7.12.): Themenschwerpunkt: Grundlagen, Welche Grundlagen müssen geschaffen werden, um KI-basierte Systeme in den Markt zu bringen?, DIN/DKE/VDE -National Standards Officer Germany, Berlin/Frankfurt/M.

Europäische Kommission (2021, 21.4.):) Vorschlag für eine Verordnung des Europäischen Parlaments und des Rates zur Festlegung harmonisierter Vorschriften für Künstliche Intelligenz (Gesetz über

Künstliche Intelligenz) und zur Änderung bestimmter Rechtsakte der Union (2021/0106(COD)) (https://eur-lex.europa.eu/legal-content/DE/TXT/?uri=CELEX:52021PC0206)

DIN/FDKE/VDE (2021, 9.6.): Positionspapier zum Artificial Intelligence Act: Standards als zentraler Baustein der europäischen KI-Regulierung, Berlin/Frankfurt/M. (https://www.dke.de/de/arbeitsfelder/core-safety/news/standards-als-baustein-der-europaeischen-ki-regulierung)

Wahlster, W. (2020): Künstliche Intelligenz: Ohne Normen und Standards geht es nicht (https://www.din.de/de/forschung-und-innovation/themen/kuenstliche-intelligenz)

Heinrich Böll Stiftung / Brüssel (2020) : Technical standardisation, China and the future international order – A European perspective, by Dr. Tim N. Rühlig/Stockholm, Brussels (E-books: http://eu.boell.org/, Brussels)

Deutsche Bundestag (2021): Öffentliche Anhörung des Auswärtigen Ausschusses, am 7.6.2021 – ›Innovative Technologien und Standardisierungen in geopolitischer Perspektive‹ (Stellungnahmen von: D. Voelsen / SWP-Berlin, T.N. Rühlig / SIIA, A.Müller-Maguhn / Jornalist, Sibylle Gabler / DIN (https://www.bundestag.de/auswaertiges#url=L2F1c3NjaHVlc3NlL2EwMy9BbmhvZXJ1bmdlbi84NDM2MjgtODQzNjI4&mod=mod538410)

8 B: Normung und Standardisierung als geopolitisch-technologisches Machtinstrument

Arcesati, Rebecca (2019): Mercator Institut for China Studies: Chinese Tech standards put the screw on European companies, Berlin 2019, online abrufbar unter: https://merics.org/de/analyse/chinese-tech-standards-put-screws-european-companies

Bartsch, Bernhard (2016): Bertelsmann-Stiftung – China 2030, Szenarien und Strategien für Deutschland, Gütersloh, online abrufbar unter: https://www.bertelsmann-stiftung.de/fileadmin/files/BSt/Publikationen/GrauePublikationen/Studie_DA_China_2030_Szenarien_und_Strategien_fuer_Deutschland.pdf

Bundestag (2021): Öffentliche Anhörung des Auswärtigen Ausschusses am 07.06.2021: Innovative Technologien und Standardisierung in geopolitischer Perspektive, Agenda und Beiträge online abrufbar: https://www.bundestag.de/ausschuesse/a03/Anhoerungen#url=L2F1c3NjaHVlc3NlL2EwMy9BbmhvZXJ1bmdlbi84NDM2MjgtODQzNjI4&mod=mod685898

Bundesverband der deutschen Industrie (Hg.) (2019): Grundsatzpapier China, Partner und systemischer Wettbewerber – Wie gehen wir mit Chinas staatlich gelenkter Volkswirtschaft um, Berlin 2019, online abrufbar unter: https://www.politico.eu/wp-content/uploads/2019/01/BDI-Grundsatzpapier_China.pdf

De la Bruyère, Emily / Picarsic, Nathan (2020): China Standards Series, China Standards 2035 – Beijing's Platform Geopolitics and »Standardisation Work in 2020«, Washington DC/ New York 2020. Online abrufbar unter: https://issuu.com/horizonadvisory/docs/horizon_advisory_china_standards_series_-_standard; hier ebenfalls die Übersetzung der Strategie »China Standards 2035«

Ding, Jeffrey (2020): Balancing Standards: U. S. and Chinese Strategies for Developing Technicsal Standards in AI, Oxford 2020, online abrufbar unter: https://www.nbr.org/publication/balancing-standards-u-s-and-chinese-strategies-for-developing-technical-standards-in-ai/

EU KOM (2021): Rolling Plan for ICT Standardisation 2021 of the European Commission, Brüssel, online abrufbar unter: https://ec.europa.eu/docsroom/documents/44998

Lamade, Johannes (2020): Wirtschaftspolitische Ziele und Diskurse, in: Darimont, Barbara (Hg.): Wirtschaftspolitik der Volksrepublik China, S. 51–68; Wiesbaden 2020.

Rühlig, Tim Nicholas (2020): Technical Standardisation, China and the future international order, Heinrich-Böll-Stiftung, Brüssel 2020, online abrufbar unter: https://eu.boell.org/sites/default/files/2020-03/HBS-Techn%20Stand-A4%20web-030320-1.pdf?dimension1=anna2020

Rühlig, Tim Nicholas (2021): Hintergrundpapier, Berlin 2021, online abrufbar unter: https://www.bundestag.de/resource/blob/845192/722efed99b71b971bc62cdd43579dd5b/Stellungnahme-Dr-Tim-Nicholas-Ruehlig-data.pdf

Schallbruch, Martin (2020): Director Digital Society Institue ESMT, in der Wirtschaftswoche, Dezember 2020, online abrufbar unter: https://www.wiwo.de/politik/deutschland/streit-um-huawei-das-ist-eine-technologiepolitische-katastrophe/26687180.html

Semerijan, Hratch G (2016/2019): China, Europe, and the use of standards as trade barriers. How should the U.S. respond; Gaithersburg 2016, updated 2019, online abrufbar unter: https://www.nist.gov/speech-testimony/china-europe-and-use-standards-trade-barriers-how-should-us-respond

Steiger, Gerhard (2020): Hintergrundartikel vdma – Neue Normungsstrategie »China Standards 2035«, Frankfurt 2020, online abrufbar unter: http://normung.vdma.org/viewer/-/v2article/render/50001829

Kapitel 9: Geistige Eigentumsrechte

Association Internationale pour la Protection de la Propriété Intellectuelle (AIPPI), 14 Februar 2020: »Written Comments on the WIPO Draft Issues Paper on Intellectual Property Policy and Artificial Intelligence. WIPO Conversation on Intellectual Property (IP) and Artificial Intelligence (AI)«. Siehe https://www.wipo.int/export/sites/www/about-ip/en/artificial_intelligence/call_for_comments/pdf/org_aippi.pdf (zuletzt: 18.4.2021)

Brazil and Argentina, *Joint Statement on Electronic Commerce. Electronic Commerce and Copyright.* WTO JOB/GC/200/Rev.1 vom 24. September 2018.

BMWi (2019: »Künstliche Intelligenz und Recht im Kontext von Industrie 4.0.« Bundesministerium für Wirtschaft und Energie, April 2019. Vorhanden unter https://www.plattform-i40.de/PI40/Redaktion/DE/Downloads/Publikation/kuenstliche-intelligenz-und-recht.pdf?__blob=publicationFile&v=6 (zuletzt: 18.4.2021)

Czernik, A. (2016): »Was ist ein Algorithmus – Definition und Beispiele«. Vorhanden unter https://www.datenschutzbeauftragter-info.de/was-ist-ein-algorithmus-definition-und-beispiele/ (zuletzt: 18.4.2021)

Europäische Kommission, Mitteilung *COM(2020) 66 final* vom 19.02.2020, *Eine europäische Datenstrategie*. Siehe https://ec.europa.eu/info/sites/info/files/communication-european-strategy-data-19feb2020_de.pdf (zuletzt: 18.4.2021)

Free, R. / Jane Hollywood, J.: »Diagnosis AI«, in *Intellectual Property Magazine* December 2019/January 2020, S. 32.

Herfurth, U. (2019): »Künstliche Intelligenz und Recht«, abrufbar unter https://www.herfurth.de/wp-content/uploads/2019/01/hp-compact-2019-01-knstliche-intelligenz.pdf (zuletzt am 18.4.2021)

Hugenholtz, B. (2019): »The New Copyright Directive: Text and Data Mining (Articles 3 and 4)«, Kluwer Copyright Blog, 24.7.2019. Zugänglich unter http://copyrightblog.kluweriplaw.com/2019/07/24/the-new-copyright-directive-text-and-data-mining-articles-3-and-4/ (zuletzt am 18.4.2021)

Levy, K. / Fussell, J / Streff Bonner, A.: »Digital disturbia«, in *Intellectual Property Magazine* December 2019/January 2020, S. 30/31.

Okediji, R. (2018): »Creative Markets and Copyright in the Fourth Industrial Era: Reconfiguring the Public Benefit for a Digital Trade Economy«, ICTSD Issue Paper No. 43; https://pdffox.com/creative-markets-and-copyright-in-the-fourth-industrial-era-pdf-free.html (zuletzt 18.4.2021)

Samuelson, P. / Scotchmer, S. (2001): »The Law and Economics of Reverse Engineering«, 111 Yale L. J. 1575 (2001). Verfügbar unter https://scholarship.law.berkeley.edu/facpubs/62/ (zuletzt 18.4.2021)

Schmiedchen, F. u.a. (2018): »Stellungnahme zu den Asilomar-Prinzipien zur künstlichen Intelligenz.« Studiengruppe Technikfolgenabschätzung der Digitalisierung. Berlin https://vdw-ev.de/wp-content/uploads/2018/05/Stellungnahme-SG-TA-Digitalisierung-der-VDW_April-2018.pdf. (zuletzt 18.4.2021)

Schönenberger, D. (2017): »Deep Copyright: Up- and Downstream Questions Related to Artificial Intelligence (AI) and Machine Learning (ML)«, in *Droit d'Auteur 4.0 / Copyright 4.0. PI-IP – Series on Intellectual Property Law*, Universität Genf, Rechtsfakultät, S. 145–172. Abrufbar unter https://www.unige.ch/droit/pi/publications/publications/vol10/ (zuletzt 18.4.2021)

Schürmann / Rosental / Dreyer (2019): »Künstliche Kreativität«? – Schutz von KI und ihrer Werke durch Urheberrecht. Abrufbar unter https://www.srd-rechtsanwaelte.de/blog/kuenstliche-intelligenz-urheberrecht/ (zuletzt 18.4.2021)

Schweizer Bundesverwaltung, *Strategie für offene Verwaltungsdaten in der Schweiz 2019–2023*. Abrufbar unter https://www.admin.ch/opc/de/federal-gazette/2019/879.pdf (zuletzt 18.4.2021)

Skinner, B. (2020): »Eine Strategie des Bundes für den Papierkorb«. *Neue Zürcher Zeitung* vom 8. Mai 2020, S. 9.

Spennemann, Ch. / Schmiedchen, F. (2007): Nutzen und Grenzen geistiger Eigentumsrechte in einer globalisierten Wissensgesellschaft: Das Beispiel öffentliche Gesundheit. 2007. VDW-Materialien I/2007

UNCTAD (2020): *e-commerce week 2020*, Webinar zum Thema »Who owns our data? What is the role of intellectual property?«. United Nations Conference on Trade and Development. Zusammenfassung: https://unctad.org/system/files/official-document/DTL_STICT_2020.11.05_eWeek2020finalsummaryreport_en.pdf (zuletzt 18.4.2021)

Van Asbroeck, B. / Debussche, J. / César, J. (2017): »Building the European Data Economy – Data Ownership«. White Paper, Bird & Bird.

WIPO (2019: »The WIPO Conversation on Intellectual Property and Artificial Intelligence«, World Intellectual Property Organization, abrufbar: https://www.wipo.int/about-ip/en/artificial_intelligence/conversation.html (zuletzt 18.4.2021)

Kapitel 10: Tödliche Autonome Waffensysteme – Neue Bedrohung und neues Wettrüsten?

Alwardt, Christian / Neuneck, Götz/Polle, Johanna u.a. (2017): Sicherheitspolitische Implikationen und Möglichkeiten der Rüstungskontrolle autonomer Waffensysteme, Institut für Friedensforschung und Sicherheitspolitik an der Universität Hamburg (IFSH). Unveröffentlichtes Gutachten für das Büro für Technologiefolgen-Abschätzung beim Deutschen Bundestag.

Arraf, Jane / Schmitt, Eric (2021): Iran's Proxies in Iraq Threaten U.S. With More Sophisticated Weapons, The New York Times, 4. Juni 2021.

BICC (2013): *Die UN-Waffenkonvention*. Themenmodul Rüstungskontrolle. https://sicherheitspolitik.bpb.de/m7/articles/m7-07 (zuletzt 13.6.2021)

Boulanin, Vincent (2016): Mapping the development of autonomy in weapon systems. A primer on autonomy, SIPRI 2016: https://www.sipri.org/sites/default/files/Mapping-development-autonomy-in-weapon-systems.pdf

Boulanin, Vincent / Verbruggen, M. (2017): Mapping the Development of Autonomy in Weapon Systems, https://www.sipri.org/sites/default/files/2017-11/siprireport_mapping_the_development_of_autonomy_in_weapon_systems_1117_0.pdf. (5.8.2020).

Cramer, Maria (2021): A.I. Drone May Have Acted on Its Own in Attacking Fighters, U.N. Says, The New York Times, 3.Juni 2021

Department of Defense (2018) (Hrsg.): Summary of the National Defense Strategy; Washington D.C. S. 3 https://dod.defense.gov/Portals/1/Documents/pubs/2018-National-Defense-Strategy-Summary.pdf (zuletzt 13.6.2021)

DSB (Defense Science Board) (2012): The Role of Autonomy in DoD Systems. https://fas.org/irp/agency/dod/dsb/autonomy.pdf. (5.8.2020)

DSB (2016): Summer Study on Autonomy. https://fas.org/irp/agency/dod/dsb/autonomy-ss.pdf. (5.8.2020) Dutch Government (2016)

Erhart, Hans-Georg (2021): Treffen und Töten in: Der Freitag, Nr.2 (2021) 14. Januar 2021.

Forstner, Christian / Neuneck, Götz (Hrsg.) (2018): Physik, Militär und Frieden. Physiker zwischen Rüstungsforschung und Friedensbewegung, Springer Spektrum, Wiesbaden

Geiss, Robin (2015): Die völkerrechtliche Dimension autonomer Waffensysteme, Friedrich-Ebert-Stiftung, Juni 2015.

Goose, Stephan D. / Wareham, Mary (2016): The Growing International Movement Against Killer Robots, in: Harvard International Review, Vol. 37, N°. 4, Seite 28–33.

Grünwald, Reinhard / Kehl, Christoph (2020): Autonome Waffensysteme. Endbericht zum TA-Projekt, Arbeitsbericht Nr. 187. Büro für Technologiefolgen-Abschätzung beim Deutschen Bundestag

Hofman, F.G. (2017/2018): Will War's Nature Change in the Seventh Military Revolution? Parameters 47, no. 4

Horowitz, Michael / Schwartz, Joshua A. / Fuhrmann, Matthew (2020): China has made Drone Warfare Global, Foreign Affairs. https://www.foreignaffairs.com/articles/china/2020-11-20/china-has-made-drone-warfare-global (zuletzt abgerufen 13.6.2021)

ICRC (2019): Autonomy, artificial intelligence and robotics: Technical aspects of human control, Genf

Kallenborn, Zachary (2021): If a Killer Robot were Used, would we know? Bulletin of the Atomic Scientists, June 4, 2021.

Keegan, John (1995): Die Kultur des Krieges, Rowohlt

Neuneck, Götz (2009): Atomares Wettrüsten der Großmächte – kein abgeschlossenes Kapitel. Im Tagungsband: »Kampf dem Atomtod«, Dölling und Galitz Verlag, Hamburg, S. 91–119.

Neuneck, Götz (2011): Revolution oder Evolution. Zur Entwicklung des RMA-Konzepts. Wissenschaft und Frieden. 29(2011): S. 6–13

Neuneck, Götz u. a. (2017): Sicherheitspolitische Implikationen und Möglichkeiten der Rüstungskontrolle autonomer Waffensysteme, IFSH an der Universität Hamburg. Unveröff. Gutachten für das Büro für Technologiefolgen-Abschätzung beim Dt. Bundestag

Payne, Kenneth (2018): Artificial Intelligence: A Revolution in Strategic Affairs? In: Survival Vol. 60(5), October-November 2018, pp. 7–32.

Kapitel 11: Bildung und Digitalisierung – Technikfolgenabschätzung und die Entzauberung »digitaler Bildung« in Theorie und Praxis

Allert, Heidrun: Algorithmen und Ungleichheit. In: merz. Zeitschrift für Medienpädagogik, 03 (2020). Verfügbar unter: https://www.merz-zeitschrift.de/alle-ausgaben/pdf/algorithmen-und-ungleichheit/ [14.2.2021].

Altenrath, Maike; Helbig, Christian; Hofhues, Sandra: Deutungshoheiten: Digitalisierung und Bildung in Programmatiken und Förderrichtlinien Deutschlands und der EU. Zeitschrift MedienPädagogik 17. Jahrbuch Medienpädagogik (2020). S. 565–594. Verfügbar unter: https://www.medienpaed.com/issue/view/83 [14.2.2021].

Anderson, Susan; Maninger, Robert (2007): Preservice Teachers' Abilities, Beliefs, and Intentions regarding Technology Integration. Journal of Educational Computing Research. Verfügbar unter: https://journals.sagepub.com/doi/10.2190/H1M8-562W-18J1-634P [14.02.2021].

Antonowsky, Aaron: Salutogenese. Zur Entmystifizierung der Gesundheit. Deutsche erweiterte Ausgabe von Alexa Franke. Tübingen: dgvt-Verlag, 1997.

Balslev, Jesper (2020): Evidence of a potential. Dissertation. Verfügbar unter: https://jesperbalslev.dk/evidence-of-a-potential-ph-d-thesis/ [14.2.2021].

Barr, Rachel u. a. (2020): Beyond Screen Time: A Synergistic Approach to a More Comprehensive Assessment of Family Media Exposure During Early Childhood. Frontiers in Psychology. 11. Verfübar unter : https://pubmed.ncbi.nlm.nih.gov/32754078/ [8.3.2021].

Beißwenger, Michael; Bulizek, Björn; Gryl, Inga; Schacht, Florian (Hrsg.): Digitale Innovationen und Kompetenzen in der Lehramtsausbildung. Duisburg: Universitätsverlag Rhein-Ruhr, 2020.

Best, Alexander u. a. (2019). Kompetenzen für informatische Bildung im Primarbereich. Bonn: Gesellschaft für Informatik e.V. Verfügbar unter: https://dl.gi.de/bitstream/handle/20.500.12116/20121/61-GI-Empfehlung_Kompetenzen_informatische_Bildung_Primarbereich.pdf?sequence=1&isAllowed=y [14.2.2021].

Bitzer, Eva Maria; Bleckmann, Paula; Mößle, Thomas: Prävention problematischer und suchtartiger Bildschirmmediennutzung. Eine deutschlandweite Befragung von Praxiseinrichtungen und Experten. KFN-Forschungsbericht 125. Hannover: Kriminologisches Forschungsinstitut, 2014.

Bleckmann, Paula: Medienmündig. Wie unsere Kinder selbstbestimmt mit dem Bildschirm umgehen lernen. 1. Auflage. Stuttgart: Klett-Cotta, 2012.

Bleckmann, Paula; Mößle, Thomas: Position zu Problemdimensionen und Präventionsstrategien der Bildschirmnutzung. In: SUCHT 2014/60 (2014), S. 235–247.

Bleckmann, Paula; Mößle, Thomas; Siebeneich, Anke: ECHT DABEI – gesund groß werden im digitalen Zeitalter. Manual für Grundschullehrkräfte. Berlin: BKK Dachverband 2018, S. 56–59.

Bleckmann, Paula: Erlebnispädagogik im digitalen Zeitalter. Zwischen Vereinnahmung, Kompensation und aktiver Medienarbeit. e & l Internationale Zeitschrift für handlungsorientiertes Lernen, 3&4 (2019), S. 26–31.

Bleckmann, Paula; Lankau, Ralf (Hrsg.): Digitale Medien und Unterricht. Eine Kontroverse. Weinheim: Julius Beltz, 2019.

Bleckmann, Paula; Zimmer, Jasmin (2020): »Technikfolgenabschätzung im Kleinen« für Medienmündigkeit in der Lehrer*innen-Ausbildung: Abwägung von Chancen und Risiken analoger und digitaler Lernszenarien auf zwei Ebenen. In: Beißwenger, Michael; Bulizek, Björn; Gryl, Inga; Schacht, Florian (Hrsg.): Digitale Innovationen und Kompetenzen in der Lehramtsausbildung. Duisburg: Universitätsverlag Rhein-Ruhr 2020, S. 303–329.

Bleckmann, Paula (2020): Keynote on »Development-oriented media education: (Further) teacher training requirements«, Online Workshop on »Development-oriented and age-appropriate media education« as part of LifeLongLearningWeek 2020, 02.12.2020. Verfügbar unter: https://www.youtube.com/watch?v=NH_MgV7APUw&list=PL-alwtxqu7HEKj5U6rmi5pY-vpV7R3i4E&index=4&t=12s [14.2.2021].

Bleckmann, Paula u. a. (2020): Was sind mögliche gesundheitliche Folgen (psycho-sozial)? Verfügbar unter: https://unblackthebox.org/wp-content/uploads/2021/02/UBTB_Onepager_Psychosoziale_Folgen.pdf [8.3.2021].

Bleckmann, Paula; Pemberger, Brigitte; Stalter, Stephanie; Siebeneich, Anke: ECHT DABEI – Manual für Kita-Fachkräfte. 5. Ausgabe. Präventionsprogramm ECHT DABEI – Gesund großwerden im digitalen Zeitalter (Hrsg.). Freiburg i. Br., 2021.

Brunnengräber, Achim; Zimmer, Fabian: Digital in den Stau? Warum Digitalisierung und Elektrifizierung die nachhaltige Mobilitätswende nicht zwingend beschleunigen. In: Göpel, Maja; Leitschuh, Heike; Brunnengräber, Achim et al. (Hrsg): Jahrbuch Ökologie 2019/20. Die Ökologie der digitalen Gesellschaft. Stuttgart: Hirzel 2020, S. 83–98.

Curzon, Paul; Mc Owan, Peter William: The Power of Computational Thinking. Games, magic and puzzles to help you become a computational thinker. London: World Scientific, 2018.

Van Deursen, Alexander; Helsper, Ellen (2015). The Third-Level Digital Divide: Who Benefits Most from Being Online? Communication and Information Technologies Annual. Verfügbar unter: https://www.researchgate.net/publication/287277656_The_Third-Level_Digital_Divide_Who_Benefits_Most_from_Being_Online [14.2.2021].

Dittler, Ullrich; Hoyer, Michael: Aufwachsen in virtuellen Medienwelten. Chancen und Gefahren digitaler Medien aus medienpsychologischer und medienpädagogischer Perspektive. München: Kopaed, 2008.

Dräger, Jörg; Müller-Eiselt, Ralph: Die digitale Bildungsrevolution. Der radikale Wandel des Lernens und wie wir ihn gestalten können. München: Deutsche Verlags-Anstalt, 2015.

Felschen, Christina (2020): Covid-19. Jugendliche verbringen deutlich mehr Zeit mit Computerspielen. ZEIT ONLINE 29.07.2020. Verfügbar unter: https://www.zeit.de/wissen/gesundheit/2020-07/covid-19-jugendliche-computerspiele-studie-mediensucht?utm_referrer=https://www.google.com/ [8.3.2021].

Förschler, Annina (2018): Das ›Who is who?‹ der deutschen Bildungs-Digitalisierungsagenda – eine kritische Politiknetzwerk-Analyse. In: Pädagogische Korrespondenz, 58 (2). S. 31–52. Budrich Academic Press. Verfügbar unter: https://www.researchgate.net/publication/330280542_Das_Who_is_who_der_deutschen_Bildungs-Digitalisierungsagenda_-_eine_kritische_Politiknetzwerk-Analyse_In_Padagogische_Korrespondenz_582_31-52 [12.2.2021].

Gotsch, Matthias: Auswirkungen des digitalen Wandels auf Umwelt und Klimaschutz. Entwicklung eines analytischen Bewertungsschemas. In: Göpel, Maja; Leitschuh, Heike; Brunnengräber, Achim et al. (Hrsg): Jahrbuch Ökologie 2019/20. Die Ökologie der digitalen Gesellschaft. Stuttgart: Hirzel 2020, S. 99–109.

Grunwald, Armin (2020a): Künstliche Intelligenz – Gretchenfrage 4.0. Süddeutsche Zeitung, Kultur 03.01.2020. Verfügbar unter: www.sueddeutsche.de/kultur/kuenstliche-intelligenz-gretchenfrage-4-0-1.4736017 [14.2.2021].

Grunwald, Armin: Digitale Havarien. Erfahrungen aus der Technikfolgenabschätzung. In: Göpel, Maja; Leitschuh, Heike; Brunnengräber, Achim et al. (Hrsg): Jahrbuch Ökologie 2019/20. Die Ökologie der digitalen Gesellschaft. Stuttgart: Hirzel 2020b, S. 65–71.

Hanses, Andreas: Gesundheit und Biographie – eine Gradwanderung zwischen Selbstoptimierung und Selbstsorge als gesellschaftliche Kritik. In: Paul, Bettina; Schmidt-Semisch, Henning (Hrsg.): Risiko Gesundheit. Über Risiken und Nebenwirkungen der Gesundheitsgesellschaft. Wiesbaden: VS Verlag 2010, S. 89–104.

Hartong, Sigrid: Between assessments, digital technologies and big data: The growing influence of ›hidden‹ data mediators in education. European Educational Research Journal, 15/5 (2016), S. 523–536.

Hartong, Sigrid; Förschler, Annina; Dabisch, Vito (2019): Translating Educational Inequality into Data Infrastructures: The Example of Digital School Monitoring Systems in German and US State Education Agencies. Verfügbar unter: https://www.researchgate.net/publication/335836260_Translating_Educational_Inequality_into_Data_Infrastructures_The_Example_of_Digital_School_Monitoring_Systems_in_German_and_US_State_Education_Agencies [14.2.2021].

Hartong, Sigrid u.a (2020): Wissenschaftliche Netzwerkinitiative »unblackthebox« – Für einen (selbst) bewussten Umgang mit digitalen Datentechnologien in Bildungseinrichtungen. Verfügbar unter: https://unblackthebox.org/ [16.1.2021].

Hattie, John: Lernen sichtbar machen. 3., erweiterte Auflage mit Index und Glossar. Beywl, Wolfgang/Zierer, Klaus (Hrsg.). Baltmannsweiler: Schneider Verlag Hohengehren, 2015.

Hauser, Kornelia: Kritische Bildungssoziologie. Herrschaft und (Selbst)Befreiung. In: Sandoval, Marisol (Hrsg.): Bildung MACHT Gesellschaft. Münster: Verlag Westfälisches Dampfboot 2011, S. 26–38.

Hauser, Urs; Hromkovič, Juraj; Klingenstein, Petra; Lacher, Regula; Lütscher, Pascal; Staub, Jacqueline: Einfach Informatik Zyklus 1. Baar/CH: Klett und Balmer, 2020.

Held, Martin; Schindler, Jörg: Metalle. Die materielle Voraussetzung der digitalen Transformation. In: Göpel, Maja; Leitschuh, Heike; Brunnengräber, Achim et al. (Hrsg): Jahrbuch Ökologie 2019/20. Die Ökologie der digitalen Gesellschaft. Stuttgart: Hirzel 2020, S. 125–137.

Hromkovič, Juraj; Lacher, Regula: Einfach Informatik 5/6, Primarstufe. Baar/CH: Klett und Balmer, 2019.

Hübner, Edwin: Anthropologische Medienerziehung. Frankfurt am Main: Peter Lang, 2005.

Humbert, Ludger; Magenheim, Johannes; Schroeder, Ulrik; Fricke, Martin; Bergner, Nadine (2019): Informatik an Grundschulen (IaG) – Einführung – Grundlagen. Lehrerhandreichung. Verfügbar unter: https://www.schulministerium.nrw/sites/default/files/documents/Handreichung-fuer-Lehrkraefte.pdf [07.05.21]

Illich, Ivan: Selbstbegrenzung. Eine politische Kritik der Technik. Rowohlt, Reinbek 1975. Deutsch von N. T. Lindquist. Originaltitel: Tools for Conviviality. New York: Harper and Row, 1973.

Illich, Ivan: Genus. Zu einer historischen Kritik der Gleichheit. München: Beck, 1982.

Jahrbuch Ökologie 2019/20. Die Ökologie der digitalen Gesellschaft. Göpel, Maja; Leitschuh, Heike; Brunnengräber, Achim; Ibisch, Pierre; Loske, Reinhard; Müller, Michael; Sommer, Jörg; von Weizsäcker, Ernst Ulrich (Hrsg.). Stuttgart: Hirzel, 2020.

Kassel, Laura; Fröhlich-Gildhoff, Klaus; Rauh, Katharina: Bestands- und Bedarfserhebung 2015/16 Ergebnisse. Böttinger, Ullrich; Fröhlich-Gildhoff, Klaus (Hrsg.). Präventionsnetzwerk Ortenaukreis. Offenburg: Landratsamt Ortenaukreis und Freiburg: Zentrum für Kinder- und Jugendforschung, 2017.

Kernbach, Julia; Tetzlaff, Frederik; Bleckmann, Paula; Pemberger, Brigitte: Einstellungen und Bewertungen von Eltern an reformpädagogischen Schulen zur medienerzieherischen Praxis. Ergebnisse anhand innovativer Abfragedimensionen der quantitativ-explorativen MünDig-Studie. Themenheft Eltern, Zeitschrift MedienPädagogik, 2021 eingereicht.

Köhler, Katja; Schmid, Ute; Weiß, Lorenz; Weitz; Katharina (o.D): Pixel & Co. – Informatik in der Grundschule. Kommentar für Lehrkräfte. Braunschweig: Westermann, 2021.

Krapp, Andreas; Weidenmann, Bernd (Hrsg.): Pädagogische Psychologie. Ein Lehrbuch. 4., vollst. überarb. Aufl. Weinheim: Beltz, 2001.

Langmeyer, Alexandra; Guglhör-Rudan, Angelika; Naab, Thorsten; Urlen, Marc; Winklhofer, Ursula (2020): Kind sein in Zeiten von Corona. Ergebnisbericht zur Situation von Kindern während des Lockdowns im Frühjahr 2020. Verfügbar unter: https://www.dji.de/themen/familie/kindsein-in-zeiten-von-corona-studienergebnisse.html [8.3.2021].

Lankau, Ralf; Burchardt, Matthias (2020): Humane Bildung statt Metrik und Technik. Verfügbar unter: http://futur-iii.de/wp-content/uploads/sites/6/2020/07/aufruf_zur_besinnung_pub.pdf [14.02.2021].

Lankau, Ralf: Kein Mensch lernt digital. Über den sinnvollen Einsatz neuer Medien im Unterricht. Weinheim: Beltz, 2017.

Linn, Susan: Consuming Kids. Protecting Our Children from the Onslaught of Marketing and Advertising. New York: Random House, 2005.

McDaniel, Brandon T.; Radesky, Jenny S.: Technoference: Parent Distraction With Technology and Associations With Child Behavior Problems. Child Development, Volume 89, Issue1, January/February (2018), S. 100–110.

Medienberatung NRW (2019): Medienkompetenzrahmen NRW. 2. Auflage. Vfgbar unter: https://medienkompetenzrahmen.nrw/fileadmin/pdf/LVR_ZMB_MKR_Broschuere.pdf [14.2.2021].

Möller, Christoph (Hrsg.): Internet- und Computersucht. Ein Praxishandbuch für Therapeuten, Pädagogen und Eltern. Stuttgart: Kohlhammer, 2012.

Mößle, Thomas: Dick, dumm, abhängig, gewalttätig? Problematische Mediennutzungsmuster und ihre Folgen im Kindesalter. Ergebnisse des Berliner Längsschnitt Medien. Baden Baden: Nomos Verlag, 2012.

Mößle, Thomas; Bleckmann, Paula; Rehbein, Florian; Pfeiffer, Christian: Der Einfluss der Medien auf die Schulleistung. In: Möller, Christoph (Hrsg.): Internet- und Computersucht. Ein Praxishandbuch für Therapeuten, Pädagogen und Eltern. Stuttgart: Kohlhammer 2012, S. 67–76.

Muuß-Merholz, Jöran (2019). Der große Verstärker. Spaltet die Digitalisierung die Bildungswelt? – Essay. Bundeszentrale für politische Bildung (Aus Politik und Zeitgeschichte)(Hrsg). Verfügbar unter: http://www.bpb.de/apuz/293120/der-grosse-verstaerker-spaltet-die-digitalisierung-die-bildungswelt?p=all [14.2.2021].

Nistor, Nicolae; Lerche, Thomas; Weinberger, Armin; Ceobanu, Ciprian; Heymann, Jan Oliver: Towards the integration of culture in the Unified Theory of Acceptance and Use of Technology. British Journal of Educational Technology, 45/1 (2014), S. 36–55.

Paul, Bettina; Schmidt-Semisch, Henning (Hrsg.): Risiko Gesundheit. Über Risiken und Nebenwirkungen der Gesundheitsgesellschaft. Wiesbaden: VS Verlag, 2010.

Pausder, Verena (2020): Interview mit Verena Pausder. »Corona war ein idealer Nachhilfelehrer für die Schulen«. Verfügbar unter: https://www.rbb24.de/panorama/thema/2020/coronavirus/beitraege_neu/2020/09/gruenderszene.html [14.2.2021].

Pemberger, Brigitte; Bleckmann, Paula (2021): »Analog-Digidaktik – Wie Kinder ohne Bildschirm fit fürs digitale Zeitalter werden«. Verfügbar unter: https://www.alanus.edu/de/forschung-kunst/wissenschaftliche-kuenstlerische-projekte/detail/analog-digidaktik-wie-kinder-ohne-bildschirm-fit-fuers-digitale-zeitalter-werden [26.6.2021].

Pfeiffer, Christian; Mößle, Thomas; Kleimann, Matthias; Rehbein, Florian: Die PISA-Verlierer und ihr Medienkonsum. Eine Analyse auf der Basis verschiedener empirischer Untersuchungen. In: Dittler, Ullrich; Hoyer, Michael: Aufwachsen in virtuellen Medienwelten. Chancen und Gefahren digitaler Medien aus medienpsychologischer und medienpädagogischer Perspektive. München: Kopaed 2008, S. 275–306.

Pop-Eleches, Cristian; Malamud, Ofer (2010): Home Computer Use and the Development of Human Capital. University of Chicago and Columbia University. Verfügar unter: http://www.columbia.edu/~cp2124/papers/popeleches_QJE.pdf [14.2.2021].

Puentedura, Ruben R. (2006): Transformation, Technology, and Education. Verfügbar unter: http://www.hippasus.com/resources/tte/ [14.2.2021].

Radesky, Jenny; Miller, Alison L.; Rosenblum, Katherine L.; Appugliese, Danielle; Kaciroti, Niko; Lumeng, Julie C.: Maternal mobile device use during a structured parent-child interaction task. Academic Pediatrics 15/2 (2014), S. 238–244.

Reinhardt, Ulrich (2018): Freizeit Monitor 2018. Stiftung für Zukunftsfragen. Verfügbar unter: http://www.freizeitmonitor.de/fileadmin/user_upload/freizeitmonitor/2018/Stiftung-fuer-Zukunftsfragen_Freizeit-Monitor-2018.pdf [14.2.2021].

Reinmann-Rothmeier, Gabi; Mandl, Heinz: Unterrichten und Lernumgebungen gestalten. In: Krapp, Andreas; Weidenmann, Bernd (Hrsg.): Pädagogische Psychologie. Ein Lehrbuch. 4., vollst. überarb. Aufl. Weinheim: Beltz 2001, S. 601–646.

Rekus, Jürgen; Mikhail, Thomas: Neues schulpädagogisches Wörterbuch. 4., überarb. Aufl., Neuausgabe. Weinheim: Beltz Juventa, 2013.

Rosa, Lisa (2017): Lernen im digitalen Zeitalter. Vortrag zur Prezi auf der eEduca 2017 in Salzburg. Verfügbarunter:https://shiftingschool.wordpress.com/2017/11/28/lernen-im-digitalen-zeitalter/ [14.2.2021].

Sandoval, Marisol (Hrsg.): Bildung MACHT Gesellschaft. Münster: Verlag Westfälisches Dampfboot, 2011.

Schmidt, Robin (2020): ICT-Professionalisierung und ICT-Beliefs. Professionalisierung angehender Lehrpersonen in der digitalen Transformation und ihre berufsbezogenen Überzeugungen über digitale Informations- und Kommunikationstechnologien (ICT). Verfügbar unter: https://edoc.unibas.ch/76795/1/Schmidt_Robin_ICT-Beliefs_Professionalisierung-Dissertation.pdf [14.2.2021].

Selwyn, Neil (2014): Data entry: towards the critical study of digital data and education. Learning, Media and Technology, S. 64–82. Verfügbar unter: https://www.tandfonline.com/action/showCitFormats?doi=10.1080%2F17439884.2014.921628 [14.2.2021].

Sigman, Aric (2017): Screen Dependency Disorders: a new challenge for child neurology. Journal of the International Child Neurology Association. Verfügbar unter: https://www.researchgate.net/publication/317045692_Screen_Dependency_Disorders_a_new_challenge_for_child_neurology [14.2.2021]

Sommer, Jörg; Ibisch, Pierre L.; Göpel, Maja: Die Ökologie der digitalen Gesellschaft. Auf dem Weg zu einer sinnvollen Nutzung der Technologie für eine sozial-ökologische Transformation. In: Göpel, Maja; Leitschuh, Heike; Brunnengräber, Achim et al. (Hrsg): Jahrbuch Ökologie 2019/20. Die Ökologie der digitalen Gesellschaft. Stuttgart: Hirzel 2020, S. 232–246.

Spitzer, Manfred: Digitale Demenz. Wie wir uns und unsere Kinder um den Verstand bringen. München: Droemer, 2012.

Stiftung »Haus der kleinen Forscher«: Frühe informatische Bildung – Ziele und Gelingensbedingungen für den Elementar- und Primarschulbereich. Wissenschaftliche Untersuchungen zur Arbeit der Stiftung »Haus der kleinen Forscher«. Band 9. Opladen, Berlin, Toronto: Verlag Barbara Budrich, 2018.

Sümmchen, Corinna: Analoges Soziales Netzwerk oder Social Media Unplugged. Handlungsorientierte Prävention von Cyber-Risiken. In: e & l Internationale Zeitschrift für handlungsorientiertes Lernen, 3&4 (2019), S. 40–43.

Süss, Daniel; Lampert, Claudia; Trueltzsch-Wijnen, Christine: Medienpädagogik. Ein Studienbuch zur Einführung. 2., überarb. und akt. Aufl. Wiesbaden: Springer VS, 2013.

Turkle, Sherry: Alone together – Why We Expect More from Technology and Less from Each Other. New York: Basic Books, 2011.

Twenge, Jean Marie: iGen: Why Today's Super-Connected Kids Are Growing Up Less Rebellious, More Tolerant, Less Happy – and Completely Unprepared for Adulthood – and What That Means for the Rest of Us. New York: Atria Books, 2017.

Vereinigung Deutscher Wissenschaftler (2019): VDW-Positionspapier zur Jahrestagung 2019 – Die Ambivalenzen des Digitalen. Mensch und Technik zwischen neuen Möglichkeits(t)räumen und (un)bemerkbaren Verlusten. Verfügbar unter: https://vdw-ev.de/wp-content/uploads/2019/09/VDW-Positionspapier-Digitalisierung-Jahrestagung-2019.pdf [14.2.2021].

Wagenschein, Martin: Verstehen lehren. Mit einer Einführung von Hartmut von Hentig. 4. erw. Aufl. Weinheim/Basel: Beltz, 2008.

Te Wildt, Bert: Digital Junkies – Internetabhängigkeit und ihre Folgen für uns und unsere Kinder. München: Droemer, 2015.

Williamson, Ben; Hogan, Anna (2020): Commercialisation and privatisation in/of education in the context of Covid-19. Education International. Verfügbar unter: https://issuu.com/educationinternational/docs/2020_eiresearch_gr_commercialisation_privatisation [14.2.2021].

Zierer, Klaus: Hattie für gestresste Lehrer. Kernbotschaften und Handlungsempfehlungen aus John Hatties »Visible Learning« und »Visible Learning for Teachers«. Korrigierter Nachdruck. Baltmannsweiler: Schneider Verlag Hohengehren GmbH, 2015.

Zierer, Klaus: Lernen 4.0. Pädagogik vor Technik: Möglichkeiten und Grenzen einer Digitalisierung im Bildungsbereich. 2., erw. Aufl. Baltmannsweiler: Schneider Verlag Hohengehren GmbH, 2018.

Zimmer, Jasmin; Bleckmann, Paula; Pemberger, Brigitte: Technikfolgenabschätzung bei »Digitaler Bildung«. In: Bleckmann, Paula; Lankau, Ralf (Hrsg.): Digitale Medien und Unterricht. Eine Kontroverse. Weinheim: Julius Beltz 2019, S. 13–25.

Kapitel 12: Wann trägt ›Digitalisierung‹ etwas bei zum UN-Nachhaltigkeitsziel 3 ›Gesundheit und Wohlergehen‹?

Adorno, T. W. (1982): Negative Dialektik, Frankfurt a. M.

Altmeyer, M. (2016): Auf der Suche nach Resonanz. Wie sich das Seelenleben in der digitalen Moderne verändert. Göttingen

Arendt, H. (2002) : Vita Activa oder vom tätigen Leben. München: Pieper. (US-amerkanische Originalausgabe 1958: The Human Condition. Chicago

Baranski, B.; Behrens, J. & Westerholm P. (Hrsg.) (1997): Occupational Healt Policy, Practise and Evaluation. Kopenhagen/Genf

Behrens, Johann (2020): ›Digitalisierung‹ oder ›Gesundheit als selbstbestimmte Teilhabe‹? In: Korczak, Dieter in Vereinigung Deutscher Wissenschaftler (Hrsg.) Digitale Heilsversprechen – Zur Ambivalenz von Gesundheit, Algorithmen und Big Data. Frankfurt a. M.

Behrens, J. (2019): Theorie der Pflege und der Therapie. Bern, Göttingen, Toronto: Hogrefe

Behrens J, (1982): Die Ausdifferenzierung der Arbeit, in: K. O. Hondrich (Hrsg.), Soziale Differenzierung, S. 129–209. Frankfurt/New York

Behrens, J., Zimmermann, M.(2017): Sozial ungleich behandelt? A. Sens und P. Bourdieus Theorien und die soziale Ungleichheit im Gesundheitswesen – am Fallbeispiel präventiver Rehabilitation. Bern, Göttingen, Toronto

Behrens, J., Langer, G. (2016): Methoden und Ethik der Pflegepraxis und Versorgungsforschung – Vertrauensbildende Entzauberung der ›Wissenschaft‹, Bern, Göttingen, Toronto

Behrens J, Weber A, Schubert M (Hrsg.) (2012): Von der fürsorglichen Bevormundung/ über die organisierte Unverantwortlichkeit/ zur professionsgestützten selbstbestimmten Teilhabe? Gesundheits- und Sozialpolitik nach 1989. Opladen/Toronto

Behrens J, Morschhäuser, M, Viebrock, H, Zimmermann, E. 1999 Länger erwerbstätig, aber wie? Wiesbaden

Behrens J, Leibfried, S. Sozialpolitische Forschung. Eine Übersicht zu universitären und universitätsnahen Arbeiten, in: Zeitschrift für Sozialreform, Jg. 33, Heft 1/1987, S. 1–19

Behrens J, v. Carnap, S.; Zerb, P Grundrente, in: Fetscher, I. Grundbegriffe des Marxismus, Hamburg 1975, S. 252–266

Etymologisches Wörterbuch des Deutschen (2015). Berlin

Ferber, L. v. & Behrens, J. (Hrsg. (1997): Public Health Forschung mit Gesundheits- und Sozialdaten – Stand und Perspektiven. Sankt Augustin

Grount, J. (1662): Observations. London

Habermas, J. (2019): Auch eine Geschichte der Philosophie. Berlin

Habermas, J. (2015): Zwischen Naturalismus und Religion. Philosophische Aufsätze. Frankfurt a. M.

Heyen, N. B. (2016): Digitale Selbstvermessung und Quantified Self. Potentiale, Risiken und Handlungsoptionen. Karlsruhe

Husserl, E. (1992): Die Krisis der europäischen Wissenschaften und die transzendentale Phänomenologie. Gesammelte Werke (Husserliana) Band VI. Hamburg

Jonas, H. (2003): Prinzip Verantwortung. Frankfurt a. M.

Karner, S., Stenner, H., Spate, M., Behrens, J., & Krakow, K. (2019). Effects of a robot intervention on visuospatial hemineglect in postacute stroke patients: A randomized controlled trial. Clinical rehabilitation, *33*(12), 1940–1948.

Kluge, Friedrich (1999): Etymologisches Wörterbuch der deutschen Sprache. 23. erweiterte Neuauflage. Bearbeitet von Elmar Seebold. Berlin

Korczak, D. in Vereinigung Deutscher Wissenschaftler (Hrsg.) (2020): Digitale Heilsversprechen – Zur Ambivalenz von Gesundheit, Algorithmen und Big Data. Frankfurt a. M.

Korczak, D. und Wilken, M. (2008): Scoring im Praxistest: Aussagekraft und Anwendung von Scoringverfahren in der Kreditvergabe und Schlussfolgerungen. Studie. München

Müller, Klaus-Robert, Vortrag Leibniztag der Berlin-Brandenburgischen Akademie der Wissenschaften am 30.6.2018

Nassehi, A. (2019): Theorie der digitalen Gesellschaft, München

Pearl, J. (2009): Causality: Models, Reasoning and Inference. 2. Auflage. Cambridge

Peirce, C. S. (2009): The Logic of Interdisciplinarity. Berlin

Quetelet, A. (1869): Physique sociale ou essai sur le développement des facultés de l'homme, Brüssel

Quetelet, A. (1870): Anthropométrie ou mesure des différentes facultés de l'homme, Brüssel

Uexküll, Jakob v. (1973): Theoretische Biologie. Frankfurt a. M.

Uexküll, Thure v. (1990): Lehrbuch der Psychosomatischen Medizin. München

Watzlawik, Paul. (2020): 100 Jahre Paul Watzlawik. Aus ›Menschliche Kommunikation‹. Bern

WBGU Wissenschaftlicher Beirat der Bundesregierung Globale Umweltveränderungen (2019): Unsere gemeinsame digitale Zukunft. Berlin

Windeler J, Antes G, Behrens J, Donner-Banzoff N, Lelgemann M (2008): Randomisierte kontrollierte Studien: Kritische Evaluation ist ein Wesensmerkmal ärztlichen Handelns, in: Dtsch. Ärztebl. 2008; 105(11): A-565

Kapitel 13: Reduktionistische Versuchungen: Künstliche Intelligenz und Nachhaltigkeit

Abshagen, M. L. und Grotefendt, N., 2020: Eine Frage der Macht – Nachhaltigkeit und Digitalisierung. In: FIfF-Kommunikation 1/20, S. 33–36. Online verfügbar unter: https://www.fiff.de/publikationen/fiff-kommunikation/fk-2020/fk-2020-1/fk-2020-1-content/fk-1-20-p33.pdf [Stand: 14.6.2021].

acatech, 2020: European Public Sphere. Gestaltung der digitalen Souveränität Europas. Online verfügbar unter: https://www.acatech.de/publikation/european-public-sphere/ [Stand: 14.06.2021].

Betz, S., 2020: Auswirkungen von Software-Systemen auf Nachhaltigkeit und die Mitverantwortung von Software-Entwicklern. In: FIfF-Kommunikation, 3/20: S. 28–31. https://www.fiff.de/publikationen/fiff-kommunikation/fk-2020/fk-2020-3/fk-2020-3-content/fk-3-20-p28.pdf [Stand: 14.6.2021].

Bietti, E. und Vatanparast, R., 2020: Data Waste. In: Harvard Inernational Law Journal Frontiers, Vol. 61/2020. Online verfügbar unter: https://harvardilj.org/wp-content/uploads/sites/15/Bietti-and-Vatanparast-PDF-format.pdf [Stand: 14.6.2021].

BMBF – Bundesministerium für Bildung und Forschung, 2019: Natürlich. Digital. Nachhaltig. Ein Aktionsplan des BMBF. Online verfügbar unter: https://www.bmbf.de/upload_filestore/pub/Natuerlich_Digital_Nachhaltig.pdf [Stand: 14.6.2021].

BMEL – Bundesministerium für Ernährung und Landwirtschaft, 2020: Mehr als 50 Millionen Euro für digitale Experimentierfelder in der Landwirtschaft. Online verfügbar unter: https://www.bmel.de/DE/themen/digitalisierung/digitale-experimentierfelder.html [Stand: 14.6.2021].

BMU – Bundesministerium für Umwelt, Naturschutz und nukleare Sicherheit, 2020: Umweltpolitische Digitalagenda. Online verfügbar unter: https://www.bmu.de/fileadmin/Daten_BMU/Pools/Broschueren/broschuere_digitalagenda_bf.pdf [Stand: 14.6.2021].

Boedicker, D. 2020: Technologie für oder gegen Ökologie? Nachhaltigkeitsziele für die IT. In: FIfF-Kommunikation, 3/20: S. 65–68. Online verfügbar unter: https://www.fiff.de/publikationen/fiff-kommunikation/fk-2020/fk-2020-3/fk-2020-3-content/fk-3-20-p65.pdf [Stand: 14.6.2021].

Daum, T., 2019: Missing Link: Tschüss Auto, hallo Robo-Taxi! Verkehr à la Silicon Valley. Online verfügbar unter: https://www.heise.de/newsticker/meldung/Missing-Link-Tschuess-Auto-hallo-Robo-Taxi-Verkehr-a-la-Silicon-Valley-4554167.html [Stand: 14.6.2021].

Dhar, S., Guo, J., Liu, J., Tripathi, S., Kurup, U. und Shah, M., 2020: On-Device Machine Learning: An Algorithms and Learning Theory Perspective. Online verfügbar unter: https://arxiv.org/pdf/1911.00623.pdf [Stand: 14.6.2021].

Gröger, J. 2020: Digitaler ökologischer Fußabdruck. Wie nachhaltig ist unser digitaler Lebensstil? In: FIfF-Kommunikation, 3/20: S. 22–24. Online verfügbar unter: https://www.fiff.de/publikationen/fiff-kommunikation/fk-2020/fk-2020-3/fk-2020-3-content/fk-3-20-p22.pdf [Stand: 14.6.2021].

Henderson, P., Hu, J., Romoff, J., Brunskill, E., Jurafsky, D. und Pineau, J., 2020: Towards the systematic reporting of the energy and carbon footprints of machine learning. A working paper. Online verfügbar unter: http://stanford.edu/~phend/papers/ClimateML.pdf [Stand: 14.6.2021].

Hilty, L. M., 2020: Software und Nachhaltigkeit: Wie Fremdbestimmung durch Software materielle Ressourcen entwertet. In: FIfF-Kommunikation, 3/20: S. 31–35. Online verfügbar unter: https://www.fiff.de/publikationen/fiff-kommunikation/fk-2020/fk-2020-3/fk-2020-3-content/fk-3-20-p31.pdf [Stand: 14.6.2021].

Höfner, A. und Frick, V., 2019: Was Bits und Bäume verbindet. Digitalisierung nachhaltig gestalten. München: Oekom. Online verfügbar unter: https://www.oekom.de/buch/was-bits-und-baeume-verbindet-9783962381493 [Stand: 14.6.2021].

Ito, J., 2018: The practice of change. Doctoral Dissertation. Academic Year 2018. Keio University. Graduate School of Media & Governance. Online verfügbar unter: https://dam-prod.media.mit.edu/x/2018/11/01/ito_phd_diss_v1.11.pdf [Stand: 14.6.2021].

Ito, J., 2018a: Resisting Reduction: A Manifesto. Designing our Complex Future with Machines. Online verfügbar unter: https://jods.mitpress.mit.edu/pub/resisting-reduction/release/17 [Stand: 14.6.2021].

Jonas, H., 1979: Das Prinzip Verantwortung. Versuch einer Ethik für die technologische Zivilisation. Frankfurt a. M.: Suhrkamp.

Köhn, M., 2020: Hat Software eine Umweltwirkung? In: FIfF-Kommunikation, 3/20: S. 36–38. Online verfügbar unter: https://www.fiff.de/publikationen/fiff-kommunikation/fk-2020/fk-2020-3/fk-2020-3-content/fk-3-20-p36.pdf [Stand: 14.6.2021].

Lange, S. und Santarius, T., 2018: Smarte grüne Welt? Digitalisierung zwischen Überwachung, Konsum und Nachhaltigkeit. Online verfügbar unter: http://www.santarius.de/wp-content/uploads/2018/11/Smarte-gru%CC%88ne-Welt-Offizielles-E-Book.pdf [Stand: 14.6.2021].

Lapuschkin, S., Wäldchen, S., Binder, A., Montavon, G., Samek, W. und Müller, K.-R., 2019: Unmasking Clever Hans predictors and assessing what machines really learn. In: Nature Communications, 10 (1), S. 60. Online verfügbar unter: https://www.nature.com/articles/s41467-019-08987-4 [Stand: 14.6.2021].

Lessig, L., 2009: Code: And other laws of cyberspace. New York: Basic Books.

Marcus, G., 2020: The Next Decade in AI: Four Steps Towards Robust Artificial Intelligence. Online verfügbar unter: https://arxiv.org/abs/2002.06177v2 [Stand: 14.6.2021].

Marcus, G. und Davies, E., 2019: Rebooting AI. Building Artificial Intelligence We Can Trust. New York: Penguin Books.

Marcus, G., 2018: Deep Learning: A Critical Appraisal. Online verfügbar unter: https://arxiv.org/abs/1801.00631v1 [Stand: 14.6.2021].

Meadows, D., 1999: Leverage Points: Places to Intervene in a System. Online verfügbar unter: http://www.donellameadows.org/wp-content/userfiles/Leverage_Points.pdf [Stand: 14.6.2021].

Meinel, C., 2020: Nur nachhaltige Digitalisierung kann das Klima retten. Gastbeitrag. Online verfügbar unter: https://www.spiegel.de/netzwelt/netzpolitik/green-it-nur-nachhaltige-digitalisierung-kann-das-klima-retten-a-540d6972-bf67-4571-841d-9c1479df37e1 [Stand: 14.6.2021].

Messerschmidt, R. und Ullrich, S., 2020: A European way towards sustainable AI. In: Social Europe. Online verfügbar unter: https://socialeurope.eu/a-european-way-towards-sustainable-ai [Stand: 14.6.2021].

Messerschmidt, R., 2020: Diskursanalyse der Empfehlungslandschaft zu Digitalisierung und Nachhaltigkeit 2017–2018. Online verfügbar unter: https://www.wbgu.de/fileadmin/user_upload/wbgu/publikationen/hauptgutachten/hg2019/pdf/Expertise_Messerschmidt_HGD.pdf [Stand: 14.6.2021].

Nemitz, P. und Pfeffer, M., 2020: Prinzip Mensch. Macht, Freiheit und Demokratie im Zeitalter der Künstlichen Intelligenz. Bonn: Dietz.

Northcutt, C. G., Athalye, A., Mueller, J., 2021: Pervasive Label Errors in Test SetsDestabilize Machine Learning Benchmarks. Online verfügbar unter: https://arxiv.org/pdf/2103.14749.pdf [Stand: 14.6.2021].

ÖFIT – Kompetenzzentrum Öffentliche IT, 2021: Gesellschaftliche Technikgestaltung – Orientierung durch eine Metaperspektive auf Schlüsselelemente. Online verfügbar unter: https://www.oeffentliche-it.de/publikationen?doc=162868&title=Gesellschaftliche%20Technikgestaltung%20-%20Orientierung%20durch%20eine%20Metaperspektive%20auf%20Schl%C3%BCsselelemente [Stand: 14.6.2021].

ÖFIT – Kompetenzzentrum Öffentliche IT, 2020: Der Staat auf dem Weg zur Plattform. Online verfügbar unter: https://www.oeffentliche-it.de/publikationen?doc=113399&title=Der%20Staat%20auf%20dem%20Weg%20zur%20Plattform [Stand: 14.6.2021].

O'Neill, C., 2017: Weapons of math destruction. How big data increases inequality and threatens democracy. New York: Crown Publishing Group.

Schischke, K., 2020: Das Design bestimmt die Ökobilanz: Mobile Endgeräte im Umweltfokus. In: FIfF-Kommunikation, 3/20: S. 25–27. Online verfügbar unter: https://www.fiff.de/publikationen/fiff-kommunikation/fk-2020/fk-2020-3/fk-2020-3-content/fk-3-20-p25.pdf [Stand: 14.6.2021].

Schneidewind, U., 2018: Die Große Transformation. Eine Einführung in die Kunst gesellschaftlichen Wandels. Frankfurt a. M.: S. Fischer.

Spiekermann, S., 2019: Digitale Ethik. Ein Wertesystem für das 21. Jahrhundert. München: Droemer HC.

Spiekermann, S., 2016: Ethical IT Innovation. A Value-Based System Design Approach. London: CRC Press.

SRU – Sachverständigenrat für Umweltfragen, 2019: Demokratisch regieren in ökologischen Grenzen – Zur Legitimation von Umweltpolitik. Sondergutachten. Online verfügbar unter: https://www.umweltrat.de/SharedDocs/Downloads/DE/02_Sondergutachten/2016_2020/2019_06_SG_Legitimation_von_Umweltpolitik.pdf?__blob=publicationFile&v=15 [Stand: 14.6.2021].

Strubell, E., Ganesh, A. und McCallum, A., 2019: Energy and Policy Considerations for Deep Learning in NLP. Online verfügbar unter: https://arxiv.org/abs/1906.02243v1 [Stand: 14.6.2021].

THE SHIFT PROJECT, 2019: Lean ICT. Towards digital sobriety. Online verfügbar unter: https://theshiftproject.org/wp-content/uploads/2019/03/Lean-ICT-Report_The-Shift-Project_2019.pdf [Stand: 14.6.2021].

Wachter, S. und Mittelstadt, B., 2018: A Right to Reasonable Inferences: Re-Thinking Data Protection Law in the Age of Big Data and AI. In: Columbia Business Law Review, 2, S. 443–493. Online verfügbar unter: https://doi.org/10.7916/d8-g10s-ka92 [Stand: 14.6.2021].

WBGU – Wissenschaftlicher Beirat der Bundesregierung Globale Umweltveränderungen, 2020: Landwende im Anthropozän: Von der Konkurrenz zur Integration. Online verfügbar unter: https://www.wbgu.de/de/publikationen/publikation/landwende [Stand: 14.6.2021].

WBGU – Wissenschaftlicher Beirat der Bundesregierung Globale Umweltveränderungen, 2019: Unsere gemeinsame digitale Zukunft. Hauptgutachten. Online verfügbar unter: https://www.wbgu.de/de/publikationen/publikation/unsere-gemeinsame-digitale-zukunft [Stand: 14.6.2021].

WBGU – Wissenschaftlicher Beirat der Bundesregierung Globale Umweltveränderungen, 2019a: PPEU

WBGU – Wissenschaftlicher Beirat der Bundesregierung Globale Umweltveränderungen, 2019b: PPUN

WBGU – Wissenschaftlicher Beirat der Bundesregierung Globale Umweltveränderungen, 2019c: #SustainableDigitalAge – Illustriertes Fact Sheet. Online verfügbar unter: https://www.wbgu.de/de/publikationen/publikation/transformation-unserer-welt-im-digitalen-zeitalter [Stand: 14.6.2021].

WBGU – Wissenschaftlicher Beirat der Bundesregierung Globale Umweltveränderungen, 2018: Digitalisierung: Worüber wir jetzt reden müssen. Impulspapier. Online verfügbar unter: https://www.wbgu.de/de/publikationen/publikation/digitalisierung-worueber-wir-jetzt-reden-muessen [Stand: 14.6.2021].

WBGU – Wissenschaftlicher Beirat der Bundesregierung Globale Umweltveränderungen, 2011: Welt im Wandel: Gesellschaftsvertrag für eine Große Transformation. Hauptgutachten. Online verfügbar unter: https://www.wbgu.de/de/publikationen/publikation/welt-im-wandel-gesellschaftsvertrag-fuer-eine-grosse-transformation [Stand: 14.6.2021].

Weizenbaum, J., 1978: Die Macht der Computer und die Ohnmacht der Vernunft. Frankfurt a. M.: Suhrkamp.

Zuboff, S., 2018: Das Zeitalter des Überwachungskapitalismus. Frankfurt a. M.: Campus.

Kapitel 14: Produktion und Handel im Zeitalter von Digitalisierung, Vernetzung und künstlicher Intelligenz

Agrawal, Nayank, Dutta, Sumit, Kelley, Richard, and Millán, Ingrid (2021): COVID-19: An inflection point for Industry 4.0. McKinsey.

Altenburg, Tilman, Brahima Coulibaly (2018): Jobs für Afrika: Chancen in einer Weltwirtschaft im Umbruch. DIE Bonn

Banga, Karishma, Dirk Willem te Velde (2018): Digitalisation and the future of manufacturing in Africa. Supporting economic transformation, ODI und DFID

Ben Youssef, A. (2020), »How Industry 4.0 can contribute to combatting Climate Change?«, French Industrial Economics Review (Revue d'Economie Industrielle), 1st Trimester 2020, 161–193, vol. 169

Brynjolfsson, E. and A. McAfee (2014): The second machine age: Work, progress, and prosperity in a time of brillant technologies. ISBN 978-0-393-23935-5

BTI (2019): Digitalisierung: Fluch oder Segen für Entwicklungsländer? https://blog.bti-project.de/2019/09/18/digitalisierung-fluch-oder-segen-fuer-entwicklungslaender/ [2.2.2021]

Butterfill, James et al. (2017): Disruptive Themen beflügeln die künftige Rohstoffnachfrage. In: ETFS Outlook, Dezember 2017, S. 19–21. London

Chuhan-Pole, Punam et al. (2017): Mining in Africa – Are Local Communities Better Off? A copublication of the Agence Francaise de Développement and the World Bank. Washington D.C.

Cigna, Simone, Lucia Quaglietti (2020): The great trade collapse of 2020 and the amplification role of global value chains. ECB Economic Bulletin, Issue 5/2020, Europäische Zentralbank Frankfurt

Dahlman, C., S. Mealy and M. Wermelinger (2016), »Harnessing the digital economy for developing countries«, OECD Development Centre Working Papers, No. 334, OECD Publishing, Paris

De Backer, K., T. DeStefano, C. Menon und J.R. Suh (2018): Industrial Robotics and the Global Organisation of Production. OECD Science, Technology and Industry Working Paper no. 2018/03. OECD, Paris, zitiert in Kinkel (2020)

De Backer, Koen und Dorothee Flaig (2017): The future of global value chains – business as usual or »a new normal?« OECD science, technology and innovation policy papers, July 2017, No. 41, zitiert in Kinkel (2020)

Deloitte (2017): Digitale Zukunftsfähigkeit. Wie wappnen sich Unternehmen für die Chancen und Herausforderungen der Digitalisierung? Deloitte, Johannesburg

Deutsche Stiftung Weltbevölkerung (DSW) (2020): Soziale und demografische Daten weltweit. DSW-DATENREPORT 2020. DSW Hannover

Felber, Christian (2014): Gemeinwohl-Ökonomie. Wien, ISBN 978-3-552-06299-3

Fortunato, Piergiuseppe (2020): How COVID-19 is changing global value chains. UNCTAD Genf

Frey, Carl Benedikt, Osborne, Michael A. (2013): The Future of Employment: How Susceptible are Jobs to Computerisation, Oxford University

Frey, Carl Benedikt, Berger, Thor (2016): Structural Transformation in the OECD – digitalisation, deindustrialisation and the future of work. OECD, Paris

Gabler Wirtschaftslexikon (o.J.): https://wirtschaftslexikon.gabler.de/definition/wirtschaftspolitisches-ziel-50933, Wiesbaden, [2.2.2021]

GIZ (o.J.): FAIR Forward – Künstliche Intelligenz für alle. https://gizonline.sharepoint.com/sites/Digital-Gateway/SitePages/FAIR-Forward---K%C3%BCnstliche-Intelligenz-f%C3%BCr-alle.aspx?web=1, zuletzt 19.4.2021

Göpel, Maja (2020): Unsere Welt neu denken. Berlin, ISBN 978-3-8437-2311-4

Graham, Hjorth & Lehdonvirta (2017): Digital labour and development: impacts of global digital labour platforms and the gig economy on worker livelihoods. SAGE journals

GTAI (2018): Arbeitsprogramm 2018: Chancen durch Wandel. Germany Trade&Invest, Berlin

GTAI (2019a): Überblick zu den Stärken und Perspektiven ausgewählter Länder in der Digitalisierung. https://www.gtai.de/gtai-de/meta/ueber-uns/was-wir-tun/schwerpunkte/digitalisierung/ueberblick-zu-den-staerken-und-perspektiven-ausgewaehlter-117756 [2.2.2021]

GTAI (2019b): Singapur möchte zum südostasiatischen Hub für Künstliche Intelligenz werden. https://www.gtai.de/gtai-de/trade/branchen/special/singapur/singapur-moechte-zum-suedostasiatischen-hub-fuer-kuenstliche-22638 [2.2.2021]

Hallward-Driemeier, Mary, Nayyar, Gaurav (2018): Trouble in the Making? The Future of Manufacturing-Led Development. The World Bank Group. Washington D.C.

Hornweg, Pope (2015) Population predictions for the world's largest cities in the 21st century. Environment and Urbanization vol. 29, issue 1

ILO (2016): World Employment Social Outlook 2016: Trends for Youth; UNICEF (2017)

IMD (2020): IMD world digital competitiveness ranking 2020. IMD, Lausanne

IMF (2018): Measuring the digital economy. Staff report. International Monetary Fund, Washington, D.C.

Institut für Arbeitsmarkt- und Berufsforschung der Bundesagentur für Arbeit (IAB) (2017): Forschungsbericht 13/2017, S. 60ff.

International Bank for Reconstruction and Development / The World Bank (2020): World Bank Outlook 2050: Strategic Directions Note. Supporting Countries to Meet Long-Term Goals of Decarbonization. Washington D.C.

IPCC – Intergovernmental Panel on Climate Change (2018): Global warming of 1.5°C. An IPCC Special Report on the Impacts of Global Warming of 1.5°C Above Pre-Industrial Levels and related Global Greenhouse Gas Emission Pathways, in the Context of Strengthening the Global Response to the Threat of Climate Change, Sustainable Development, and Efforts to Eradicate Poverty. Summary for Policymakers. IPCC Genf

Itterman, Peter; Niehaus, Jonathan, Hirsch-Kreinsen, Hartmut (2015): Arbeiten in der Industrie 4.0: Trendbestimmungen und arbeitspolitische Handlungsfelder. Hans-Böckler-Stiftung, Düsseldorf

Jäger, A., Moll, C., Som, O., Zanker, C., Kinkel, S., Lichtner, R. (2015): Analysis of the impact of robotic systems on employment in the European Union. Unveröffentlichter Endbericht des Fraunhofer-Institut für System- und Innovationsforschung ISI. Auftraggeber: European Commission, Directorate-General of Communications Networks, Content & Technology

Kagermann, Henning, Reiner Anderl, Jürgen Gausemeier, Günther Schuh, Wolfgang Wahlster (2016): Industrie 4.0 im globalen Kontext – Strategien der Zusammenarbeit mit internationalen Partnern. Acatech, München

Kinkel, Steffen (2019): Zusammenhang von Industrie 4.0 und Rückverlagerungen von Produktionsaktivitäten aus dem Ausland. Band 20 von FGW-Studie Digitalisierung von Arbeit. Forschungsinstitut für gesellschaftliche Weiterentwicklung (e.V.)

Kinkel, Steffen (2020): Digitalisierung und Reshoring – Weniger globale und mehr regionale Wertschöpfungsketten in Deutschland und der EU. In: nachhaltig digital – digital nachhaltig / Virtuelle Konferenz 4./5. Dezember 2020, Universität Göttingen

Kleinhans, Jan-Peter & Dr. Nurzat Baisakova (2020): The global semiconductor value chain. A technology primer for policy makers. Stiftung Neue Verantwortung Berlin

Korotayev, Andrey, Malkov Artemy, Khaltourina Daria (2006): Introduction to Social Macrodynamics: Compact Macromodels of the WorldSystem Growth. Moskau

Lall, Somik Vinay et al (2017): Africa's Cities: Opening Doors to the World. Worldbank Group und UK Aid. Washington D.C.

Lenz, Fulko (2018): Digitalisierung und Beschäftigung – Ein Ende ohne Arbeit oder Arbeit ohne Ende. Stiftung Marktwirtschaft – Argumente zu Marktwirtschaft und Politik, Nr. 141, April 2018;

Manchanda, Sumit, Hassan Kaleem und Sabine Schlorke (2020): AI Investments Allow Emerging Markets to Develop and Expand Sophisticated Manufacturing Capabilities. EM Compass, IFC

McKinsey (McKinsey Global Institute), (2017): Jobs Lost, Jobs Gained: Workforce Transitions in a time of Automation

McKinsey (McKinsey Global Institute) (2020). Risk, resilience, and rebalancing in global value chains

Meyer, Laurin (2015): Fair gehandelte Smartphones: Schmerzfrei telefonieren. In: Die Tageszeitung: taz. 8. September 2015, ISSN 0931-9085. https://taz.de/Fair-gehandelte-Smartphones/!5226988/ [27.3.2021])

Nachhaltige Wirtschaftsentwicklung im Bergbausektor, Demokratische Republik Kongo. GIZ Projektkurzbeschreibung. https://www.giz.de/de/weltweit/19891.html, [10.1.2021]

Norasatya, Erik, Prasad Sahuivan Peterson (2020): COVID-19 highlights need for digitizing and automating trade in South Asia. World Bank blogs

OECD Wirtschaftsausblick 2019. https://www.oecd-ilibrary.org/sites/70409513-de/index.html?itemId=/content/component/70409513-de [2.2.2021]

OECD (2020a): Trustworthy AI in health. Background paper for the G20 AI Dialogue, Digital Economy Task Force, SAUDI ARABIA, 1–2 APRIL 2020

OECD (2020b): A roadmap toward a common framework for measuring the digital economy. Report for the G20 Digital Economy Task Force, SAUDI ARABIA, 2020

Osman, Maddy (2020): E-Commerce-Statistik für 2021 – Chatbots, Sprache, Omni-Channel-Marketing. DER KINSTA-BLOG. https://kinsta.com/de/blog/e-commerce-statistik/#:~:text=Da%20immer%20mehr%20globale%20M%C3%A4rkte,auf%2016%2C9%25%20sinken [2.2.2021]

Otte, Ralf (2019): Künstliche Intelligenz für Dummies. Weinheim, ISBN 978-3-527-71494-0

Piketty, Thomas (2020): Kapital und Ideologie. München

Plattform Industrie 4.0 (2020): Fortschrittsbericht 2020. Industrie 4.0 gestalten. Souverän. Interoperabel. Nachhaltig. BMWi Berlin

Raworth, Kate (2017): Doughnut economics. London, ISBN 978-1-847-94137-4

Saslow, Kate (2020): Memorandum Foreign Policy Engagement with African Artificial Intelligence. Stiftung Neue Verantwortung Berlin

Statista (2021): Trends in global export volume of trade in goods from 1950 to 2019. https://www.statista.com/statistics/264682/worldwide-export-volume-in-the-trade-since-1950/ [2.2.2021]

Tetzlaff, Rainer (2018): Afrika. Eine Einführung in Geschichte, Politik und Gesellschaft. Wiesbaden

UNCTAD (2017): World Investment Report (S. 156 ff). Genf

UNCTAD (2018): World Investment Report. Genf

UNCTAD (2020): World Investment Report. Genf

UNICEF (2017): Generation 2030 – Africa 2.0: Prioritizing investments in children to reap the demographic dividend. New York

United Nations General Assembly (2015): Transforming our world: the 2030 Agenda for Sustainable Development. UN, Washington D. C.

UNO (2019): World Population Prospects 2019. https://esa.un.org/unpd/wpp/Download/Standard/Population [27.3.2021]

VDW (2018): Stellungnahme zu den Asilomar-Prinzipien zu künstlicher Intelligenz. Hrsg. Von der Vereinigung Deutscher Wissenschaftler e. V., Berlin

WBGU (2019): Unsere gemeinsame digitale Zukunft. Hauptgutachten Digitalisierung 2019. ISBN 978-3-946830-20-7

WEF (World Economic Forum in collaboration with The Boston Consulting Group), (2018a): Towards a Reskilling Revolution: A Future of Jobs for All, Köln/Genf

WEF (World Economic Forum in collaboration with The Boston Consulting Group), (2018b): Eight futures of Work – Scenarios and their Implications. Köln/Genf

Weltbank (2019): World Development Report 2019: The Changing Nature of Work

WTO (2021): WTO Chairs Programme. Adapting to the digital trade era: challenges and opportunities. Hrsg, Maarten Smeets. Genf

Zeitschrift Automobil-Produktion (25.3.2019): BMW stoppt Kobalt-Einkauf aus dem Kongo. https://www.automobil-produktion.de/hersteller/wirtschaft/bmw-stoppt-kobalt-einkauf-aus-dem-kongo-270.html [27.3.2021]

Zhan, James, Richard Bolwijn, Bruno Casella, Amelia U. Santos-Paulino (2020): Global value chain transformation to 2030: Overall direction and policy implications. VoxEU.org, Centre for Economic Policy Research London

Kapitel 15: Zukunft der digitalen Arbeitsgesellschaft

Acemoglu, D. (2019): Elizabeth Warren's Bold Ideas Don't Go Far Enough. Project Syndicate. https://www.project-syndicate.org/commentary/good-jobs-agenda-us-by-daron-acemoglu-2019-12 (zuletzt abgerufen am 31.10.2020).

Acemoglu, D. / Restrepo, P. (2018). Artificial Intelligence, Automation and Work. NBER Working Paper No. 24196. https://www.nber.org/papers/w24196.pdf (zuletzt abgerufen am 31.10.2020).

Albrecht, Thorben; Kellermann, Christian (2020): Künstliche Intelligenz und die Zukunft der digitalen Arbeitsgesellschaft, Forschungsförderung der Hans-Böckler-Stiftung, Working Paper 200, Düsseldorf. https://www.boeckler.de/de/faust-detail.htm?sync_id=9132 (zuletzt abgerufen am 13.1.2021)

Arntz, M. / Gregory, T. / Zierahn, U. (2017). Revisiting the Risk of Automation. In: Economics Letters, Nr. 159, S. 157–160.

Arntz, M. / Gregory, T. / Zierahn, U. (2018). Digitalisierung und die Zukunft der Arbeit: Makroökonomische Auswirkungen auf Beschäftigung, Arbeitslosigkeit und Löhne von morgen. Bundesministerium für Forschung und Entwicklung (BMBF), Mannheim. http://ftp.zew.de/pub/zew-docs/gutachten/DigitalisierungundZukunftderArbeit2018.pdf (zuletzt abgerufen am 31.10.2020).

Autor, D. (2015). Why are There Still So Many Jobs? The History and Future of Workplace Automation. In: Journal of Economic Perspectives, Nr. 29(3), S. 3–30. https://economics.mit.edu/files/11563 (zuletzt abgerufen am 31.10.2020).

Autor, D. / Dorn, D. / Katz L. F. / Patterson, C. / Van Reenen, J. (2017). Concentrating on the Falling Labor Share. In: American Economic Review Papers & Proceedings, Nr. 107(5). S. 180–185. https://economics.mit.edu/files/12544 (zuletzt abgerufen am 31.10.2020).

Autor, D. / Salomons, A. (2017). Robocalypse Now. Does Productivity Growth Threaten Employment? In: ECB Forum on Central Banking – Investment and growth in advanced economies – Conference Proceedings. Frankfurt am Main: European Central Bank, S. 119–128. https://www.ecb.europa.eu/pub/pdf/other/ecb.ecbforumcentralbanking2017.en.pdf (zuletzt abgerufen am 31.10.2020).

Bessen, J. (2018). AI and Jobs: The Role of Demand. In: NBER Working Paper Series, Nr. 24235. https://www.nber.org/papers/w24235.pdf (zuletzt abgerufen am 31.10.2020).

Dauth, W. / Findeisen, S. / Südekum, J. / Wößner, N. (2017). German Robots – The Impact of Industrial Robots on Workers. In: IAB-Discussion Paper, 30/2017. http://doku.iab.de/discussionpapers/2017/dp3017.pdf (zuletzt abgerufen am 31.10.2020).

Dispan, J. / Schwarz-Kocher, M. (2018). Digitalisierung im Maschinenbau. Entwicklungstrends, Herausforderungen, Beschäftigungswirkungen, Gestaltungsfelder im Maschinen- und Anlagenbau. In: Working Paper Forschungsförderung, Nummer 094. https://www.boeckler.de/pdf/p_fofoe_WP_094_2018.pdf (zuletzt abgerufen am 31.10.2020).

Frey, C. B. / Osborne, M. A. (2013). The Future of Employment: How Susceptible are Jobs to Computerisation? Oxford Martin School Working Paper. University of Oxford. https://www.oxfordmartin.ox.ac.uk/downloads/academic/The_Future_of_Employment.pdf (zuletzt abgerufen am 31.10.2020).

Frey, C. B. / Osborne, M. A. (2017). The Future of Employment: How sSsceptible are Jobs to Computerisation? In: Technological Forecasting & Social Change. Nr. 114, S. 254–280.

Fuchs, J. / Kubis, A. / Schneider, L. (2019): Zuwanderung und Digitalisierung. Wie viel Migration aus Drittstaaten benötigt der deutsche Arbeitsmarkt künftig? Bertelsmann Stiftung. https://www.bertelsmann-stiftung.de/fileadmin/files/Projekte/Migration_fair_gestalten/IB_Studie_Zuwanderung_und_Digitalisierung_2019.pdf. (zuletzt abgerufen am 31.10.2020).

IBM (2019): KI-Studie über die Folgen für Arbeitnehmende und Arbeit. https://www.ibm.com/de-de/blogs/think/2019/09/17/watson-ki-studie/ (zuletzt abgerufen am 31.10.2020).

Kellermann, C. / Obermauer, R. (2020). Von der Würde der Arbeit in digitaler und klimaneutraler Zukunft. spw 238. https://www.spw.de/data/238_kellermann_obermauer.pdf (zuletzt abgerufen am 31.10.2020).

Korinek, A./Stiglitz, J.E. (2017). Artificial Intelligence and Its Implications for Income Distribution and Unemployment. In: National Bureau of Economic Research. https://www.nber.org/papers/w24174.pdf (zuletzt abgerufen am 31.10.2020).

McKinsey Global Institute [MGI] (2018). Notes from the AI frontier. Modeling the Impact of AI on the World Economy. https://www.mckinsey.com/featured-insights/artificial-intelligence/notes-from-the-ai-frontier-modeling-the-impact-of-ai-on-the-world-economy (zuletzt abgerufen am 31.10.2020).

Muro, M./Maxim, R./Whiton, J. (2019). Automation and Artificial Intelligence. How Machines are Affecting People and Places. Metropolitan Policy Program. https://www.brookings.edu/wp-content/uploads/2019/01/2019.01_BrookingsMetro_Automation-AI_Report_Muro-Maxim-Whiton-FINAL-version.pdf (zuletzt abgerufen am 31.10.2020).

Nilsson, N. (2005). Human-Level Artificial Intelligence? Be Serious! American Association for Artificial Intelligence. http://ai.stanford.edu/~nilsson/OnlinePubs-Nils/General%20Essays/AIMag26-04-HLAI.pdf (zuletzt abgerufen am 31.10.2020).

Pfeiffer, S./Suphan, A. (2015). Der AV-Index. Lebendiges Arbeitsvermögen und Erfahrung als Ressourcen auf dem Weg zu Industrie 4.0. Working Paper 2015 #1 (Finale Fassung des ursprünglich am 13.04.2015 publizierten Drafts). https://www.sabine-pfeiffer.de/files/downloads/2015-Pfeiffer-Suphan-final.pdf (zuletzt abgerufen am 31.10.2020).

Russel, S. (2019). Human Compatible. AI and the Problem of Control. Allen Lane.

Webb, M. (2019). The Impact of Artificial Intelligence on the Labour Market. Stanford University Working Paper.

World Economic Forum (2018). The Future of Jobs Report (2018). http://www3.weforum.org/docs/WEF_Future_of_Jobs_2018.pdf (zuletzt abgerufen am 31.10.2020).

Kapitel 16: Neue soziale Frage und Zukunft der sozialen Sicherung

Bäcker, Gerhard/Kistler, Ernst/Stapf-Finé, Heinz (2011): Erwerbsminderungsrente – Reformnotwendigkeit und Reformoptionen. In: Friedrich-Ebert-Stiftung (Hg.): WISO-Diskurs Mai 2011)

Bertelsmann-Stiftung (2019): Plattformarbeit in Deutschland. Freie und flexible Arbeit ohne soziale Sicherung, Gütersloh

Bundesanstalt für Arbeitsschutz und Arbeitsmedizin (BAUA) (2017): Alterns- und altersgerechte Arbeitsgestaltung. Grundlagen und Handlungsfelder für die Praxis, 2. Auflage, Dortmund.

Bruckmeier, Kerstin/ Konle-Seidl, Regina (2019): Reformen der Grundsicherung im internationalen Vergleich: neue Wege ja, Systemwechsel nein, In: IAB-Forum 10. Juli 2019, https://www.iab-forum.de/reformen-der-grundsicherung-im-internationalen-vergleich-neue-wege-ja-systemwechsel-nein/ [10. März 2020]

Bundesministerium für Arbeit und Soziales (BMAS) (2017): Weissbuch Arbeiten 4.0. Berlin

Bundesministerium für Arbeit und Soziales (BMAS) (2015): Grünbuch Arbeiten 4.0. Berlin

Bundesministerium für Arbeit und Soziales (BMAS) (2013): Fortschrittsreport Altersgerechte Arbeitswelt. Ausgabe 2: »Altersgerechte Arbeitsgestaltung«, Bonn.

Deutsches Institut für Wirtschaftsforschung (DIW) (2014): Wochenbericht 37/2014

Dullien, Sebastian (2014): Eine Europäische Arbeitslosenversicherung als Stabilisator für die Euro-Zone. In: Friedrich-Ebert-Stiftung (Hg.): WISO direkt, Juni 2014

Europäische Kommission (2019): Klarstellung zu angeblicher Forderung von Kommissionspräsident Juncker nach einer europäischen Arbeitslosenversicherung. In: Presseportal, 3. Januar 2019.

Fröhler, Norbert/Fehmel, Thilo/Klammer, Ute (2013): Flexibel in die Rente. Gesetzliche, tarifliche und betriebliche Perspektiven, Berlin.

Gesellschaft für Versicherungswissenschaft und –gestaltung (GVG) (2015): Soziale Sicherung in einer modernen Arbeitswelt. Position der GVG zum Grünbuch »Arbeit 4.0«, Köln

Giegold, Sven (2006): Globalisierung. In: Urban, Hans-Jürgen (Hg.): ABC zum Neoliberalismus. Hamburg.

Hans, Jan Philipp / Hofmann, Sandra / Sesselmeier, Werner / Yollu-Tok, Aysel (2017)

Arbeitsversicherung – Kosten und Nutzen. In: Friedrich-Ebert-Stiftung # 2017 plus, Bonn

HDI (2019): Berufstätige befürchten Jobverluste durch Digitalisierung. In Versicherungswirtschaft heute, 28. November.

IHK für München und Oberbayern (2018): Auswirkungen der Digitalisierung auf den Arbeitsmarkt. München.

Institut für Arbeitsmarkt- und Berufsforschung (IAB) (2015): In kaum einem Beruf ist der Mensch vollständig ersetzbar: In: IAB-Kurzbericht 24/2015.

IGZA-Autorenteam (Institut für die Geschichte und Zukunft der Arbeit) (2018): Zeitsouveränität, Neues Normalarbeitsverhältnis und Sozialstaat 4.0 – Plädoyer für ein Lebensarbeitszeitkonto. Arbeitspapier #4, Berlin

Muro, Mark / Whiton, Jacob / Maxim, Robert (2019): What jobs are affected by AI? Better-paid, better-educated workers face the most exposure. Metropolitan Policy Program at Brookings, Washington.

OECD (2014): Focus on Inequality and growth. December 2014, Paris.

Oxford Economics (2019): How robots change the world. What automation really means for jobs and productivity. Oxford, June 2019

Pfaff, Martin / Stapf-Finé, Heinz (2004): Bürgerversicherung – solidarisch und sicher. Die Rolle von GKV und PKV, Beitragsgrundlagen, Leistungskatalog, rechtliche Umsetzung, Hamburg

Ramge, Thomas (2018): Mensch fragt, Maschine antwortet. Wie Künstliche Intelligenz Wirtschaft, Arbeit und Leben verändert. In: APuZ 6-8/2018, 15–21

Schmidt, Florian A. (2016): Arbeitsmärkte in der Plattformökonomie. Zur Funktionsweise und den Herausforderungen von Crowdwork und Gigwork, Bonn

Simon, Dieta / Heger, Günther / Reszies, Sabine (Hg.): Praxishandbuch betriebliche Gesundheitsförderung. Ein Leitfaden für kleine und mittlere Unternehmen, Stuttgart

Sommer, S. / Kerschek, R. / Lehnhardt, U. (2018): Gefährdungsbeurteilung in der betrieblichen Praxis: Ergebnisse der GDA-Betriebsbefragungen 2011 und 2015. In BAUA (Hg.): Fokus September 2018

Stapf-Finé, Heinz (2018): Kita(sozial)politik – Politische und gesellschaftliche Entwicklungstrends in der Kindertagesbetreuung. In: Brodowski, Michael (Hg.): Das große Handbuch für die Kita-Leitung. Köln, 834–859

Stapf-Finé, Heinz (2009): Nein zum Grundeinkommen, ja zum Grundanliegen. In: Neuendorff H, Peter G, Wolf F (Hg.) Arbeit und Freiheit im Widerspruch. Bedingungsloses Grundeinkommen – Ein Modell im Meinungsstreit, Hamburg

UNO-Flüchtlingshilfe (2020): Zahlen & Fakten zu Menschen auf der Flucht. Verfügbar unter: https://www.uno-fluechtlingshilfe.de/informieren/fluechtlingszahlen/?donation_custom_field_1628=J102&gclid=EAIaIQobChMI157I7JOG6AIVWeDtCh3VYQHwEAAYASABEgJKEfD_BwE [6.3.2020]

Weber, Enzo (2019): Digitale Soziale Sicherung. Entwurf eines Konzepts für das 21. Jahrhundert. HBs-Working-Paper Forschungsförderung Nummer 137, Mai 2019

Wintermantel, Vanessa (2017): Forschungsbericht IV. Ergebnisse der Vermächtnisstudie zum Thema sozialer Zusammenhalt und Sozialstaat. WZB-discussion paper 2017-009, Berlin

Teil IV Verantwortung der Wissenschaft

Snodgrass, Melinda (1989): Star Trek – The Next Generation. 35. Episode: Wem gehört Data?

Kling, Marc-Uwe (2020): Qualityland 2.0. Hamburg

McKinley, Roger (2016): Technology: Use or lose our navigation skills. In: Nature, 531, March 30, S. 573–575

Herausgeber

Vereinigung Deutscher Wissenschaftler e. V. (VDW)
Die Vereinigung Deutscher Wissenschaftler (VDW), wurde 1959 als deutsche Sektion der Pugwash-Conferences on Science and World Affairs gegründet, die 1995 mit dem Friedensnobelpreis ausgezeichnet wurde. Während Pugwash, von Albert Einstein und Bertrand Russell gegründet, sich bis heute auf Friedens- und Sicherheitsfragen und Verantwortung in der Wissenschaft konzentriert, hat die von Carl-Friedrich von Weizsäcker, Werner Heisenberg, Otto Hahn, Max Born und anderen führenden Wissenschaftlern gegründete VDW ihr Aufgabenspektrum seit den 1960er Jahren schrittweise auf andere bedeutende Menschheitsfragen vor allem der Technikentwicklung ausgeweitet.

VDW Studiengruppe Technikfolgenabschätzung der Digitalisierung
Die Studiengruppe Technikfolgenabschätzung (TA) der Digitalisierung wurde 2017 durch Beschluss des Vorstands eingerichtet und Frank Schmiedchen mit ihrer Leitung betraut. Sie setzt sich transdisziplinär mit Forschungs- und Anwendungsfragen von Digitalisierung, Vernetzung und Künstlicher Intelligenz sowie deren gesellschaftlichen Voraussetzungen, Anwendungen, Grenzen und Folgen auseinander. 2018 hat die Studiengruppe eine erste Stellungnahme zu ethischen Fragen der künstlichen Intelligenz vorgelegt.

Frank Schmiedchen ist Wirtschaftswissenschaftler und Regierungsdirektor. Seit 1992 lehrt er Volks- und Betriebswirtschaftslehre an verschiedenen deutschen Hochschulen und leitete von 1996 bis 1999 den Fachbereich KMU-Management an der Katholischen Universität Ecuadors (Ambato). Von 2004 bis 2014 leitete er im Bundesministerium für wirtschaftliche Zusammenarbeit und Entwicklung das Programm zum Aufbau lokaler Pharmaproduktion. Seit 1999 ist er vor allem mit internationalen Verhandlungen in der EU und bei den Vereinten Nationen betraut, unter anderem als Diplomat an der Ständigen Vertretung Deutschlands bei der EU. Frank Schmiedchen ist Mitglied des wissenschaftlichen Beirates der VDW (2002–2009, und seit 2016) und leitet seit 2017 die VDW Studiengruppe TA Digitalisierung.

Prof. Dr. Klaus Peter Kratzer ist Professor für Informatik an der Technischen Hochschule Ulm. Seine Lehr- und Forschungsgebiete sind Programmierung, Datenbanken und Intelligente Systeme. Zusätzlich war und ist er in verschiedenen Funktionen der Hochschulverwaltung als Studiendekan, Dekan bzw. Prorektor tätig. Neben seiner Hochschultätigkeit unterstützt er Projekte zur Begleitung und Förderung der europäischen Studienreform auf nationaler und europäischer Ebene. Er ist Mitglied in der VDW und seit 2018 Mitglied der VDW-Studiengruppe Digitalisierung.

Dr. Jasmin S. A. Link ist Diplommathematikerin und Soziologin. Sie hat die Pfadabhängigkeitstheorie weiterentwickelt, wofür sie eine mathematisch-soziologische Beweisführung einführte. Seit 2010 ist sie Mitglied der Forschungsgruppe Klimawandel und Sicherheit im Exzellenzcluster »Integrated Climate System Analysis and Prediction« an der Universität Hamburg. 2012/2013 hat sie im Rahmen eines EU-Projekts zum Thema TA Climate Engineering für das Max-Planck-Institut für Meteorologie in Hamburg gearbeitet. Dr. Link hat langjährig in der Talentförderung Mathematik mitgearbeitet und ein internationales Jungforschernetzwerk im Bereich Complex Systems Sciences mitgegründet, in dem sie auch Mitglied im Advisory Board war. Sie ist Mitglied in der VDW und seit 2020 Mitglied der VDW-Studiengruppe TA Digitalisierung.

Prof. Dr. Heinz Stapf-Finé (Soziologe, Volkswirt) ist Professor für Sozialpolitik an der Alice Salomon-Hochschule Berlin und Akademischer Leiter der Paritätischen Akademie Berlin. Er hat zum Thema »Alterssicherung in Spanien« promoviert und ist ein internationaler Experte im Bereich Arbeits-und Sozialpolitik. Zuvor war er Bereichsleiter Sozialpolitik beim Bundesvorstand des Deutschen Gewerkschaftsbundes (DGB). Vor dem DGB arbeitete er als Operations Manager der Luxembourg Income Study, als wissenschaftlicher Mitarbeiter des Instituts für Gesundheits- und Sozialforschung (IGES) Berlin und als Referent für Politik der Deutschen Krankenhausgesellschaft. Er ist Mitglied in der VDW und seit 2017 Mitglied der VDW-Studiengruppe TA Digitalisierung.

Autoren

Michael Barth ist Abteilungsleiter Corporate Affairs und Leiter der Niederlassung Berlin der genua GmbH. Zuvor war er Bereichsleiter für Öffentliche Sicherheit und Verteidigung beim IT-Branchenverband BITKOM e.V.. Er absolvierte eine zwölfjährige Offizierlaufbahn bei der Bundeswehr, wo er vor allem im Bereich der Operativen Information und des Streitkräfteunterstützungskommandos eingesetzt war. Barth studierte Geschichte und Sozialwissenschaften sowie Kommunikation. Er engagiert sich als Vorsitzender des BITKOM-Arbeitskreises Sicherheitpolitik, im Vorstand des Zukunftsforums öffentliche Sicherheit und im Vorstand des Arbeitskreises Cybersicherheit und Wirtschaftsschutz des Bundesverbandes der deutschen Industrie.

Prof. Dr. Stefan Bauberger, SJ ist Physiker, Philosoph und Theologe. Er ist Angehöriger des Jesuitenordens und lehrt als Professor für Naturphilosophie und Wissenschaftstheorie an der Hochschule für Philosophie in München. Er hat einige Jahre in der theoretischen Elementarteilchenphysik gearbeitet. Er forscht und lehrt über Grenzfragen zwischen Philosophie und Naturwissenschaft, insbesondere der Physik, im Bereich des Dialogs zwischen Naturwissenschaft und Religion sowie über die Philosophie des Buddhismus, und in den Bereichen Technikphilosophie und Wissenschaftstheorie. Zuvor war er Leiter der Ausbildung des Jesuitenordens in Deutschland, Österreich und der Schweiz. Er ist ZEN-Meister und leitet ein Meditationszentrum. Prof. Bauberger ist Mitglied der VDW und seit 2018 Mitglied der VDW-Studiengruppe Digitalisierung.

Prof. Dr. phil. (habil) Johann Carnap Behrens, Frankfurter Soziologe, habilitierte in Ökonomie (Bochum) und erwarb Habilitationsäquivalenz in Gesundheits-, Therapie- und Pflegewissenschaften (Bremen). Tätig im (Gründungs-)Vorstand des Bremer Zentrums für Sozialpolitik, des DFG-SFB 186 (Bremen 1986–2000), des DFG-SFB 580 (Jena und Halle 2004–2012), als Gründungsdirektor (Halle) des ersten Instituts für Gesundheits-, Pflege- und Therapiewissenschaften an einer öffentlichen Medizinischen Fakultät im D-A-CH und in Funktionen der ICOH/WHO und einiger Universitäten. Lehrt in Halle im Promotions-studiengang ›Selbstbestimmte Teilhabe als Ziel von Pflege und Therapie‹. VDW-Mitglied.

Prof. Dr. Paula Bleckmann ist Medienpädagogin und Computerspielsuchtexpertin. Seit 2015 ist sie Professorin für Medienpädagogik an der Alanus Hochschule in Alfter bei Bonn. Sie habilitierte sich in Gesundheitspädagogik und promovierte in Medienpädagogik. Sie ist Mitglied im Beirat der Vereinigung Deutscher Wissenschaftler (VDW), Mitinitiantin der Netzwerkinitiative UNBLACK THE BOX und forscht und publiziert zu Medien(sucht)prävention, digitaler Bildungspolitik und Elternberatung. Prof. Bleckmann leitet seit 2016 die VDW Studiengruppe Digitalisierung und Bildung.

Dr. Rainer Engels ist Agrarökonom und seit 2003 bei der Gesellschaft für Internationale Entwicklung (GIZ) beschäftigt; derzeit als Projektleiter des Sektorvorhabens Nachhaltige Wirtschaftsentwicklung. Davor war er acht Jahre bei Germanwatch e.V. unter anderem als Geschäftsführer tätig. Seine wissenschaftlichen Schwerpunkte liegen im Bereich Industriepolitik, mit den Schwerpunkten Mittelstand, Dienstleistungen und Qualitätsinfrastruktur. In der GIZ begleitet er seit 2016 auch den Bereich Digitalisierung und Vernetzung der Wirtschaft (z.B. Industrie 4.0, Maschinenlernen). Er ist Mitglied in der VDW und seit 2017 Mitglied der VDW-Studiengruppe Digitalisierung.

Alexander von Gernler ist Abteilungsleiter *Research and Innovation* bei der genua GmbH. Er interessiert sich – nicht nur beruflich – für alle neuen technologischen Entwicklungen der IT-Sicherheit. Alexander von Gernler ist Vizepräsident der Gesellschaft für Informatik e.V. (GI). Die Entwicklung seines Fachs sowie dessen Rezeption in der Bevölkerung, allen voran das Thema Verantwortung der Informatik, sind ihm ein Anliegen. Von 2005 bis 2010 war er Entwickler im Freien Softwareprojekt *OpenBSD*. Alexander von Gernler ist Mitglied der VDW und seit 2019 Mitglied der VDW-Studiengruppe Digitalisierung.

Dr. Christian Kellermann ist Senior Researcher am Deutschen Forschungszentrum für Künstliche Intelligenz und lehrt an der Hochschule für Technik und Wirtschaft in Berlin. Zuvor war er Geschäftsführer des Instituts für die Geschichte und Zukunft der

Arbeit. Eine weitere Arbeitsstation war bei der Friedrich-Ebert-Stiftung u.a. als Leiter des Regionalbüros für die Nordischen Länder mit Sitz in Stockholm. Dr. Kellermann ist Mitglied der VDW und seit 2020 Mitglied der VDW-Studiengruppe TA Digitalisierung.

Dr. Reinhard Messerschmidt ist Philosoph und Soziologe und arbeitet im Helmholtz Open Science Office am DeutschenGeoForschungsZentrum (Potsdam). Zuvor war er Referent Digitalisierung der Geschäftsstelle des Wissenschaftlichen Beirats der Bundesregierung Globale Umweltveränderungen (WBGU) und Referent HighTech Forum bei der Fraunhofer-Gesellschaft. Er war in unterschiedlichen Funktionen zu verschiedenen Digitalisierungsthemen wissenschaftlich tätig und hat dort publiziert. Dr. Messerschmidt ist Mitglied der VDW und seit 2018 Mitglied der VDW-Studiengruppe Digitalisierung.

Prof. Dr. Götz Neuneck ist Senior Research Fellow am Institut für Friedensforschung und Sicherheitspolitik (IFSH) und Professor an der MIN-Fakultät der Universität Hamburg. Bis 2018 war er stellvertretender wissenschaftlicher Direktor des IFSH und leitete den Masterstudiengang »Peace and Security Studies« an der Universität Hamburg. Seine Forschungssschwerpunkte liegen in den Bereichen Rüstung(-skontrolle) und Sicherheit. Er ist Sprecher des Arbeitskreises Physik und Abrüstung der Deutschen Physikalischen Gesellschaft (DPG) und Mitglied des Council der »Pugwash Conferences on Science and World Affairs« sowie Pugwash-Beauftragter der VDW.

Brigitte Pemberger ist Patentierte Lehrerin (1.–9. Kl.) mit langjähriger Berufspraxis u.a. Aufbau der Freien Ganztagesschule Seeland in Biel/Bienne CH. Veröffentlichungen zu kombinierter Medienkompetenz- und Gesundheitsförderung. Heute Dozentin in den Weiterbildungen »Medienmündigkeitspädagogik« und »ECHT DABEI-Coach«, Gründungsmitglied der »Analog-Digidaktik« und wissenschaftliche Mitarbeiterin in den Forschungsgruppen von Prof. Dr. Bleckmann an der Alanus Hochschule in Alfter.

Oliver Ponsold ist Offizier der Bundeswehr und nach wissenschaftlichen und dozierenden Verwendungen im Bereich Informatik und Projektmanagement seit 2017 im Bereich Cyberdefence tätig, derzeit als Informationssicherheitsbeauftragter für den Dienstsitz Berlin am Bundesministerium der Verteidigung.

Prof. Dr. Eberhard K. Seifert (Bio-Ökonom) arbeitet zum Schwerpunkt Nachhaltigkeit, Ökologische Ökonomie und Umweltmanagement. Er ist Gründungsmitglied der Präsidialbereichs-AG »Neue Wohlstandsmodelle« im Wuppertal Institut für Klima, Umwelt, Energie, Mitbegründer des Instituts für ökologische Wirtschaftsforschung (iöw) Berlin und der European Association for Bioeconomic Studies (EABS). Seit 1992 ist er in der internationalen Umweltmanagement-Normung in diversen Funktionen tätig, unter anderem als Vorsitzender des Deutschen Industrienorm (DIN)-Ausschusses für »climate change«. Er lehrte an verschiedenen Hochschulen. Er ist Mitglied in der VDW und seit 2019 Mitglied der VDW-Studiengruppe TA Digitalisierung.

Christoph Spennemann, LL.M, ist Volljurist und arbeitet am Schweizer Institut für Geistiges Eigentum, das er unter anderem bei Verhandlungen an der Weltorganisation für geistiges Eigentum (WIPO) repräsentiert. Zuvor leitete er bei der Handels- und Entwicklungskonferenz der Vereinten Nationen (UNCTAD) ein Programm zur Unterstützung von Schwellen- und Entwicklungsländern in Fragen des geistigen Eigentums und war involviert in die Beratung des Generalsekretärs der Vereinten Nationen zu Fragen von geistigen Eigentumsrechten und Zugang zu Medikamenten. Christoph Spennemann ist Mitglied der VDW und seit 2017 der VDW-Studiengruppe TA Digitalisierung.

Dr. Stefan Ullrich, Informatiker und Philosoph. Er leitet die Forschungsgruppe »Verantwortung und das Internet der Dinge« am Weizenbaum-Institut für die vernetzte Gesellschaft, Berlin und war zuvor langjähriger Mitarbeiter der Arbeitsgruppe »Informatik in Bildung und Gesellschaft« der Humboldt-Universität zu Berlin. Seit 2019 ist Stefan Ullrich Mitglied der Sachverständigenkommission für den Dritten Gleichstellungsbericht der Bundesregierung. Er ist stellvertretender Sprecher der Fachgruppe »Informatik und Ethik« der deutschen Gesellschaft für Informatik. Seit 2019 ist er im Beirat der International Federation for Information Processing (IFIP), Chapter TC 9. Dr. Ullrich ist Mitglied der VDW und seit 2020 Mitglied der VDW-Studiengruppe TA Digitalisierung.